KB000668

휘어진
시대

2

휘어진 시대 2

1판 1쇄 펴냄 2023년 4월 25일
1판 2쇄 펴냄 2023년 11월 20일

지은이 남 영

주간 김현숙 | **편집** 김주희, 이나연
디자인 이현정, 전미혜
영업·제작 백국현 | **관리** 오유나

펴낸곳 궁리출판 | **펴낸이** 이갑수

등록 1999년 3월 29일 제300-2004-162호
주소 10881 경기도 파주시 회동길 325-12
전화 031-955-9818 | **팩스** 031-955-9848
홈페이지 www.kungree.com
전자우편 kungree@kungree.com
페이스북 /kungreepress | **트위터** @kungreepress
인스타그램 /kungree_press

ⓒ 남영, 2023.

ISBN 978-89-5820-824-2   93400
ISBN 978-89-5820-826-6   (세트)

책값은 뒤표지에 있습니다.
파본은 구입하신 서점에서 바꾸어 드립니다.

이 책에 사용된 일부 작품들은 SACK를 통해
Succession Picasso, Fundacio Gala-Salvador Dali와 저작권 계약을 맺은 것입니다.
저작권법에 의하여 한국 내에서 보호를 받는 저작물이므로 무단 전재 및 복제를 금합니다.

휘어진 시대

The Curved Period

2

양자역학의 성립과
과학낙원의 해체

남 영 지음

궁리
KungRee

이 저서는 2018년 대한민국 교육부와 한국연구재단의 지원을 받아 수행된 연구임
(NRF-2018S1A6A4A01035302)

저자의 말

||||||||||||||

대학에서 과학의 역사와 과학자들의 이야기를 가르친 지도 어느덧 20년의 시간을 바라본다. 그간 맹렬한 열정과 사명감으로 과학도의 꿈을 꾸거나, 탐스러우나 너무 신 과일처럼 과학을 바라보는 학생들 수천 명을 가르쳤다. 그 과정 속에서 과학에 대한 호불호와 상관없이 얼마나 많은 학생들이 과학 자체를 오해하고 있는지 절실히 느껴왔다. 특히 아동용 위인전 속 박제되어 단순화된 과학자들의 이미지가 주는 해악은 상당하다. 그것은 아동용 위인전 탓이 아니다. 일정한 시점이 되어 어른을 위한 과학 이야기를 들어보는 것이 마땅할 터인데, 대부분의 사람들이 중등교육과정과 이후의 사회생활에서 그 기회 자체를 박탈당하고 있기 때문이다.

이런 상황 속에서 최소한 학생들에게 그들이 존경하는 과학자에게 진정 본받고 흉내 내야 할 것이 무엇인지만큼은 제대로 가르쳐주고 싶었다. 그래서 항상 입버릇처럼 충격요법으로 여러 오만한 말을 던졌다. "여러분은 자신이 과학자들을 잘 모른다고 생각할 것이다. 아니다. 전혀 모른다." 아리송한 말들도 일부러 던져보았다. "과학은 선하거나 악하지 않고 과학자가 선하거나 악할 것이라 생각할 것이다. 그런데 과학자는 선하거나 악하지 않다. 과학이 선하거나 악하다." 전혀 다르게 생각해보기를 바라기 때문이었다. 그렇게 말한 이유들이 이 책을 읽으며 좀 더 선명하게 드러나기를 기대한다. 그리고 "조금 더 깊게. 그러나 질리지는 않게."라는 전작의 슬로건을 지키기 위해서도 노력했다. 현대 과학 자체의 난이도로 인해 이번 책에서는 훨씬 어려운 목표였다. 그러면서도 이 책이 감히 마중물이자 디딤돌이 되기 바란다. 컵에 물을 담아주기 위한 생각으로 쓴 책이 아니요, 독자를 업고 과학의 산으로 올라갈 자신도 없지만, 단지 스스로 물을 얻고자 하는 이에게 좀 더 명확한 길을 알려주며, 긴 산행을 시작하려는 이에게 작은 도움이 되길 바랄 뿐이다.

필자의 수업 〈혁신과 잡종의 과학사〉를 책으로 옮긴 『태양을 멈춘 사람들』을 출간한 이후 금방 6년의 시간이 흘렀다. 그간 후속편에 대한 질문을 꽤 받았는데, 이제야 이 책으로 그 답을 한 셈이다. 이번 책도 2013년부터 진행했던 필자의 〈과학자의 리더십〉이라는 수업이 모태가 된 원고다. 〈과학자의 리더십〉은 주로 현대물리학자들의 사례를 통해 현대과학기술을 이해하고 오늘날 새롭게 대두되는 올바른 과학기술자상을 고민해보기 위해 설계했던 교과목이다. 20세기 과학자들의 이야기에는 새로운 덕목들이 떠오른다. 과학이 집단화되고, 공공에의 봉사가 미덕이 되었지만, 동시에 큰돈이 필요해졌고, 비전문가는 더이상 과학의 구체적 내용에 접근하기가 힘들어졌다. 현대의 과학자들은 집단연구를 위한 고유의 리더십, 후원을 이끌어나가기 위한 다양한 노력이 필요해졌고, 경쟁상황에 대처하면서, 거대한 힘을 가지게 된 과학적 업적과 연구결과를 어떻게 사용하고 도덕적 딜레마들에 어떻게 대처할 것인가를 과거의 과학자들보다 훨씬 더 많이 고민해야 한다. 그래서 지동설 혁명을 다룬 『태양을 멈춘 사람들』과는 조금 다른 과학자의 모습들을 담기 위해 노력하며 수업을 진행했다. 다시 말해 가시밭길을 홀로 걸어가는 과학자들의 모습보다는, 충돌하고 어울리고 후회하면서 함께 움직여간 과학자 사회의 모습이 떠오르길 바라며 수업을 진행했고, 이 책 역시 그러한 목표를 염두에 두고 만들어졌다.

이 책의 배경은 20세기 전반 상대성이론과 양자역학, 그리고 원자물리학이 자리를 잡던 시기다. 하지만 이 책은 상대성이론, 양자역학, 현대원자이론 자체가 주인공이 아니다. 분명히 그것들을 만든 과학자들과 그들의 시대를 다루고자 한 책이다. 그래서 과학자가 더 잘 쓸 수 있는 내용에 분량을 많이 할애하지는 않았다. 과학이론 내부의 세부적이고 친절한 묘사는 다른 책들의 영역으로 맡겨두고 필자는 스스로 무리없이 표현할 수 있는 부분을 다루고자 했다. 필자가 다루고자 하는 핵심은 과학자들의 업적보다는 그들이 답에 도달하는 과정과 난관과 고민들이다. 더불어 객관적 중요성에 따라 엄밀하게 배분된 공적 역사라기보다는 저자의 주관에 따라 시공의 밀도를 달리하며 버무려진 비빔밥 같은 것임도 알아두기 바란다. 이번에도 필자는 마음이 가는 대로 더 쓰고 싶었던 이야기를 주관에 따라—논문이나 교과서가 아니라—수필처럼 써나갔을 뿐이다. 좀 더 솔직히 표현하면 논문의 규칙적 엄밀성을 떠난 그 일탈을 참으로 즐겼음을 고백해둔다.

·　·　·

어떻게 구성했는가?

───────

이 책의 배경인 20세기 전반기, 기록된 인류사에 일찍이 없었던 속도로 극소수의 사람들에 의해 빠르고 아름다운 과학의 발전이 전개되었다. 그리고 이 시기만큼 인류사적 비극으로 점철된 시기 또한 일찍이 없었다. 더구나 그 비극과 동시대의 과학발전은 밀접한 연관을 가지고 있었다. 이 책은 바로 그 몇 십 년간의 과학의 지적 모험과 야합을 다룬 글이다. 이런 이유로 『휘어진 시대』는 전작과 구성방법에서 중요한 차이를 보인다. 전작인 『태양을 멈춘 사람들』에서는 200여 년에 걸친 이야기들이 소수의 주요 등장인물들의 인생을 따라 독립적으로 배열될 수 있었다.

하지만 『휘어진 시대』에 등장하는 인물들은 모두가 동시대인들이다. 그뿐만 아니라 서로가 서로의 업적들에 밀접한 영향을 주고받았다. 실타래처럼 얽혀 있는 이야기들이기에 장의 구분에 많은 고민을 했다. 마냥 각 인물의 인생사 전체를 독립적으로 서술할 수는 없었다. 그것은 단지 여러 위인전의 묶음에 불과하다. 과학자들의 네트워크에 주목해 보기 위해서는 씨줄날줄로 얽힌 그들 간의 관계성이 선명하게 드러날 수 있어야 한다. 그렇다고 연대기 식의 이야기가 되어서도 안 된다. 매년 있었던 일들을 인물들을 오락가락하며 나열해 가는 것은 처음 이 이야기에 접하는 독자들의 혼란을 가중시킬 뿐이다. 연대기 식으로 다룰 수도 없지만, 과학자들 한 명씩의 전기적 서술도 옳은 방법은 아니니, 결국 방법을 절충하기로 했다. 그런 고민 끝에 나온 것이 이 책의 차례다. 총 6개로 시대를 구분했고, 각 장의 중심인물들을 설정해서 그들의 해당시기 스토리를 쫓아가는 형식을 취했다. 그래서 같은 사건이 다른 인물의 시각에서 다시 등장하는 경우가 꽤 있다. 결국 머릿속에 구상한 이야기는 세 권의 책 6부의 이야기로 정리되었다.

1권에서는 고전역학의 시대가 끝나고 양자(Quantum)와 방사능(Radioactivity)과 원자(Atom)와 상대성(Relativity)이 전면에 부상한 1896년에서 1919년까지의 시대를 다룬다. 이 시기는 독일의 역사에서 비스마르크 실각 후 호전적인 빌헬름 2세가 통치하던 독일제국 시기와 거의 일치한다. 그리고 이 아름다운 과학혁명의 시대는 제1차 세계대전이라는 미증유의 인류적 재난 속에 빛이 바랬다. 이 19세기 말에서 20세기 전반 20여 년 가량의 기간 퀴리 부부, 톰슨과 러더퍼드, 플랑크와 아인슈타인 등은 엄청난 약진을 이뤄냈다. 또한 이 시기는 프랑스에서 퀴리 부부의 방사능 연구, 영국에서 톰슨과 러더퍼드의 원자연구, 독일에서 괴팅겐과 카이저 빌헬름 연구소의 결과물 등 국가적 과학스타일의 토대가 분명히 자리 잡는 시기다. 더욱이 플랑크가 아인슈타인을 발굴하고, 피에르 퀴리가 랑주뱅을 찾아내고, 마리 퀴리는 이렌 퀴리를 양육했고, 톰슨은 러더퍼드를 키우고, 러더퍼드가 보어를 성장시키는 등 과학세대 간의 성공적 순환들도 자연스럽게 이루어졌다. 이 시기 플랑크, 퀴리 부부, 러더퍼드, 아인슈타인 등의 업적은 개별 발견으로도 뛰어났지만 뒤를 이은 거대한 흐름의 방아쇠이기도 했다. 그 결과로 1920년대에는 전혀 새로운 과학이 등장할 수 있었다.

2권에서는 새로운 세대에 의해 새로운 과학이 만개한 1920년대와 그 과학낙원이 붕괴하는 1930년대를 다룬다. 1권에서 다룬 엄청난 업적들은 또 한편 1920년대 양자역학의 대두라는 더 거대한 충격의 전주곡이기도 했다. 그리고 1900~1930년의 단 한 세대의 기간을 지나면서 과학은 더 이상 일반인이 상식으로 이해하기 힘든 형이상학적인 개념들로 가득 차게 되었다. 2권의 주인공은 사실상 양자역학이다. 불확정성, 상보성, 핵분열 등의 새로운 용어들이 과학에 나타났다. 보이지도, 느껴지지도, 설명되지도, 이해되지도 않는 양자역학의 시대는 독일 바이마르 공화국 시기와 겹쳐진다. 그리고 뒤이은 히틀러의 집권은 이 아름다운 과학의 국제네트워크를 붕괴시킨다. 유럽과학의 몰락이 가속화되고 세계과학이 미국을 중심으로 재편되던 1930년대를 지나는 암울한 과정과 그로 인해 잉태된 새로운 정치적 위기까지의 이야기로 2권은 마무리된다.

　3권은 1권과 2권의 결과물이라 할 수 있다. 제2차 세계대전과 그 이후 시간들의 짧은 정리로 긴 이야기를 마무리 지었다. 이 시기 가장 순수한 과학자들의 열정적 연구가 가장 끔찍한 결과물로 종합되며 대 전쟁이 종결되었다. 이 야합과 몰락의 시기는 독일 제3제국 시절과 겹친다. 그리고 대재앙 이후의 세상은 더 이상 전과 같지 않았고 그렇게 바뀐 세계는 오늘날까지 지속되고 있다. 그래서 특히 3권의 구성은 과학 외적인 이야기의 비중이 크게 늘어났다. 『태양을 멈춘 사람들』의 경우까지는 아직 과학사가 사상사와 연계되는 시절이었고, 과학은 정치경제의 영역과는 거리를 두고 있었다. 그리고 『휘어진 시대』 1권과 2권에서도 아직까지 정치나 전쟁의 영역은 과학과 느슨하게 상호작용하고 있었다. 하지만 제2차 세계대전의 시기 과학과 정치의 영역은 완전히 혼재되어 야누스의 모습을 띤다. 전쟁이 과학을 삼키더니, 결국은 과학이 전쟁을 삼켜버렸다. 그래서 나타난 거대과학! 그 또한 과학의 모습이다. 이 시기의 뒤섞여 모호해진 과학을 확인하는 과정이야말로 과학의 본질을 이해하는 중요한 방법이라 필자는 확신한다. 그렇게 어제까지의 과학을 확인하고 나면, 우리는 이 시대를 반추할 힘을 얻고, 오늘 이후 과학의 얼개를 조심스럽게 설계해볼 수 있을 것이다.

인물명칭의 표기에 대하여 ―

이 책에 나오는 등장인물들의 성과 이름은 기본적으로 외래어 표기법을 따른다. 하지만 성이 같거나 유사한 발음인 인물이 있는 경우, 기타 문맥상 필요한 경우 독자의 혼란을 줄이기 위해서 이름을 사용하거나 성과 이름을 함께 표기한 경우가 있다.

'톰슨'의 경우 전형적인 사례인데 가장 많이 등장할 조지프 톰슨 외에 그의 아들 조지 톰슨이 있고, 캘빈 경으로 유명한 윌리엄 톰슨이 있다. 이들은 여기저기서 계속 등장하기 때문에 조지프 톰슨만 '톰슨'으로 표기하고 다른 톰슨들은 성과 이름을 항상 함께 표기했다.

반면 수학자 에드문트 란다우와 물리학자 레프 란다우는 함께 등장하는 경우가 거의 없어 혼동의 여지가 별로 없기에 성이 같지만 처음 등장할 때만 빼고는 '란다우'로만 표기했다. 괴팅겐에서의 사건들만 에드문트 란다우의 이야기로 이해하면 된다.

막스 플랑크와 제임스 프랑크는 성이 비슷한 발음인 경우다. 프랑크로만 표기하면 플랑크의 오기라고 오해할 여지가 있을 듯해서 제임스 프랑크는 이름을 병기했고, 제임스 프랑크가 미국으로 망명 간 이후에는 혼동의 여지가 없어 '프랑크'로만 표기했다.

오토 한의 경우는 짧은 성인 '한'이라고만 표현하면 한국어의 문맥에 따라서 사람을 지칭하는 것인지 모호해지는 경우가 있을 수 있다. 그래서 혼동을 줄이기 위해 '오토 한'으로 전체 성명을 표기했다.

성을 쓰는 것이 원칙이나 어쩔 수 없이 이름으로 표기한 경우도 있다. 퀴리 가문의 경우는 전형적인 경우다. 피에르, 마리, 이렌, 이브가 모두 '퀴리'이기 때문에 이들은 이름을 사용해 표기했다. 단 퀴리 가의 사위 '프레데릭 졸리오퀴리'의 경우 관용적으로 졸리오로 부르기 때문에 '졸리오'로 표기했다.

· 일본 '천황'의 경우 '천황'과 '일왕' 중 어떤 표기를 쓸까도 고민했으나 대한민국 외교부의 공식명칭인 '천황'을 사용했다. 천황의 경우 한국에서 어떻게 칭할 것인가 논쟁적인 부분이 있다. 천황이라고 표기하는 것은 당사국 표기를 사용하는 것일 뿐 한자어 천황의 의미와는 당연히 아무런 상관이 없다.

· 책을 마무리하던 2022년 발발한 우크라이나 전쟁으로 인해 갑자기 지명 표기에도 약간의 개량이 필요해졌다. 하지만 2차 대전사에 흔히 등장하던 익숙한 지명들은 고민거리였다. 이 러시아 발음들을 우크라이나어로 고쳐야 하지 않을까 고민하다가 결국 두 명칭을 함께 표기하기로 했고 익숙한 과거의 러시아 발음 옆에 우크라이나 발음으로 병행표기했다.

  예) '키예프(우크라이나어: 키이우)', '크림 반도(우크라이나어: 크름 반도)' 등이 대표적이다.

· 또 필자처럼 '후루쇼프'를 과거 '후르시초프'로 배워온 세대에게는 새로운 표준어 단어가 낯설 수도 있을 것이다. 외래어 표기법이 계속해서 바뀌어왔기에 이런 경우는 여러 세대를 아우를 수 있도록 감안해 병행표기했다.

  예) 후루쇼프(구 표기법: 후르시초프)

각 부별 난이도에 대하여 ―

필자가 판단하기에 1부와 2부의 비교적 평탄한 길을 지나 3부의 경사로를 담담하고 차분하게 오르고 나면, 4부와 5부는 롤러코스터를 타듯 쉽고 경쾌하게 미끄러질 수 있을 것이다. 긴 여행에 참조가 되기 바란다.

차례

1920년, 일곱 도시

IIIIIIIIIIIIIIIIIIIIIIIIIIIIIIIIIIIIIIIIIIIII

포효하는 20년대(Roaring Twenties)! 1920년대 문화적 활력으로 가득 찬 베를린의 시대상을 후세인들은 이렇게 불렀다. 20세기의 30년 전쟁으로 불리는 전대미문의 참화였던 양차 세계대전(1914~1945)의 한가운데에서, 그것도 불안정한 정치상황과 궁핍한 경제적 여건 속에서 이런 충만한 시대가 도래했었다는 것은 하나의 아이러니다. 하지만 한편으론 당연한 결과다. 겨울을 예감한 초목이 열매 맺듯, 죽음 직전의 매미가 짝을 짓듯, 무너지는 아테네가 소크라테스를 배출하듯, 위기와 불안 속에서 선각자들은 문화의 꽃을 피우며 새롭게 도래할 미래의 씨앗을 준비한다. 물론 그것은 과학에서도 마찬가지였다. 1920년대는 베를린의 문화뿐만 유럽의 물리학에게도 포효의 시기였다. 1910년대까지 프랑스의 퀴리 부부, 독일의 플랑크와 아인슈타인, 영국의 톰슨과 러더퍼드 등의 작업을 거치면서 바야흐로 '방사능', '상대성', '원자'에 대한 연구가 전면에 등장했고, 이 모든 지식들이 퍼즐을 완성하며 1920년대에는 양자역학의 태동으로 나아갔다. 든든한 토대 위에 보어를 필두로 드브로이, 하이젠베르크, 파울리, 슈뢰딩거, 보른 등의 작업으로 이어지며 이론물리학은 백화난만의 시대를 열었다. 많은 학자들이 언급했던 것처럼 이토록 짧은 시간에 이처럼 소수의 사람들에 의해 이렇게 많은 것이 밝혀진 적은 일찍이 없었다. 그리고 이 과학사적 대약진으로 인류문명의 자연에 대한 이해는 돌이킬 수 없이 바뀌었다. 단순화의 위험을 무릅쓴다면 크게 보아 유서 깊은 일곱 도시가 그 변화의 중심축에 있었다. 막 제1차 세계대전이 끝난 시점, 어렵게 찾은 평화 속에서 이전 시대부터 강력한 힘을 응축하고 있던 이 도시들은 과학사에 중요한 변곡점을 만들어낼 준비가 되어 있었다. 1920년의 상황을 전지적 시점에서 놓고 보면 이후의 변화들은 어쩌면 자명한 귀결이었다.

마리 퀴리가 이끄는 라듐 연구소가 있는 파리는 전통 있는 과학연구의 중심이었다. 마리 퀴리는 라듐과 폴로늄을 발견했을 뿐 아니라 방사능 연구를 물리학의 핵심 이슈로 부상시켰다. 그 공적으로 1903년 노벨 물리학상은 퀴리 부부와 베크렐이 공동수상했다. 뒤이어 마리 퀴리는 1911년의 노벨 화학상을 단독 수상하며 노벨상을 두 번 받은 유일한 여성이라는 현재까지 깨지지 않은 기록을 남겼다. 하지만 이런 영광은 쉽게 얻어지지 않았다. 남편을 비극적 사고로 잃는 아픔과 랑주뱅과의 스캔들이라는 마녀사냥을 견디고, 제1차 세계대전 기간 동안 방사능 촬영장비가 실린 차량을 몰고 전선을 누비는 솔선수범을 보인 뒤에야 그녀는 프랑스 과학의 상징이 될 수 있었다. 1920년의 라듐 연구소에는 이제 모범적 20대 연구자로 성장한 장녀 이렌이 함께 하고 있었고, 그녀는 1935년도 노벨 화학상을 남편 프레데릭 졸리오퀴리와 부부 공동 수상함으로써 퀴리 가의 명예를 지켜갈 것이었다. 무엇보다 라듐 연구소는 전 세계에서 가장 많은 라듐이 있었다. 이는 방사능 연구에 관한한 가장 풍부한 실탄을 보유하고 있는 셈이었다.

러더퍼드가 주도하는 캐번디시 연구소는 케임브리지에 있었다. 캐번디시 연구소는 뉴턴의 전통이 살아 숨 쉬는 트리니티 칼리지 소속의 연구소다. 전자기학의 완성자 맥스웰이 초대 소장으로 터를 닦았고, 스승 조지프 톰슨의 연구와 그의 후학양성 과정을 거치며 캐번디시 연구소는 원자연구의 중심지로 부상했다. 무엇보다 러더퍼드에 대한 톰슨의 강력한 후원에 힘입어 러더퍼드는 1919년 이 연구소에 소장이 되어 돌아왔다. 그는 카리스마적 지도력을 보여주며 후학을 양성했고, 이미 맨체스터 대학에 있던 시기까지 채드윅, 오토 한, 가이거, 그리고 자신보다 훨씬 더 유명해진 닐스 보어 등을 제자로 키워냈다. 1920년대 원숙해진 러더퍼드의 지도력은 영국적 실험물리학의 정수를 보여주며 원자연구의 황금기를 만들어냈다. 그 결과 1932년 '경이의 해(wonder year)'의 핵심 업적들은 거의 캐번디시 연구소의 연구 결과물로 채워졌다.

한편 영국과 프랑스가 실증적 실험으로 미시세계에 대한 연구의 중요한 진전을 이뤄냈다면 독일은 주로 추상적 수학과 이론물리학에서 '자연철학'으로서의 물리학의 진면목을 보여주었다. 베를린에는 독일 과학의 상징 막스 플랑크가 있었다. 그는 이미 1910년대에 삼고초려하며 아인슈타인을 베를린으로 모셔왔고, 여성으로서 불리한 처지에 놓여 있는 마이트너를 오토 한과 연결시켜 지속적인 연구를 수행할 수 있게 도왔다. 그 결과 일반상대성이론은 베를린에서 완성되었고, 후일 핵분열도 자신이 지원한 한과 마이트너 그룹에 의해 밝혀졌다. 이후 자신의 애제자 막스 폰 라우에, 오스트리아의 슈뢰딩거 등을 차례로 영입하며 베를린 물리학의 전성기를 이끌어냈다. 그래서 학파까지는 아니어도 '베를린 그룹'이라 불릴 만한 연구자 공동체를 만들어냈다. 카이저 빌헬름 협회, 베를린 아카데미, 독일 물리학회라는 독일의 핵심연구

집단이 그의 이름으로 빛나고 있었기에 그는 물리학자일 뿐만 아니라 과학 관리자로서의 사명이 더 컸다. 1910년대에 세 자녀를 잃는 끔찍한 개인사적 고통을 참아 넘긴 그는 1920년대 독일과학의 재건을 성공적으로 이끌었다. 이런 분투의 결과로 플랑크는 자신이 베를린에 모아놓은 아인슈타인, 라우에, 오토 한, 마이트너 같은 인재들을 바라보면서 "1879년은 물리학에 중요한 해다."라는 농담을 던지며 기뻐할 수 있었다.—이들은 두 달 빨리 세상에 나온 1878년 11월생 마이트너를 제외하면 모두 1879년생 동갑내기들이었기 때문이다.

1920년이 시작될 무렵 괴팅겐의 연구들은 현대수학의 아버지로 불리게 될 힐베르트에 의해 주도되고 있었다. 1807년 가우스로부터 비롯된 괴팅겐의 수학전통은 디리클레와 리만을 거쳐 19세기 말 탁월한 조직가 펠릭스 클라인으로 이어졌다. 그리고 클라인이 힐베르트와 민코프스키를 영입하자 괴팅겐은 세계 수학의 성지로 부상했다. 힐베르트 시대의 괴팅겐에서 공부한 존 폰 노이만, 헤르만 바일, 에미 뇌터, 에드문트 란다우, 리하르트 쿠란트 등의 화려한 업적들은 수학과 물리학에 중요한 양분을 공급했다. 아인슈타인의 스승이기도 한 민코프스키는 상대론의 수학적 기반이 될 작업을 오랜 기간에 걸쳐 단단히 다져놓았고, 민코프스키가 요절한 뒤 그의 친구 힐베르트는 1915년 아인슈타인에게 아이디어를 들은 뒤 몇 달 만에 아인슈타인보다 더 빨리 일반상대론의 장방정식에 도달한 바 있었다. 이 괴팅겐의 수학적 기반은 1920년대 막스 보른과 제임스 프랑크에 의해 괴팅겐 이론물리학의 전성기도 이끌어냈다. '코펜하겐 해석'은 사실 '괴팅겐'의 보른에 의해 가능했고, 괴팅겐이 배출한 에드워드 텔러는 후일 원자폭탄과 수소폭탄 제조의 중요한 해법들을 만들어냈다. 기초과학과 응용과학, 수학과 물리학

전반에 걸쳐 괴팅겐은 수학적 엄밀성을 갖춘 현대과학을 가능케 했다.

그리고 여기에 1920년에는 조금은 빛이 바랬을지 모르지만 오스트리아-헝가리 제국의 유산을 간직한 두 도시가 더 언급되어야 할 것이다. 오스트리아의 빈은 그 특유의 다양성처럼 철학과 과학이 어우러진 학문을 1920년대에 꽃피워냈다. 1920년의 빈은 제1차 세계대전의 패전 뒤 이제 정치적으로는 불꽃을 잃어버린 뒤였다. 수천만 명의 오스트리아-헝가리 제국 신민을 다스리던 황제의 수도는 불과 몇 백만 명의 인구를 가진 오스트리아 공화국의 수도로 전락했다. 하지만 마흐, 볼츠만 등이 거쳐 간 빈 대학의 연구전통은 아직도 빛을 발했고, 직접적인 과학연구를 넘어 과학철학을 만개시켰다. 그리고 모리츠 슐리크를 중심으로 한 빈 서클(논리실증주의), 비트겐슈타인, 괴델이 활약하던 한편으론 안쓰럽고 한편으론 아름다운 빈의 1920년대를 보여주었다. 물론 빈은 1920년대 물리학에 직접적 영향도 미쳤다. 이 도시가 배출한 파울리, 슈뢰딩거, 마이트너 등은 1920년대에도 중요한 역량을 과학사에 보탰다.

한편 부다페스트는 오스트리아-헝가리 제국이 헝가리를 달래기 위해 전략적으로 지원했던 도시다. 상당한 자치권, 경제적 풍요, 아름다운 야경 속에서 부다페스트 공대는 제국 내에서 빈 대학과 어깨를 견주는 명문대학으로 성장했다. 많은 인재가 이 도시와 대학에서 배출되었다. 후일 미국에서 '헝가리 4인방'으로 알려지게 되는 부다페스트 공대 출신의 유대인 네 명만 언급하는 것으로도 그 존재감은 충분히 느낄 수 있다. 이들은 부다페스트의 황금기에 성장해 제국 해체 후 유럽 각지로 흩어졌고, 1920년대 과학의 격변에 힘을 보탠 뒤 1930년대 히틀러의 광기를 피해 모두 미국으로 이주했다. 반신(半神; Demigod)이라 불렸던

유럽 지도상에서 일곱 도시의 위치

1920년대, 지구의 아주 작은 영역 안에서 원자에 대한 엄청난 비밀들이 밝혀지고 양자역학이 태동했다.

'컴퓨터의 아버지' 존 폰 노이만, 그의 친구인 노벨 물리학상 수상자 유진 위그너, '원자폭탄의 아버지' 레오 실라드, '수소폭탄의 아버지' 에드워드 텔러가 그들이다.

마지막으로 코펜하겐! 소국 덴마크의 수도, 햄릿의 배경 정도이던 이 도시는 닐스 보어라는 단 한 사람의 존재감으로 인해 코펜하겐 연구소와 '코펜하겐 해석', '코펜하겐 학파', '코펜하겐 정신'이라는 고유명사들을 과학사에 뚜렷이 남겨놓았다. 양자역학의 탄생지라 불러도 손색없는 이곳에서 국제적 연구의 모범이 탄생했다. 보어라는 걸출한 존재가 만들어내는 인력이 세계의 천재들을 코펜하겐으로 끌어당겼다. 독일의 하이젠베르크, 오스트리아의 슈뢰딩거, 러시아의 란다우뿐만 아니라 심지어 일본물리학의 아버지로 불리게 될 니시나 요시오까지 모두 코펜하겐에서 보어의 세례를 받았다. 그리고 결국 상보성 원리라는 복음 혹은 저주는 1920년대 내에 양자역학의 메시아 보어에 의해 코펜하겐에서 선포되게 된다.

1920년대, 과학의 황금시대가 도래했다. 이 불꽃처럼 짧고 찬란했던 과학낙원은 1930년대가 되면 역사자체의 모순을 이기지 못하고 붕괴되고 말았지만 그 아름다운 열매들은 여전히 현대문명의 기반으로 남아 있다.

3부

———

황금시대

제1차 세계대전의 종료시점에서 유럽과학을 바라보면 무엇이 보였을까? 플랑크는 수천 년 동안 자명해 보였던 경구인 '자연은 도약하지 않는다.'는 믿음을 붕괴시켰다. 아인슈타인 역시 절대적으로 믿어 의심치 않았던 시간과 공간을 상대적인 것으로 바꾸었고, 물질은 사실 '얼어붙은' 에너지임을 밝혔다. 프랑스와 영국과 덴마크에서, 퀴리 부부와 러더퍼드와 보어 등이 결코 쪼갤 수 없을 것이라 믿었던 원자를 쪼개고, 그 내부의 비밀을 캐냈다. 구체제의 종말과 함께 구과학의 종말도 함께 도래한 것이다. 1920년대는 황량하게 부서져 내린 고전과학의 자리에 전혀 새로운 과학을 건축해야 할 시간이었다.

　　"물리학의 중요법칙들은 모두 발견되었다. 그것은 너무나 확실해서 새로운 발견으로 대체될 가능성이 거의 없다. 앞으로 새로운 발견은 소수점 아래 여섯째 자리에서 찾아야만 할 것이다." 1899년에 앨버트 마이컬슨이 남긴 이 말은 다음 세기에 철저히 틀린 예언이 되었다. 이제 20세기 과학자들에게 남은 문제는 '정확한 측정'이 아니었다. 정확한 측정들이 진행되면서 과학이 '측정의 한계'에 도달했기 때문이다. 한편 1911년 화려하게 등장한 러더퍼드의 원자모형은 역학적으로, 전자기적으로 불안정했다. 많은 학자들은 이것이 러더퍼드 모델이 틀렸다는 증거로 생각했다. 하지만 보어가 보기에 바꿔야 할 것은 당대의 역학이었다. 아인슈타인이 보았을 때 맥스웰은 옳으니 바꿀 것은 시공의 개념이었듯이, 보어가 보기엔 러더퍼드가 옳으니 바꿀 것은 역학이었던 것이다. 혁명가들은 언제나 작은 것을 그대로 두고 큰 것을 바꾼다. 아인슈타인도 보어도 새로운 세계의 문을 열었다. 하지만 차이가 있었다. 아인슈타인은 문 안의 세계를 홀로 완성해냈지만 보어는 단지 문을 열었을 뿐이었다. 그런데 보어의 문은 너무나 아름다워서 수많은 젊은이들을 매혹시켜 빨아들이는 블랙홀이 되었다. 공교롭게도, 혹은 운명적이게도 충분한 의지와 역량을 갖춘 신세대가 때맞춰 성장해 있었다. 양자역학이라는 이름을 가진 문 안의 새로운 세계는 그 젊은이들에 의해 완성되었다. 위기에 직면해서 새로운 과학의 세대는 양자역학이라는 답 혹은 '임시방편'을 찾아냈다.

20세기 초 상대성이론에 의해 우주의 시계는 더 이상 단일하지 않고 상대적이 되었다. 우리의 상식과 경험은 고도로 수학화하고 추상화되어버린 과학의 결과들과 일치하지 않게 되었다. 그런데 인류가 이 전혀 새로운 형태의 과학에 미처 적응하기도 전에 양자역학이라는 새로운 과학이 또 나타났던 것이다. 양자역학의 난해함은 대부분 '중간과정 없이 건너뛴다.(?)'는 양자도약의 모호함과 불확정성 원리의 자연현상에 대한 확률론적 해석 때문에 발생한다. 이 두 가지로부터 고전역학과 근본적 궤를 달리하는 철학적 논쟁이 시작됐다. '계산할 수 있지만' 이것을 어떻게 해석해야 할지는 아무도 알지 못했다. 이 난감한 상황을 어찌할 것인가? 물리학은 가장 심오한 철학적 문제를 야기하고 있었다. 양자역학에 의해 이제 물질은 더 이상 '확실히 존재하는 것'이 아니라 '존재하려는 경향'으로 해석되어져야 했고, 관찰자는 관찰대상의 관찰 결과에 영향을 미치는 적극적 존재로 규정되게 되었다. 과연 올바른 답

이었을까? 유일한 답일 것인가? 우리는 그 질문들의 답을 알 수 있기나

한 것일까?

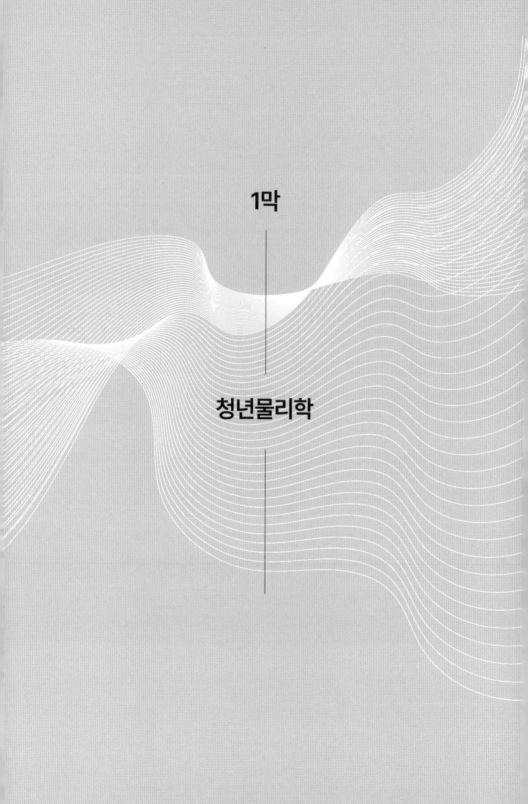

1막

청년물리학

1

양자역학의 시대

"양자론을 처음 들었을 때 충격을 받지 않은 사람은 아마도 그것을 이해할 수 없었기 때문일 것이다." —닐스 보어

"양자역학을 이해하는 사람은 아무도 없다." —리처드 파인만

"아무도 제대로 이해하지 못하지만, 사용할 줄은 알고 있는 신비롭고 당혹스러운 학문." —머리 겔만

"내가 악마와 같은 양자를 보지 않으려고 상대성 모래에 머리를 처박고 있는 타조처럼 보일 것입니다." —아인슈타인

"지옥에 가면 양자이론 교수들을 위한 곳이 있는데, 매일 10시간씩 고전물리학 강의를 듣는다네." —에렌페스트가 아인슈타인에게

준 장난 메모

"양자역학 수업 첫 시간에 교수님은 수강학생 모두에게 한 손을 들고 선서를 하게 했다. '지금부터 내가 가르쳐주는 것을 무조건 믿는다.' 수업이 진행되면서 왜 그런 선서를 시키셨는지 이해가 됐다."

—1990년대 어느 한국 대학의 물리학과 재학생의 기억

1926년, 라이너스 폴링의 유학기

1926년, 1년 전 칼텍에서 최우등 박사학위를 받은 미국 유학생 한 명이 뮌헨 대학에서 조머펠트에게 배우기 위해 독일에 도착했다. 그의 이름은 라이너스 폴링(Linus Pauling, 1901~1994)이었다. 폴링이 독일에 도착했을 때 물리학계는 어수선했다. 하이젠베르크가 행렬역학을 발표한 뒤였다. 자신과 동갑내기(!)였던 25세의 젊은이 하이젠베르크가 물리학계에 폭풍을 일으켰다. 장래가 촉망받는 인재로 구겐하임 장학금을 받고 독일에 온 폴링이 보기에도 하이젠베르크는 다른 종족처럼 느껴졌다. 그것만 해도 인상적이었는데 폴링이 뮌헨 대학 근처에서 살림을 시작할 때쯤에 이번엔 슈뢰딩거가 파동역학을 발표했다. 또 소동이 벌어졌다. 행렬역학과 파동역학은 전혀 다른 철학에 기초한, 전혀 다른 방식의 이론체계였는데도 같은 결과들을 내놓았다. 어차피 두 가지 모두 그때까지의 실험결과들과 일치했으니 논쟁에서 '물리적' 확인과정은 전혀 필요가 없었다. 철저히 수학적인 논쟁이었다. 양쪽 지지자들 사이의 논쟁의 방향과 강도는 미국에 있을 때의 폴링이 상상하기 힘든 광경이었다. 폴링은 박사학위를 받을 때까지도 학문체계의 안정성을

믿고 있었다. 하지만 이곳에서 학자들은 물리학이 두 동강 났다며 비명을 질러댔다. 특히 1926년 여름 슈뢰딩거가 뮌헨 대학에 와서 파동역학을 발표하자 하이젠베르크가 자리에서 벌떡 일어나 반론을 제기하는 드라마틱한 상황들까지 직접 볼 수 있었다. 화학자 폴링은 '과학의 제왕' 물리학의 혼란이 과연 진정될 수 있을지 불안했다. 그런데 몇 달이 지난 뒤 이번에는 막스 보른이 이 두 가지 방법이 수학적으로 동등한 것임을 증명해버렸다. 두 동강 났던 물리학이 극적으로 다시 하나로 합쳐졌다! 폴링이 독일에 온 지 불과 반 년 만에 이 모든 일들이 지나갔다. '물리학 자체가 완전히 미친 것'으로 보이는 시기

라이너스 폴링
만약 DNA 구조 발견을 많은 이들의 예상대로 폴링이 해냈다면, 그는 자신의 화려한 이력에 노벨 생리의학상을 추가해 역사상 유일의 노벨상 3회 수상자가 됐을 수도 있었다. 폴링의 거대한 업적은 그가 1926년 독일에 있었다는 사실과 연관이 있어 보인다.

에 폴링은 폭풍의 한가운데 있었다. 폴링은 이 인상적인 독일에서의 경험을 평생 간직했다. 그리고 양자역학을 화학에 적용시켜갔다. 후일 폴링은 단독으로 노벨상을 두 번 수상한 유일한 인물이 되었다. 한 번은 양자역학을 화학에 적용한—특히 슈뢰딩거 파동 방정식을 화학결합에 응용했다.—공로로 노벨 화학상을 받았고, 또 한 번은 지표 핵실험 반대운동으로 노벨 평화상을 수상했다. 고귀한 화학자 폴링 최대의 행운은 그가 바로 1926년 독일에 있었다는 것이다.

1933년, 에렌페스트의 절망

이제 소개하는 일화는 이 3부의 내용이 끝날 시점에 벌어진 일이다. 미리 밝히면 결코 웃으며 지나칠 만하지 않다. 로렌츠의 후계자요, 아인슈타인의 막역한 친구이며, '물리학의 양심'이라 불렸던 고귀한 품성의 소유자 에렌페스트의 이야기다. 생활고로 인한 절망감도 있었을 것이다. 아들을 뒷바라지하며 우울증도 겹쳤을 것이다. 하지만 양자역학이라는 물리학의 새로운 흐름에 뒤처지고 있다는 상실감이 아니었다면 그는 그런 선택까지는 하지 않았을지 모른다. 1933년 9월 25일, 에렌페스트는 암스테르담의 요양병원에 맡겨져 있는 자신의 아들을 만나러 갔다.─15세의 아들은 다운증후군이었다. 함께 산책을 가겠다며 병원을 나선 에렌페스트는 아들을 공원으로 데리고 갔다. 그곳에서 에렌페스트는 권총을 꺼내 아들을 쏜 뒤 곧바로 총구를 자신의 머리에 향한 뒤 방아쇠를 당겼다. 얼마 뒤 부쳐지지 않은 편지 한 통이 에렌페스트의 책상에서 발견되었다. '내 소중한 친구들에게'라는 제목의 8월 14일자 편지의 수취인은 아인슈타인, 보어, 제임스 프랑크 등이 언급되어 있었다.

> "더 이상 버틸 수 없는 인생의 짐을 지고 이제 어떻게 살아야 할지 전혀 알 수가 없다네……요즘 물리학의 발전들을 이해하고 따라잡기가 너무 어려워졌네. 아무리 애써봐도 갈수록 엉망진창이 돼버려. 결국 절망 속에 포기해버렸네……삶에 철저히 지쳤어……아이들을 돌봐야 하니 할 수 없이 살아가는 것 같아……자살 이외의 다른 방법이 없네. 바시크(아들)가 먼저 죽은 뒤라야 되겠지……나를 용서해주게."

볼츠만과 에렌페스트

두 사람의 자살은 과학과 직접적 연관이 있었기에 더욱 슬프게 느껴진다. 볼츠만이 '원자'라는 새로운 흐름을 인정받지 못하는 것에 절망해 자살했다면 그의 제자였던 에렌페스트는 '양자'라는 새로운 흐름을 이해하지 못하는 절망감에 죽음을 선택했다.

더 이상 최신의 물리학을 따라잡을 수 없게 되었다는 자괴감은 에렌페스트를 막다른 곳으로 몰아넣었다. 에렌페스트의 비극은 당대 물리학에 불어 닥친 양자역학이라는 폭풍우가 어느 정도의 강도였는지 여실히 보여준다. 누군가에게 양자역학은 그런 것이었다.

1920년대 괴팅겐의 일상들

1920년대 물리학의 놀라운 성취의 근원에 대해서는 여러 가지 이야기가 있을 수 있다. 하지만 그 시기 과학자 공동체 전체가 공유한 이상과 학문적 분위기는 분명한 필요조건이었다. 그리고 이 '분위기'를 대표할 도시 한 곳을 꼽으라면 단연코 괴팅겐을 들 수 있을 것이다. 1920년대의 괴팅겐을 다녀간 학자들은 모두가 '아름다운 시절'로 기억한다.

그리고 그 아름다운 시절에 참으로 많은 것이 괴팅겐에서 이루어졌다. 이미 1886년부터 1913년까지는 조직가 펠릭스 클라인이 괴팅겐을 지구수학의 중심지로 바꿔놓았다. 또한 그는 '실용적' 수학을 만들기 위해 노력했고 괴팅겐의 자연과학과 현대기술 연구는 이에 따라 함께 발전했다. 그러면서도 클라인은 자신과는 방향이 다른 순수수학의 옹호자들인 민코프스키와 힐베르트를 영입했다. 클라인의 노력으로 1920년대가 되면 수학과 물리학에서 괴팅겐의 명성에 필적할 대학은 거의 존재하지 않았다. '페르마의 마지막 정리'에 걸린 볼프스켈 상금에서 나오는 이자로 괴팅겐은 그간 상당히 많은 일을 수행했다. 힐베르트 스스로가 풀지 않는다면 이 문제를 풀 사람은 거의 없었다. 힐베르트는 당연히 이 문제가 풀리지 않기를 원했다. "이 난제를 풀 수 있는 사람이 현재 아마도 나밖에 없다는 것이 정말 다행이다." 볼프스켈 상 기금으로 푸앵카레, 로렌츠, 조머펠트, 플랑크, 디바이, 네른스트, 보어 등의 거물들이 강연을 할 수 있었다. 특히 1921년의 보어 축제는 양자역학의 역사에 두고두고 새겨질 이벤트였다. 하지만 안타깝게도 독일의 초인플레이션으로 볼프스켈 기금의 효력은 그 해까지였다. 그래도 1921년부터는 힐베르트, 보른, 프랑크의 삼두마차가 괴팅겐의 수리물리학을 이끌어갔다. 그리고 그들은 파울리, 하이젠베르크, 요르단(Ernst Pascual Jordan, 1902~1980)[1] 등의 수많은 젊은 야생마들의 도움을 받았다.

---

[1] 양자역학에 관련된 대부분의 과학자가 나치에 반대하거나 최소한 소극적 침묵의 삶을 살았던 것에 비하면 요르단은 예외적 인물에 속한다. 보른이나 파울리 같은 유대인 학자들과 오랜 기간 함께 연구했던 요르단은 후일 적극적으로 나치당에 가입한다. 전쟁 중 공군에 입대해 페네뮌데(Peenemünde) 연구소에서 기상학자로 일했다. 요르단은 나치정부에 다양한 무기개발을 제안했지만, 아이러니하게도 보른이나 파울리 같은 유대인들과 공동 연구한 경력으로 인해 모두 묵살당했다. 전후 파울리가 변호해준 덕에 간신히 전범재판을 면

괴팅겐

1920년대의 과학은—물리학에서는 실제로 보른이 주도했지만—'수학의 아버지' 힐베르트의 거점인 괴팅겐, '양자역학의 교황' 보어가 자리 잡은 코펜하겐, '실험물리학의 황제' 러더퍼드가 포진한 케임브리지라는 세 도시의 삼각축을 중심으로 이루어지고 있었다고 해도 크게 과장된 표현이 아니다. 그리고 물리학 전체가 급속한 발전속도를 보인 놀라운 시기였다.

1920년대 괴팅겐 대학 자연과학부에 등록한 미국인들은 항상 10명 이상이었다. 이들은 1920년대 유럽과학의 발전상을 미국에 이식해주는 중요한 역할을 수행했다. 사이버네틱스(cybernetics) 이론으로 '사이버'라는 단어의 원조가 된 노버트 위너(Norbert Wiener, 1894~1964), 노벨상을 단독으로 두 번 수상했던 유일한 인물 라이너스 폴링, 오피(Oppie)라는 애칭으로 불렸던 로버트 오펜하이머(Robert Oppenheimer, 1904~1967)가 이 시기 괴팅겐의 공기를 호흡했다. 폴링과 오펜하이머는 독일계였기에 그들은 혈통을 따라 조상의 나라에 유학 온 것이었다. 특히 이 두 사람은 1925~1926년 사이의 역사적 과정을 뮌헨이나 괴팅겐에 머물며 바로 옆에서 운 좋게 지켜볼 수 있었던 미국인 유학생들이었다. 그들은 평생에 걸쳐 이 인상적 시기를 기억했고 각자 업적의 토대로 삼았다. 후일 폴링은 양자역학을 화학에 적용해 노벨상을 받았고, 오펜하이머는 '원자폭탄의 아버지'로 불리게 된다. 이외에도 이탈리아에서는 엔리코 페르미(Enrico Fermi, 1901~1954, 1938년도 노벨 물리학상)가 왔었고, 러시아에서 온 조지 가모브(George Gamow, 1904~1968) 등도 괴팅겐을 거쳤다.

이 시기 괴팅겐의 분위기를 전하는 일화들은 수없이 많다. 이미 노벨상 수상자인 제임스 프랑크는 수업 중 계산이 막히면 '혹시 다음 단계를 풀 수 있는가?'라고 학생들에게 물었다. 교수들은 자신의 실수나 의심을 숨기지 않고 학생들에게 노출했다. 현학적 허세, 장황한 설명, 논리비약은 가차 없이 비판당했다. 논리는 최대한 짧고 명확하게 표현해

하고 교수직을 얻었다. 냉전 시기 요르단은 연방의원에 당선되어 1957년에는―대부분의 과학자들이 반대한―핵무기의 도입을 지지하는 등 우파 정치인으로 삶을 살았다.

야 했다. 이 대학도시에서는 구두끈이 풀린 채 멍한 표정으로 하늘을 바라보며 걸어 다니는 수학자나 물리학자들을 자주 볼 수 있었다. 그들은 어린아이 같은 천진한 행동들 때문에 '유치원생'으로 불렸다. 어느 날 보른이 지도하는 '유치원생' 중 한 명은 생각에 잠겨 걸어가다 넘어져 얼굴을 그대로 땅에 처박았다. 행인이 도와주려 하자 이를 뿌리쳤다. "내버려두세요. 전 지금 바빠요." 그는 막 새로운 공식이나 해답이 머릿속에 떠오른 게 분명해 보였다. 행인은 익숙한 듯 자연스럽게 자기 길을 갔다. 괴팅겐 대학에서 은퇴한 교수들은 군주 같은 대접을 받았다. 그들은 시민 모두로부터 당연한 존경을 받았다.

1927년 오스트리아 출신 프리츠 호우테르만스(Friz Houtermans, 1903~1966)와 친구 로버트 앳킨슨(Robert d'Escourt Atkinson, 1898~1982)이 남겼던 일화도 잠시 소개할 만하다. 그들은 괴팅겐에서 도보여행 중 작열하던 태양의 무한정한 에너지원이 도대체 무엇인가에 대해 대화했다. 평범한 연소과정은 당연히 아닐 것이다. 두 사람은 아인슈타인의 공식처럼 태양이란 거대한 실험실에서 원자의 변환과정이 일어나는 것이 아닐까 추측하게 됐다. 이 계기로 둘은 태양의 열핵반응에 대한 이론을 생각하게 됐다. 두 사람은 이후 이 이론으로 큰 명성을 얻었다. 그들의 핵심 아이디어는 태양 에너지가 원자들의 파괴(핵분열)가 아니라 융합을 통해 발생할지도 모른다는 추측이었다. 호우테르만스는 다음 날 여자 친구와 산책 중 있었던 일을 인터뷰에 남겨놓았다. "여자친구는 별들을 보고 '정말 아름답게 빛나지 않아?'라고 말했습니다. 그때 저는 자랑스럽게 말했지요. '왜 별이 빛나는지 어제 알아냈어.' 여자 친구는 그 말에 조금도 감동하지 않았습니다." 막상 호우테르만스도 이 이론의 '결과'는 상상조차 못했을 것이다. 별들의 생애에 대한 합리적 설명이 이루어졌음과 동시에 수소폭탄의 원리가 그렇게 만들어졌다. 20세기 내에 인류가 확보하게 될 전율스러운 과학이론의 수많은 아이디어들은 괴팅겐과 같은 자유롭고 열정적인 학문적 분위기 속에서 탄생했다.

1900~1930년, 양자역학의 발전사

1920년대 양자역학이 만들어지는 과정은 춘추전국시대 같은 인물과 이론의 향연이다. 그래서 처음 이 이야기를 듣는 사람들은 거대한 숲속에서 길을 잃기 쉽다. 먼저 약간의 단순화를 무릅쓰고 몇몇 나무들을 가지치기한 숲의 형태를 요약해볼 필요가 있을 것이다. 덧붙여 이 요약과 앞으로의 내용에는 안타깝게도 실험물리학자들의 업적이 거의 삭제될 수밖에 없다는 점도 밝혀둔다. 이론적 틀의 변화과정만을 큰 왜곡 없이 살피기에도 적지 않은 생경함을 수반할 것이기 때문이다. 이 책의 목표 범위를 벗어나 있어서 생략된 학자들의 업적이 어떤 중요성을 가지는지를 아이러니하게도 필자는 막상 이 책을 쓰면서 절실히 느끼게 됐다. 독자들이 한 번 더 양자론을 읽게 됐을 때는 실험과 이론이 맞물리는 양자역학의 이야기를 즐길 수 있기 바란다. 혹 이 요약에서 새롭게 등장하는 단어들에 질리는 느낌이 들게 된다면 세부적 과학 설명을 포함하고 있는 뒷부분은 가볍게 건너뛰며 읽어도 될 법하다. 과학에 해당하는 내용은 일단 이 거시적 요약의 뼈대만 이해해도 이 책의 기본목표에 도달하는 데 무리가 없을 것이다.

모든 것의 시작은 플랑크였다. 양자세계의 문은 새로운 기본상수 h의 발견으로 열렸다. 1900년 인류는 역사상 세 번째 물리적 기본상수를 얻었다. 첫 번째 기본상수는 중력의 세기를 측정하는 상수 G였고, 두 번째 기본상수는 진공에서 빛의 속도 상수 c였다. 세 번째 기본상수가 양자의 기본단위인 플랑크 상수 h였다.[2] 앞서 1부에서 살펴본 것처럼 플랑크 상수는 독일 전기조명산업의 발전과정에서 나온 탁월한 기초연구의 결과물이었다. 다시 말해 왜 800도 정도의 숯불은 붉은 색인지, 표면온도 6000

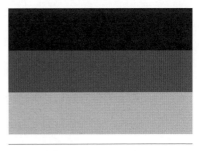

바이마르 공화국 국기

새로운 우주론과 양자역학이 만개했던 1920년대는 바이마르 공화국의 존속 시기와 겹친다. 과학에서 '양자'의 시대는 정치사적으로는 곧 바이마르 공화국의 시대다. 둘 다 '불확실'했다는 공통점이 있다.

도의 태양은 왜 노란 색인지 설명하기 위한 과정에서 나온 해석이었다. 물체가 탈 때 온도가 높을수록 진동수 높은 빛을 발산했지만 왜 그런지는 몰랐다. 플랑크는 에너지를 더 이상 나눌 수 없는 조각의 형태로 파악하면 이 현상이 쉽게 설명됨을 보였다. h는 그 조각의 최소단위다. 하지만, 플랑크는 이를 수학적 편의로 생각했지 실제 현실세계의 기술이라고 보지 않았다. 플랑크는 절대로 변할 수 없는 값인 플랑크 상수를 발견하고서도 이것이 자연의 절대적 기준 같은 것이라고 생각하지는 않았었다. 처음으로 에너지가 불연속적인 것이라고 명확히 선언한 것은 아인슈타인이었다. 이는 그의 1905년 광양자이론에서 제시되었다.

---

2 플랑크 상수의 실제 값은 다음과 같다. $h=6.626070*10^{-27}erg \cdot sec$ ($erg=1cm^2g/s^2$) 이것이 얼마나 작은 값인지 조금이나마 상상해보기 위해 다음처럼 우리에게 익숙한 표현법으로 바꿔볼 수 있다. $h=0.000000000000000000000000000066cm^2g/s$ 이 세상의 삼라만상이 이 최소값에 기반해 디지털 정보처럼 동작하고 있지만 그 값이 너무나 작아서 우리는 세상이 아날로그라고 착각하며 살아가고 있는 것이다. 플랑크의 수식 $E=hf$는 어쩌면 $E=mc^2$보다 더 중요하고 근본적인 방정식이다.

빛은 에너지의 덩어리이며 이제 빛은 유한한 에너지의 조각인 '입자'로서 파악되었다. 비록 광자에 국한되어 있긴 했지만 양자개념을 실재로 파악한 것은 아인슈타인이 최초였다. 그런데 보어가 1913년의 유명한 수소원자 연구에서 '불연속'의 개념을 원자 내부로 끌어들였다. 러더퍼드 모형의 치명적 약점은 우리 눈에 보이는 세상처럼 원자 내부가 동작한다면 원자가 유지될 수 없다는 것이었다. 분명 음전하를 가진 전자들은 양전하를 가진 원자핵으로 하릴없이 낙하할 수밖에 없다. 그렇다면 우리가 원자라고 부르는 것 자체가 존재할 수 없을 것이다. (여기까지는 모두 앞서 1권에서 언급된 내용들이다.) 이때 보어는 플랑크의 양자 개념을 전자궤도에 적용해 이를 해결했다. 전자가 위치할 궤도는 정확히 정해져 있어서 그 '사이'에는 전자가 위치할 수 없다는 것이다. 여기서 그 유명한 '양자도약'의 개념이 나왔다. 원자 속 전자들은 이 정해진 궤도들 사이를 '순간적으로' 건너뛸 수 있을 뿐이다.—절대로 궤도에서 궤도로 천천히 옮겨가는 것이 아니다! 그래서 전자는 원자핵을 향해 떨어질 수가 없다! 이런 보어의 설명 덕분에 러더퍼드의 원자모형은 구원받았다. 하지만 그 결과 사실상 이제는 아무도 알 수 없거나 설명할 수 없는 괴상한 원자가 되고 말았다.

이렇게 플랑크, 아인슈타인, 보어, 이 세 사람의 업적이 양자론의 주요 이론적 기반이자 아이디어의 원천이 되었다. 이제 우리 세계의 모습 자체가 상수 h에 달려 있다는 것은 분명했다. 하지만 왜 그런지에 대해서는 오리무중이었다. 이것이 제1차 대전 직전까지 과학계가 도달한 '양자'였다. 그리고 전쟁기간 답보상태를 보였던 양자에 대한 아이디어들은 1920년대가 되어 전혀 다른 세대들을 통해 성장하기 시작했던 것이다.

양자혁명의 주요 과학자들과 그들이 활동한 도시들

1920년대, 케임브리지에는 러더퍼드와 디랙이, 파리에는 졸리오퀴리 부부와 드브로이가, 베를린에는 아인슈타인, 플랑크, 슈뢰딩거가, 괴팅겐에는 힐베르트와 보른이, 코펜하겐에는 보어가 자리잡았고, 파울리와 하이젠베르크는 괴팅겐과 코펜하겐을 오가며 활동하는 사이 거대한 과학혁명이 완성되었다.

새로운 시작점은 드브로이였다. 드브로이는 아인슈타인의 광양자 개념에 주목했다. 그리고 파동으로 설명되던 빛을 '파동이자 입자'라는 개념으로 바꾼 아인슈타인의 아이디어를 확장해서 물질 전체에 적용했다. 빛 파동이 입자일 수 있다면 역으로 물질입자를 파동으로 파악할 수 있겠다는 생각을 한 것이다. 원자핵 주변궤도를 돌고 있는 전자 자체를 일정한 파동이라고 파악하면 '전자궤도 둘레길이는 파장의 정수배여야 한다!' 결국 이 원칙에 따라 원자의 전자궤도 크기를 결정할 수 있을 것이다. 놀랍게도 그 계산결과는 보어원자모델 결과와 정확히 일치했다! 이렇게 1924년 '물질파'라는 개념이 창시되었다. 이제 빛과 물질이 통합되게 되었고 궁극적으로는 더 이상 입자와 파동은 별개의 것이 아니게 되었다. 하지만, 드브로이와 보어의 이론은 전자가 하나인 원자—즉 수소—만 설명 가능했다. 전자가 여러 개라면 그 전자들 사이에 전기적 척력의 영향을 받기 때문에 결과를 알 수 없게 된다. 아인슈타인과 드브로이는 이제 입자와 파동모델의 통합이 필요하다고 봤다.

보어의 생각에 강한 영향을 받고 있던 하이젠베르크는 1925년 행렬역학을 제시한다. 그가 내린 결론은 '전자위치와 전자운동량의 곱은 플랑크 상수의 범위 내에서 언제나 일정하다!'는 것이다. 이 말은 전자의 위치가 명확해질수록 전자의 운동량은 그만큼 불확실해지고, 전자의 운동량을 명확히 하려 할수록 전자의 위치는 그만큼 알 수 없게 되어버린다는 것이다. 그래서 이 세계에 대한 정보는 언제나 일정한 불확실성—플랑크 상수 h만큼—을 가지게 된다. 이제 원자를 시각화한 모델은 필요 없게 되어버렸다. 혹은 사용 불가능하게 되었다. 톰슨, 러더퍼드, 보어 같은 원자모형들은 환상에 불과한 것이었다. 사실 이때부터 양자역학은 극도의 추상성을 띠게 된다. 영국적이고 톰슨적인 방법론이 설 자리를 잃게 된 것이다.

하지만 1926년 슈뢰딩거가 전혀 다른 형태의 아이디어를 가지고 나타났다. 그는 코펜하겐 학파의 영향 안에 있지 않았기 때문에 드브로이의 아이디어만 따라갔다. 그리고 파동적 기술만으로 역학적 설명을 완성해냈다. 파동 방정식은 기괴해 보이기는 했지만 결과는 하이젠베르크의 이론과 같았고 더구나 훨씬 쉬웠다. 이 해법은 물질이 입자라는 생각 자체의 포기로 귀결되었다. 이렇게 전자는 단지 파동일 뿐이라는 생각은 슈뢰딩거가 처음 제시했다. 그리고 이 설명에 따르면 원자는 무작위적이고 우연적인 것이 아니게 되므로 양자물리학은 다시 고전적 결정론으로 회귀할 수 있었다!

이런 진행에 코펜하겐 학파는 불안해졌다. 슈뢰딩거가 만든 물질에 대한 연속적이고 파동적인 기술이 자신들이 만든 개념 전체를 대체할지도 몰랐다. 지난 몇 년간 그들의 작업이 부정당할 위기였다. 그때 보른이 '슈뢰딩거 위기'를 해결했다. 슈뢰딩거는 파동 개념만 남김으로써 불연속성을 모두 버릴 수 있을 것으로 보았지만, 보른은 양자세계가 순전히 파동적 성질만 가지고 있다는 슈뢰딩거의 생각에 반대했다. 즉 슈뢰딩거 방정식은 받아들이지만 슈뢰딩거의 현실해석에는 반대한 것이다. 전자는 분명히 특정 위치의 검출기에만 나타나는 입자성도 가지고 있었다. 연구를 지속한 보른은 슈뢰딩거의 파동은 '퍼져 있는 파동으로서의 실제 전자'를 의미하는 것이 아니라 단지 '확률의 파동'이라고 해석했다. 입자의 운동이 확률법칙을 따르고 그 확률의 정도를 표현하는 것이 슈뢰딩거의 파동이라고 해석하면 그 확률은 인과율 법칙을 따라 전파된다. 이 해석으로 자연은 이제 '확률분포'에 따라 기술되는 대상이 되었다.

자, 불과 3년 동안의 상황을 개략적으로 기술했을 뿐인데도—더구나 중심인물은 불과 네 명 정도인데도—이 이야기를 처음 듣는 사람이라면 아득히 먼 곳에 와버린 느낌이 들 것이다. 보다시피 상황은 해를 거듭할수록 복잡해졌고 새로운 수학적 개념이 계속해서 추가되었다. 문제를 해결하려고 하면 할수록 더욱 난해한 개념들이 개입되었다. 이제 이 상황을 어떻게 해석할 것인가에 대한 철학적 논쟁이 발생할 수밖에 없었다. 하이젠베르크는 전자의 위치를 정확히 측정하는 것은 입자적 성질을 확인하는 것이고, 운동량을 정확하게 측정하는 것은 파동적 성질을 확인하는 것이라고 했다. 어느 한쪽의 정확한 값을 알려고 하면 결국 나머지 한쪽의 불확실성은 더 커진다. 행렬역학에서 어렴풋이 느껴지던 '불확정성' 원리가 명확한 언어로 제시되었다. 그리고 젊은 세대들의 새로운 업적들을 근거로 보어는 객관적인 양자적 실재는 없다고 선언했다. 오직 관찰결과만이 있을 뿐이다. 우리는 전자가 검출기에 나타나기 전까지 어떤 형태였는지 알 필요 없다! 그렇게 관찰되었다는 것만을 기술하는 것이 물리학인 것이다. 보어학파는 원자세계를 공간, 시간, 인과율로 기술하려는 생각을 버리라고, 즉 '측정기록을 읽는 것으로 만족하라(?!)'고 말하고 있었다.

　이는 아인슈타인으로서는 도저히 받아들일 수 없는 생각들이었다. 보어는 입자의 위치는 관찰될 때 비로소 정해지고 의미가 있다고 주장했지만 아인슈타인은 "달은 보지 않을 때에도 그 자리에 있다."고 응수했다. 세계를 객관적으로 기술하는 것을 포기해서는 안 된다! 아인슈타인이 보기에 보어와 하이젠베르크의 양자역학은 과학의 목표를 포기하는 것에 불과했다. 이후 양자역학의 철학적 해석을 둘러싼 아인슈타인과 보어의 논쟁은 20년 이상 지속되었다. 역사는 코펜하겐 학파의 손을 들어주었지만 아인슈타인의 편에 서 있는 학자들은 여전히 존재한다. "아인슈타인이 상대론에 대해 단 한 줄도 적지 않았다 하더라도, 그는 전시대를 통틀어 가장 위대한 이론 물리학자 중 한 명이었을 것이다."는 보른의 말처럼 양자론에 대한 아인슈타인의 냉정한 비판들의 공로는 거대했다. 이들의 눈부신 논쟁들은 세대를 넘어 계속되었고 결국 20세기를 꽉 채우고서도 끝나지 않았다.

결정적 업적들과 몇 년간의 대논쟁을 얼기설기하지만 큰 그림으로 간략하게 정리해보았다. 이제 한 명 한 명의 궤적을 추적해보기가 조금은 용이해졌을 것이다. 이후 (3부의) 양자역학에 대한 내용들은 이 개괄적 스토리의 좀 더 내밀한 속내에 관한 것들이다.

2

보어

"원자물리학은 (19)세기 말에 시작해 1920년대에 위대한 종결을 이루었다. 영웅적인 시대였고 어느 한 사람의 업적도 아니었다……하지만 모든 것의 시종을 인도하고 조절하며 심화시켜, 마침내 변화시킨 중심은, 창조적이고 섬세하며 비판적인 닐스 보어의 정신이었다." —오펜하이머

이 장에서 다루는 이야기는 시기적으로 2부의 내용들과 겹친다. 그럼에도 3부에 이 내용을 배치한 이유는 앞서 간간이 등장했던 이 사람의 이야기가 장차 '청년물리학'이라 불릴 이 모든 변화의 시작점이기 때문이다. 현대물리학, 특히 양자역학을 공부한 사람이라면 덴마크의 수도인 '코펜하겐'이라는 지명을 들어보지 않았을 리가 없다. '코펜하겐 해석', '코펜하겐 학파', '코펜하겐 정신'이라는 표현이 모두 한 사람으로부터 비롯되었다. '상보성 원리(complementarity principle)'라는 양자

역학의 핵심철학이 그에 의해 정립되었다. 양자역학을 만들어낸 쟁쟁한 젊은 과학자들이 모두 그를 '양자역학의 교황'으로 인정했다. 덴마크에는 그의 얼굴이 들어간 지폐와 그의 이름을 딴 연구소와 거리가 존재한다. 그의 이름은 닐스 보어(Niels Henrik David Bohr, 1885~1962)다. 보어는 아마도 이 책에 등장하는 모든 인물들 중 가장 작은 나라 출신일 것이다.[3] 현대과학에서 그의 존재감을 생각해볼 때 그가 영국, 프랑스, 독일 등의 현대과학의 중심 국가들에서 성장하지 않았다는 것은 놀라운 일이다. 무엇이 덴마크인 보어를 양자역학의 아버지로 만들 수 있었을까? 양자역학의 완성을 향한 길에는 등장인물도, 흥미로운 주제도 많지만, 변방이었던 소국의 도시가 단 한 명의 과학자에 의해 과학의 중심지로 등극하는 과정은 특히 눈여겨볼 만하다.

덴마크인 보어

보어라는 독특한 인물의 정체성을 추측해보기 위해서는 덴마크의 역사에 대한 간단한 이야기가 필요할 듯하다. 덴마크는 세계지도에서 이 나라가 차지하는 면적보다는 훨씬 많은 이야기를 함축한 국가다. 오랜 역사를 가진 유서 깊은 왕국인 덴마크는 노르딕 국가들—덴마크, 노르웨이, 스웨덴, 핀란드, 아이슬란드의 5개국—중 가장 먼저 번영했다. 1397년 덴마크의 마르그레테 1세 여왕은 칼마르크 동맹을 맺어 덴마

3　　그 유명세에 비해 닐스 보어에 대한 한글자료는 찾아보기 매우 어렵다. 그 이유는 아마도 보어가 덴마크 사람이기 때문이 아닐까 추측해본다. 그가 영어권 국가나 주요 유럽국가 출신이 아니기에 동아시아에 살고 있는 우리로서는 그의 생애에 대한 직접적인 정보를 구하기가 꽤 힘든 편이다.

코펜하겐

이 유서 깊은 도시는 레고와 안데르센, 그리고 보어로 유명하다.

크, 노르웨이, 스웨덴 3국을 통합해 통치했다. 15세기 코펜하겐은 북유럽의 중심이었다. 이런 역사를 알면 17세기 영국인이었던 셰익스피어가 왜 햄릿을 덴마크의 왕자로 설정했는지, 그린란드가 왜 아직도 덴마크 땅인지를 쉽게 이해해볼 수 있다. 하지만 1523년에 스웨덴이 동맹에서 탈퇴하며 덴마크 영토는 크게 줄어들었다. 그래도 노르웨이와의 동맹은 1814년까지 계속되었으니 북해의 패자로서 덴마크의 역사는 장장 400년 이상의 시간에 걸친다. 이후 1864년, 비스마르크의 팽창정책으로 영토와 인구의 1/3을 독일에 빼앗겨 덴마크는 현재의 크기가 되었다. 보어의 부모세대는 그런 덴마크의 축소를 경험한 사람들이었다. 덴마크의 영광은 옛일이 되었고 덴마크인들은 이제 유럽정치의 중심무대에서 내려와야 함을 받아들여야 했다. 보어는 덴마크의 빛바랜 영광을 간직하고 있는 고도 코펜하겐에서 성장했고 유학생활을 제외하면 자신의 출생지에서 평생을 보냈다. 그리고 그가 죽을 무렵 전 세계의 과학자들은 그의 이름으로 덴마크와 코펜하겐을 연상하게 되었다. 과거의 정치적 위상은 사라졌지만 코펜하겐은 보어에 의해 과학의 성지로 새로운 가치를 부여받은 셈이다.

닐스 보어는 1885년 덴마크 코펜하겐에서 출생했다. 평생의 라이벌(?)이라 할 만한 아인슈타인보다 여섯 살 어리다. 집안은 코펜하겐에서 대대로 내려온 부, 명예, 지식을 두루 갖춘 명문가였다. 아버지 크리스티안 보어(Christian Harald Lauritz Peter Emil Bohr, 1855~1911)는 노벨상에 두 차례 후보로 오른 코펜하겐 대학 생리학 교수였다. 유명 학자와 문인, 예술가들이 자주 집에 드나들었다. 그래서 보어는 어렸을 때부터 지적 토론에 익숙한 분위기에서 성장했다. 어머니 엘렌(Ellen Adler)의 집안은 은행업을 하는 덴마크의 부호였고 미래적 상황의 암시를 위해 하나 더 추가한다면 유대계 가문이었다. 형제는 두 살 위인 누나가 있었고,[4] 두 살 아래인 동생 하랄 아우구스트 보어(Harald August Bohr, 1887~1951)가 있었다.[5] 보어의 어린 시절에 대한 기록은 "키가 컸고 곰처럼 튼튼했다. 학교 성적은 좋은 편이었으나 큰 포부가 없었다."라고 전한다. 유년시절 대부분의 학업성적이 우수해서 반 수석을 할 정도는 되었지만 특별히 인상적인 수준은 아니었다. 작문을 어려워했는데 이는 평생 계속되었고 중요한 고비마다 아슬아슬한 상황을 연출하곤 했다. 하지만 중등교과의 수학과 과학을 배우기 시작하면서 뚜렷이 두각을 나타냈고 곧 학교에서 배우는 내용을 훨씬 넘어서는 것들을 공부하기 시작했다. 물론 그럴만한 집안 형편이 되었다. 전형적인 스칸디나비아인의 육체적 건강에 가문의 총명한 두뇌를 함께 갖춘 보어는 1903년 코펜하겐 대학교에 물리학 전공으로 입학한다. 1903년 당시 코펜하겐 대학교의 물리학 교수는 단 한 명뿐이었다. 이것이 당시 덴마크 물리학의 위상(?)이었다. 학업기간 동안 천문학, 수학, 화학을 부전공으로 배웠는데 한 마디로 아버지의 전공인 생리학을 제외하고 자연과학대학의 모든 전공을 섭렵한 셈이었다. 당시 변방이던 코펜하겐 대학교에는

---

4   닐스 보어의 누나 제니에 대한 기록은 거의 찾아보기 힘들다. 평생 정신질환으로 어려움을 겪었던 모양이고 1933년에 조울증으로 사망했다.

5   보어의 집안에서 가장 먼저 대중적으로 유명해진 이는 닐스의 남동생 하랄 보어였다. 하랄은 축구선수였다. 하랄이 국가대표일 때 덴마크 팀은 1908년 올림픽에서 은메달을 받았기에 대중적 인지도가 높았다. 그런데 더 놀라운 것은 바로 그 축구선수 하랄이 수학자가 되었다는 것이다. 후일 형이 너무 유명해져서 상대적으로 작게 언급되지만 하랄은 실제적인 학문 활동에서 형에게 많은 도움을 주었다. 하랄은 괴팅겐을 수시로 드나들며 힐베르트 학파와 수학적 조우를 나누고 형 닐스와 괴팅겐의 연결고리가 되어주었다. 그 덕택에 '보어 축제' 같은 유쾌한 이벤트도 벌어질 수 있었다. 아마도 덴마크인들은 얼마간 인지부조화를 겪었을 듯하다. 올림픽 은메달을 받은 축구선수가 수학박사학위를 받았다는 소식을 들은 지 얼마 되지 않아 그 형은 덴마크에 노벨상을 안겨주었으니 말이다.

물리학 실험실이 없었다. 그래서 보어는 아버지의 생리학 실험실에서 실험을 수행하고 논문을 썼다. 하지만 사실 실험에는 자질이 없었다. 무수한 시험관을 깨뜨리고 폭발까지 일으켰다. 어쩌면 이론 위주의 공부를 할 수밖에 없는 학생이었다.

코펜하겐 대학교에서 표면장력 측정 실험 논문으로 덴마크 왕립 과학·문학 아카데미의 금메달을 받았고, 1911년 5월에 원자 수준의 물질의 작용을 취급하는 데 나타나는 고전물리학의 부적절성을 강조한 금속의 전자이론에 대한 논문으로 박사학위를 받았다. 박사학위 논문을 통과시킬 때 심사위원이 남긴 말은 다음과 같다. "이 주제에 관해서는 덴마크에서 보어보다 더 잘 알고 있는 사람은 없으니 그냥 통과시킵시다." 사실 이 말은 두 가지 측면에서 해석될 수 있다. 보어의 탁월함을 보여주는 것이지만, 동시에 덴마크가 얼마나 좁은 곳이었는지를 알 수 있는 말이기도 하다. 보어는 분명 뛰어난 젊은이였지만 어디까지나 소국 덴마크에서의 일이었다.

만약 1911년 보어가 덴마크에 남았다면 그는 덴마크의 고만고만한 물리학 교수에 그쳤을 것이다. 하지만 보어는 1911년 중요한 선택을 했다. 좁은 덴마크를 떠나 더 넓은 세상으로 유학을 간 것이다. 이는 재능 있는 덴마크 학자들의 일반적 길이기도 했다. 보통은 독일 유학을 선택했지만 보어는 케임브리지를 선택했다. 뉴턴과 맥스웰의 전통을 잇는 곳이자 톰슨이 있는 곳이라는 점이 보어의 마음을 끌었다. 1911년 9월 보어는 1년 일정으로 케임브리지 캐번디시 연구소에 박사 후 연구원으로 유학을 떠났다. 하지만 캐번디시에서 생활은 만족스럽지 못했다. 익숙하지 못한 영어로 사람을 사귀기도 힘들었고 앞날을 불안하게 느끼는 젊은이 중 하나로 지내고 있었다. 이때까지 가능성 있는 변방의 학자 중 하나였을 뿐인 보어에게 날개를 달아준 것은 러더퍼드와의 만남이었다. 보어는 톰슨이 자신의 논문에 관심이 없어 실망하던 차에 러더퍼드를 만났다. 러더퍼드의 본질을 꿰뚫는 직관, 간결화한 핵심적 실험, 카리스마 있는 리더십 전체에 보어는 큰 감명을 받았다. 11월에 러더퍼드를 소개받았는데 1912년 4월에는 맨체스터로 옮겨갔다. 이 과정에는 아버지 크리스티안의 네트워크가 많은 도움을 줬다. 처음 만날 때 아버지의 지인을 만나러 갔다가 러더퍼드를 소개받았고, 톰슨이 전통으로 정착시킨 캐번디시 연구소의 연말 디너모임에서 다시 강한 인상을 받은 뒤, 아버지의 인맥으로 연을 이어나간 끝에 연구소를 옮긴 것이다. 집요한 시도로 영국에 온 지 불과 반년 만에 맨체스터로 옮겨 간 것은 생애 최고의 선택이었다. 맨체스터에서 보어는 사실상 새롭게 태어났다.

맨체스터

맨체스터에는 보어가 덴마크에 있었다면 결코 알 수 없었을 배움이 있었다. 보어는 러더퍼드의 조직 운영 기법과 연구 동기를 유발하는 연구실 분위기를 배웠다. 특히 러더퍼드의 연구소에서는 매일 오후 티타임을 가지고 지위에 상관없이 연구소 전체 연구에 대한 자유로운 토론을 진행했다. 후일 보어는 자신의 연구소에 이를 확장 발전시킨다. 그리고 러더퍼드 주위에 포진한 자신과 동년배인 동료 연구원들을 만나고 자극 받았다. 특히 보어가 맨체스터에 체류한 때는 모즐리 등의 젊은 학자들이 뛰어난 업적을 쏟아내는 시기였기 때문에 보어는 이 모든 과정을 실시간으로 살펴볼 기회를 가졌다. 찰스 골턴 다윈(Charles

Galton Darwin, 1887~1962)의 수학에 기반한 이론물리학 논문을 본 것도 큰 영감을 주었고,[6] 헝가리 부다페스트의 귀족 출신 헤베시(George Charles de Hevesy, 1885~1966, 1943년도 노벨 화학상)와 특히 친해졌다. 보어는 러더퍼드의 많은 장점들을 흡수하고 자신만의 고유한 색채를 더해 거인이 되어갔다. 그 시기 세상을 떠들썩하게 만들었던 러더퍼드의 원자핵 발견에 고무되어 후속 연구를 시작했고 결국 자신만의 원자이론을 만들어냈다.

닐스 보어
맨체스터에서 보어는 새롭게 태어났다.

결국 1913년에 보어가 제시한 러더퍼드 모형의 개량형은 양자역학과 원자물리학 발전의 핵심이 되었다. 이후 1920년대가 되면 러더퍼드의 직관적이고 시각적인 개념들은 보어 주변에 포진한 젊은이들이 만들어낸 복잡한 수학적 개념들로 대체되게 된다.

보어가 맨체스터에 갔을 때 주기율표는 아직도 맨델레예프의 원자량에 기반한 전통을 따르고 있었다. 하지만 새롭게 발견된 원소들이 많아지며 주기율표는 더 이상 채워 넣을 공간이 없어졌다는 것은 분명해졌다. 더구나 방사성 원소 중에는 원자량은 다른데도 화학적 성질은 같은 경우들이 있었다. 주기율표는 새롭게 변화되어야 했다. 보어는 러더퍼드의 원자모형을 가지고 주기율표를 이해하기 위한 노력을 시작했다. 원자핵의 특성은 빠르게 밝혀지고 있었다. 원자의 질량은 원자핵

---

6 『종의 기원』을 쓴 찰스 다윈의 친손자로 수학적 이론물리학자로는 맨체스터에서 유일한 인물이었다.

에 의해 정해지고, 원자핵의 전하가 전자의 수를 결정한다. 러더퍼드는 원자핵의 전하가 원자량의 거의 절반이라는 것까지 이미 파악했다. 하지만 이런 원칙들은 가벼운 원자에서는 잘 맞았지만 무거운 원자로 가면 차이가 커졌고 방사성 원소까지 고려하면 너무 복잡해졌다. 보어는 화학적 성질—즉 우리가 일반적으로 원소를 분류하는 기준—은 원자의 전자에 의해 정해지고, 전자의 수와 원자핵의 전하는 서로 상쇄될 수 있게 같으므로, 화학적 성질이 같은 원소들은 원자핵의 전하가 같아야 한다고 보았다. 즉 원자를 분류하는 기준은 원자량이 아니라 원자핵의 전하여야 한다는 결론을 내리고 방사능도 원자핵과 관련된 현상일 것으로 추정했다. 여기까지는 모즐리와 정확히 동일한 과정을 거친 셈이다.

하지만 결국 주기율표의 완성은 모즐리에 의해 이루어졌다. 곧 소디가 동위원소(isotope) 개념을 확립해 복잡했던 원자들의 세계가 조금은 여유로워졌다. 우라늄이 방사성 붕괴를 연속으로 일으켜 납이 되는 과정을 연구하다가 화학적 성질이 같고 원자량은 다른 원소는 동일한 원소로 보아야 한다고 제안한 것이다. 소디는 이 업적으로 1921년 노벨화학상을 받았다. 이런 분위기 속에 보어는 원자핵과 전자의 관계성에 관심을 가지게 되었다. 많은 이들이 러더퍼드의 원자가 역학적으로 불안정하다는 점이 이 원자모형이 잘못되었다는 증거로 생각했다. 하지만 보어는 러더퍼드의 원자모형이 옳으니 바꿀 것은 역학이라고 생각했다. 그리고 실제 이 일을 젊은 학자들과 함께 결국 해낸다. "내가 만나본 가장 똑똑한 녀석이야."라는 한 마디에 보어에 대한 러더퍼드의 평가는 잘 나타나 있다. 보어는 맨체스터에서 겨우 4개월(!)을 보내고 7월에 덴마크로 귀환했다. 짧은 기간이었지만 참으로 많은 것을 배운 시기였다. 후일 러더퍼드는 이 인연과 자신을 능가한 제자의 성공을 기뻐했다. 러더퍼드와 보어는 성격적 스타일이 크게 다른데도 불구하고 둘은 서로를 높게 평가했고 평생에 걸친 우정을 나눴다.

수소원자 선 스펙트럼

러더퍼드의 원자모델은 태양계와 유사해 보였다. 거대한 태양에 해당하는 원자핵이 있고 전자들이 행성들처럼 자신의 궤도를 돌고 있다. 극대의 세계를 닮은 극미의 세계라는 이미지는 경이로움을 느끼게 했다. 그래서 많은 이들이 손쉽게 머릿속에 그리는 원자의 형태가 되었다. 이후 양자역학에 의해 원자의 구조가 전혀 다른 것으로 해석된 오늘날까지도 많은 대중들은 여전히 원자를 러더퍼드의 1911년 모델처럼 생각하는 경향이 있다.—물론 이 모델은 중등화학 수준의 문제를 푸는 데에는 가장 쉽고 적절한 원자모델이기도 하다. 하지만 실제 러더퍼드 원자모델은 역학적으로 불안정하거나 혹은 불가능했다. 이런 구조는 작은 외부 충격에도 부서지기 쉽고, 전자는 원운동 하면서 전자기파를 내놓으며 에너지를 잃고 원자핵으로 추락해야 할 것으로 보였다. 하지만 그런 일은 발생하지 않는다. 그렇다면 원자의 형태에 강력한 안정성을 제공해주는 무엇인가에 대한 설명이 반드시 추가되어야 했다. 그런데 바로 다음 해인 1912년에 정말 이 문제를 해결하게 될 닐스 보어가 맨체스터를 거쳐 갔으니 운명이라는 단어는 이런 사건을 가리키는 것이 아닐까.

1912년의 일정을 보면 보어는 잠시도 쉬지 않은 것 같다. 7월에 덴마크에 돌아온 보어는 8월 1일에 마르그레테 뇌를룬(Margrethe Nørlund)과 결혼했다. 노르웨이로 신혼여행을 갔는데 이곳에서 알파입자 관련 논문을 마무리했다. 보어가 구술하면 신부가 받아 적었다.―신혼여행에서 이런 일을 하는 부부는 흔치 않을 듯하다. 특히 마르그레테는 영어에 능통해서 적절히 문장을 교정해주기까지 했다. 그리고 잉글랜드와 스코틀랜드를 거치는 신혼여행을 하고 덴마크로 돌아왔다. 후일 연구소에서 조수들이 이 일을 하게 될 때까지 보어 논문의 영작은 마르그레테의 주요 업무였다. 구술 논문의 작업속도는 정상적이었던 것으로 보아 아마도 보어가 글쓰기를 힘들어한 이유는 오히려 생각을 계속해서 가다듬기 때문이었던 것으로 보인다. 글을 쓰는 중 이미 생각이 다음으로 진행해서 문장을 완성하기 힘들었던 것이다. 그래서 직접 글을 쓰는 것이 힘들었는데 다행히 결혼 후 부인이 받아쓰는 형식을 취하자 연구는 잘 진행되었다. 보어의 단점은 부인에 의해 기가 막히게 보완된 셈이다.

보어는 글보다 말을 훨씬 잘하는 편으로 알려져 있다. 하지만 말도 시작할 때와 끝날 때의 결론이 달라지는 경우도 많았고, 말을 웅얼거리듯 뭉쳐서 말하는 스타일이었다. 거기다 지칠 줄 모르고 몇 시간씩 계속 말했다. 이것은 그의 매력이기도 했지만 그와 논쟁을 시작한 사람들에게는 재앙이기도 했다. 1912년 9월부터 코펜하겐 대학에서 강의를 맡았다. 이때 보어는 아직은 막연하지만 막스 플랑크가 제안한 양자가 어떻게든 원자구조 문제와 관련 있을 것으로 보았다. 그 무렵 친구 한스 얀센에게 원자구조가 분광학에서 다루는 원자의 '선 스펙트럼'과 관련이 있느냐는 질문을 받았다. 보어는 한 번도 생각해보지 않은 내용이었다. 그러자 한센이 수소원자 선 스펙트럼에 대한 발머 공식을 설명해줬다. 보어는 여기서 또 하나의 행운을 잡았다. "발머 공식을 보자마자 모든 것이 명확해졌다!"

분광학과 선 스펙트럼

분광학은 양자역학의 도화선이 된 학문이다. 분광학에서 나온 연구 질문들에 대답하는 과정에서 양자, 주기율표, 전자궤도 등의 개념들이 등장했다. 그래서 양자역학의 배경을 이해하기 위해서는 분광학에 대해 간단히 알아둘 필요가 있다. 앞서 (1권의 도입부에서) 살펴본 대로 19세기에 접어들면서 원자론은 현대과학 속에서 화려하게 부활한다. 화학에서 돌턴 등을 거치면서 일정성분비의 법칙 등이 확립되면서 화학 내에서 원자의 존재는 일반적 가정이 된다. 물리학에서도 열역학이 발전하면서 기압, 온도, 부피간의 상관관계들이 연구되고 기체에 원자의 개념을 적용해야 모든 정황들이 합리적으로 자연스럽게 설명된다는 것도 거의 분명해졌다.

하지만 마흐처럼 '관찰될 수 없는 원자'를 강력히 부정하는 흐름도 물리학 내에 존재했다. 19세기 말의 상황까지로 볼 때 마흐의 주장은 무리한 것이 아니었다. 하지만 분광학이 발전하자, 과학계는 원자의 존재뿐 아니라 원자의 내부까지 상상해야 하는 단계로 접어들었다. 프리즘을 통과한 햇빛이 여러 색의 빛으로 나뉘는 것이 빛의 스펙트럼, 한자어 표현으로 분광(分光)이다. 이 프리즘 실험 결과처럼 빛은 다양한 색의 빛들이 합쳐진 것이다. 그래서 빛의 본질을 탐구하기 위해 이 분광의 형태를 연구하는 분광학이 발전되었다. 근대적 분광학의 시작은 거의 뉴턴으로 봐야 할 것이다. 하지만 빛의 입자설을 지지하던 뉴턴은 빛의 특징을 입자로 설명하려고 했지만 그의 만유인력 이론만큼 성공적이지는 못했다. 19세기에 와서야 빛이 파동적 현상임이 거의 명확해졌고 광학에 관한 이론의 발전과 함께 다양한 광학기기가 개발되기 시작했다. 몇몇 중요한 국면만 정리하면 다음과 같다.

영국의 윌리엄 월러스턴(William Wollaston, 1766~1828)은 슬릿이라 부르는 가늘고 긴 구멍을 통과시킨 빛의 스펙트럼을 관찰하던 중 특이한 발견을 했다. 태양빛의 스펙트럼 분석 중 일정한 위치에 몇 개의 검은 줄이 수직으로 나타나는 것을 본 것이다. 이것은 그 부분에 해당하는 특정한 파장의 빛만 오지 않았다는 의미였다. 이 발견을 종합적으로 확장시킨 것은 독일의 요제프 폰 프라운호퍼(Joseph von Fraunhofer, 1787~1826)였다. 바이에른의 프라운호퍼 사는 당대 최고의 광학기기를 만들어내고 있었고 빛에 대한 정밀연구도 집중적으로 행해졌다.[7] 1813년 프라운호퍼 사를 만든 프라운호퍼는 월러스턴이 발견했던 현상을 더 자세히 연구했다. 더 정밀한 도구들을 사용한 결과 실제 태양빛 속에는 훨씬 더 많은 검은 선들이 나타남을 발견했다. 프라운호퍼는 계속된 정밀관찰실험을 통해 최종적으로 태양빛 속에서 574개나(!) 되는 선을 발견해냈다. 프라운호퍼는 이들을 파장 위치에 따라 자세히 정리해서 세기에 따라 알파벳 기호를 붙였다. 이 방법은 지금도 그대로 사용되고 있다. 그래서 이 선들을 프라운호퍼선이라고 부른다. 결국 이 빛의 스펙트럼 상에 나타나는 검은 선들에 대한 연구가 물리와 화학 분야에 극적인 발전을 가져왔다.

한편 스코틀랜드의 데이비드 브루스터(David Brewster, 1781~1868)는 1822년 물질을 기화시킬 때 발생하는 빛을 연구하다가 선 스펙트럼을 찾아냈다. 태양빛은 연속적인 스펙트럼을 만들지만 이렇게 특정 원소의 기체에서 나오는 빛은 프리즘을 통과하고 나면 특정한 몇 가지 색에

---

7 이런 독일 광학기술의 전통은 오늘날까지도 이어져 '렌즈는 독일산'이라는 명성을 유지하고 있다.

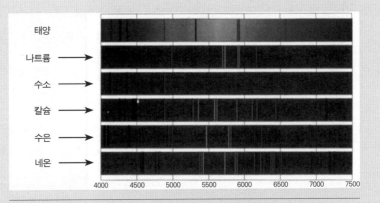

햇빛과 여러 원소의 발광 스펙트럼 그림(태양빛, 수소, 나트륨 등의 스펙트럼)

분광학은 특별한 것이 아니다. 쉽게 말해 빛을 색깔별로 '나눠 보는' 학문이다. 어린 시절 무지갯빛 스펙트럼을 관찰할 때 우리는 초보적인 분광학을 하고 있는 것이다. 모든 원소는 고유한 스펙트럼을 가지고 있다. 따라서 화려하고 다양한 스펙트럼은 그 광원이 얼마나 다양한 원소로 이루어져 있는지를 보여주는 것이다.

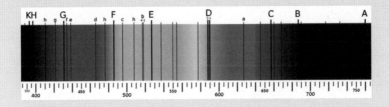

프라운호퍼선

원소별로 자신의 고유한 스펙트럼이 있다는 것은 19세기에 명확해졌다. 우리가 무지갯빛의 연속적인 스펙트럼으로 생각하는 태양빛도 사실 자세히 관찰해보면 특정 파장의 빛이 '없다'. 대다수의 사람들은 여기까지 깨닫지 못하지만 프라운호퍼는 특정 파장의 빛이 빠진 자리를 574개나 발견해냈다. 그리고 그 이유는 태양에 해당 파장의 빛을 발산할 수 있는 원소가 없기 때문이라는 것까지 19세기가 가기 전에 모두 설명되었다.

해당하는 선만 나타났다. 윌리엄 탤봇(William Talbot, 1800~1877)이 다양한 물질로 분광실험을 해보니 원소의 종류에 따라 스펙트럼 선의 형태는 모두 다르다는 사실을 발견했다. 이후 독일의 키르히호프와 분젠에 의해 연구가 깊어지면서 모든 원소들은 각각 고유한 파장의 빛을 방출하거나 흡수한다는 결론에 도달했다. 다시 말해 스펙트럼 선은 원소마다 패턴이 다르므로 원자의 스펙트럼 선은 원자의 종류를 알려주는 표지가 된다. 그래서 분광법은 물질 속에 함유된 특정물질을 알아내는 데 유용한 분석법이 되었고 화학자들의 시료분석은 훨씬 쉬운 작업이 되었다. 또 천문학에서도 별빛의 스펙트럼만 관찰하면 그 별이 어떤 원소를 함유하고 있는지도 알 수 있었다. 분광학은 머나먼 곳의 별들이 어떤 원소로 구성되어 있는지까지 알려준 것이다. 여기까지만으로도 참으로 놀라운 과학적 성취였다. 하지만 여기서 당연한 질문이 나온다. 왜 특정원자는 특정한 파장의 빛만 발산시키는 것일까? 스펙트럼 선은 물질의 어떤 특성으로부터 비롯되는 것일까? 원자구조 연구와 양자역학의 시작은 바로 이 질문에 답하는 과정이기도 했다.

발머 공식

발머 공식이란 스위스의 수학교사였던 요한 발머(Johann Jakob Balmer, 1825~1898)가 만든 수소원자 선 스펙트럼의 파장 값을 구하는 공식이다. 물리학자 친구가 발머에게 반 농담으로 수소 선 스펙트럼에 나타나는 파장 숫자들을 계산해보라고 했다. 그 파장 값은 나노미터 단위로 410.2, 434.1, 486.1, 656.3였다. 이 제멋대로인 4개의 수 사이에 어떤 관계나 의미가 있을 것으로 느껴지는가? 이 사이에 관계식이 정말 있었을까? 놀랍게도 발머는 그 관계식을 찾아냈다.

$$\lambda = 364.5 \, \frac{m^2}{m^2 - 2^2}$$

발머 공식

위 수식의 m에 정수 3, 4, 5, 6을 넣으면 차례로 앞의 수소 선스펙트럼 파장 값이 정확히 λ(람다)값으로 나온다!—필자는 이 일화에서 무력감을 느끼며 '수학자는 태어날 뿐'이라는 격언을 떠올렸음을 고백한다. 물론 식을 만든 발머도 이 식의 의미를 알지는 못했다. 364.5라는 특수한 숫자를 '수소의 기본상수'라 부를 만하며 이것이 원자량과 어떤 관계가 있을 것이라는 막연한 추측만 가능했을 뿐이다. 이 퍼즐은 결국 보어에 가서야 풀렸고, 결국 발머 공식은 원자 내부의 비밀을 밝히고 양자역학으로 나아가는 출발점의 역할을 해냈다.

보어 원자모형

발머 공식을 보고 난 뒤 보어는 수소원자모형을 분광학의 선 스펙트럼과 연계해서 설명 가능할 것이라고 직감했다. 보어의 인생을 바꿔놓은 아이디어였다. 가장 간단한 원자인 수소는 가장 작은 원자량과 단 하나의 전자만 가진 원자이기 때문에 단순화된 설명이 가능하다. 1913년 보어는 본격적으로 이 논문을 작성하기 시작했다. 맥스웰의 전자기 이론에 따르면 회전하는 전자는 전자기파를 방출하면서 에너지를 잃고 결국 전자는 원자핵으로 떨어지게(?) 될 것이다. 수소원자가 이런 결과를 맞기까지는 계산상 1경분의 1초(!) 정도가 걸린다. 즉 수소원자는 이론상 존재할 수 없다. 그런데도 모든 원자는 안정적으로 존재하고 있다. 이 세계의 구조 자체가 맥스웰 법칙과 모순된다.[8] 실제 원자는

---

8   이처럼 맥스웰의 업적은 상대론과 양자론 모두에 중요한 출발점이 되었다.

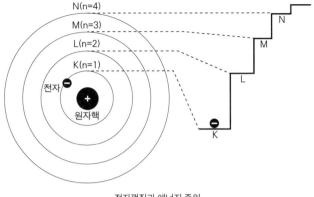

전자껍질과 에너지 준위

보어 원자모형

'마술 같은 솜씨.' 보어 원자모형에서는 수소원자에서 전자가 존재할 수 있는 궤도가 몇 가지로 정해져 있다. 그리고 전자는 다른 궤도로 '순간적으로' 도약(jump)하며 옮겨갈 수 있을 뿐 궤도와 궤도 사이 공간에 위치할 수 없다. 이 양자도약의 개념을 처음 듣는 사람은 현상이 분명히 '설명'되었지만 왜 그런지 '이해'할 수는 없을 것이다.—하지만 사실 보어도 마찬가지였으니 걱정할 필요는 없다. 분명한 것은 이렇게 하면 왜 수소의 선 스펙트럼이 그렇게 발머 공식처럼 나오는지 잘 설명된다는 것이었다. 전자가 도약한 전자껍질의 에너지 준위차에 해당하는 만큼의 파장을 가진 빛을 방출한다고 보면 모든 관찰결과와 일치했다. 러더퍼드의 원자모형 문제에 분광학에서 나왔던 결과를 엮어 플랑크의 양자개념을 도입해 기가 막힌 해법을 만들어낸 것이다.

정해진 크기와 진동수를 가지는 영구적 안정 상태에 있다. 보어는 이런 원자구조를 설명하기 위해 플랑크 상수의 도입이 필요하다고 보았다. 플랑크 이론의 핵심은 원자가 방출하는 에너지가 연속적이지 않고 개개가 일정한 크기의 낱개로 방출되는 형국이라는 것이다. 보어는 수소의 선 스펙트럼이란 전자가 한 상태에서 다른 상태로 바뀔 때 그 에너지 차이를 복사선이라는 형태로 방출하는 현상이라고 결론지었다. 즉 전자가 위치할 수 있는 '정상적인' 궤도는 정해져 있고 전자는 이 궤도에서만 존재할 수 있다. 그리고 전자는 이렇게 정해진 궤도를 '건너뛰어' 옮겨 다닐 순 있지만 그 사이를 '연속적으로' 옮겨 다닐 수는 없다는 것이다. 이것이 기묘한 '양자도약(quantum jump)'이라는 개념이다.

3월에 러더퍼드에게 이 논문을 보내 상의하자, 러더퍼드는 몇 가지 문제점을 지적하며 논문의 길이를 줄일 것을 조언했다. 보어의 대응은 놀라웠다. 보어는 '코펜하겐에서 배를 타고 맨체스터로 가서' 러더퍼드에게 논문의 한 줄 한 줄을 설명했다. 러더퍼드는 한 문장 한 문장이 강한 의미를 내포하고 있음을 인정했고 논문은 거의 그대로 출판되었다. 이렇게 1913년 보어를 보어이게 한 논문 「원자와 분자의 구성에 관하여」가 나왔다. 보어의 원자를 요약하면 러더퍼드 원자모형의 안정성을 설명하기 위해, 플랑크의 작용 양자 개념을 통해 얻어지는 불연속적인 전자궤도를, 분광학의 선 스펙트럼을 통해 설명한 것이다. 러더퍼드, 플랑크, 분광학이라는 전혀 다른 연구들을 통합해서 하나의 개념으로 연결해간 것이 보어의 업적이다. 아인슈타인도 이 논문을 '마술 같은 솜씨'라며 두고두고 칭찬했다. 그리고 양자론의 문이 열려버렸다. 보어는 문만 열었을 뿐이지만 이제 그 문으로 양자론의 황금시대를 만들 새로운 젊은 세대들이 역사에 등장할 차례가 되었다.

3

파울리

파울리의 유년기

배타원리의 발견자 볼프강 파울리의 유년을 이해해보기 위해서는 그의 조금은 복잡한 가계도, 성장기를 보낸 빈이라는 도시의 특수성, 마흐라는 학자와의 연계를 함께 살펴볼 필요가 있다. 이미 볼츠만과 플랑크의 사례에서 치열한 논쟁의 상대자로 등장했던 에른스트 마흐는 파울리의 인생에도 직접적 관계로 다시 등장한다. 마흐는 파울리의 대부였다. 파울리의 아버지는 볼프강 요제프 파셸레스(Wolfgang Josef Pascheles, 1869~1955)는 이름을 가지고 있었다. 독특한 성에서 알 수 있듯 유대인이었고 볼프라는 애칭으로 불렸다. 프라하에서 독일계 김나지움을 다니던 볼프는 당시 프라하의 카를-페르디난트 대학 교수로 있던 에른스트 마흐의 장남 루트비히와 동창이 되었다. 똑똑했던 볼프는 결국 프라하 카를-페르디난트 대학 의대에 진학했고, 친구 루트비히도 같은 대학에 입학해 둘은 오랜 기간 절친한 친구로 지낼 수 있었다. 이 인연으로 자연스럽게 볼프는 죽마고우의 아버지이자 프라하 최고의 유명학자라 할 수 있었던 마흐의 강의를 자주 듣게 되었고, 개인적인 친분도 쌓으며 과학에 접근해갔다. 볼프는 1893년 학위를 받은 뒤 프라하를 떠나 빈으로 떠나면서 마흐 가문과 잠시 떨어졌지만, 1895년 때마침 마흐도 빈 대학으로 옮겨오게 되어 교류가 지속되었다. 그렇게 볼프는 자연스럽게 마흐와 오랜 시간 유대를 이어갔다. 볼프는 이 시기 학자로서 성공하기 위해, 사회 전반에 미묘하게 뿌리내리고 있는 유대인에 대한 반감을 벗어나기 위한 중요한 선택을 했다. 1898년 유대 어감의 성 파셸레스를 파울리(Pauli)로 개명한 것이다. 한 발 더 나아가 다음 해에는 가톨릭으로 개종까지 하며 자기 정체성과 완전히 결별했다. 어떻게든

파울리

원자에 대한 지식과 양자론의 발전과정에서 배타원리의 발견은 중요한 분기점이었다. 1920년대 물리학의 혼란상은 배타원리 발견으로 말미암아 비로소 단순명쾌하고 단일한 논리로 설명 가능해졌다. 원자에 대한 당대까지의 물리학자들의 지식은 배타원리가 추가되자 깔끔하게 정리되었고, 이는 스핀의 발견으로 이어지며 우주에 대한 설명체계까지 바꿔놓을 수 있었다. 그리고 결국 상대성이론과 양자역학이 만나는 접점에서 스핀은 최종적으로 설명되었다. 파울리는—이 모든 것을 홀로 해낸 것은 아니었지만—그 연속적 작업의 중심에 있었던 인물이다.

주류 사회로 진입하기 위한 소수민족 출신들의 이 애처로운 선택은 당대 중산층 유대인들 사이에서는 드물지 않은 일이었다. 그리고 같은 해 베르타 카밀라 슈츠(Bertha Cammilla Schutz, 1878~1927)와 결혼하면서 파울리 가문이 시작되었다. 베르타의 아버지, 즉 볼프강 파울리의 외할아버지 프리드리히 슈츠(Friedrich Schutz)도 유대인이었는데 저명한 저술가였다. 베르타의 아버지는 독일계 오페라 가수와 결혼해 딸 베르타

를 낳았다. 볼프강 파울리의 어머니 베르타 역시 프랑스혁명에 관한 책을 쓰기도 하는 등 매우 영민하고 진보적인 여성이었다. 이런 가계에서 1900년 4월 25일 장차 배타원리를 발견할 아들이 출생했다. 불과 2년 전 성을 바꾸고 작년에 가톨릭 세례를 받은 볼프는 장남에게 가톨릭 영세를 시켰고, 마흐에게 대부가 되어줄 것을 부탁했다. 그리고 아들의 이름은 자신과 마흐와 외할아버지 이름을 모두 따서 지었다. 볼프강 에른스트 프리드리히 파울리(Wolfgang Ernst Friedrich Pauli)![9] 전체 이름 하나하나에 의미가 있다. 그리고 철저히 주류 독일계 중산층의 교육을 시켰다. 파울리는 1916년에야 아버지가 유대계라는 것을 처음 알았지만 큰 감흥은 없었다. 그만큼 민족 정체성은 사실 파울리에게는 중요한 일이 아니었다. 이 복잡한 가계도 설명에서 짐작 가능한 것이 있다. 파울리는 자기 이름에 각인된 마흐라는 걸출한 인물의 존재감을 밀접하게 느낄 수밖에 없었을 것이며, 그가 유대인으로서 정체성과는 전혀 무관하게 성장했지만, 훗날 나치는 파울리를 3/4 유대인으로 분류할 것이라는 사실이다.

마이트너가 여성으로서 대학에 가기 위해 악전고투하고 있었고, 20세기 철학을 뒤흔들 비트겐슈타인이 산책하며, 무명의 미술학도 히틀러가 싸구려 그림을 팔면서 세계에 대한 적개심을 키워 나가던 도시 빈에서 파울리는 유년기를 보냈다. 파울리는 병약해서 많은 잡다한 병치레를 하면서 성장했지만 그 총명함이 훨씬 더 눈에 띄었다. 파울리는 마흐적 관점에 투철하게 성장했다. 마흐는 빈을 상징하는 학자였고, 반

---

9 그 결과 우리는 그를 볼프강 파울리라 부르지만, 파울리의 생애 동안 같은 이름의 아버지도 교수로 활동 중이라 파울리는 아버지가 사망할 때까지 자신의 논문에 '볼프강 파울리 주니어'로 표기했다.

형이상학과 실증주의의 사도였다. 뉴턴의 절
대공간과 절대시간 개념을 정면으로 비판했
고, 마흐의 이런 생각들은 상대성이론의 아
이디어에도 중요한 영향을 미친 바 있다. 후
일 모리츠 슐리크(Moritz Schlick, 1882~1936)
가 중심이 된 빈 서클의 정신적 지주 역시 마
흐였다. 마흐주의가 볼세비키 당내에 퍼져
나가자 레닌은 황급히 『유물론과 경험비판
론』을 써서 반박해야 하기도 했다. 한 마디로
마흐주의는 당대 학문, 정치, 예술 전반에 엄
청난 영향을 미쳤다. "세계는 오로지 우리의
감각들로 구성되어 있다."고 본 마흐는 물리

레닌
레닌은 마흐의 주장을 공산주의 유물
론 철학에 심각한 위협으로 느꼈다.
그만큼 마흐의 주장들은 사회 전반에
강력한 영향을 미치고 있었다.

학은 오직 감각되는 현상을 수학을 이용해 효과적으로 기술하는 것이
라 주장했다. 마흐에게는 언제나 이론보다 실험이 훨씬 믿음직한 것이
었다. 이러한 마흐의 태도들은 파울리 평생의 업적과 입장에 영향을 주
었다. 하지만 아이러니하게도 자신의 대부 마흐가 평생을 거부했던 개
념인 원자에 대해 파울리는 엄청난 공헌을 하게 된다.

　김나지움을 졸업하던 1918년, 파울리는 어린 나이에 일반상대성이
론의 전문가로 인정받는다. 「중력장의 에너지 성분에 관하여」라는 첫
논문을 발표한 것이다. 대학 입학을 하기도 전에 현역 물리학자가 된
셈이다. 18세의 파울리는 아인슈타인이 완성한 지 갓 3년밖에 되지 않
은 이 이론을 충분히 이해했고 계산했으며 관련 논문을 탐독할 수 있었
다. 이것은 아버지가 훌륭한 가정교사들을 붙여 선행학습을 했기 때문
이기도 하다. 파울리는 젊은 이론물리학자 한스 바우어에게 물리학을

배웠다. 당시 빈 대학에서 일반상대성이론 연구자는 바우어를 포함해서 단 세 명뿐이었다.—나머지 두 명은 에르빈 슈뢰딩거와 한스 터링이었다. 아마도 파울리는 당시 빈에서 일반상대성이론을 완전히 이해하고 있는 네 명 중 한 명이었을지 모른다. 그리고 파울리 역시 빈 출신의 학자들이 걸었던 길—마이트너도 슈뢰딩거도 걸었던 길—을 걸었다. 빈을 떠난 것이다. 1차 대전의 패전 이후 빈은 대제국의 수도로서 면모를 잃어버렸고, 1906년 볼츠만의 자살 이후 빈 대학은 다시는 과거의 영향력을 재현하지 못했다. 심지어 볼츠만 후임이자 슈뢰딩거의 지도교수였던 하젠욀도 1차 세계대전에 참전해서 1915년 40세의 나이에 수류탄에 맞아 전사한 뒤 빈 대학 물리학과는 역사 속으로 가라앉고 있었다. 모든 상황이 실망스러웠다. 파울리는 '오스트리아인 최고의 행운은 오스트리아를 잘 떠나는 것'이라고 말하기도 했다. 반항적 천성, 당대 빈의 분위기, 마흐의 영향력이 합쳐지자 모든 권위에 반발하며 평생에 걸쳐 언제나 냉소적 표현을 즐겼던 과학자 파울리가 만들어졌다. 파울리는 혼란스러웠던 1차 대전 말기의 빈 대학 대신 뮌헨의 유서 깊은 루트비히-막시밀리안 대학을 선택했다. 뮌헨에 많은 대학이 있지만 일반적으로 뮌헨 대학은 바로 이 대학을 의미한다.[10] 바로 쾨니히스베르크 3인방 중의 한 명인 조머펠트가 있는 곳이었다.

---

10 뮌헨 대학 동문이거나 교수였던 사람 중 노벨상 수상자는 33명이다. 또한 빈 대학으로 부임하기 전에 볼츠만이 있던 곳이기도 했다. 볼츠만이 뮌헨에 계속 있었다면 원자의 실재성을 놓고 마흐와 대척점에 서지도 않았을 것이고 그의 슬픈 죽음은 없었을 확률이 높다.

조머펠트의 제자

볼츠만이 떠나고 10여 년 방치되어 있던 뮌헨 대학 이론물리학 연구소가 재건되는 데 결정적 역할을 한 사람은 다름 아닌 뢴트겐이다. 1899년 뢴트겐은 뮌헨 대학으로 온 다음 해 제1회 노벨상을 수상했다. 뢴트겐은 자신의 영향력을 적극적으로 발휘해서 뮌헨 대학에 이론물리학 정교수를 임용할 것을 요청했다. 뢴트겐의 존재감과 노력으로 기금이 조성되고 결국 조머펠트가 1906년에 임용되었다. 조머펠트는 그간 괴팅겐의 펠릭스 클라인의 조수로 경력을 쌓으며 탄탄한 수학적

조머펠트
마르고 작았지만 콧수염을 길렀고 젊은 시절 결투로 생긴 상처까지 있어 위풍당당해 보였다. 유럽의 모든 유명 과학자들과 네트워크가 있었고, 후학양성의 풍부한 기술이 있었다. 특히 학자들과 주고받은 편지를 대학원생들에게 보여주며 지적 자극을 주는 독특한 방법론을 사용했다.

기반을 갖춘 물리학자가 되어 있었다. 그리고 조머펠트 특유의 강의와 세미나를 통해 뮌헨 대학은 이론물리학의 중심지 중 하나가 되어갔다. 그 효과가 명확히 나타나고 있던 즈음인 1918년 10월에 파울리는 뮌헨에 왔다. 파울리의 소문이 뮌헨에도 퍼졌었는지, 조머펠트는 당시 편지에 이렇게 썼다. "빈에서 엄청난 친구가 왔어. 재능이 디바이보다도 훨씬 뛰어나다네."[11]

하지만 뮌헨에 파울리가 도착했을 때 독일은 혼란의 와중이었다. 전쟁은 종반으로 치닫고 있었다. 파울리가 온 다음 달에 독일은 11월혁

11　조머펠트는 아헨 공대에서 가르쳤던 뛰어난 제자 피터 디바이(Peter Debye, 1884~1966, 1936년도 노벨 화학상)를 뮌헨에 오며 첫 조수로 함께 데려왔었다.

바이에른 왕국의 수도였던 뮌헨

뮌헨은 독일 현대사 속 정치적 격변의 중심지였다.

명을 맞았다. 결국 독일 황제의 퇴위로 연결되는 이 혁명의 중심에 뮌헨이 있었다. 뮌헨에서 혁명이 발생하자 11월 7일 바이에른 국왕 루트비히 3세가 궁정을 탈출하며 700여 년 바이에른을 통치한 비텔스바흐 왕조가 무너졌다. 혁명의 불길은 곧 수도로 옮겨 붙어 11월 9일에는 베를린에서도 호엔촐레른 왕조가 무너지고 빌헬름 2세는 다음날 네덜란드로 망명했다. 그리고 11월 11일, 독일은 연합국에 항복하며 바이마르 공화국 시대로 접어들었다. 구체제는 순식간에 붕괴되었다. 하지만 패전으로 탄생한 신생 바이마르 공화국은 항상 불안정했다. 1919년 1월에는 베를린에서 독일공산당 주도의 스파르타쿠스 반란이 일어났지만 정부군에 의해 진압되었다. 안정적인 다수세력이 없었던 뮌헨도 무정부주의적 혼란이 계속되었다. 1919년 4월에 공산당이 정권을 잡고 소비에트 공화국을 선포하며 대학 휴교, 신문 발행 금지 등의 조치가 시행되었다. 하지만 4월 말에 이 역시 베를린의 정부군에 의해 진압된다. 이 과정에서 사망자가 1000명을 넘어가는 대혼란이 발생했다.[12]

그러나 이런 혼란의 와중에도 조머펠트의 연구소와 뮌헨 대학은 대체로 안전했으며 놀랍게도 연구와 교육이 지속되었다. 불안한 정치상황과는 별개로 학문을 시작하기에 뮌헨은 이상적인 공간이었다. 파울

---

12 독일사에 익숙한 경우가 아니면 베를린에 독일황제가 있는데 뮌헨에 있는 왕조가 무너진다는 것이 도대체 무슨 얘기인지 이해되지 않을 수 있다. 독일제국은 실제로는 4개의 왕국, 6개 대공국, 5개 공국, 7개 후국, 3개 자유시로 이루어진 복잡한 연방형태로 이루어져 있었다. 그리고 2/3 인구와 3/5 면적을 차지하고 있는 프로이센 국왕이 자연스럽게 독일황제를 겸하는 것이다. 프로이센이 압도적으로 강력했음에도 각 연방 내 자치는 잘 이루어졌다. 독일제국 내에서 프로이센 다음으로 큰 왕국이 뮌헨을 수도로 한 바이에른이었다. 즉 독일제국내 왕국 중 하나인 바이마르 왕국이라는 '지방정부'가 혁명으로 무너진 셈이다. 이후 바이마르 공화국 시기에 뮌헨은 독일 정치사에서 언제나 폭풍의 핵이었다. 몇 년 뒤인 1923년에는 히틀러가 뮌헨에서 극우적 비어홀 폭동을 일으켰지만 역시 진압되었다.

리는 1918년 12월에 첫 세미나 발표를 했고, 1919년 6월에는 상대성이론에 대한 자신의 두 번째 논문을 투고하면서 아인슈타인을 능가하는 수준의 세상사에 대한 놀라운 무관심을 보여주었다. 파울리는 이런 과정 속에서 '어떤 도움도 되지 않는' 정치적 이슈에 무관심한 자신의 태도를 완성한다. 파울리는 심지어 신문과 라디오도 평생 보거나 듣지 않았다고 전해진다.

조머펠트는 특유의 성실함, 포용력과 따뜻함에 더해 체계적인 강의 능력까지 갖춘 스승이었고 제자들이 심중에서 우러나오는 존경을 표할 만한 인품을 가지고 있었다. 그래서 언제나 건방졌던 파울리도 조머펠트에게만은 항상 예절 바른 모습이었다고 한다.[13] 조머펠트의 강의는 항상 오전 9시에 시작했는데, 파울리는 밤늦게까지 놀다가 밤새워 공부하는 습관으로 언제나 강의가 끝날 즈음에 나타나서 그날 강의 주제만 확인했다고 한다. 그럼에도 파울리는 언제나 진도를 쉽게 따라잡았다. 조머펠트 역시 그런 파울리를 간섭하지 않고 참아주었다. 이 시기 조머펠트는 『수리과학 백과사전』의 물리학 부분 편집을 맡고 있었다. 상대성이론 부분을 설명해야 했는데 너무 바쁜 조머펠트는 이 부분을 파울리에게 맡겼다. 파울리가 정리해 가져온 원고는 237쪽이었는데 상대성이론 관련문헌을 모두 검토하고 그 철학적 의미까지 명쾌히 설명한 걸작이었다. 파울리의 초고를 자신이 다듬어 편집할 생각이었던 조머펠트는 원고를 읽어보고 '단 한 글자도' 바꿀 필요가 없다고 판단했다. 그때까지 나온 상대성이론 해설서의 최고봉이었던 이 원고는

---

13   후일 파울리는 교수가 되고 난 뒤에도 조머펠트에게는 공손하게 인사했는데 파울리를 아는 모든 동료들은 이해되지 않는 장면에 놀라워했다고 한다.

파울리의 박사학위 수여 뒤 따로 출판되었다. 아인슈타인도 "그 누구도 이토록 중후하고 웅대하게 구상된 작품의 저자가 21세의 젊은이라는 것을 믿지 못할 것이다."라고 말했다. 이 책은 1960년대까지도 상대성이론의 표준 교과서의 역할을 했고, 현재도 주기적으로 재출간되고 있다. 하지만 파울리는 이후 상대성이론에 거의 손대지 않았다. 조머펠트, 하이젠베르크와 함께 새로운 원자이론들을 정교하게 다듬는 연구를 시작했기 때문이다.

양자이론과의 만남

"나 역시 보어의 양자이론을 처음 접했을 때 모든 물리학자들이 느꼈던 충격을 받았다." 1920년의 파울리 역시 보어의 이론이 상대성이론보다도 더 매력적으로 느껴졌던 모양이다. 그리고 다음 해에는 한 살 어린 하이젠베르크가 합류하면서 파울리는 평생의 학문적 동반자를 만나게 되었다. 1921년에 파울리는 뮌헨 대학의 박사학위 시험을 최우수 등급으로 통과했다. 하지만 독일 법에 따라 학위를 받기까지는 일정 기간을 기다려야 했다. 이 시기 파울리는 여러 곳을 주유했다. 1921년 10월에 파울리는 괴팅겐 이론물리학 연구소의 막스 보른에게 갔다. 보른은 아직 박사학위도 받지 않았지만 이미 명성이 널리 퍼져 있던 파울리를 박사학위 시험이 끝나자마자 괴팅겐으로 초청한 것이다. 파울리가 도착하자 보른은 아인슈타인에게 "꼬마 파울리는 아주 자극적입니다. 이런 훌륭한 조수를 다시 얻지는 못할 겁니다."라고 편지했다. 이후 파울리를 만난 스승들의 반응은 한결같았다. 오전 내내 잠을 자는 파울리의 버릇은 이때도 고쳐지지 않아서 11시 강의를 부탁했던 보른은 몇 번이나 사람을 보내 파울리를 깨웠다.

　괴팅겐에 있으면서 박사학위 논문을 완성한 파울리는 괴팅겐에 온지 7개월 만인 1922년 4월 함부르크 대학으로 갔다. 보른은 아인슈타인에게 "파울리가 유감스럽게도 함부르크로 가버렸습니다."라고 편지를 보냈다. 아마도 파울리가 보른을 떠난 것은 기질 차이였을 것이다. 수학자 출신의 물리학자답게 수학적 형식미를 추구하는 보른은 물리학적 직관으로 핵심을 파악하는 아인슈타인이나 보어와는 달랐다. 보른은 정리하는 유형이지 선봉에 서는 유형은 아니었다. 파울리에게 이런 보른의 성향은 답답하게 느껴졌을 수 있다. 마찬가지로 조용한 대학 도시 괴팅겐보다는 떠들썩한 밤거리를 가진 함부르크 같은 대도시가 파울리에게는 더 마음에 들었을 것이다. 완벽주의자였던 파울리는 논문을 많이 발표하지 않았다. 다른 이들의 연구에 대한 냉정하고 단호한 비평으로 그는 '물리학의 양심'이라는 별명을 얻었다. 아인슈타인의 발언 뒤에 "아인슈타인 박사의 말은 그렇게 터무니없는 것은 아닙니다."라고 했던 파울리가 아니었던가. 괴팅겐을 떠난 지 불과 두 달 후 파울리는 다시 괴팅겐에 온다. 사실은 독일 전역의 물리학자들이 괴팅겐에 모여들고 있었다. 후일 '보어 축제'로 알려질 닐스 보어의 강연이 있었기 때문이다. 이제 파울리는 마흐와 조머펠트에 이어 자신의 인생을 또 한 번 크게 바꿔줄 사람, 보어와 연결되게 되었다.

4

보어 축제

보어-조머펠트 모형의 성공

1913년의 보어 논문 3부작은 「원자와 분자의 구성에 관하여 I, II, III(On the constitution of Atoms and Molecules I, II, III)」로 제목이 통일되어 있다. 철저하게 계획된 연작논문이었음이 드러난다. 수소원자 안의 전자 상태를 논한 첫 번째 논문은 1913년 7월에 출판되었고, 두 번째 논문은 9월에, 세 번째 논문은 11월에 출판되었다. 가히 1905년 아인슈타인의 연작논문 시리즈와 비교될 만한 대돌파였다. 관찰결과를 잘 만족시키면서도 대담한 해석이었고, 물리학의 기반부터 뒤흔들어놓을 변혁의 출발점이었다. 보어 원자모형은 1913년 9월 학술대회에서 처음 공개논의되었다. 엄청난 이슈가 되었고 큰 관심은 끌었으나 지지자가 많지는 않았다. 아인슈타인의 상대성이론만큼이나 전혀 다른 물리학이었기 때문이다. 레일리 경, 톰슨, 로렌츠, 막스 폰 라우에 등 경험

많은 원로 전문가들은 자연이 그런 식으로 동작한다고 믿기 힘들었다. 레일리 경은 이렇게 말했다. "보어 논문을 봤지만 내게는 쓸모없는 것이었다. 발견이 그런 식으로 이루어져서는 안 된다는 것도 아니고, 그럴 수도 있다고 생각은 하지만, 어쨌든 내겐 맞지 않는다." 당대 학계의 원로들의 생각을 일반적으로 대변하는 말이다. 괴팅겐에 있던 동생 하랄 보어도 형에게 이렇게 편지했다. "사람들이 형 논문에 관심이 많아. 힐베르트를 제외하면 대다수는 그 생각이 객관적으로는 틀렸다고 생각하는 듯해." 젊은 편인 보른 등도 불만이 많다면서 그들은 보어 논문의 가정들이 너무 몽상적인 것으로 보고 있다고 했다. 하지만 시간이 지나면서 괴팅겐의 보른은 보어 모형을 받아들였고 결국 파울리와 하이젠베르크와 함께 양자역학 진영의 든든한 우군이 되어주었다. 러더퍼드와 헤베시 정도의 절친한 지인들이 기뻐해주었다. 특히 보어에게 러더퍼드는 아인슈타인에게 플랑크 같은 사람이었기에 보어는 든든했다. 물론 아인슈타인도 보어의 논문을 바로 지지했다. 조머펠트와 멀리 일본의 한타로까지도 호의적이었다. 아직 지지자는 소수였지만 모두 과학계 내에 쟁쟁한 핵심인물들이었다. 그런 면에서 보어의 성공과정은 아인슈타인과 많이 닮아 있다.

하지만, 수소 이외에 전자가 하나 이상인 다른 원자들에는 보어 이론을 적용할 수 없다는 문제가 있었다. 자기장 속에서 선 스펙트럼 패턴이 갈라지는 현상 등 보어 이론으로 설명 힘든 현상이 여전히 남아 있었다.[14] 상황을 해결해보고자 여러 아이디어들이 나왔는데, 특히 뮌헨

14　슈타르크가 발견해서 슈타르크 효과라 불린다. 1920년에 하버, 플랑크와 노벨상 수상식에 함께 갔던 바로 그 극우파 슈타르크의 업적이다.

의 조머펠트가 탁월한 후속 연구를 했다. 그는 보어의 모델을 아인슈타인의 상대성이론 효과까지 고려하고, 원자 속에서 전자의 운동을 원이 아닌 타원으로 일반화시키는 방법으로 개량했다. 그래서 원자 속 전자의 궤도를 기술하기 위해서는 이제 3개의 양자화된 조건이 필요하게 됐다. 이것이 이른바 양자수(quantum number)라고 부르는 것이다. 주양자수 n, 부양자수 k, 자기양자수 m이 있다. 생소한 단어가 나와 어렵게 느껴질 수도 있으나 모두 필요에 의해 만들어진 것이다. 전자궤도가 원 궤도라면 반지름 하나면 충분한 정보지만 타원이면 타원의 모양을 정해주기 위해 2개의 수치가 필요하고 전자의 궤도는 평면이 아니라서 3차원적으로 궤도 방향을 설정해주는 변수가 하나 더 필요한 것이다. 즉 양자수는 전자의 정체성을 표현하기 위한 조건들이다.

양자수

전자의 정체성을 표현하는 양자수를 쉽게 이해해보자. 예를 들어 우리의 정체성은 이름, 나이, 생김새, 직업, 성격 등의 다양한 것들로 이루어져 있다. 그 각각의 수많은 특징을 모아 서술하면 '단일한 나'를 표현하는 특성들이 된다. 만약 거주하는 도시, 성별, 나이, 직업만 가지고 설명한다면 나를 특정하는 데는 부족한 정보가 될 것이다. 그 정도는 수십, 수백 명이 동일한 정보를 가지고 있을 수 있기 때문이다. 같은 인간을 특정하기 위해서는 그에 대한 아주 많은 정체성 정보가 필요하다. 물론 정부는 그 작업을 편하게 수행하려고 주민등록번호 같은 것을 만들어두긴 했다. 이 경우 주민등록번호는 나를 특정하는 데 충분한 수(number)가 될 것이다. 자, 그럼 어떤 원을 나타내는 데 필요한 정보는 몇 개일까? 반지름 하나면 충분하다. 그것이 원의 특성 모두라 할 수 있다. 반지름 정보만 같다면 '같은 원'이다. 다른 정보는 필요가 없다. 그렇다면 전자의 정체성을 나타내는 데 필요한 정보는 몇 가지일까? 현재로서는 4가지가 있다. 이를 양자수라 부른다. 즉 양자수는 원자 내에서의 전자의 상태를 기술하는 데 필요한 것이다. 양자수는 주 양자수 n, 부(방위) 양자수 l, 자기 양자수 me, 스핀 양자수 ms의 4개의 조합으로 정해진다. 원자 내 전자의 특성을 기술하는 데 이 이외의 정보는 필요하지 않으며 이것만 같다면 '같은' 전자다.

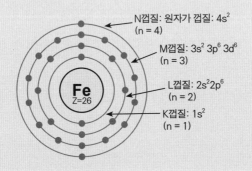

보어-조머펠트 모델에 의해 추정되는 철 원자 개념도

원자핵을 중심으로 전자가 붙어 있는 가상의 '껍질(shell)'이 여러 개 있고 전자는 껍질 위에서만 움직인다. 껍질별로 있을 수 있는 전자개수가 다르다. 전자는 각 껍질에서 껍질로만 이동할 수 있다. 여기서 원자 내 전자의 특성을 설명하는 양자수 개념이 등장한다. 주양자수는 가장 안쪽 껍질부터 차례로 붙은 번호다. 가장 안쪽 껍질부터 k, l, m, n순으로 껍질의 이름을 붙였다. 즉 k는 주 양자 수 n이 1인 껍질이고, m은 주 양자수가 3인 껍질이다. 보어의 모델에서 제시된 것이며 여기까지는 중등화학에서 배운다. 좀 더 정확히는 원소의 화학적 성질을 결정하는 것은 최외각껍질의 전자수라는 것을 배운다. 그 이치를 알면 화합물의 형태를 쉽게 유추할 수 있게 되어 화학을 암기할 때보다 엄청나게 쉬워진다. 그런데 전자궤도가 타원궤도가 되면 타원의 모양을 정해주기 위한 수가 필요하게 된다. 이것을 부(방위) 양자수라 부른다.(s, p, d, f의 순서로 이름 붙였다.) 또 전자궤도는 태양계 행성들처럼 모두 같은 평면에서 같은 방향을 향하지 않는다. 그래서 전자궤도의 입체적인 방향을 정해주기 위한 수가 필요하고 이것을 자기 양자수라 부른다. 방위 양자수와 자기 양자수는 조머펠트가 보어-조머펠트 모델에 추가했다. 파울리의 배타원리가 나오기까지는 이렇게 3개의 조건으로 전자의 상태를 기술했다.

주 양자수 n은 전자궤도의 반지름이다. 보어 원자모델에서는 궤도반지름이 양자화되어 정해져 있다. 즉 주 양자수는 보어모델에서 정해졌다. 그런데 궤도가 타원궤도가 되면 타원의 (찌그러진 정도의) 모양을 정해주기 위한 또 다른 수가 필요하게 된다. 이것이 부(방위) 양자수 l이다. 그런데 전자의 궤도는 태양계 행성들처럼 모두 같은 방향을 향하지 않는다. 그래서 전자궤도의 방향을 정해주기 위한 또 다른 수가 필요하고 이것이 자기 양자수 m_e다. 방위 양자수와 자기 양자수는 조머펠트가 추가했다. 그래서 보어-조머펠트 모델까지는 이렇게 3개의 조건만 있으면 전자 상태를 기술할 수 있었다. 그런데 뒤에 살펴보겠지만 파울리가 보어-조머펠트 원자모형의 한계를 지적했고 다른 양자수가 필요함을 보였다. 이 파울리의 의문을 해결하는 과정에서 나온 것이 바로 배타원리이며 이것을 나타내는 것이 스핀 양자수다. 스핀 양자수에 대해서는 뒤에 살펴볼 것이다.

조머펠트는 이렇게 보어의 원자이론에 대한 확장 작업을 추진했지만, 일반상대성이론의 충격이 휘몰아치던 1915년 말에 발표되어 세간의 주목을 받지는 못했다. 하지만 보어 등의 핵심학자들은 열광했다. 이때부터 보어의 원자이론은 더 발전한 보어-조머펠트 이론으로 불리게 되었다. 놀라운 성공을 거둔 이론이었으나 아직 한계는 있었다. 고전적 관점으로 원자를 바라보고 있었던 것이다. 보어-조머펠트 이론의 설명들은 아직도 전자는 여전히 '어딘가에 정확한 위치를 가진 입자'라는 가정에 기반해 있었다. 그래서 파울리는 이것이 유용한 방법임은 인정하면서도 '원자 신비주의'라고 불렀다.

코펜하겐 연구소와 코펜하겐 정신

"(몇 년 간 보어 연구소에서 일한 물리학자가) 보어의 연구소를 떠날 때쯤이면, 전에는 알지 못했고 다른 방법으로는 절대 배우지 못했을 어떤 것을 알게 된다." —바이츠제커

1913년부터 코펜하겐 대학에서 강의했던 보어는 1916년 7월에 덴마크 최초의 이론물리학 정교수로 임명되었다. 명성이 높아진 보어를 위해 일부러 만들어진 자리였다. 다음해부터 보어는 이론물리학 연구소의 신설을 대학 당국에 요구했다. 우여곡절 끝에 연구소가 승인되고 기금과 부지를 확보하는 지난한 과정이 계속되었다. 1921년 3월 3일 코펜하겐 대학 이론물리학 연구소가 개원했다. 모두 공식 명칭이 아니라 '보어 연구소'라고 불렀고 실제로 보어 사후에는 '닐스 보어 연구소'가 정식 명칭이 된다. 보어 연구소에는 전 세계의 뛰어난 젊은 과학자들이 몰려들었다. 과학의 역사에 수많은 업적과 스토리를 남긴 코펜하겐 연구소의 1920년대가 시작되었다.

'코펜하겐 정신(Copenhagen Spirit)'은 보어 연구소의 자유분방하고 형식을 따지지 않는 분위기를 지칭한다. 보어는 연구소의 젊은 과학자들에게 선입관을 버리고 새로운 길을 찾도록 권고했으며 연구소의 주된 학문 활동은 실험이 아니라 대화와 토론이었다. 보어는 생각을 자유롭게 전개할 수 있도록 자유로운 연구 분위기를 조장했다. 이 격식 파괴의 자유스러운 연구소 분위기는 코펜하겐을 거쳐간 많은 연구원들에 의해 각국 연구소로 퍼져나갔다. 보어는 자유로운 대화를 위해서 세미나실이나 강의실보다는 야외 산책을 즐겼다. 특히 보어가 낙점한 연

구원을 데리고 산책을 나가면 그 연구원은 반드시 인상적인 조언을 듣고 오곤 했다. 연구소 밖의 산책을 즐기는 떠들썩한 분위기의 보어 연구소를 보고 주변 시민들은 '소요학파'[15]라고 불렀다. 마이트너의 조카 오토 프리시는 코펜하겐 연구소의 경험을 이렇게 표현한 바 있다. "보어의 연구소에서는 사람의 가치가 그가 얼마나 명확하고 직설적으로 생각하는 능력을 가졌는가 하는 것으로만 결정되었다." 보어의 강의는 서툴렀다. 낮은 목소리로 웅얼거리듯 말하고 더구나 독일어, 영어, 덴마크어를 자주 섞어 썼다. 수학실력은 그의 청중들 대부분보다 낮았다. 하지만 그가 말하는 내용은 알아들을 수만 있다면 심오했다. 학생들은 강의보다는 보어와 대화를 나눌 때 그의 위대성을 느꼈다. 설익은 새로운 아이디어를 들고 온 연구자들은 보어와 몇 시간 대화하고 나면 자신의 생각을 철회하거나 새로운 아이디어를 얻어 돌아가곤 했다. 보어는 각자의 잠자는 천재성을 이끌어낼 줄 아는 사람이었다. 보어는 소크라테스식 산파술을 모범적이라 보고 끝없는 대화를 동료 연구자들과 반복했다. 보어는 어떤 무례한 비판에도 자존심 상한 기색을 드러내지 않았다. 그래서 파울리나 란다우[16] 같은 자존심 강한 괴짜들을 넉넉히 받아줄 수 있었다. 1930년대가 되었을 때, 유럽대륙 내에서 제대로 동작

---

15 본래 아리스토텔레스가 학생들과 산책하면서 떠들썩하게 토론한 페리파토스(산책길)에서 유래된 말이다. 페리파토스 학파(Peripatetic school)라고 부른다. 한자어로 번역할 때 소요학파(逍遙學派)로 번역한 것인데, 거닐 소(逍)에, 멀 요(遙)자를 쓴다. 즉, 멀리 거닌다는 뜻으로 산책을 의미하는데 한자어를 모르면 어렵게 떠든다는 의미의 소요(騷擾)로 오해할 여지가 크다. 개인적으로는 차라리 '산책학파'로 번역하는 것이 적당했을 것 같다.

16 이번에는 수학자 에드문트 란다우가 아니라 물리학자 레프 란다우를 의미한다. 앞서도 살펴봤지만 동시대에 유명한 수학자와 물리학자 이름이 같아 착각의 여지가 있다. 앞으로도 괴팅겐과 관련한 이야기는 에드문트 란다우, 코펜하겐과 관련한 이야기는 레프 란다우인 것으로 알아두면 혼동의 여지가 없을 것이다.

코펜하겐 연구소
닐스 보어. 원자 과학을 불확실성의 철학으로 바꾼 사람. 그의 지도와 격려, 혹은 논쟁은 하이젠베르크, 파울리, 슈뢰딩거, 란다우, 페르미, 가모브 등 수많은 과학자들에게 영감을 불어넣었다. 그가 만든 코펜하겐 연구소는 캐번디시 연구소를 능가하는 후학양성과 집단연구의 새로운 모범으로 떠올랐다.

하는 이론물리학 연구소는 코펜하겐 연구소뿐이었다. 독일에서 학문의 대학살이 벌어지고 있었기 때문이다. 이때 보어는 적극적으로 많은 독일 학자들에게 초청편지를 보냈다. 엄혹한 시기 보어의 연구소는 많은 이들의 도피처이자 중간 기착지가 되어주었다.

보어 축제

1921년 코펜하겐 연구소가 개원하고 다음 해인 1922년 6월 많은 과학자들이 괴팅겐에 몰려들었다. 후일 '보어 축제(Bohr festival)'로 불리게 될 닐스 보어의 2주에 걸친 강연을 듣기 위해서였다. 보어의 명성이 치솟으며 '원자물리학의 교황'으로 불리게 되자, 1921년 볼프스켈 강의의 연사로 초청되었다. 하지만 건강상의 문제로 다음해인 1922년에야 강연을 하게 된 것이다. 보어는 괴팅겐에 와서 1922년 6월 12일에서 22일까지 11일 동안 7회의 강의를 했다. 1910년대 진행되었던 원자에 대한 연구를 총정리하고 이제 새로운 젊은 세대들에게 새로운 연구 방향을 제시하는 상징적이면서도 실제적 중요성을 가진 행사였다. 그래서 이 행사는 초기 양자론의 절정에서 그 결과물을 명확히 정리하고 새로운 세대가 길을 나서는 의식 같은 것이 되었다.

강연장에는 힐베르트, 쿠란트, 막스 보른, 제임스 프랑크 등의 괴팅겐 교수들과 파울리, 하이젠베르크 등의 신진학자들이 청중이 되었다.[17] 보어의 강연기간 내내 150석이 넘는 좌석이 꽉 찼었다고 전해진

---

[17] 하이젠베르크는 이제 겨우 21세였다. 하지만 이미 그들의 수준은 '학자'라 불리기에 충분했다.

다. 첫째 날, 보어는 원자핵과 전자로 이루어진 러더퍼드 전자를 설명한 뒤 고전전기역학으로는 이러한 원자의 구조를 설명할 수 없다는 내용으로 강연을 시작했다. 양자론 도입의 필요성을 제시하는 과정이었다. 그리고 양자론의 기본가정을 설명했다. 전자가 복사를 방출하지 않는 정상상태가 있고, 원자의 에너지 상태가 변하는 것은 오직 전자가 하나의 정상상태에서 다른 정상상태로 이동하는 것이다. 이 과정에서 에너지 차이에 해당하는 만큼의 파장을 가진 복사가 방출되거나 흡수된다. 그리고 수소와 헬륨 이온에 이 가정이 잘 적용됨을 보였다. 다음 날, 두 번째 강연에서 원자와 방출되거나 흡수되는 복사스펙트럼의 역학적 기초에 대해 강연했다. 세 번째 강연에서는 전기장과 자기장이 존재할 경우에 자신의 이론을 적용했다. 그리고 4일간 휴식 후 19일 월요일에 강의를 재개해 여러 개의 전자를 가진 원자에 대해 논의했다. 월요일에 헬륨의 스펙트럼을 설명하고 화요일에는 나트륨 원자구조와 주기율표의 제2주기 원소 구조에 대해 논의했다. 수요일에 다른 원소들을 다루고 목요일에 엑스선 스펙트럼과 크립톤과 제논 등의 에너지 준위에 대해 논했다. 매 강의 후 끝없는 토론이 이어졌다. 그리고 그 과정에서 보어와 파울리, 하이젠베르크가 개인적으로 연결되었다는 점도 이 행사의 중요한 성취였다.

보어는 파울리에게 찾아와 덴마크어로 된 연구결과를 독일어로 편집해줄 수 있는 사람이 필요하다며 코펜하겐에 1년 방문해줄 것을 제안했다. "시키시려는 일 중 과학에 대한 것은 어려울 게 없지만, 덴마크어를 배우는 일은 제 능력을 넘어섭니다."라고 파울리는 대답했다. 파울리 특유의 건방진 대답에 보어 일행은 폭소를 터뜨렸고, 파울리는 코펜하겐에 가기로 했다. 훗날 파울리는 "내가 말한 두 가지는 모두 틀렸

| 보어 | 하이젠베르크 | 파울리 | 보른 |
| (코펜하겐) | ← | → | (괴팅겐) |

보어 축제에서 연결된 네트워크

'보어 축제'는 초인플레이션 직전 볼프스켈 상금으로 이루어낸 마지막 큰 성과였다. 1922년 6월의 '보어 축제'는 과학사의 분기점으로 많이 언급된다. 보어, 하이젠베르크, 파울리, 보른 등의 핵심 연결고리가 이때 만들어졌다. 페르마의 대정리를 증명해달라며 괴팅겐에 맡긴 기금이 나비효과를 일으키며 현대과학의 주요 인물들을 연결시켰다. 이제 코펜하겐의 보어와 괴팅겐의 보른이 원자핵이 되고 하이젠베르크와 파울리는 이들 사이를 오가는 자유전자 같았다. 이 네트워크는 엄청난 업적을 만들어냈다.

음이 밝혀졌다."고 했다. 덧붙여 그때 "내 과학인생에서 새로운 국면이 시작되었다."고 표현했다. 그것은 하이젠베르크도 마찬가지였다. 하이젠베르크는 보어의 세 번째 강의 후 날카로운 질문으로 보어의 주의를 끌었다. 보어는 강연 후 하이젠베르크에게 '산책을 함께 가자.'는 제의를 했다. 하이젠베르크는 후일 "나의 본격적인 학문적 성장이 이 산책과 함께 비로소 시작했다."고 표현했다. 15~16년의 나이 차를 넘어서서 세 사람의 우정은 이후 깊이 오래 지속되었다. 보어 축제 후 조머펠트는 보어에게 찬사의 편지를 썼다. "당신이 만든 수학과 물리학 왕국은 힐베르트의 적분방정식 제국보다도 더 많은 신민을 거두고 더 오래 지속될 것입니다." 조머펠트에게 이보다 더한 찬사를 들은 이가 있었을까. 보어 축제 6개월 후 보어는 노벨상을 수상한다. 1922년은 그런

면에서 정말 한 시대의 정리였다.

보어 축제가 끝날 즈음, 이제 원자의 구조와 양자론으로 나아가는 한 매듭이 지어졌다고 볼 수 있다. 다음의 작업을 수행할 사람들은 신세기에 태어난 훨씬 젊은 세대들이었다. 이제 유럽의 과학 지형도는 비교적 명쾌하게 중심지들이 드러나 있었고, 핵심 관리자들의 성향도 분명한 대조를 이루며 과학 전반의 흐름에 영향을 미치고 있었다. 러더퍼드가 케임브리지에, 마리 퀴리가 파리에, 에렌페스트가 레이든에, 보어가 코펜하겐에, 힐베르트의 든든한 지원을 받는 보른과 프랑크가 괴팅겐에, 뮌헨에 조머펠트가, 베를린에 플랑크가 자리 잡고 있었다. 그리고 드브로이, 하이젠베르크, 파울리, 슈뢰딩거, 디랙 등은 자유전자처럼 이 중심지들을 이리저리 오가며 유럽과학의 최절정을 만들어가게 될 것이었다. 그리고 다시 보른과 보어의 정리, 아인슈타인 등 반대자들의 정련과정이 뒤따르며 양자역학은 모습을 드러내게 된다.

5

하이젠베르크

행렬역학과 불확정성 원리로 유명한 하이젠베르크(Werner Karl Heisenberg, 1901~1976)는 1901년 20세기의 시작에 태어났다. 태어난 해 자체가 행운이었다. 징병 당하기 일보 직전에 제1차 세계대전이 끝났기 때문이다. 수많은 재능 있는 젊은이들이 이 시기 죽음을 맞았다는 점에서 그는 운이 좋은 편이다. 대전쟁이 끝났을 때, 하이젠베르크는 혼란스럽고 불안한 독일 젊은이들 중 한 명이었다. 기존 질서를 붕괴시킨 책임이 있었던 기성세대는 그들의 질문에 답을 해줄 수 없었다. 젊은이들은 더 이상 어른들을 믿을 수 없었고 모든 이정표가 사라진 느낌을 받았다. 어쩌면 그가 양자역학이라는 전혀 새로운 과학에 발을 들여놓은 것은 이런 독일의 분위기가 한 원인이었을 수 있다. 그 길은 용기가 필요한 일이라기보다 모든 것이 무너진 세계에서 선택 가능한 유일한 길이었을지도 모른다.

하이젠베르크 유년기

뷔르츠부르크에서 출생했던 하이젠베르크는 아버지가 뮌헨 대학 그리스어 교수가 되어 1910년 뮌헨으로 이사한 뒤, 교육도시 뮌헨에서 김나지움과 대학을 다녔다. 하이젠베르크의 천재성은 어려서부터 눈에 띄었다. 김나지움 생활기록부에는 하이젠베르크의 성격과 역량을 가늠해볼 수 있는 다음과 같은 내용들이 남아 있다. "본질적인 것을 보는 눈을 가지고 있다. 하찮은 문제로 신경을 쓰거나 기운을 소모하는 일은 결코 없다" "특히 문법과 수학에서 그의 두뇌회전은 신속하고 실수 없이 이루어진다. 자발적인 열성, 문제의 근본까지 이르는 큰 관심, 그리고 명예욕." "그는 우수한 성적을 장난치듯 쉽게 얻었고, 그 성적을 얻는데 아무 힘도 들이지 않았다." "이 학생은 정상적인 자신감을 가지고 있으며, 언제나 뛰어나고 싶어한다." 당시 독일 김나지움에서는 미적분을 가르치지 않았는데 하이젠베르크는 자신이 독학으로 미적분을 배우게 된 과정에 대해 스스로 설명을 남겨놓았다. 김나지움 시절 박사학위 시험을 앞둔 한 여성이 수학시험을 위해 미적분을 가르쳐달라고 하이젠베르크를 찾아왔다. '신동' 하이젠베르크에 대한 소문을 듣고 김나지움 학생에 불과한 소년에게 미적분 강의를 청한 것이다. 수강료를 준다니 하이젠베르크는 흔쾌히 허락했다. 당시 하이젠베르크는 16~17세의 나이였고 물론 미적분을 몰랐었다. "나는 그녀를

청년기 하이젠베르크
뮌헨의 조머펠트, 괴팅겐의 보른, 코펜하겐의 보어라는 세 강줄기가 합쳐지며 하이젠베르크의 업적이 나왔다.

규칙적으로 가르쳤고, 아마 석 달쯤 계속했던 것 같다. 그때 그녀가 미적분을 배웠는지는 모르겠다. 하지만 나는 배웠다."

『부분과 전체』의 충격

1969년 하이젠베르크가 인생 전체를 돌아보며 써낸 『부분과 전체』는 1970년대부터 번역되어 한국에서 꾸준히 읽혀온 책이다. 일인칭 시점으로 쓴 자서전이지만 양자역학의 역사를 생생하게 살펴보며 과학과 철학의 관계성에 대해 깊은 통찰을 제공한다. 양자역학의 핵심인물들과 함께하며 배를 타고, 하이킹을 즐기고, 산장에서 대화를 나누는 하이젠베르크의 모습이 참으로 부럽게 느껴지는 책이다. 그랬기에 책의 말미에 가면 전쟁중에 보어와 어색한 대화를 주고받고, 가족들을 이리저리 피신시키는 노벨상 수상자의 모습들은 더욱 슬프고 고달프게 다가온다.

『부분과 전체』 도입부에서 하이젠베르크는 독일의 1차 세계대전 패전 직후인 1920년에 친구들과 나눈 대화를 떠올리며 책을 시작한다. 10~20명의 친구들과 함께 간 하이킹에서 하이젠베르크는 친구와 원자에 대한 대화를 나눴다. 하이젠베르크는 그리스 원전 강독 시간에 읽었던 플라톤의 『티마이오스』를 떠올린다. 그들은 근본물질의 개념에 대해 깊이 있는 철학적 대화를 나눴다. 하이젠베르크와 친구들은 이 대화에서 원자의 실재성 자체에 의문을 던진다.

원자는 일상의 대상들과는 완전히 다르게 동작할 것이고, 물질을 계속 쪼개가는 과정에서 불연속성과 만나게 될 것이라는 것, 그리고 그때부터 입자적 구조로 되어 있는 물질이라는 생각이 나오겠지만, 친구는 그 시점에서 만나게 될 구조는 객관적 상으로 규정할 수 없을 것이라고 주장한다. "그것은 자연법칙에 대한 추상적 표현이지 구체적 사물은 아닐 것이다." 다른 친구가 원자를 직접 볼 수 있다면 어떻게 되겠냐고 반문하자 그는 볼 수 없을 것이라고 단정한다. "볼 수 없을 거야. 다만 원자의 작용만 볼 수 있겠지." 그리고 '원자는 표상과 대상이 더 이상 구분되지 않고' 그 이유는 원자가 더 이상 그 두 가지가 아니기 때문이라고 한다. "그것은 '사물'이 아니니까……이런 세계는 우리가 직접 경험할 수 있는 영역과 거리가 멀어." 그리고 우리의 언어는 선사시대 인간의 경험 속에서 생겨난 것이기에 원자의 세계를 기술하는 데 불충분하다고 결론 짓는다.

하이젠베르크는 이런 식으로 『부분과 전체』 도입부에서 기억 속 친구의 입을 빌어 자신이 하고 싶은 말을 선언하고 시작했다. 반복해서 우리의 언어는 원자를 기술하기에 불충분하고, 우리는 결코 원자를 '볼' 수 없기에, 우리는 원자를 사물을 생각하듯 생각해서는 안 되고, 전혀 다른 언어로 기술할 수밖에 없다는 것을 강조했다. 이것은 사실 그들이 만든 양자역학의 핵심전제다. 한편으론 그래서 이해하기 어렵고 모호한 느낌이 들 수밖에 없음을 에둘러 남의 입을 통해 변명 중인 셈이다. 원자라는 객관적인 사물로서의 궁극입자를 실재하는 것으로 규정하는 것은 사물은 사물로 구성되어 있고, 입자는 입자로 구성되어 있다는 말에 불과하다. 이런 설명들이 동어반복에 불과함을 약관의 하이젠베르크는 정확히 간파했다.

이 부분은 필자에겐 충격으로 다가왔었다. 원자라는 과학 속 개념에 대해 19세의 독일 젊은이들은 이런 대화를 나눌 줄 알았다. 나는 서른이 넘을 때까지 원자 자체를 언제나 '실재'하는 것, 아주 '작은 사물'과 같은 것으로 당연하게 인식해왔었는데 말이다. 단지 하이젠베르크와 그의 친구들이 똑똑하기 때문일까? 아니면 독일사람들이 본래적으로 철학적이기 때문일까? 혹은 우리가 경박한 것일까? 내가 단 한 번도 생각하지 않았던 근본적 의문을 그 젊은이들은 품고 있었다. 처음 읽었을 때 자괴감을 느낄 정도의 충격이었다. 하지만 어느 정도 독서량이 축적된 이제는 생각이 바뀌었다. 필자는 그런 대화가 가능했던 이유로 크게 두 가지를 추측한다. 먼저 20세기 초반이라는 시대 자체의 특성이다. 그때는 에른스트 마흐를 비롯해서 많은 학자들이 원자의 실재성 자체에 의문을 제기하던 시기다. 20세기 후반이라면 이런 사유를 찾기 힘들 것이다. 당연하게 배워온 것들에 의문을 제기하기는 쉽지 않다. 사실 하이젠베르크와 그의 친구들은 그 시기 출판된 과학철학적 저작들에서 원자의 실재성에 대해 의문을 가진 사유들을 차용하고 있다. 그들은 그 자연스러운 시대 흐름 속에서 대화하고 있었던 것이다. 둘째로, 그들에게는 과학이 문화적 전통이라는 것을 염두에 두어야 한다. 이것은 엄청나게 유리한 고지를 선점한 것이다.[18] 유럽인들은 10대에 김나지움에서 플라톤 등을 읽으며 사물의 상을 어떻게 바라봐야 할지에 대한 고대인들의 복합적 사유와 조우한다. 우리는 조상들의 철학조차 제대로 배우지도 않을뿐더러, 이를 과학과 연계해 사유해보려는 시늉조차 배우지 않는다. 그렇다고 동

---

18 비유해본다면, 우리는 양복 정장을 입으면 넥타이를 꼭 맬 수밖에 없다고 생각한다. 하지만 넥타이를 만든 영국인들은 넥타이가 아니라 자신 있게 스카프를 두르고 오는 여유를 보일 수 있다. 근본적인 전통을 가지고 있고 그 우선권을 주장할 수 있기에 그것이 '양복'인 한, 영국인들은 끝없이 새로운 방법을 창시할 수 있다. 우리가 양복에 대한 새로운 표준을 제시할 수 없는 이유는 우리가 본래적으로 디자인 감각이 떨어지기 때문이 아니라 양복이 우리의 전통이 아니기 때문이다. 하이젠베르크와 친구들의 대화는 이런 측면에서 생각해봐야 한다.

양철학을 버리고 서양철학을 가르치려고 하는 것도 아니다. 서양의 과학과 기술과 제도는 열심히 배우려고 하면서도 그것의 토대가 되는 철학에 대해서는 배우지 않는다. 사실 그런 것이 필요하다는 생각조차 하지 않는다. 우리는 과학에의 투자 소홀이 아니라 과학에 대한 철학적 교육의 미비로 인해 과학교육의 단순화를 초래하고 있는지 모른다. 『부분과 전체』에서 느꼈던 교훈 아닌 교훈이었다.

파울리와의 만남

대입자격시험을 친 직후 하이젠베르크는 헤르만 바일이 쓴 『시간, 공간, 물질』을 읽었다. 상대성이론을 수학적으로 서술한, 하이젠베르크로서는 무척 매력적인 내용이었다. 이 책을 읽고 하이젠베르크는 뮌헨 대학에서 수학을 전공하기로 결심했다. 아버지의 소개로 뮌헨 대학의 대수학자 린데만 교수를 찾아갔을 때, 린데만은 무슨 책을 읽었느냐고 물었다. 바일의 책을 읽었다고 하자 "그렇다면 자네는 수학을 하기에는 글러버렸구면."이라고 반응했다. 이렇게 순수수학의 세계에서 일언지하에 거절당한 당혹감 속에서 하이젠베르크는 물리학과의 인연을 시작했다. 이번엔 물리학과에 가서 조머펠트와 만났다. 바일의 책을 읽었다고 하자 조머펠트는 린데만과 전혀 다른 반응을 보였다. "아주 욕심 많은 젊은이군……상대성이론이 자네에겐 아주 매력적이겠지." 그렇게 시작한 조언은 현대물리학이 여러 전반적 측면에서 철학의 기본 입장을 뒤흔드는 방향으로 나아가고 있고, 그 길은 하이젠베르크가 지금 상상하는 것보다 훨씬 멀다고 조언했다. 그러니 먼저 겸손하게 전통

물리학부터 공부해 나가야 한다고 인자하게 말했다. 그 말에 힘을 얻은 하이젠베르크는 물리학자가 되기로 마음먹었다.[19] 조머펠트는 평생에 걸쳐 인자한 스승이 되어 제자들이 올바른 연구자의 길을 갈 수 있도록 인도했다. 학문의 길에서 만난 하이젠베르크의 첫 행운이었다. 이후에도 하이젠베르크는 엄청난 '행운'들에 노출된다. 물론 그 행운들은 대부분 그의 능력에 기인했다.

1920년 뮌헨 대학에 입학한 뒤 또 하나의 중요한 만남이 이루어졌다. 평생의 친구이자 비판자가 되어준 볼프강 파울리를 만나 죽마고우가 된 것이다. 하이젠베르크는 이 시기 조머펠트와 파울리와의 대화가 공부의 가장 중요한 부분을 차지했다고 술회했다. 『부분과 전체』에도 당시 파울리와의 여러 일화가 소개되어 있다. 그 대화들만으로도 양자역학의 기본 문제들에 대한 훌륭한 설명이 된다. 야행성이라 오전 수업은 자주 빼먹고 정오가 되어서야 강의실에 나타나곤 했던 파울리는 중량감 있는 조언과 지적 자극들을 하이젠베르크에게 지속적으로 제공했다. '특수상대성이론은 완결되었지만 일반상대성이론은 아직 그 정도의 완결은 아니다.'라거나 '보어가 원자의 안정성을 플랑크의 양자 가설과 연결시키는 데 성공하긴 했지만 역시 아직은 안개 속을 더듬는 꼴'이라는 명확한 표현들은 젊은 파울리의 개별 이론들에 대한 이해의 깊이를 짐작케 한다. 마흐는 직접 관찰할 수 없는 원자의 존재를 믿

---

19 당시 하이젠베르크가 물리학을 전공하기로 했다는 말을 들은 친구의 어머니는 음악을 전공하지 않은 이유를 물었다. "네 연주와 너의 음악 이야기를 듣노라면 과학이나 기술보다 예술 쪽이 네게 훨씬 더 잘 맞을 거라는 생각이 드는데 말이다." 그 정도로 하이젠베르크의 연주솜씨는 훌륭했다. "물리학에서는 바야흐로 아직 조망할 수 없는 신대륙이 열리고 있어요."라고 하이젠베르크는 대답했다.

지 않았지만 물리학에는 원자의 존재를 인정해야만 이해 가능한 수많은 현상들이 있다고 날카롭게 마흐의 한계를 지적하고, 보어는 전체 주기율표 각 원자들의 전자궤도를 알고 있다고 주장하지만 원자 안에 정말로 전자궤도 같은 것이 있다고 생각하는지 반문하며, '보어 스스로도 원자 속 전자궤도를 믿고 있는 것인지' 근원적인 의문들을 제기한다. 어떤 권위도 파울리 앞에서는 의미가 없었다.

반면 파울리에 대한 하이젠베르크의 다양한 반응들을 보면, 역시 친구 못지않은 해박한 통찰과 지적 야심을 갖춘 약관의 젊은이가 드러난다. 며칠 간 자전거 여행 중 파울리가 상대성이론을 이해하느냐고 물었을 때, 하이젠베르크는 잘 모르겠다며 자연과학에서 '이해'라는 말이 대체 어떤 의미인지 잘 알 수 없기 때문이라고 덧붙였다. 상대론의 수학적 토대는 어렵지 않은데, 시간 개념이 혼란스러워진다는 것이 쉽게 믿어지지 않고 그런 점에서 이해가 가지 않는다고 말한다. 파울리는 상대론의 수학 구조를 알면 계산해낼 수 있고 실제 실험에서도 계산상 예측과 같은 결과가 나오리라 확신할 수 있다면 그 이상 뭘 원하는지 반문했다. 그러자 하이젠베르크는 '내가 그 이상 뭘 원해야 할지 모르겠다는 것이 문제'라며 '어느 정도 속는 기분'이고 '머리로는 이해했지만 가슴으로는 아직 이해 못 했다.'거나 '우리의 언어와 사고가 이 세상에서 방향 잡기에 쓸모 있는 도구인지 혼란스럽다.'는 근본적인 마음속 딜레마를 피력한다. '칸트까지 끄집어내고 싶지는 않지만' 그런 기본 개념들을 변화시키면 언어와 사고까지 불확실한 것이 된다고 덧붙인다. 물론 이 내용들을 정확히 그 나이 때 하이젠베르크와 파울리의 생각들이었는지는 의심의 여지가 있다.

노년이 되어 되돌아보는 자신의 유년기는 언제나 미화되기 마련이다. 하지만 그런 한계에도 불구하고 생각해 볼 여지가 많은 자기 고백들이다. 하이젠베르크의 표현처럼 '이해'가 어떤 의미인지 이해하기는 힘들다. 상대론을 깊이 생각할 때면 많은 사람들이 그런 생각을 하곤 한다. 하지만 하이젠베르크가 기초한 양자역학은 상대론보다 몇 배는 더 그렇다는 점에서 하이젠베르크의 말들은 아이러니하다. "관찰 가능한 것만 기준으로 삼은 것이 아인슈타인의 큰 업적이지……이론이 관찰결과를 올바로 예측하기만 하면 이해에 필요한 모든 것이 제공되니까." 한 친구의 입을 빌어 표현한 이 입장은 사실 '미국적' 과학 분위기의 전형이다. 실증주의와 실용주의가 뒤섞인 20세기 후반 미국 과학의 흐름은 20세기 전반의 철학적 질문의 많은 부분들에 무관심해졌다. 하지만 하이젠베르크는 이렇게 되받았다. "프톨레마이오스는 (천동설로) 일식과 월식을 정확히 예측했지……하지만 그것이 행성계를 진정으로 '이해'했던 걸까?" 모든 과학도가 곱씹어볼 한 마디다. 예측과 이해는 분명히 다른 것인데, 우리는 결과를 '예측'했다는 것에 만족하며 그것을 '이해'한 것으로 착각하고 있는 것은 아닌지.

조머펠트 세미나에서는 당시 새롭고 뜨거운 주제였던 보어의 원자이론을 자주 다뤘다. 보어 원자이론은 러더퍼드 실험에 기초해서 원자를 작은 행성계처럼 파악하고 있었다. 사실 오늘날까지도 양자역학에 익숙하지 않은 많은 사람들이 이런 형태로 원자를 머릿속에 그리고 있다. 쉽고 직관적이며 무엇보다 대부분의 화학작용들은 이 정도의 가정만으로 쉽게 설명되기 때문이다. 하지만, 이 전자궤도들은 행성계와 달리 외적 방해로 변화될 수 없었다. 예를 들어 태양계는 외계행성이 충돌하면 부서지거나 궤도가 바뀔 수 있지만 원자는 언제나 그런 상태를 유지했다. 참으로 기이하며 설명되지 않는 이 원자의 '안정성'을 설명하려면, 뭔가 생소한 개념이 추가되어야만 한다는 것은 모두가 느끼고 있었다.

보어와 만남

1922년 조머펠트는 하이젠베르크에게 보어를 개인적으로 알고 싶지 않은지 물어보며 괴팅겐의 '보어 축제'에 함께 가자고 제안했다. 하이젠베르크가 왕복 기차비용을 걱정하자, 조머펠트는 여행경비까지 대주겠다고 제안했다. 당시에는 기차여행이 오늘날의 비행기 여행 같은 것이었다. 조머펠트는 여러 면에서 정말 훌륭한 스승이었다. 그래서 하이젠베르크는 1922년 초여름에 열렸던 괴팅겐의 보어 축제를 경험하고 보어와 직접적인 인연을 만들게 된다. 하이젠베르크에게 보어의 첫 인상은 스칸디나비아인 특유의 건장한 체격, 덴마크 억양, 고도로 신중한 어휘를 사용하는 인물이었다. 세미나 중 하이젠베르크는 용기를 내 보어에게 질문했다. 이 질문이 인상적이었던 보어는 약관의 학부생에 불과한 하이젠베르크에게 둘만의 산책을 제안했다. '보어와의 산책'은 유명하다. 보어는 언제나 마음에 드는 연구자와 개인적 '산책'을 했고, 이는 보어가 낙점했음을 의미했다. 그리고 언제나 함께 산책한 사람들에게 강한 인상과 영감을 남겼다. 하이젠베르크도 예외는 아니었다. '이 산책은 이후 나의 인생에 너무나 강력한 영향력을 발휘'했고 '나의 과학은 이 산책과 함께 시작되었다.'고 명료하게 표현했다. 산책 중 보어는 '우리는 이미 기존 개념으로 충분치 않음을 알고 있다.'면서 기존의 뉴턴 역학을 원자 내부에서 적용할 수가 없다는 점을 지적하며 원자구조를 명료하게 진술하는 것의 불가능성을 말한다. "원자구조에 대해 뭔가 말해야 하지만, 완전하게 의사소통할 수 있는 언어를 가지고 있지 않지요……말이 통하지 않는 먼 나라에 표류한 선원과 마찬가지인거죠……"

1922년경 보어의 입장도 이미 명확해져 있다. 하이젠베르크 역시 보어의 설명을 들으며, '원자는 사물이 아니다.'라고 했던 친구의 표현을 다시 떠올렸다. 그리고 하이젠베르크는 평생 동안 자신의 작업이 된 질문을 던졌다. "우리가 원자구조에 대해 이야기할 수 있는 언어를 가지고 있지 않더라도 우리는 언젠가 원자를 이해할 수 있을까요?" 보어는 조금 전까지의 부정적인 불가지론에서 갑작스럽게 선회하며 특유의 낙관적 스타일로 답했다. "물론이죠. 동시에 우리는 '이해한다.'라는 말이 무슨 뜻인지 알게 될 겁니다." 그리고 보어는 덴마크에 한번 와보라고 초청하며 산책을 마무리했다. 하이젠베르크는 이 산책을 인상적으로 기억했다. 그리고 아마도 보어에게는 더욱 인상적이었던 듯하다. 보어는 산책 후 돌아와 지인들에게 "그는 모든 것을 알고 있다!"라는 말을 남겼다. 현대과학사에 있어 결정적으로 중요했던 인연이 이렇게 맺어졌다. 그뿐 아니었다. 하이젠베르크는 막스 보른, 제임스 프랑크, 리하르트 쿠란트, 심지어 다비트 힐베르트까지 '덤으로' 알게 되었다. 1922년 괴팅겐으로의 여행은 풍성한 결실을 얻었다. 제자 한 명 한 명의 성장을 놓고 고민하는 조머펠트의 노력이 현대과학을 어떻게 변화시켜 갔는지 또한 분명히 보여주는 이야기다.

하이젠베르크와 아인슈타인의 악연(?)

보어 축제 직후, 조머펠트는 하이젠베르크에게 이번에는 라이프치히에서 열리는 학회에 가서 아인슈타인의 강연을 직접 들어보지 않겠느냐고 제안했다. 지난번 괴팅겐에서의 결과에 크게 만족했던 하이젠베르크에게 이번에는 아버지가 뮌헨-라이프치히 간 왕복기차표를 선물로 주었다. 라이프치히에 가서 돈을 절약하려고 제일 허름한 곳에 숙소를 잡았다. 기대감에 들떠 저녁에 라이프치히 대학에 갔을 때, 지난번 괴팅겐과는 전혀 다른 느낌의 긴장된 분위기를 느꼈다. 아인슈타인의 강연장에 들어가려고 하자 문에서 젊은이가 붉은 색의 쪽지를 나눠주고 있었다. 아인슈타인의 상대성이론은 과대평가되고 검증되지 않은 사변이니 조심하라는 경고장이었다. 간단히 말을 나눠보니 그는 정신이상자가 아니라 유명 교수의 조교였고, 명망 높은 물리학자가 그 쪽지를 만든 장본인임을 알았다.—하이젠베르크는 책에서 그 교수의 이름을 밝히지 않았으나 필립 레나르트였을 것이다. 하이젠베르크는 비참한 기분을 느꼈다. 과학만큼은 정치적 논쟁에서 자유로울 것으로 믿어왔는데, 이제는 과학마저 악의적인 정치적 열정들에 감염되고 왜곡되고 있는 현장을 본 것이다.

"나쁜 수단은 그 장본인들이 자신들의 명제의 설득력을 스스로 믿지 못한다는 것을 증명한다." 하이젠베르크는 환멸 속에 아인슈타인의 강연조차 제대로 들을 수 없었고, 아인슈타인과는 인사도 못 나누고 홀로 풀이 죽어 숙소로 돌아왔다. 그런데 엎친 데 덮친 격으로 방에 와보니 모든 물건을 도둑맞았다는 사실을 알았다. 다행히 돌아오는 기차표가 주머니 속에 있었기에 하이젠베르크는 다음 기차로 뮌헨으로 돌아와버렸다. 아버지께 공연한 재정적 손실만 끼쳤다는 낙담 속에 성과 없이 끝난 여행을 자책했다. 하이젠베르크는 남쪽 숲에 가서 벌목 아르바이트로 기차표 값을 번 다음에야 일상으로 돌아갔다. 이렇게 라이프치히에서 아인슈타인과의 만남은 괴팅겐에서 보어와 만남과는 전혀 다른 분위기로 끝나버렸다. 하이젠베르크와 아인슈타인의 인연은 이후 그들의 입장 차를 예언하듯 불안하게 시작됐다.

보어 축제 뒤 하이젠베르크는 역량을 쌓아갔다. 먼저 9월에 괴팅겐에 가서 반년을 배웠다. 그리고 다음 해인 1923년 뮌헨에 돌아와 한 학기 동안 박사학위 논문을 마무리 지은 뒤, 다시 괴팅겐에 돌아가 보른의 조교로 역량을 쌓았다. 1924년에는 교수자격 취득과정까지 통과했다. 그렇게 보어와 만난 지 1년 반이 지난 1924년 부활절 방학 때, 하이젠베르크는 약속을 지켜 덴마크의 보어를 방문했다. 덴마크어를 몰라처음에는 찾아가는 데 고생했지만, 닐스 보어의 연구소에서 근무할 예정이라고 하자 모든 것이 손쉽게 해결되었다. "보어라는 이름이 모든 문을 열어주었고 순식간에 모든 장애물을 제거해주었다." 보어 연구소는 여러 나라에서 온 재능 있는 젊은이들이 모여 있었다. 보어는 보기도 힘들 정도로 바빴는데, 며칠 뒤 보어는 셀란 섬으로 하이킹을 가자고 제안했다. 많은 행정적 격무로 바빴던 보어는 이처럼 사이사이 휴가시간의 대화를 통해 순수연구를 계속했던 셈이다. 단 둘의 배낭여행은 햄릿의 무대인 크론보르 성까지 걸어가며 이루어졌다. 두 사람은 1차 대전 시기 독일인들의 열광적 분위기에 대해 얘기하다가 1864년 덴마크와의 전쟁, 1866년 오스트리아와의 전쟁, 1870년 프랑스와의 전쟁 등 프로이센의 19세기 팽창전쟁들에 대한 평가들로 토론이 이어졌다. 보어는 프로이센인은 능력이 있음에도 주변 유럽인들의 인심을 사는 데는 실패했다는 냉정한 평가를 던졌고, 하이젠베르크는 대전 기간 독일이 많은 불의를 저질렀음을 인정했다. 보어는 예의 그 특유의 철학적 어투로 인간들의 전쟁에 대한 열광을 정리한다. 철새들은 누가 이동을 결정했는지, 왜 이동이 일어나는지 알지 못하지만 '각각의 철새는 그 소망에 함께하려는 공동의 흥분에 사로잡히고' 함께 날아갈 수 있다는 것을 행복해한다고 했다. "그 길에서 많은 새가 죽을지라도 말입니다." 보어는 15세 연하의 독일 청년과 이렇게 격의 없이 대화했다. 전쟁과 정치에 대해서 허물없이 깊은 대화를 나누던 그들의 우정은 20년 뒤 시대에 의해 배반당하게 된다.

6

슈뢰딩거

사라지는 것들

파동역학의 창시자 에르빈 슈뢰딩거(Erwin Schrödinger, 1887~1961)는 자신의 일기에 '사라지는 것들'이라는 제목을 붙여놓았다. 그 일기에는 과학적 내용을 제외한 그의 일상사가 기록되어 있다. 아마도 슈뢰딩거는 불변하는 과학원리와 자기 자신을 포함한 사라지는 일회성의 현상들을 구별한 것 같다. 파동역학 창시자로서의 '불변의 슈뢰딩거'를 이해하기 위해서는, '사라지는 것들로서의 슈뢰딩거'를 먼저 이해해야 할 것이다. 그의 일기에 대해 덧붙일 것이 있다. 그의 일기는 주로 모국어인 독일어로 적혀 있지만 군데군데 프랑스어로 쓴 부분이 나온다. 처음 슈뢰딩거의 일기를 분석하던 사람들은 왜 일기를 2개 국어로 적었을까 궁금해했다. 하지만 프랑스어로 적힌 부분들의 공통점은 쉽게 드러났다. 모두 여성들과 만남에 대한 이야기였다. 아마도 사랑에 대한

슈뢰딩거

그의 이름은 '파동역학', '고양이', '바람둥이'라는 단어와 함께 떠오른다. 1926년 파동역학 완성과 1933년 노벨 물리학상 수상으로 이어지는 에르빈 슈뢰딩거의 화려한 경력과 어지러운 여성편력 뒤에는 멸망한 제국 청년의 고뇌, 사랑하는 이들을 잃는 슬픔, 나치 치하의 탈주 등의 이야기가 복잡하게 교차되어 있다. 1900년생 파울리, 1901년생 하이젠베르크, 1902년생 디랙 등의 청년들에 비해, 심지어 1892년생 드브로이에 비해서도 1887년생 슈뢰딩거는 훨씬 위의 연배였다. 하지만 그들의 물리학은 같은 시기 함께 파동을 쳤다.

이야기는 역시 프랑스어로 적어야겠다고 생각했던 듯하다. 슈뢰딩거 평생의 여성편력은 유명했지만 일기에 의해 좀 더 정확한 그의 개인사가 드러났다. 문란한 사생활로 악명(?) 높은 슈뢰딩거는 생애 최대의 학문적 업적을 창안하는 시기에 여러 여성들과 사랑을 나눴다. 특히 많은 이들의 관심을 끈 부분은 1925년의 크리스마스 휴가에 대한 부분이다. 알프스의 아로사로 휴가를 갔던 슈뢰딩거의 일기는 프랑스어로 적혀 있었다. 그런데 파동역학의 핵심 아이디어는 바로 그곳에서 탄생했다. 입으로 사랑의 밀어를 속삭이며 그는 파동역학을 만들었던 것이다. 휴가를 함께한 여성이 누구인지는 밝혀내지 못했다. 어쩌면 신비한 파동역학의 탄생에 가장 알맞은 신기한 결말일 것 같다. 그리고 암울한 청년시절의 고난들은 그를 쇼펜하우어와 인도 베단타 철학에 심취하게 했으며 이런 그의 사상들은 『생명이란 무엇인가』, 『정신과 물질』, 『나의 세계관』 등의 저작에 극명하게 나타난다. 이 책들의 영향력은 커서 그의 업적과 별개로 물리학과 생물학을 전공한 젊은 자연과학도들에게 많은 영향을 미쳤다. 어쨌든 슈뢰딩거라는 이름은 '파동역학', '고양이', '바람둥이'라는 단어와 함께 떠오르기 마련이다.

슈뢰딩거의 유년기

　1887년 8월 12일, 빈에서 출생한 슈뢰딩거는 오스트리아-헝가리 제국 말기의 영광과 몰락을 함께 경험하며 전형적인 독일어권 과학자의 삶을 살았다. 이론물리학자들은 학자집안 출신인 경우가 많았고 대다수의 과학자들은 중산층 이상의 가정에서 최소한의 경제적 여유를 갖추고 성장했다. 적어도 독일어권 국가에서 이런 계층 집중은 확연히 드러난다. 막스 플랑크, (독일어권은 아니지만) 닐스 보어, 막스 보른, 볼프강 파울리, 베르너 하이젠베르크의 아버지들은 모두 대학교수들이었다. 슈뢰딩거의 배경도 이 범주에서 크게 벗어나지 않았다. 그의 아버지는 사업을 하고 있었으나 화학과 생물학에 조예가 깊었고 항상 실험하는 모습을 어린 아들에게 인상적으로 각인시켰다. 슈뢰딩거는 김나지움과 대학에서 항상 수석이었다.

　베를린, 괴팅겐, 뮌헨 대학과 더불어 오스트리아 제국의 빈 대학은 20세기 초반 세계 최고수준의 독일어권 이론물리학을 선도하던 중심지였다. 빈에서 태어난 슈뢰딩거가 도플러로부터 볼츠만에 이르는 화려한 업적을 자랑하는 빈 대학에 그대로 입학해 물리학자가 되는 과정은 어쩌면 특별한 고민이 필요 없는 자연스러운 일이었다. 슈뢰딩거로서 가슴 아팠던 일은 볼츠만을 대면할 기회를 몇 달 차이로 놓친 것이다. '자살은 빈의 생활습관'이라는 말이 있을 정도였지만, 1906년 볼츠만이라는 거장의 자살은 빈의 물리학 전공자들에게는 큰 충격이었다. 슈뢰딩거는 그 해 가을 물리학과 건물에 들어갈 때 느꼈던 감정을 이렇게 회상했다. "얼마 전 루트비히 볼츠만이 비극적으로 사라진 빈의 물리학과……건물은 내게 곧바로 그 위대한 영혼을 떠올리게 했다. 그의 사상의 폭은 내게 과학적인 사랑의 대상이었다. 그 이후 누구도 나를 그토록 매혹시키지는 못했다." 이때 마이트너는 은사 볼츠만이 죽자 곧 빈 대학을 떠나갔고, 볼츠만의 죽음에 한 원인을 제공한 마흐를 대부로 둔 파울리는 아직 여섯 살로 볼츠만이 누구인지 알지 못했을 시기였다.

이처럼 한때 마흐, 볼츠만, 마이트너, 파울리, 슈뢰딩거가 모두 빈에서 살고 있었다. 이후 과학사의 흐름을 아는 사람들 입장에서는 신비로운 느낌까지 준다. 하지만 빈이 잉태한 것은 현대과학의 가능성만은 아니었다. 슈뢰딩거가 빈 대학 최고천재로 불리며 물리학도의 꿈을 키워갈 무렵, 가까운 시내 골목길에서는 두 살 어린 아돌프 히틀러가 자신이 그린 싸구려 그림을 팔아 연명하고 있었다. 슈뢰딩거가 현대물리학을 체계적으로 학습하고 있을 때, 히틀러는 미대입시에 낙방하고 외투를 저당 잡힌 채 빵과 우유를 얻기 위해 빈의 거리를 헤매면서 전 세계에 대한 적개심과 유대인에 대한 증오를 키워가고 있었던 것이다. 일면식도 없었던 히틀러는 후일 슈뢰딩거의 인생경로를 갑작스럽게 휘어놓게 된다. 같은 도시 동시대인들의 이런 극명한 대비도 빈이란 도시의 이중성을 드러내준다. 합스부르크 제국 말기의 빈의 예술적이면서도 야만적인 모순된 분위기는 슈뢰딩거의 인격 형성에 상당한 영향을 미쳤을 것이다.

암울한 청년기—쇼펜하우어와 베단타

우여곡절 끝에 1907년 하젠욀이 볼츠만의 후임으로 취임하고 슈뢰딩거는 하젠욀의 강연을 놀라움과 흥분 속에서 들었다. 그는 이 두 위대한 오스트리아 거장의 뒤를 이어서 이론물리학을 일생의 업으로 삼기로 결심하면서 착실히 물리학자로서의 계단을 한걸음씩 올라갔다. 하지만 1914년이 되자 슈뢰딩거의 여러 인생계획들이 모두 수포로 돌아갔다. 8월에 제1차 세계대전이 발발했다. 긴 평화의 시대가 끝났다. 많은 젊은이들의 운명이 바뀌었다. 전쟁발발 당시 슈뢰딩거는 27세였다. 절정의 창조력을 발휘할 만한 시기에 물리학도의 꿈을 접고 입대해야 했고, 전쟁은 4년이나 계속되었다. 포병장교로 임관했던 슈뢰딩거는 무공훈장을 두 번이나 받았다. 앞서도 살펴봤지만 '수학'에 조예가 깊은 사람은 포병장교가 되면 탁월한 능력을 발휘하던 시기였다. 그가 계산하면 언제나 적군보다 먼저 정확한 지점을 찾아 포격할 수 있었다. 하지만 가장 존경해 마지않던 스승 하젠욀은 1917년 10월에 수류탄을 맞고 전사했다.

슈뢰딩거는 전쟁기간 냉소적인 성격이 되어갔다. 하지만 막상 견디기 힘들 정도로 훨씬 더 암담했던 것은 종전 후의 상황이었다. 유럽 전체가 스스로의 몰락을 자초한 시기였지만, 특히 오스트리아-헝가리 제국의 운명이 가장 비참했다고 볼 수 있다. '패전국에게만 부여된' 민족 자결주의 원칙에 기초한 전후처리는 오스트리아-헝가리 제국의 존재 자체를 지워버렸다. 전쟁이 끝났을 때 오스트리아-헝가리 제국은 오스트리아, 헝가리, 체코슬로바키아 등으로 형체를 알 수 없을 정도로 산산조각 나버렸다. 아버지 루돌프의 사업은 전쟁기간의 물자고갈로 완전히 파산했고, 30여 년의 삶 동안 너무도 당연하게 존재했던 슈뢰딩거의 조국은 사라졌다. 체르노비츠 대학 조교수 임용의 꿈은 제국 해체와 함께 체르노비츠가 오스트리아 영토에서 제외됨으로 무산되었다.

징집된 800만의 젊은이들 중 100만 이상이 전사한 오스트리아는 연합국의 노골적인 경제봉쇄 속에 가장 먼저 살인적 인플레이션이 뒤따랐다. 지폐는 쓸모가 없었고 빈의 유복했던 중산층 가정들은 1918년 겨울에 피아노, 가재도구, 카펫들을 차례로 내다 팔아 약간의 식료품과 바꿔야 했다. 슈뢰딩거와 그의 아버지가 아끼던 수많은 책들도 처분되었다. 1919년 성탄전야에 아버지는 사망했다. 슈뢰딩거는 이로부터 2년이 안 되어 어머니와 할아버지도 잃었다. 불과 몇 년 만에 사실상 모든 것이 철저히 붕괴했다. 1920년 슈뢰딩거는 빈을 떠났다. 다시는 보고 싶지 않은 도시가 되었는지 슈뢰딩거는 그로부터 36년이 지나서야 빈으로 돌아왔다. 생애 최악의 시기였다. 미래가 불투명한 상황에서 엄청난 불안감속의 삶을 살아야 했던 이 시기 그는 어느 때보다 철학에 탐닉했다. 그리고 여러 권의 노트를 철학에 관한 주석으로 채웠다. 이 시기 철학적 습작들은 그의 이후 저작들, 어쩌면 그의 과학철학적 입장에도 그대로 영향을 미친 것 같다.

슈뢰딩거는 특히 자신의 평생에 걸쳐 지속될 사상적 기초를 쇼펜하우어와 베단타 철학[20]에서 찾았다. 슈뢰딩거는 특히 쇼펜하우어의 모든 저작을 읽었다. 이 명쾌한 허무주의 철학자의 저작은 1919년 이후의 슈뢰딩거의 암울한 상황에 완벽하게 들어맞았고, 이어 탐닉한 베단타 철학은 '모든 것이 연결된 하나로서의 우주'라는 이미지를 각인시켰다. 유복하게 자랐던 슈뢰딩거는 유년기와는 너무나 대조적인 청년기를 겪어야 했다. 전쟁은 그의 인생에서 정력적으로 연구할 시간을 3~4년이나 빼앗아 갔다. 그 시기는 대부분의 물리학자들이 업적을 쏟아내

---

20 '베단타'는 인도 경전인 '베다' 이후에 나온 철학적 논의를 뜻하는 말로서 '베다의 끝'이라는 의미이다.

던 연령대였다. 부친 사망 후 바로 결혼한 뒤 여러 곳을 전전하던 슈뢰딩거는 1921년에야 취리히 대학 교수로 안착할 수 있었다. 7~8년에 걸친 긴 고난의 시간이 끝났다. 34세의 나이에 드디어 그는 과거 아인슈타인이 재직하던 곳에서 안정적인 생활을 누리며 연구에 몰두할 수 있는 환경을 갖추게 되었다. 그러나 명문대 교수는 되었지만 학생시절 언제나 수석이었던 슈뢰딩거는 막상 뚜렷한 업적이 없었다. 1925년의 글에서 슈뢰딩거는 스스로의 자괴감을 이렇게 표현했다. "여기 있는 나, 38세, 이미 가장 위대한 이론가들이 주요 업적을 이룬 나이를 훨씬 넘겼다. 한때 아인슈타인이 있던 자리에 앉아 있는 나, 나는 누구인가?" 하지만 1925년은 그의 인생에서 기적의 해가 되어주었다. 물리학자로서는 상당히 늦은 시기에 그는 취리히에서 파동역학을 완성했다.

슈뢰딩거와 쇼펜하우어, 베단타, 그리고 파동역학

쇼펜하우어(Arthur Schopenhauer, 1788~1860)는 '철학자답게' 기행을 많이 남긴 인물이다. 유복한 상인의 아들로 태어났지만 아마도 자살로 추정되는 아버지의 죽음과 이후 어머니의 분방한 사교활동을 보며 여성혐오적 인생관을 가지게 되었다. 쇼펜하우어가 보기에 여성은 불행의 근원이었다. 쇼펜하우어가 헤겔을 미워했었

쇼펜하우어 초상
허무주의 철학의 대표 격으로 인식되는 쇼펜하우어.

고 헤겔과 경쟁하려고 같은 시간대에 자신의 강의를 열었다는 이야기는 유명하다. 물론 청강생들이 헤겔에게 몰려 한 학기 만에 포기했다. '철학의 숨은 황제'인 자신을 시기하는 자들의 공격을 받을까 항상 경계심을 가졌다. 이발사에게는 면도를 시키지 않았고, 화재가 두려워 이층에서 자지 않았다. 잘 때는 장탄된 권총을 침대 옆에 두었다. 쇼펜하우어의 노년에 1848년의 시민혁명이 실패한 뒤 염세주의적인 쇼펜하우어의 철학은 뒤늦게 유행했다. 음악에서 바그너, 철학에서 니체, 심리학에서 프로이트가 쇼펜하우어에 매료된 대표적 위인들로 꼽힌다. 무의식적인 삶의 의지, 생명체의 자기 보존 욕구, 종족 보존 본능 등을 강조한 그의 사상 체계는 이후 프로이트 등의 심리학과 20세기 사회생물학의 기본가정을 어느 정도 잉태하고 있었다. 대전쟁의 시대 이후 허무주의는 유행사조가 되기 마련이다. 특히 1차 대전 이후 오스트리아의 젊은이들이라면 냉소와 허무 이외의 도피처를 찾기는 힘들었을 것이다. 슈뢰딩거에게 쇼펜하우어는 적절한 안식처였다.

삶에 대한 의지를 가지고 있는 한 "인생은 고통이요, 이 세계는 최악의 세계"라고 본 쇼펜하우어는 이 고통을 벗어나기 위해 어떤 해법을 제시했을까? 예술적 관조에 의해 잠시 이 세계를 망각하는 방법이 있지만 그것은 순간적일 뿐이다. 궁극적 방법은 의지의 부정을 통한 윤리적인 해탈이다. 모든 고통이 끊임없는 의지의 발동에 의한 것이니 의지 자체를 없애는 것이 영구적 해탈에 이르는 길인 것이다. 보다시피 쇼펜하우어는 당시의 유럽인들에게는 낯선 인도 철학에 경도된 느낌이다. 그러기에 쇼펜하우어에 이어 인도 철학에 심취하는 것은 어쩌면 자연스러운 과정이다. 슈뢰딩거 역시 그 길을 따라갔다. 이후 '모든 것이 연결되어 어울리는 (파동 치는) 우주'의 모습은 베단타 철학에 심취했던 슈뢰딩거에게는 자연스럽게 심상될 만한 것이었다. 슈뢰딩거가 파동역학을 발견하고, 물리학적 실재가 파동임을 알아내는 과정은 이 시기에 흡수한 많은 직관적 사고와도 관련 있다고 볼 수도 있을 것이다.

1960년에 출판된 슈뢰딩거의 저작 『나의 세계관』은 15개장 중 10개 장이 1925년에 씌어졌다. 파동역학이 탄생되기 직전의 시기다. "형이상학의 죽음'은 기술의 과잉발전과 예술의 쇠퇴를 가져왔다." 그리고 대중들에겐 이제 어떤 원칙도 지도자도 없고 보편적인 퇴행이 일어나고 있다고 보았다. "제한 없는 이기주의가 징그럽게 머리를 들고 원시적인 철퇴로 선장 없는 배를 지휘한다." 기울어져 가는 서양문명을 바라보며 동요하는 지식인의 모습이 잘 표현되어 있는 글들이다. 동시에 자신의 인생에 대한 비관을 좀 더 큰 가치에 합리화시켜 투영한 것으로 볼 수도 있을 것이다. 쇼펜하우어의 철학처럼 슈뢰딩거의 세계관에서는 즐거움과 사랑을 거의 찾아볼 수 없다. 슈뢰딩거의 신앙과 물리학적 업적 사이에 직접적 인과관계를 주장하는 것은 지나친 단순화일 것이다. 하지만 베단타 철학이 가지고 있는 통일성과 연속성은 파동역학의 연속성 속에 어느 정도 반영된 듯 보인다. 1925년까지 보어나 하이젠베르크 등은 우주를 상호작용하는 수많은 개별입자들로 이루어진 거대한 기계로 파악하는 물리학적 세계관을 구축했다. 하지만 슈뢰딩거는 이 해에 '파동들의 중첩에 기반해 연결된 만물'이라는 전혀 다른 새로운 물리학적 세계관을 표현해내기에 이른다.

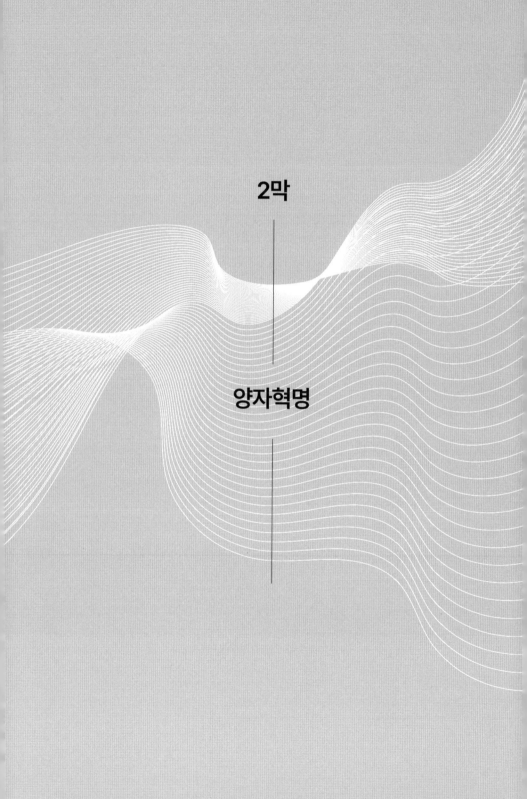

2막

양자혁명

7

드브로이의 물질파

"모두가 숨 막히는 강력한 긴장감에 사로잡혔다. 마침내 얼음이 깨졌다……전혀 예상치 못한, 심연 속 자연의 비밀을 우연히 발견했다는 것이 날이 갈수록 분명해졌다. 최고조에 이른 모순들을 해결하려면, 현재까지의 모든 것을 뛰어넘는 전혀 새로운 생각이 물리학에 필요하다는 것도 명백했다." ─파스쿠알 요르단

루이 드브로이

루이 드브로이는 17세기부터 유서 깊은 귀족 가문이며 프랑스의 고위 군인, 정치가, 외교관을 대대로 배출한 가계에서 1892년 사남매의 막내로 태어났다. 할아버지는 프랑스 총리를 역임했다. 그래서 그는 정치인으로서도 장밋빛 미래가 기다리던 청년이었다. 그러나 루이는 과학에 조예가 깊었던 형 모리스의 영향으로 인생행로를 물리학으로 바

루이 드브로이

물질파의 창안자 루이 드브로이. 그의
정식 이름은 '루이 빅토르 피에르 레
이몽 드 브로이'라는 아주 긴 이름이
다. 18세기 전반, 루이 15세는 이 가문
에게 공작 작위를 하사했다. 또 신성
로마제국에서도 대공 작위를 받았다.
즉 루이 드브로이는 때에 따라 독일
대공과 프랑스 공작을 겸할 수도 있는
고귀한 출신이었다.

꾸게 된다. 물질파 개념의 창안자 루이 드브
로이의 전설은 자신의 사명을 수행하느라 꿈
을 이루지 못했던 형 모리스가 동생에게 베
푼 아낌없는 후원이 없었다면 존재하지 못했
을 것이다. 형 모리스는 처음에 가문의 전통
에 따라 군인의 길을 갔었다. 하지만 해군에
서 형은 과학에 뛰어난 소질을 보였고 부친
의 반대를 무릅쓰고 군을 떠나 과학자가 되
겠다는 결심을 굳혔다. 모리스는 결국 9년(!)
의 복무를 마치고서야 1904년 해군을 떠나
과학자의 길을 걸을 수 있었다.

하지만 불과 2년 뒤인 1906년 아버지가
죽자 6대 공작이 되어 가문을 책임져야만 하
는 지위가 되어버렸다. 당시 모리스는 31세,
루이는 14세였다. 가문을 운영하는 중책을 수행하면서도 모리스는 과
학 공부를 병행했다. 1908년에 폴 랑주뱅을 지도교수로 하여 박사학위
를 받았다. 그 뒤 자신의 대저택에 개인 실험실을 만들었다. 하지만 가
문의 수장으로서 운신의 폭이 제한되어 있었던 형 모리스는 막내 루이
에게만은 하고 싶은 학문을 마음껏 할 수 있게 해주고자 했다. 루이는
그런 형의 충고를 따라 학업을 계속했다. 루이는 모든 과목에서 뛰어났
으나 과학자의 유년기로서는 특이하게도 수학과 화학은 잘 하지 못했
다. 대학을 다니면서 루이는 자신이 인문학에 흥미를 느끼지 못한다는
사실을 깨달았다. 그리고 자연스럽게 형의 개인 실험실을 드나들며 물
리학에 관심을 가지게 되었다.

루이는 일찍 재능을 발현하는 유형은 아니었다. 이후 물리학 시험에서도 낙제하자 루이는 크게 낙심했고, 인생행로에 갈피를 잡지 못하고 방황하는 소심한 젊은이가 되어버렸다. 그런데 때마침 또 하나의 사건이 행운과 동력을 제공했다. 엑스선 연구를 통해 물리학자로서 존경받는 위치가 된 형 모리스가 1911년 제1회 솔베이 회의에 간사로 참여했던 것이다. 루이는 덕택에 로렌츠, 플랑크, 아인슈타인, 마리 퀴리, 푸앵카레, 랑주뱅 등이 총출동한 이 이벤트에 따라갈 수 있었다. 당연히 강력한 인상을 받았다. 형의 지도교수 랑주뱅과 마리 퀴리의 스캔들은 그의 머릿속에서는 가벼운 해프닝 정도였을 것이다. 그리고 회의에서 논의되었던 '양자'에 대해서는 귀국 후 형의 친절한 부가설명까지 들었다. 회의의 최종 논문집까지 꼼꼼하게 읽어본 뒤 루이는 마침내 물리학자가 되기로 결심했다. 그리고 1913년 물리학으로 이학사를 취득했다. 하지만, 이번에도 마음먹은 대로 인생이 흘러가지 않았다. 병역 의무가 남아 있었다. 프랑스 육군 원수를 세 명이나 배출한 집안이었지만 루이는 이등병으로 입대했다. 그리고 육군에서 무선통신부대에서 근무했다. 하지만 의무복무기간이 거의 끝날 무렵, 제1차 세계대전이 발발하자 제대가 불가능해졌다. 대전 기간 내내 에펠탑 아래에 주둔한 통신병으로 보냈다. 사선에서 목숨을 걸던 최전선의 병사들보다야 행운이었겠지만, 1919년 8월 제대했을 때 그는 21세에서 27세의 꽃다운 시간을 군대에서 보내버렸다는 사실을 절감해야만 했다. 이후 루이는 잃어버린 시간을 보상받겠다는 듯 엄청난 기세로 물리학을 파고들었다. 그에겐 아직 공작인 형 모리스의 격려와 최상의 조건이 갖춰진 실험실이 있었다.

물질파의 탄생

많은 시간을 낭비했지만 여전히 자신에게 남아 있는 행운의 환경 속에서 루이 드브로이는 아인슈타인의 광양자 이론을 다시 곱씹었다. 드브로이 형제는 빛의 파동과 입자 이론 모두가 어떤 측면에서 옳다는 점을 받아들였다. 1922년에 루이 드브로이는 아직 학계에서는 논쟁적인 가운데 명백히 광양자 가설을 인정하는 논문을 썼다. 그러던 1923년, 루이 드브로이는 혼자 생각에 빠져 있다가 갑자기 아이디어를 떠올렸다. 1905년 빛의 파동-입자 이중성을 제시한 아인슈타인의 발견을 모든 물질입자로 확대해서 일반화시킬 수 있겠다는 생각을 했던 것이다. 빛의 파동이 입자로 행동할 수 있다면, 역으로 전자 같은 입자도 파동처럼 행동할 수 있지 않을까? 모든 물질 입자들이 결국은 파동으로도 설명될 수 있는 것 아닌가? 이 결정적 아이디어는 자연 속 또 하나의 거대한 비밀의 문을 열어젖혔고 루이 드브로이의 인생을 바꿔놓았다. 그는 전자를 '입자가 아니라' 일정한 진동수와 파장을 가진 파동이라고 가정하면, 보어가 제안했던 원자궤도를 정확히 설명할 수 있다는 것을 깨달았다! '기타 줄이 특정한 진동수로만 진동하듯' 전자는 특정한 궤도를 돌 수밖에 없다는 것이 너무나 잘 설명되었다. 전자의 정지파는 파장의 정수배일 수밖에 없다는 점만 명심하면 현재 예상되는 모든 전자궤도가 자연스럽게 설명되었던 것이다.

루이 드브로이는 이 아이디어로 1923년 세 편의 논문을 썼고, 1924년 이를 정리해서 소르본 대학 박사학위 논문으로 제출했다. 외부 심사위원 중 한 명은 형의 지도교수였던 폴 랑주뱅이었다. 양자역학과 상대성이론에 대해 모두 조예가 깊었던 랑주뱅이었기 때문에 심사위원

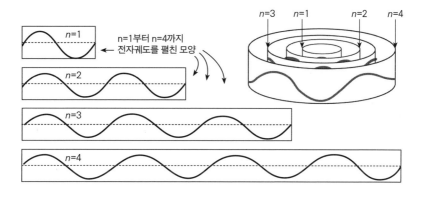

파동으로서 전자

각 전자궤도를 따라 '입자가 아닌' 전자가 파동으로서 '진동'하고 있다. 전자를 이렇게 바라보는 순간 관찰된 모든 현상이 아주 쉽고 명확히 설명된다. 드브로이에 의하면 전자는 더 이상 입자가 아니라 파동이었다. 전자는 가상적 합성파의 정수배를 수용할 수 있는 궤도만 차지할 수 있다. 이 개념으로 전자궤도는 정확하고 깔끔하게 설명된다. 이제 전자는 파동이라고 보는 것이 훨씬 합리적이었다.

으로 위축된 것이다. 랑주뱅이 보기에 분명 공상적인 논문이었다. 하지만 사실이기만 하다면 물리학계에 결정타를 가할 상상이었다. 결국 랑주뱅은 신중하게 파동–입자 이중성 개념의 창시자인 아인슈타인에게 조언을 구했다. 그리고 루이 드브로이의 학위논문 사본을 보냈다. 그리고 "그는 장막의 한 귀퉁이를 들어올렸습니다."라는 문장이 들어간 아인슈타인의 찬사로 가득 찬 답장을 받았다. 아인슈타인의 보증으로 논쟁의 여지는 없어졌다. 32세의 루이 드브로이는 그렇게 박사학위를 받았고 이 박사학위 논문으로 드브로이는 결국 노벨상까지 손에 쥐게 된다. 랑주뱅이나 아인슈타인과 연결될 수 있었던 것은 드브로이에게 그의 신분만큼이나 큰 행운이었다. 그리고 과학에게도 그랬다. 아인슈타인이 제시하고 드브로이가 모든 물질입자로 확장시킨 파동–입자 이중성은 보어 원자모델을 뒷받침하는 근거가 되어주었다. 이제 모든 입자들은 파동이기도 했다.

드브로이의 이론에 대한 검증실험도 빠르게 진행되었다. 여기에는 톰슨가의 이름이 또 한 번 출연한다. 조지프 톰슨의 아들인 조지 톰슨은 전자회절을 확인하기 위한 실험을 했고 드브로이의 이론에서 예측되는 회절무늬를 정확하게 얻어냈다. 이 공로로 조지 톰슨은 1937년 노벨 물리학상을 받았다. 아버지가 노벨상을 받은 지 31년 뒤였다. 사람들은 "아버지 톰슨은 전자가 입자라는 것을 발견한 공로로 노벨상을 받더니, 아들 톰슨은 전자가 입자가 아니라는 것—즉 파동이라는 것—을 발견한 공로로 노벨상을 받았다."고 우스개를 했다.

플랑크의 흑체복사법칙, 아인슈타인의 광양자설, 보어의 양자원자, 드브로이의 물질파까지 20여 년의 진행과정은 과학발전의 과정이자 모순의 누적과정이었다. 양자개념과 고전물리학은 근본적으로 충돌 중이었다. 1912년 아인슈타인이 했던 말은 상황을 잘 함축한다. "양자이론은 성공할수록 점점 더 바보처럼 보인다." 모순으로 가득 차 보이는 현 상황을 설명할 수 있는 새로운 역학체계가 절실히 필요했다. 1924년 드브로이의 물질파 개념은 전혀 새로운 생각들의 시작점이 되어주었다. 그렇게 1925년이 되면 간절히 바라던 '양자역학'이 탄생할 우연과 필연이 모두 준비되었다.

8

파울리와 배타원리, 그리고 스핀

보어-조머펠트 이론의 한계

1910년대 후반에 나온 보어-조머펠트 원자모형은 원자에 대해 전혀 새로운 이해가 필요함을 보여주었다. 하지만 원자에 대한 새로운 이해 자체를 제공하지는 않았다. 새로운 답이 아니라 새로운 질문을 만들었을 뿐이다. 이 퍼즐의 마지막 부분을 완성한 것은 파울리였다. 파울리에 의해 인류는 그때까지 현대과학이 알아낸 모든 원자의 정보들을 만족시키는 이론적 원자모델을 완성할 수 있었고, 양자역학이 안개를 걷고 뚜렷한 모습으로 드러날 수 있게 했다.

앞서 설명되었던 원자에 대한 연구의 역사를 다시 정리해보자. 원자 내 전자의 상태는 특정한 궤도를 가지는, 즉 특정한 에너지를 가지는, 불연속적 상태로 이루어져 있다.[21] 전자가 어떤 상태에서 다른 상태로 이동할 때 두 상태의 차이가 복사선 형태의 에너지로 방출되거나 흡수

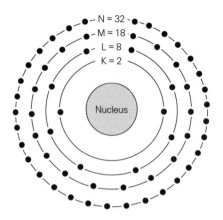

전자껍질 k, l, m, n 개념도

왜 각 전자껍질은 최대로 위치할 수 있는 전자수가 정해져 있는가? 2, 8, 18, 32로 진행되는 이 수수께끼 같은 수열은 도대체 뭔가? 파울리는 그 근본적인 원리를 찾고 싶었다. 파울리가 배타원리에 도달하자 스핀의 발견으로 이어졌다. 이 상황을 좀 더 쉽게 비유해본다면 보어는 원자라는 아파트의 각 층마다 몇 명이 살 수 있는지를 알아냈다. 그리고 파울리는 각 층의 방의 개수와 각 방에 살 수 있는 사람의 수와 특징까지 알아내게 했다. 이제 이 원자라는 기묘한 아파트를 다루기가 훨씬 용이해진 것이다.

되는데 이것이 원자의 선 스펙트럼이다. 보어가 1913년 제시한 이론의 핵심은 이렇게 요약가능하다. 그리고 보어는 수소원자와 헬륨 이온을 자신의 설명 틀로 해석하는 데 어느 정도 성공했다.

조머펠트가 발전시킨 것은 원자는 에너지 상태뿐만 아니라 '각 운동량'에 따라서도 달라진다는 것이다. 조머펠트의 설명을 추가하면 당시 설명하기 힘들었던 제만효과의 일부와 슈타르크 효과 등을 설명할 수 있었다. 나아가 상대성이론의 효과를 통해 하나로 보이던 스펙트럼 선

---

21 전자궤도 혹은 전자껍질이라는 표현이 가능하고 아직도 그렇게 표현하기도 하지만 그것은 우리가 알거나 생각하는 궤도나 껍질은 아닌 상징적 표현일 뿐이다. 미시 세계의 동작 구조를 정확히 표현할 수 있는 거시적 구조나 표현은 사실 존재하지 않는다.

이 사실은 여러 개의 가는 선으로 이루어진 미세구조를 가진다는 것도 보였다. 이렇게 보어-조머펠트 모형은 원자를 바라보는 새로운 관점을 확립시켰다. 과학자들은 환호했지만 사실 이 시점부터 원자는 일반인의 상상력으로 따라잡기 힘든 모양이 되어버렸다. 그리고 많은 대중들이 상상하는 원자는 오늘날도 대부분 러더퍼드나 보어의 초기모델에 멈춰서 있게 되었다. 그런 이유로 대중과학서들은 원자에 대한 난해한 단어와 복잡한 설명을 덧붙이거나 아니면 구체적 서술을 포기해버렸다.—그래서 이 책에서도 파울리의 업적에 대해서는 최소한의 의미를 전달하는 정도를 목표로 할 것이다.

전자에 대한 보어의 설명을 되새김질해보자. 원자 속 전자는 원자핵에서 다양한 거리를 떨어진 여러 궤도를 돌고 있다. 전자는 원자핵에 가까이 갈수록 더 낮은 에너지 상태에 있다. 원자핵과 전자 사이의 거리는 특정한 값만 가능하다. 안정된 상태의 원자란 전자가 가장 안쪽궤도부터 채워진 것을 말한다. 그리고 주기율표의 특성을 감안해보면 각 껍질 속에 들어갈 수 있는 전자의 개수는 제한되어 있다. 맨 안쪽의 k껍질은 2개의 전자가 들어갈 수 있고, 그 다음의 l껍질은 8개, m껍질은 18개, n껍질은 32개의 전자가 들어갈 수 있다. 1922년 보어 축제에서 보어는 이 아이디어를 이야기했었다. 하지만 껍질이 왜 가득 차는지, 그리고 전자의 최대 숫자가 껍질마다 왜 하필 그 수인지의 이유는 전혀 알지 못했다. 아래쪽에 있는 껍질이 꽉 차면 그 다음 껍질에 전자를 채우기 시작한다. 원자번호가 커지면 원자핵과 전자 간 인력도 커져 전체 원자 크기는 줄어든다. 그러다 가장 아래 껍질이 꽉 차면 다음 껍질에 전자가 차기 시작한다. 이때 원자의 크기는 커진다. 그래서 주기율표 오른쪽으로 갈수록 원자의 크기는 작아지고 아래로 내려갈수록 원자의 크기는 커진다. 이런 패턴이 주기율표에서 반복된다. 이로부터 원자의 크기도 자연스럽게 유추된다. 이온화 에너지, 알칼리 금속, 비활성 기체 개념 등 최외각 전자의 개념 하나만으로 우리가 관찰한 모든 화학적 반응들의 결과를 일목요연하게 이해할 수 있다. 그래서 이제 고등학생들이 이 내용을 지겹게 배우는 시대가 됐다. 1922년까지 보어가 도달한 설명만으로 현대 중등교육과정까지의 화학의 대부분은 충분히 설명가능하다.

하지만! 이 이론의 한계는 분명했다. 모즐리에 의해 새롭게 제시된 주기율표가 가진 의미를 이 보어-조머펠트 모델이 설명할 수 있는 것일까? 그때까지 주기율표는 실험적으로 얻어진 경험법칙일 뿐이었다. 원소들 간에 '어떻게' 동작하는지는 잘 알고 있었다. 하지만 '왜' 그렇게 동작하는지는 아무도 몰랐다. 보어가 주기율표를 설명하는 방식에는 분명히 무언가 부족한 점이 있었고, 조머펠트의 방법 역시 관찰결과와 예측치를 일치시키는 임시적 방편은 되어도 본질적인 설명은 제공해주지 않았다. 거기다 보어-조머펠트 모형은 전자의 '상태'를 묘사하기는 하지만, 전자가 어떻게 '행동'하는지에 대한 묘사는 없었다. 그러니 아직 '역학'이라고 부를 만한 것이 되지 못했다. '양자역학'이 등장하려면 보어-조머펠트 모형의 기초 위에 아직 알지 못하는 무언가 새롭고 거대한 체계를 쌓아올려야만 했다. 모두가 느끼고 있는 그 길로 새로운 세대들이 달려들고 있었다.

배타원리와 스핀

파울리는 빈을 떠나 뮌헨으로 온 이후 매년 연말이면 빈으로 돌아가 가족과 함께 크리스마스를 보냈다. 1922년에도 크리스마스 휴가를 빈에서 보내고 돌아오며 괴팅겐에서 막 생활을 시작한 하이젠베르크를 만났다. 전화도 인터넷도 없던 당시는 다른 연구자를 방문해 토론하는 것은 아주 중요한 연구 활동의 일부였다. 당시 핵심 물리학자들은 모두 괴팅겐, 뮌헨, 함부르크, 코펜하겐 등을 이리저리 오갔다. 그들은 지위나 연령과는 전혀 상관없이 얼마나 창의적인가로만 서로를 평가했다. 1923년에 프랑스와 벨기에가 전쟁배상금 지불약속을 제대로 이행하지 않는다며 독일 주요 탄광지대였던 루르를 점령했다. 사실 이 행동은 독일 민족주의에 기름을 붓고 후일 나치에게 명분을 주었던 무익한 행동이었다. 실제 그해 말 히틀러는 뮌헨에서 실패로 돌아간 비어홀 폭동을 일으켰다. 그리고 10년 후에는 합법적으로 정권을 쥐게 된다. 대부분의 독일인들이 루르 문제로 분노하고 있던 때인 1923년 6월에 파울리는 조머펠트에게 편지했다. 보어 이론의 문제점이 전자궤도 주기에서 나오는 2, 8, 18, 32로 진행되는 숫자를 설명할 수 없다는 것을 명확히 지적했고, 설명할 수 없다면 그것은 임시방편일 뿐이고 '수학적 신비주의'에 불과하다고 덧붙였다. 파울리는 스스로 그 설명방법을 찾아내고자 했고 결국 찾아냈다.

조머펠트에게 보어-조머펠트 모형에 대한 의심을 표현한 편지를 보낸 지 2년 뒤인 1925년, 파울리는 배타원리(exclusion principle)를 발표했다.[22] 앞서 우리는 보어-조머펠트 모형에서 주 양자수, 부양자수, 자기양자수가 무엇인지 살펴보았다. 수소원자의 선스펙트럼 현상을 수

---

22 처음에 보른은 파울리 원리라 불렀고, 하이젠베르크는 파울리의 금지 규칙이라 불렀다. 하지만 1926년에 폴 디랙이 배타원리라고 부르면서 이 표현이 정착되었다. 파울리는 이 공로로 1945년도 노벨상을 수상했다.

소 내 전자의 '도약'으로 설명한 보어 모델이 발표된 1913년 이후, 10년 동안 양자론 연구는 양자수에 집중되었다. 그러나 지금까지 제시된 이 3개의 정보만으로는 나타나는 현상들과 전자의 상태를 명확히 확정할 수 없었다. 파울리 배타원리란 최저 에너지 상태—또는 바닥 상태(ground state)라 부른다.—에서 전자를 여러 개 가진 원자에 존재하는 전자들의 배치 상태를 결정하는 원리로, "하나의 원자 내에 3개의 양자수가 모두 같은 전자는 오직 '2개'만 존재할 수 있다."는 것이다. 즉 파울리는 전자의 상태를 이해하기 위해서는 기존 3개의 양자수에 새로운 양자수가 하나 더 필요함을 보였다. 그리고 이 법칙은 왜 에너지가 가장 낮은 안쪽 궤도로 전자들이 모두 내려가지 않는지, 왜 각각의 껍질에 특정한 수의 전자만 있을 수 있는지, 왜 주기율표가 하필 그렇게 구성되는지에 대한 정확한 답을 제공했다. 모든 원자는 '배타원리를 지키는 한에서' 안정된 상태로 크기가 정해지고 성질이 나타났다! 많은 물리학자들이 '구원받은 느낌'이었다고 배타원리가 발표되었을 당시의 행복감을 기억했다.

그리고 배타원리의 발표는 곧 스핀의 발견으로 나가는 시작점이었다. 배타원리와 스핀은 모두 전자의 정체성을 표현하기 위한 노력의 결과물이다. 전자의 상태를 규정하기 위해 몇 개의 양자수가 필요한가? 보어와 조머펠트의 작업 결과 3개가 필요했었다. 하지만 파울리에 의해 새로운 양자수 하나가 추가되며 4개의 양자수가 필요한 것이 분명해졌다. 그렇다면 이제 네 번째 양자수가 무엇을 의미하는 것인지 알아야 했다. 배타원리에 의하면 전자는 각각의 에너지 상태에 '2개'가 존재할 수 있으니 이를 구분하는 정보가 필요하게 된 것이다. 하지만 막상 파울리 자신은 이에 대한 명쾌한 답을 제시하지 못했다. 그는 '고전물

스핀의 발견자, 울렌벡과 하우드스미트

울렌벡과 하우드스미트는 '전자의 회전'이라는 아이디어를 처음으로 '발표'했다. 스핀의 작명은 보어가 했다. 그리고 아마도 그 아이디어는 크로니히가 처음 떠올렸을 것이다. 그래서 스핀의 발견자는 조금 애매해진다.

리학으로 서술할 수 없는 그 무엇'에 연관되어 있다고만 했다. 그 명확한 답을 제시한 과학자는 파울리의 배타원리에 고무되어 네 번째 양자수의 정체를 밝히고자 노력했던 네덜란드 레이든 대학의 두 대학원생 조지 울렌벡(George E. Uhlenbeck, 1900~1988)과 사무엘 하우드스미트 (Samuel Goudsmit, 1902~1978)였다.[23] 그리고 그들의 지도교수는 다름 아닌 에렌페스트였다. 울렌벡과 하우드스미트는 신중히 실험결과들을 검토하다가 전자가 '회전'한다는 생각을 떠올렸다. 전자가 팽이처럼 자전하고 2개의 자전의 반대방향을 생각하면 배타원리를 쉽게 만족시킬 것 같았다. 이것이 바로 '스핀(spin)'이다. 결국 스핀 양자수가 추가되면서 원자 속의 전자는 이제 4개의 양자수에 의해 정의되게 되었고, 과학

23　　스핀을 발견한 하우드스미트는 훗날 제2차 세계대전 시기 독일 원자과학자 추격부대였던 알소스 부대와 관련하여 다시 과학사에 족적을 남기게 된다.

자들은 개별 전자의 상태를 명확히 특정할 수 있게 되었다. 전자의 자전, 즉 '스핀'을 제안한 그들의 연구는 에렌페스트에게 제출되었고, 에렌페스트는 다시 로렌츠에게 자문을 구했다. 로렌츠는 여러 이유를 들며 울렌벡과 하우드스미트 연구의 문제점을 지적하였다. 그러자 겁을 먹은 두 명은 자신들의 연구를 발표하지 않는 것이 좋겠다고 에렌페스트에게 이야기했다. 그런데, 에렌페스트는 이미 그들의 연구를 학술지에 제출했다고 말했다. 그리고 울렌벡과 하우드스미트에게 "자네들은 실수를 해도 용납될 만큼 젊다."며 격려해주었다.

1925년 11월에 출판된 그들의 연구는 폭발적인 반응을 낳았고 1925년의 원자물리학회 최고의 화젯거리가 되었다. 보어는 전자의 '회전' 개념에 매료됐다.—사실 '스핀'은 보어가 붙인 이름이다.[24] 보어의 영향력으로 이 개념은 빠르게 퍼져나갔고 12월 말에는 하이젠베르크도 이 개념을 인정했다. 모두가 전자의 회전을 얘기하고 있었지만 파울리만은 여전히 부정적이었다. 울렌벡과 하우드스미트의 해석은 전자를 실제로 '자전 가능한 작은 공'으로 전제하고 있는 것이다. 하지만 파울리는 전자가 자전 불가능한 존재이며, 따라서 '스핀'이라는 명칭 자체가 틀린 작명이라고 봤다. 그런 식의 각운동량이 분명히 존재하므로 '마치 전자가 자전하는 것처럼 보인다.' 정도의 해석까지만 가능한 것이다. 여기서도 파울리 특유의 엄밀성을 느껴볼 수 있다. 만약 실제로 전자가 자전한다면 여러 가지 문제가 생겼고, 스핀은 전자 자전의 결과가 아니

---

24   전자의 스핀은 바로 이 '스핀'이라는 이름 때문에 지금도 많이 오해된다. 전자의 스핀은 시각적인 공간상에서 일어나는 회전이 아니라, 파울리가 적절히 추정했고 후일 디랙이 밝힌 것처럼 시공간적 구조 속에 숨어 있는 현상이 마치 '회전하는 것처럼' 표현되는 것이다. 한 마디로 그 스핀은 사실 우리가 아는 스핀이 아니다.

라 내재적으로 가지고 있는 어떤 특성으로 봐야 했다. 하지만 한편으로 전자가 가진 각운동량을 전자의 회전이라고 해석하지 않기가 어쩌면 더 어려운 것이기도 했다. 전자의 스핀의 크기가 변하지 않는다는 것에서 그것이 우리가 아는 스핀이 아님은 분명했다. 멈추지도 않고 속도를 바꿀 수도 없는 단일한 값이고, 방향도 오직 두 가지만 가능한데 그것이 어떻게 우리가 아는 진정한 '회전'이겠는가? 사실 파울리의 이 정연한 반론들은 모두 옳은 것이었다.

하지만 곧 전자의 스핀 개념을 받아들이는 데 가장 치명적 문제였던, 전자스핀에 의해 발생하는 수소 스펙트럼 이중선의 간격에 대한 실험 값과 계산 값의 차이에 대한 설명을 22세의 학생 토머스(Llewellyn H. Thomas, 1903~1992)가 해결했다. 그러자 결국 파울리를 포함한 과학자들은 전자의 스핀 개념을 받아들이게 되었다. 1926년 3월 12일 파울리는 "이제 제게 남은 일은 무조건 항복입니다."라며 보어에게 스핀을 받아들였음을 알렸다. 이렇게 전자의 네 번째 양자수가 확정되었다. 전자의 스핀은 파울리의 배타원리에 기초해 원자 속을 표현하는 마지막 정보가 되었다. 파울리 배타원리를 만족시키는 전자의 스핀과 스핀 양자수 개념이 받아들여지면서 원자 내 전자들의 상태, 구조를 이해하는 마지막 퍼즐 조각이 완성됐다. 이제 원자의 정체성이 명확해졌다. 이를 통해 보어의 이론에 따른 전자궤도 주기에서 나오는 2, 8, 18, 32라는 숫자가 설명되었고, 스펙트럼 현상에 대한 명확한 이해가 가능해졌다. 이후 원자에 대한 연구들은 배타원리와 스핀의 개념으로 새로운 동력을 얻었다.

이 이야기에는 작은 에피소드가 하나 더 있다. 사실 전자의 스핀, 즉 '전자의 자전'을 가장 먼저 생각했던 것은 파울리의 조수였던 크로니히

(Ralph Kronig, 1904~1995)였다. 하지만 크로니히의 아이디어를 들은 파울리는 전자는 행성처럼 자전할 수 있는 존재가 아니라며 면박을 주었고 크로니히는 자신의 생각을 포기했었다. 노벨상은 그렇게 주인이 바뀌었다. 울렌벡과 하우드스미트, 크로니히의 생각은 사실 모두 한계가 있었다. 하지만 에렌페스트와 파울리라는 스승의 성향 차이가 결과를 갈라놓은 셈이 되었다. 스핀의 발견자는 그래서 조금은 논쟁적이다. 기회를 놓친 크로니히에 대해 보어는 "크로니히가 어리석었던 것"이라며 냉정한 말을 남겼다. 수많은 주변인들은 당연히 누군가의 연구에 긍정과 부정이 뒤섞인 평을 해줄 수 있다. 하지만 과학논문의 발표는 오직 그 논문을 쓴 과학자의 판단에 달려 있는 것이고 그 공과 과도 오롯이 논문저자의 책임일 뿐이다. 스핀의 발견과정에 있었던 작은 사건이자 마음에 새겨둘 만한 교훈이다.

플랑크 원리와 파울리 효과

'플랑크 상수'와 '파울리의 배타원리'는 과학이다. 하지만 '플랑크 원리'와 '파울리 효과'는 과학과는 상관없는 이야기다. 두 사람과 관련된 일화들로 파생된 우스개라 할 수 있다. 플랑크는 일찍이 과학혁명은 기존 학설을 지지하는 노쇠한 세대가 모두 죽고 새로운 학설을 지지하는 젊은 세대가 학계의 주류를 차지하면서 발생한다고 푸념조로 얘기한 바 있다. "새로운 과학의 승리는 상대를 설득해서 이루어지는 것이 아니고, 과거의 이론에 익숙한 세대가 사망하고, 새로운 과학에 익숙해진 세대가 성장하며 이루어진다." 고집스러운 동료들에 대한 농담조의 일침이었는데 이를 플랑크 원리라 부르게 되었다. 결국 사람은 자신이 믿던 것을 쉽게 바꾸지 않는다는 의미다. 플랑크 원리는 양자역학에 대해서는 정확한 표현이었다. 양자역학의 철학적 해석에 동의할 수 없었던 많은 사람들은 시간이 지나도 결코 생각을 바꾸지 않았다. 그들은 끝까지 동의하지 않았지만 점차 늙어 사라져갔을 뿐이다. 그리고 오늘날 물리학과에서는 자연스럽게 하이젠베르크와 보어의 해석을 비판 없이 표준 학과과정에서 가르치는 시대가 되었다.

한편 파울리 효과는 실험실에 파울리만 들어오면 실험기구가 깨지거나 기기가 오작동하면서 실험이 실패하는 현상을 일컫는다. 우연이라 보기에는 그 빈도가 심했던지 동료들은 파울리가 실험실에 들어오면 긴장했고, 오토 슈테른은 아예 파울리에게 자신의 실험실에 출입금지령을 내릴 정도였다. 어떤 과학자는 파울리가 자전거를 타고 자기 실험실이 있는 도시를 지나가기만 했는데도 실험에 실패했다고 말하기도 했다. 농담처럼 퍼져나간 이 징크스는 나중에 파울리 스스로도 신빙성 있게 받아들일 정도가 되었다고 전한다. 이후 물리학자들이 실험의 실패를 자신의 잘못으로 받아들이기 싫을 때 '파울리 효과가 발생했다.'라는 표현을 즐겨 쓰게 되었다.

9

하이젠베르크와 행렬역학

"하이젠베르크의 1925년 논문은 마법 그 자체였다."

―스티븐 와인버그(Steven Weinberg, 1933~2021, 1979년도 노벨 물리학상)

헬골란트의 하이젠베르크

1922년 보어 축제에 참가하면서 처음 괴팅겐에 갔던 하이젠베르크는 그 해 말 다시 괴팅겐에 갔다. 조머펠트가 미국에 가면서 막스 보른에게 하이젠베르크를 잠시 맡긴 것이었다. 보른은 믿음직스런 파울리를 함부르크로 떠나보낸 다음 해의 일이었다. 이때 보른은 아인슈타인에게 재미있는 편지를 보냈다. "겨울에 나는 하이젠베르크를 얻었습니다. 그는 파울리만큼 재능이 있습니다. 거기다 인간성도 좋고 붙임성도 있습니다. 아침마다 깨울 필요도 없고, 할 일을 하나씩 확인시켜줄 필요도 없습니다. 거기다 피아노도 잘 칩니다." 한 마디로 요약하면 물리학의 모든 능력은 파울리만큼 뛰어나며 나머지 모든 능력은 파울리보다 훨씬 낫다는 것이다. 하이젠베르크에 대한 칭찬이라기보다는 파울리에게 가졌던 불만의 정리에 가까운 것 같다. 이 두 젊은이에 대한 보른의 신뢰가 어느 정도였는지도 명확히 보여준다.[25] 하이젠베르크는 1923년에 조머펠트에게 박사학위를 받은 후 보른의 조수로 다시 괴팅겐에 갔고 1924년 봄에는 보어의 초청으로 코펜하겐에 갔다. 이 시기 두 사람이 의기투합해 물리학과 세계정세를 이야기했던 몇 주간의 이야기는 앞서도 간단히 언급했고, 『부분과 전체』에 잘 남아 있다. 그리고 괴팅겐에 돌아와 보른의 지도로 교수자격논문(하빌리타치온)을 제출한 뒤 9월 중순에 다시 코펜하겐으로 가서 록펠러 재단 장학금으로 1925년 겨울까지 머물렀다. 이 2~3년의 바쁘게 움직이는 기간 동안 하이젠베르크는 조머펠트에게 배운 기본 역량에 이어 보어와 보른의 모든 기법들도 전수받았다고 할 수 있다.

그렇게 1925년이 왔다. 1925년에는 오랜 갈등 끝에 유럽 전반에 평화 분위기가 조성되고 있었다. 전쟁배상금을 지불하라며 루르 지역을 보장점령하고 있었던 프랑스군이 루르점령을 중단하고 철수해서 정치적 긴장은 크게 완화되었다. 10월에 독일 주변국들은 로카르노 조약

---

25 이후 페르미, 디랙, 오펜하이머, 위그너, 텔러, 훈트, 바이스코프 등의 쟁쟁한 학자들이 모두 괴팅겐을 거쳐 갔지만 보른에게 가장 인상적이었던 젊은이는 파울리와 하이젠베르크였던 것 같다. 덧붙일 것은 파울리와 하이젠베르크는 괴팅겐 대학이 고용한 것이 아니라는 것이다. 보른은 자신이 받은 개인 후원금을 사용해 개인조교를 고용했다. 보른의 후원자는 미국 거대 투자은행 골드만삭스의 회장인 헨리 골드만이었다. 독일 유대인 출신이었던 이 가문은 1차 대전 후 독일 유대인 학자를 후원했다. 여기서도 당시의 거대한 유대인 네트워크의 단면을 볼 수 있다. 나치가 후일 유대인을 탄압한 실제 이유는 어쩌면 질투와 두려움이었을 것이다.

을 맺어 국경안전을 집단 보장하고 라인란트는 비무장지대로 남겨두었다. 이런 변화의 분위기에 힘입어 1926년 독일은 국제연맹에 가입할 수 있었다. 어쩌면 이후 대공황의 비극이 닥치지 않았더라면 독일은 평화로운 유럽에 자연스럽게 편입될 수도 있었을지도 몰랐다. 원자물리학의 폭발도 유럽이 평화를 꿈꾸던 1925년에 벌어졌다. 1925년 1월에 파울리는 유명한 배타원리를 제시했고 10월에는 스핀개념이 등장했다. 이제 원자 속 전자의 상태를 어떻게 그려야 할지 알게 되고, 주기율표가 이해 가능한 것이 되었다. 그런데! 이 모든 상황을 일관성 있게 설명 가능한 역학까지 하이젠베르크에 의해 같은 해에 등장하게 된다. 5월까지만 해도 파울리는 현재 물리학은 엉망이 되어버렸다고 투덜댔다. 자신이 발표한 원리가 일관적인 역학이론의 뒷받침을 전혀 받지 못하고 있었기 때문이다. 그런데 친구 하이젠베르크가 바로 다음 달에 상황을 바꿔버렸다.

1925년 4월, 하이젠베르크는 보어와 헤어져 독일로 돌아왔다. 록펠러재단 장학생으로 코펜하겐에 갔다가 괴팅겐에 계약교수로 돌아온 것이었다. "이제……모든 것이 하이젠베르크의 손에 달려 있다." 수많은 아이디어들의 세례를 하이젠베르크에게 준 보어는 당시 이렇게 말했다. 하이젠베르크는 뮌헨의 집에 가서 3주 정도 휴가를 보내고 괴팅겐으로 귀환했다. 이제 괴팅겐의 진용은 꽉 찬 전자껍질 같았다. 보른이라는 핵, 사강사 하이젠베르크, 보른의 학생 요르단과 훈트가 있었다. 이들은 분광학적 원자해석에 가장 앞서가는 이론들을 쏟아내고 있었다. 보른은 아인슈타인에게 보낸 편지에서 이 세 명이 쏟아내는 생각들을 따라가는데 만도 상당한 노력을 기울여야 한다고 자랑스러워했다.

1925년 봄, 괴팅겐에 돌아온 하이젠베르크는 수소원자를 다루는 방법부터 다시 생각해보기 시작했다. 양자론으로 다룬 결과를 일상의 문제에 적용했을 때, 고전역학으로 계산한 결과와 일치할 수 있는 역학을 만드는 것이 양자역학일 것이었다. 이 추상적 목표를 따라 연구를 진행했지만 갈수록 너무 복잡한 수학이 되어갔다. 1925년 5월 말 하이젠베르크는 건초열(乾草熱, hay fever)[26]을 심하게 앓았다. 6월이 되었을 때는 알러지가 심해져 도저히 연구를 진행할 수 없는 지경에 이르렀다. 얼굴이 퉁퉁 부어오른 하이젠베르크는 2주간 휴가를 얻어 6월 7일 밤기차로 괴팅겐을 떠났고, 다음 날 휴양지로 유명한 북해의 헬골란트 섬으로 들어갔다. 섬에서 하이젠베르크는 산책과 수영, 괴테의 서동시집, 물리학 연구에 1/3씩의 시간을 할애했다고 한다.

하이젠베르크는 혼자만의 산책과 연구를 반복했다. 보어나 보른의 영향권 바깥에서 홀로 시간을 보내자 며칠 만에 중대한 진전이 이루어졌다. 건초열이 진정되자 상쾌한 기분이 되어 그간 어렴풋했던 아이디어들이 또렷해짐을 느낄 수 있었다. 괴팅겐에서보다 훨씬 빠르게 연구와 계산이 진척되어 며칠 만에 거의 틀이 잡혔다. 근본적인 생각의 출발은 분명 보어적인 것이었다. 현실 속 경험적 결과들과 일치하기만 하면 원자 속 전자의 위치나 궤도 따위를 정할 필요가 없다는 전제에서 출발했다. 이런 것들은 실험에서 측정될 수 있는 것들이 아니기 때문이다. 방정식은 우리가 관측할 수 있는 양들 사이의 관계만 명확히 나타낼 수 있으면 된다. 따라서 하이젠베르크는 실제 측정되는 양을 계산할 수 있는 모델을 만드는 일에만 철저히 집중했다.[27] 어느 날 밤 마침내

---

26 꽃가루 때문에 발생하는 알레르기성 비염인데 가축용 건초를 만드는 계절에 생기기 때문에 붙여진 명칭이다. 천식이나 미열을 동반한다. 고초열(枯草熱)이라고도 부른다.

헬골란트 섬

헬골란트는 '거룩한 땅'이라는 뜻이다. 바다 위 좁은 섬인데도 다행히 샘이 솟아 사람이 살 수 있었기 때문이다. 이 섬의 주인은 덴마크, 영국, 독일로 자주 바뀌었다. 꽃이 피는 들판이 없어 건초열을 앓는 하이젠베르크가 휴양하기에는 안성맞춤이었다. 이 섬에서 미시세계를 설명할 '역학'이 처음 모습을 드러냈다.

계산이 풀리기 시작했다. 그리고, 새벽 3시에 제대로 된 결과 값에 도달했다. 에너지 보존법칙이 방정식의 모든 항에서 만족되었다. "모든 원자 현상의 표면 아래 깊숙이 내재된 아름다움의 근원을 바라보는 느낌"이었다고 스스로 술회한 순간이었다. 하이젠베르크는 양자역학이 수학적 모순 없이 완결되었다는 황홀감에 잠들 수 없었고, 얼마 전부터 가보고 싶었던 근처의 바위산을 기어올라 조용히 일출을 기다렸다. 곧 떠오른 아침 해를 보며 하이젠베르크는 양자역학이 모습을 드러냈다는 황홀한 감정이 북받쳐 올랐다.

관찰이라는 간섭

헬골란트에서의 하이젠베르크의 작업은 행렬역학과 불확정성 원리, 나아가 상보성 원리라는 양자역학의 핵심개념들의 탄생으로 이어지는 시작점이었다. 그 복잡한 과정에 대한 이해는 역으로 불확정성 원리가 탄생한 이후 이를 설명하기 위해 제시된 몇 가지 쉬운 비유들을 먼저 이해하면 조금 쉬워질 수 있다. 우리는 군이 하이젠베르크의 노고와 고민을 똑같이 겪을 필요는 없을 것이다. 그러니 하이젠베르크의 이후 여정을 살펴보기에 앞서 먼저 불확정성 원리까지의 초보적 설명 틀을 단순화해 살펴보도록 하자.

물그릇에 따뜻한 물이 어느 정도의 차 있을 때 물의 온도가 알고 싶

---

27 측정 가능한 양은 고유 진동수와 전이 진폭뿐이다. 애초에 하이젠베르크는 전자 위치나 궤도 같은 개념은 무시하기로 작정하고 시작한 일이었다. 그러니 알지 못할 수밖에 없었던 것인지, 알고자 의도하지 않았으니 알지 못했던 것인지 애매해진다. 고의적 무시일까, 근본적인 불가능일까. 결국 이런 생각은 후일 끝없는 논쟁을 낳았다.

어 온도계를 꽂아 온도를 관찰했다고 치자. 우리는 그 관찰결과를 신뢰할 수 있을까? 온도계를 꽂은 뒤 온도계의 수은주가 올라가는 과정에 그릇 속의 물은 열을 온도계로 빼앗겼을 것이다. 그러니 '원래' 그릇의 물 온도는 온도계로 관찰한 온도보다 높았을 것 아니겠는가? 우리는 이런 생각은 가볍게 무시할 수 있다. 비록 물의 온도가 조금 낮아졌다 해도 '무시할 수 있을 정도로' 작은 오차라고 주장할 수 있기 때문이다. 그렇다면 이번에는 간신히 온도계가 들어갈 수 있을 정도로 작은 물그릇에 약간 양의 물을 넣고 같은 작업을 수행한다면? 과연 그 온도계의 측정된 온도를 신뢰할 수 있을 것인가? 당연히 그 측정온도는 너무 큰 오차로 인해 아무 의미가 없는 관찰결과가 될 것이다. 신뢰할 수 있는 정보가 되려면 이번에는 오차를 줄일 수 있도록 아주 작은 온도계를 사용해야 한다. 하지만 현재 우리가 가진 온도계가 사용가능한 가장 작은 온도계였다면? 우리는 이때 '측정의 한계'에 부딪힐 수밖에 없다. 이것이 양자역학에서 발생하는 가장 기본적인 딜레마다.

이번에는 어딘가에 전자가 있고 우리가 그 위치를 알고 싶다고 해보자. 위치를 안다는 것은 결국 '본다'는 것이다. 그러니 전자의 위치를 알려면 하다못해 빛 알갱이—즉 광자—하나라도 전자에 부딪혀 돌아와 우리가 볼 수 있어야 한다. 그런데 문제는 전자가 너무 작아서 광자 하나가 부딪혀도 그 전자는 크게 움직인다는 것이다. 우리가 전자로부터 반사된 빛을 본 순간 전자는 이미 그 자리에 있지 않을 것이다. 그러니 우리가 '본' 전자의 위치는 별다른 의미를 가지지 못한다. 그리고 광자보다 작은 '무엇'은 없다. 그러니 그 측정오차를 더 줄일 수 있는 어떠한 방법도 없다. 정확한 전자의 위치는 결코 알 수 없다. 우리는 '측정의 한계'에 부딪힌 것이다. 그렇다면 전자는 이제 여기 있다 저기 있다 말 할 수 있는 것이 아니다. 오직 어느 정도 영역 내에 있을 확률을 말할 수 있을 뿐이다. 이렇게 미시세계를 관찰할 때는 언제나 일정한 수준의 오차가 발생할 수밖에 없고 그러니 미시세계의 관찰결과들은 확률로서 제시될 수밖에 없다. 그래서 전자가 있을 대체적인 확률만을 시각화한 모델을 전자의 확률구름이라 부른다. 현재 중등교과서에 실리는 전자를 확률구름으로 표현하는 원자모델은 이런 과정에서 생겨났다.

그럼 이 이야기의 조금 향상된 버전을 생각해보자. 앞의 이야기에서는 단순한 입자의 이미지로 빛을 생각해본 것인데, 사실 빛은 파동이다. 잘 알려져 있듯 무지갯빛 스펙트럼에서 붉은 색 쪽으로 갈수록 파장이 길고 에너지는 작은 빛의 파동이며, 보라색 쪽으로 갈수록 파장은 짧고 에너지는 크다. 전자의 위치를 좀 더 정확히 측정하려고 하면 파장이 짧은 빛을 사용해야 할 것이다. 그런데 파장이 짧은 빛은 더 큰 에너지를 가지고 있으니 이것을 사용해 측정을 하면 그 행위로 인해 전자는 더 많이 튕겨 나가 운동량이 불분명해진다. 반대로 운동량의 부정확성을 줄이기 위해 에너지가 낮은 빛을 사용하게 되면 파장이 너무 커서 위치의 불확실성이 커지게 된다. 그러니 전자의 위치를 정확히 측정하려 할수록 운동량을 알 수 없게 되고, 전자의 운동량을 정확히 측정하려 할수록 위치를 알 수 없게 되어버린다. 그래서 우리는 미시세계에 대해 항상 일정한 정도의 불확실한 관측을 할 수밖에 없게 된다. 계속해서 더 작은 영역을 탐험하며 더 정밀한 관찰을 이어가던 과학자들은 갑작스럽게 나타난 이 한계에 당혹해했다. '앎의 한계'를 알아버렸다. 이제 과학은 어디로 가야 하나? 과학자들은 어찌해야 할까?[28] 미시세계에서 다루는 양자역학의 가장 기본적인 딜레마를 쉽게 살펴보았다. 하이젠베르크의 작업과 이후의 과정들은 이 깨달음의 과정이었다. 만

약 뒤의 이야기들이 조금 어렵다면 지금 이 이야기들의 이미지만으로
도 불확정성 원리와 상보성 원리의 기본개념과 딜레마는 이해 가능할
것이다.

행렬역학

앞서 살펴본 전자의 운동량은 p로, 위치는 q로 표시한다. 헬골란트에
서 하이젠베르크는 전자의 에너지를 운동량 p와 궤도에서의 위치 q를
이용해 함수로 만들었다. 그런데 pq-qp가 0이 아니었다. 당연히 pq-
qp=0이어야 할 것 같은데 계산대로라면 pq-qp=$(h/2\pi)$i였다! 0이 있어
야 할 자리에 플랑크 상수와 파이와 복소수까지 들어간 상황이라니!
계산결과 원자는 분명히 안정했다. 대신 도대체 원자가 어떻게 생긴 것
인지 알 수 없게 되어버렸다. 계산은 정확하나 이해는 되지 않는, 분명
히 실마리를 잡았지만 동시에 뭔가 뒤죽박죽이 되어버린, 그런 느낌이
라 볼 수 있다. 하지만 하이젠베르크는 원자를 수식체계 내에서 안정화
시켰다는 기쁨이 컸다.

하이젠베르크는 괴팅겐에 돌아가는 길에 일부러 함부르크에 들러
파울리에게 자신의 생각을 가장 먼저 알렸다. '새로운 희망, 새로운 삶
의 기쁨'을 얻었다는 말이 냉소적 표현으로 유명한 파울리의 입에서 나
왔다. 덕택에 승리감 속에 괴팅겐에 돌아왔지만 사실 돌아와 논문을 써
본 하이젠베르크는 아직 많은 것이 뒤죽박죽이라는 것을 알았다. "양

28　이 상황은 어떻게 해결되어야 할까? 뒤에 살펴보겠지만 하이젠베르크와 보어는 결국 답
안을 제출했다. 그런데 그 답안은 아인슈타인 같은 이들이 보기에 백지 답안지로 보였다.

자론에서는 원자를 공간상의 한 점과 연관시키는 것이 불가능했다." 하지만 그래서 이걸 어떻게 말해야 할지는 알지 못했다. 시공간 모형의 특징이 전혀 없고, 그러니 '궤도'라는 말도 의미가 없는 이 이상한 방정식은 심지어 곱셈의 순서를 바꿔도 값이 달라졌다. p^*q 와 q^*p는 결과 값이 달랐다. $qp-pq$의 결과 값이 0이 아니라니! 어떻게 이런 일이 있을 수 있는가? "그는 말도 안 되는 논문을 써놓고 발표할 엄두도 내지 못했다."고 보른은 기억했다. 보른은 처음에 이론자체에는 어리둥절한 느낌이었지만 논문 출판은 독려했다.

하이젠베르크는 7월의 「운동학과 역학적 관계의 양자역학적 재해석」 논문의 첫 문장을 이렇게 시작했다. "이 논문은 원리적으로 관측가능한 양들 사이의 관계에 대해 성립하는 양자역학 이론의 기초를 수립하고자 한다." 철저하게 '관찰'만을 의식한, 마흐 철학의 정수를 담은 문장일 것이다. 하지만 하이젠베르크가 아직까지는 자신 없어했다는 것이 논문 결론부에서 잘 드러난다. "이 논문에서 제시한……데이터를 결정하는 방법이 원칙적으로 만족스러운 것인지, 또는 이 방법이…… 너무 거친 것인지, 여기서는 대단히 피상적으로 사용한 방법에 대한 더 향상된 수학적 연구를 통해 알 수 있을 것이다." 수줍고 조심스럽게 미적거리는 문장으로 논문은 끝났다.

그리고 다음은 보른의 차례였다. "나는 그 논문을 읽고 반해버렸다……밤낮 그것만 생각했다." 7월 10일, 이번에는 보른에게 깨달음의 순간이 왔다. "하이젠베르크의 상징적인 곱셈은 행렬 미적분(matrix calculus)이다!" 수학자로 단련된 보른은 하이젠베르크의 수식들을 분석하다가 학창시절부터 자신이 배워 잘 알고 있던 행렬계산이라는 것을 알아차렸다.[29] 행렬곱셈은 순서를 바꾸면 당연히 결과 값이 바뀐다.

하이젠베르크는 행렬이라는 수학이 있다는 것도 모르고 행렬연산을 자신의 수식에 도입했던 것이었고 보른이 그것을 깨달은 것이다. 이 결정적 힌트 이후 작업은 일사천리로 진행되어 몇 달 되지 않아 완결된 수학적 구조물로 탄생했다. 보른은 당시 "곧 발표될 하이젠베르크의 논문은 당혹스럽지만 확실히 틀림없으며 심오합니다."라고 아인슈타인에게 써보냈다. 그 계산이 보른에게는 익숙한 수학적 방법이었던 것도 보른에게 옳다는 느낌을 줄 수 있었던 이유였다. 행렬이 무엇인지도 모르는 물리학자의 손에서 행렬역학이 탄생했고, 그것이 행렬인지 바로 알아봐줄 수학자 스승이 옆에 있었다는 것 자체가 기적인지도 모른다. 더 신비롭고 신비로운 것은 왜 수학자들이 만들어둔 어떤 형이상학적 형식에 어느 날 자연이 자신도 그렇게 동작한다며 알려오는 것일까 하는 점이다. 리만기하학도, 텐서도, 행렬도, 확률도 과학과는 상관없는 수학같았다. 그런데 만들어만 두면 모두 어느 날엔가 과학이 되어버렸다.

보른에게 논문을 넘겨준 하이젠베르크는 그 사이 방학을 맞아 레이든과 케임브리지로 떠났다. 보른은 요르단에게 공동연구를 부탁했다. 두 사람은 이후 불과 두 달 만에 행렬역학(matrix mechanics)의 기초를 마련했다.[30] 하이젠베르크의 아이디어는 보른과 요르단에 의해 행렬미적분으로 재구성되었다. 9월에 코펜하겐에 있던 하이젠베르크는 보

---

29 하이젠베르크의 고민은 쉽게 표현하면 이런 것이었다. A곱하기B와 B곱하기A의 값이 어떻게 다를 수 있나? 말이 되는가? 그러니 하이젠베르크는 만들어두고도 난처할 수밖에 없었던 것이다. 하지만 행렬연산은 바로 그런 수학이다. 마치 기다렸다는 듯 이미 수학자들이 만들어둔 도구가 그대로 물리학에 적용된 사례다. 아인슈타인 앞에 다차원을 기술하는 비유클리드 기하학이나 텐서 등이 완성된 모습으로 나타났던 것과 비슷하다.

30 보른은 하이젠베르크의 식을 기초로 단위행렬 I가 포함된 행렬공식, $pq-qp=(ih/2\pi)I$를 만들어냈다.

른과 요르단의 논문을 받아보고 보어에게 이렇게 얘기했다. "보른에게 논문이 왔는데 전혀 이해할 수 없습니다." "행렬로 가득 차 있는데 저는 그게 뭔지도 모릅니다." 그렇게 행렬역학의 기초를 만든 사람은 이제야 부랴부랴 행렬을 열심히 배우기 시작했다.

하이젠베르크는 편지왕래를 통해 보른과 요르단과 함께 연구를 진행했다. 연구는 여러 통의 편지들이 괴팅겐, 레이든, 케임브리지를 오가며 몇 달 동안 숨 가쁘게 진행되었다. 1925년 11월, 파스쿠알 요르단, 막스 보른, 베르너 하이젠베르크 세 사람은 공저로 논문 「On Quantum Mechanics II」을 제출했다. 이것이 요르단, 보른, 하이젠베르크의 유명한 '3인 논문'이다. 보른이 알아냈던 것처럼 물리량들을 행렬이라는 수학적 형식을 통해 나타내기 때문에 최종적으로 행렬역학(matrix mechanism)이라는 이름이 되었다. 하지만 하이젠베르크의 방법은 실제 사용하기에는 너무 어려워 이 이론을 간신히 가장 단순한 대상인 수소 원자에 적용한 사람은 파울리뿐이었다. 파울리는 이 새로운 이론을 적용해서 발머 계열 스펙트럼과 슈타르크 효과를 정확하게 계산해내며 친구의 이론에 큰 힘을 보탰다. 하이젠베르크 스스로도 시도했지만 답에 도달하지 못하고 있었는데 1926년 1월에 파울리가 이 논문을 발표해 하이젠베르크는 큰 힘을 얻었다. 이 결과를 보고 보어는 스승 러더퍼드에게 이렇게 말했다. "간절히 바라던 양자역학이 정말 탄생했습니다. 이제 더 이상 비참하지 않습니다."

모든 일이 파울리 25세, 하이젠베르크 24세, 디랙이나 요르단은 23세 때의 일이었다. 그들은 아인슈타인이 특수상대성이론을 만들 때보다도 젊은 나이였다. 1925년 가을쯤엔 새로운 물리학을 새로운 세대가 만들어내고 있음을 모두가 느낄 수 있었다. 경이로운 결과에 괴팅겐에서는 파울리가 만들어낸 '크나벤퍼지크(knabenphysik, 청년물리학)'라는 적절한 신조어를 여기저기서 수군거렸다. 하지만 반전이 남아 있었다. 하이젠베르크 이론과 충돌하지만 결과 값들은 모두 동일한 새로운 방정식이 뒤이어 나타났던 것이다. 낯선 행렬 따위가 아니라 물리학자들 모두가 익숙한 수학을 사용했고 훨씬 쉬웠다. 하이젠베르크에게는 슈뢰딩거 방정식이 재앙처럼 등장했다.

1925년 디랙과의 짧은 인연

한편 하이젠베르크가 괴팅겐과 서신왕래를 하던 사이에 케임브리지 대학에서 잠시 원자분광학 강의를 했었다. 강의를 듣는 사람 중에는 하이젠베르크보다 한 살 어린 폴 디랙(Paul Dirac, 1902~1984)이 있었다. 수줍음이 너무 많았던 디랙은 하이젠베르크에게는 말 한 번 걸지 못하고 대신 하이젠베르크의 출간 전인 논문을 읽어보았다. 이 계기로 디랙은 자신만의 논문을 진행시켰다. 괴팅겐에서 보른과 요르단이 논문 작업을 끝내기 직전에 러더퍼드가 보른에게 디랙이 쓴 출간 전 논문을 보내왔다. 디랙은 그들과 같은 연구결과를 먼 곳에서 정확히 만들고 있었다. "아직도 기억이 생생한데, 그 논문은 내 삶에서 가장 놀라운 것이었다. 디랙은 내가 전혀 모르는 이름이었고, 젊은이인데도 모든 것이 완벽하고 감동적이었다." 보른은 그때의 충격을 오랜 시간이 지난 뒤에도 생생하게 기억했다. 1925년 하이젠베르크 논문에서 영감을 얻어 시작한 작업들로 이후 5년간 디랙이 만들어낸 세계관은 또 한 번의 충격파를 던지게 된다. 이 과정은 뒤에 살펴볼 것이다.

10

슈뢰딩거와 파동역학

"슈뢰딩거 방정식은 인류가 발견해낸 것 중 가장 완벽하고 정밀하며 사랑스러운 것 중 하나다." —오펜하이머

아로사의 슈뢰딩거

1925년 단 한 해 동안 과학사에 대도약을 가져온 독일의 하이젠베르크, 오스트리아의 슈뢰딩거, 영국의 디랙, 3인의 전설적인 이야기가 진행 중에 있었다. 하이젠베르크의 눈부신 돌파 후 이제 슈뢰딩거의 차례였다. 앞서 살펴봤던 것처럼 1914년 이후 슈뢰딩거의 인생은 1925년이 될 때까지 암담했다. 볼츠만 자살 이후 빈 대학에 입학해 볼츠만에게 배울 기회를 잃은 것까지는 아쉬운 일 정도였다. 하지만 1914년 하빌리타치온을 획득하고 막 사강사로서의 인생을 시작하려 할 무렵, 1차 세계대전의 발발로 입대할 수밖에 없었다. 포병장교로 훈장을 2회

나 받아 군인으로서는 성공적이었다. 그리고 전선에서 일반상대성이론을 접해 학습하며 감탄했다. 슈바르츠실트도 동부 전선 참호 속에서 슈바르츠실트 반지름을 계산했던 것처럼 1차 대전 때까지만 해도 병사로 참전한 과학자들은 학술지를 우편으로 받아보고 연구를 지속하는 경우는 많았던 것 같다.

하지만 4년이라는 물리학자로서 황금 같은 시간을 전선에서 보냈고, 전후 경제적 궁핍에 시달리며 아버지와 할아버지를 연이어 잃어야 했다. 패전 국가를 덮친 인플레이션은 1년치 연봉으로 한 달을 살기도 벅찼다. 1920년에 빈 대학 이론물리학 '조교수' 직을 제안 받았지만 거절했다. 1920년 4월 안네마리 베르텔과 결혼한 뒤 예나 대학 막스 빈(Max Wien, 1866~1938)의 '조교'로 갔다. 오직 경제적 문제 때문이었다. 이후 슈투트가르트, 브레슬라우를 거쳐 1921년 취리히 대학으로 옮겨 가는 1년여의 어수선한 일정을 보냈다. 간신히 34세의 나이에 취리히에 안착했고, 헤르만 바일이나 피터 디바이 등과 친교를 맺으며, 고체비열, 열역학, 통계역학 등의 다양한 분야에 대한 여러 논문을 발표했다. 하지만 결정적인 무언가를 던지지는 못하고 있었다. 빈 대학 최고의 수재로 불리던 그로서는 만족할 수 없었다. 하루하루 나이만 먹어가고 있다는 불안감에 시달렸다. 그런 와중에 얻은 기관지염이 폐결핵으로 진행되었다. 그래서 신선한 공기를 찾아 해발 1800미터가 넘는 스위스 동부 알프스 산중의 아로사(Arosa)란 마을로 요양을 떠났다.

1922년까지 요양하고 몸을 조금 회복해 돌아오긴 했지만, 1923년에도 논문 한 편 쓰지 못했다. 이 2~3년간 슈뢰딩거의 불안감은 충분히 짐작할 수 있다. 물리학의 대변혁기에 자신이 시대에 뒤처지고 있다는 느낌이 엄습했을 것이다. 1924년부터 슈뢰딩거는 간신히 연구를 재개

아로사

알프스의 아로사. 깨끗한 공기로 휴양지로 이름난 곳이다.

했다. 가을에 인스부르크 학회에서 아인슈타인, 조머펠트 등과 만나 가까워졌다. 하지만 자신은 이미 37세가 되어버렸다. 이미 학계의 원로(?)가 된 보어는 자신보다 겨우 두 살이 많았다. 이런 복잡한 정황에서 1925년을 맞은 슈뢰딩거는 무언가를 보여줘야 한다는 간절함이 있었을 것이다. 그 해 가을 슈뢰딩거는 드브로이의 논문을 읽었다. 앞서 살펴본 대로 드브로이는 아인슈타인의 광양자설에 힌트를 얻어 전자를 파동으로 간주하는 방식으로 획기적인 설명을 해냈다. 드브로이 주장의 핵심은 특정한 운동량을 가지는 전자는 특정한 파장을 가지는 파동으로 해석할 수 있다는 것이었다. 물질입자는 모두 파동으로서 설명가능하다는 원대한 비전이 담겨 있었다. 어쩌면 드브로이와 슈뢰딩거는 뮌헨-괴팅겐-코펜하겐 네트워크에 끼어 있지 않았었기에 그 접근방식이 확연히 달랐을 것이다. 11월 3일 슈뢰딩거는 아인슈타인에게 편지를 보냈다. "며칠 전 루이 드브로이의 독창적 학위논문을 흥미롭게 읽었고, 결국 이해할 수 있었습니다." 디바이도 슈뢰딩거와 논의하면서 이런 얘기를 했다. "파동을 다루려면 파동 방정식을 먼저 가지고 있어야 한다." 한동안 여러 고려를 하며 파동 방정식을 만들어봤지만 신통치 않았다. 그리고 크리스마스 휴가기간이 다가오자 슈뢰딩거는 몇 년 전 자신의 폐결핵을 고쳐준 마을로 휴가를 떠나고 싶어졌다.

슈뢰딩거가 아로사로 떠날 때 부인은 함께 가지 않았고 다른 여인과 동행한 것은 분명하다. 특히 그곳에서의 일기는 슈뢰딩거가 여성과 사귀는 시간대를 기록할 때 특징인 프랑스어로 적혀 있었다. 몇몇 학자가 관심을 가지고 알아보았지만 그 여인이 누군지는 이름조차 끝끝내 밝혀지지 않았다. 아내를 두고 다른 여인과 아로사에 간 슈뢰딩거가 야박해 보일 수 있어 좀 더 덧붙이자면, 이때 슈뢰딩거의 아내 아니(안네마

$$-\frac{\hbar^2}{2\pi}\frac{d^2\psi}{dx^2} + V(x)\psi(x) = E\psi(x)$$

슈뢰딩거 파동 방정식
이 형이상학적으로 보이는 방정식은 슈뢰딩거가 아로
사에서 연인과 밀애를 즐기던 와중 만들어졌다.

리의 애칭)는 다름 아닌 슈뢰딩거의 친구이자 『공간-시간-물질』의 저자 헤르만 바일과 사귀고 있었다. 부부 사이는 이혼을 고려할 만큼 멀어져 있었고 서로가 이 사실을 잘 알고 있었다. 슈뢰딩거 부부는 전형적인 쇼윈도 부부였다. 부인이 이혼을 하지 않은 이유는 슈뢰딩거의 부인이라는 '직함'이 사회활동에 쓸모가 있었기 때문으로 보인다. 덧붙여 헤르만 바일의 아내는 파울리의 친구인 파울 세러와 사귀고 있었다. 아마 이 오스트리아인들 모두는 부부의 인연 정도는 간단히 무시하고 모든 것을 감정의 파동에 맡겨버렸던 모양이다. 어찌되었건 아로사에 간지 며칠 뒤 슈뢰딩거는 파동 방정식을 완성했다. 입으로 사랑의 밀어를 속삭이는 가운데, 머릿속에서 파동역학이 동작하는 슈뢰딩거의 별난 연구방식은 두고두고 이야깃거리가 됐다. 실제 파동역학만큼이나 신비한 이야기다. 헬골란트라는 섬처럼 아로사라는 작은 마을은 이렇게 과학사에 이름을 남겼다.

파동역학의 등장

1926년 1월 슈뢰딩거는 『물리학 연보』에 논문을 기고했다. 물리학과 학생들이라면 빠짐없이 배우게 되어 있는 슈뢰딩거 방정식, 즉 파동 방정식은 이 논문에 발표되었다. 슈뢰딩거의 파동 방정식은 놀라웠고 하이젠베르크의 행렬역학과는 달리 많은 물리학자들에게 즉시 환영받았다. 다루는 대상이 전자일 뿐 슈뢰딩거 이론은 물리학자들에게 익숙한 미분방정식으로 되어 있어서, 황당한 철학에다 행렬이라는 특이한 수학적 방법론을 쓰는 하이젠베르크의 방식에 비해 훨씬 쉬웠다. 사실 파동역학은—코펜하겐의 보어와 괴팅겐의 보른 일파(?)를 제외하면—대부분의 물리학자들이 바라 마지않던 모습으로 눈앞에 나타나준 것이다. 고전역학적으로도 충분한 설명이 주어졌기 때문에, 이제는 보어 일파가 떠들고 다니는 골치 아프고 믿기 힘든 양자론의 철학 따위는 쓰레기통에 던져버릴 수 있었다. 아니 제발 그러기를 바랐을 것이다. 보어-하이젠베르크의 철학은 기존의 물리학과는 너무나 이질적이었다. 더구나 파동역학은 훨씬 쉽게 계산할 수 있었기 때문에 실용적이기까지 했다. "슈뢰딩거 방정식은 구세주 같았다. 이제 우리는 더 이상 그 괴상한 행렬 수학을 배우지 않아도 되었다."라고 울렌벡은 회고했다. 전자를 파동이라고 해석하는 기본전제만 받아들이면 슈뢰딩거 방정식의 나머지 부분은 고전물리학으로 모든 것을 설명할 수 있었다. 당연히 중견학자들은 대부분 슈뢰딩거를 편들었고, 보어와 소수의 소장파 학자들만 행렬역학의 편에 섰다. 두 방식이 전혀 다른 철학에 근거해 있었음에도 모두 거시세계의 물리현상을 완벽하게 설명해내고 있었다. 한 마디로 1926년 물리학계는 두 쪽이 나버렸다!

실제로 슈뢰딩거 방정식 출현 이후 원자물리학은 성공가도를 달리기 시작했다. 슈뢰딩거의 방식은 여러 방면에 응용되기 훨씬 쉬웠고, 원자와 분자에 대한 거의 모든 수학적 문제를 해결할 수 있었기 때문이다. 행렬역학보다 조금 뒤에 출현했지만, 과학자들로서는 편미분방정식으로 기술되는 파동역학이 훨씬 마음에 들었다. 슈뢰딩거가 창안한 이 파동역학 체계는 오늘날 양자화학, 고체물리학, 양자통계역학, 양자광학 등에서 광범위하게 쓰이면서 일반성을 인정받고 있고 적용 영역 또한 계속 확장 중이다. 슈뢰딩거 방정식은 뉴턴의 중력방정식 이후 가장 많이 사용된 방정식으로 추정된다.―1960년까지 슈뢰딩거 방정식을 기초로 쓴 논문은 10만 편이 넘었다! 상대론 효과를 무시해도 될 경우 양자역학 문제는 거의 모두 슈뢰딩거 방정식의 응용이나 특수 해를 구하는 경우들이 대부분이다. 하지만 아이러니하게도 결국 철학적 해석에서 승리를 거둔 쪽은 행렬역학이다. 실제 오늘날 물리학과 학생들은 행렬역학과 파동역학을 모두 배운 뒤, 행렬역학이 맞는 철학적 해석인 것처럼 배우고, 실제 계산은 대부분 파동 방정식을 사용해서 해결한다. 이 우스꽝스런 상황은 100년 가까이 계속되고 있다. 수학형식과 철학적 해석까지 전혀 다른 2개의 완벽해 보이는 이론이 1년 사이에 동시 등장했다. 모두 휴가지에서 만들어졌다는 것을 제외하면 닮은 구석이 전혀 없었다.

11

불확정성과 상보성

모습을 드러낸 양자역학

1925년에서 1926년에 이르는 짧은 시간 동안 지구의 과학은 혁명적 변화를 겪었다. 극소수의 사람들만이 그것을 느끼고 있었다. 이 믿기 힘든 과정을 거치며 1927년이 되면 그 과정은 '양자역학의 성립'으로 수렴되게 된다. 앞서 설명한 업적들은 마치 약속이나 한 듯이 불과 2년 정도의 시간에 폭발적인 천재성의 방출로 이루어졌다. 그것도 한두 명의 업적이 아니라 드브로이, 파울리, 하이젠베르크, 슈뢰딩거, 보른 등 전혀 다른 사람들의 업적이 퍼즐조각처럼 조합되는 과정이었다. 과학의 역사에서 빼놓을 수 없는 가장 매력적인 순간이지만, 여러 명의 업적을 상호대차하며 설명할 수밖에 없는 기간이라 어떤 작가라도 이를 왜곡 없이 단순화하기는 힘들다. 바로 그래서 양자역학의 스토리는 진입장벽이 생겨버렸다. 그러니 한 번에 머릿속에 지도가 그려지기 힘들다는 것을 받아들여야 한다. 그러면 양자역학으로의 신비로운 여행이 훨씬 즐거울 수 있다. 양자혁명의 과정에 반드시 짚고 넘어가야 할 백미는 행렬역학과 파동역학의 충돌이다. 특히 코펜하겐-괴팅겐 그룹은 슈뢰딩거의 파동역학에 엄청난 위협을 느꼈다. 아마도 그랬기에 보어와 하이젠베르크는 위기감 속에 간절한 마음으로 엄밀하고 정연한 철학적 해석으로 나아갔을 것이다. 이제 그 충돌의 과정을 되짚어보자.

하이젠베르크는 1925년 파울리나 보어와의 대화를 통해 새로운 역학체계인 행렬역학의 기본적인 개념 틀을 얻어내는 데 성공했지만 하이젠베르크 자신은 이 논문에서 그가 사용한 상징적인 곱셈이 수학적으로는 행렬의 곱셈에 해당한다는 것을 인식하지 못했었다. 아이디어는 탁월했으나 아직 완결적 형태를 이룬 것은 아니었던 셈이다. 이것이 행렬임을 처음으로 인식한 사람이 막스 보른이었다. 보른은 하이젠베르크가 발견한 상징적 곱셈이 행렬 곱셈이라는 것을 간파하자 이를 구체적으로 발전시키고 양자역학을 체계화하기 시작했다. 이를 위해 처음에는 파울리를 공동연구자로 생각했지만 파울리가 냉소적인 반응을 보이자 요르단에게 행렬역학을 체계적으로 발전시키자는 제안을 했다. 결국 보른과 요르단은 하이젠베르크의 생각을 행렬역학으로 발전시키는 논문을 만들어냈다.

1926년 초, 보른, 하이젠베르크, 요르단의 이름으로 유명한 '3인 논문'이 출판됐다. 그리고 뒤늦게 행렬역학의 가치를 인정한 파울리가 수소의 발머 계열 식을 행렬역학으로 풀어냄으로써 행렬역학은 기본형태가 갖춰졌다. 보른은 '3인 논문'에서 하이젠베르크의 기초 작업을 더욱 깊이 고찰해서, 힐베르트 공간, 선형변환에 있어서의 주축변환, 에르미트 행렬 등의 고도의 수학적 개념을 행렬역학에 도입했다. 보른이 이처럼 정교하고도 빠른 속도로 양자역학의 수학적 표현을 발전시킬 수 있었던 이유는 자명하다. 그가 괴팅겐에서 힐베르트와 클라인 등으로부터 배웠기 때문이며, 선형대수 등의 관련 수학들을 철저하게 수련했기 때문이었다. 양자역학의 수학적 기초가 다져지는 데에는 괴팅겐 전통 속에서 성장했던 보른의 역할이 아주 컸다.─물론 한편으로 다른 연구전통에 속해 있던 과학자들에게는 생경하고 골치 아픈 수학이 갑자기 나타난 셈이었다.

행렬역학이 만들어지는 동안 슈뢰딩거는 홀로 파동역학을 완성하고 있었다. 파동역학을 전개하면서 슈뢰딩거는 자신이 만든 파동함수의 제곱이 실제 전자의 밀도에 해당한다고 주장했다. 하지만 양자도약을 실험적 사실로 믿고 있었던 보른은 슈뢰딩거의 이런 연속체적인 견해에 반대하며 슈뢰딩거 방정식을 전혀 다르게 해석했다. 즉, 슈뢰딩거의 파동함수의 제곱은 '실제 전자의 밀도를 나타내는 것이 아니고, 전자가 다른 입자들과 서로 충돌해서 나타날 수 있는 가능한 상태, 즉 확률을 말해준다는 것'이다. 슈뢰딩거의 파동함수를 확률과 통계적 수학으로 해석해버린 것이다! 보른은 자신의 이 확률론이야말로 실험적 사실에 바탕을 둔 이론적 실재로 보았다. 그래서 양자역학에 대한 통계적 해석을 제창하게 되었다. 하지만 아인슈타인은 이를 물리적 실재로 인정하지 않았고 이론 내에 존재하는 극복되어야 할 치명적인 약점으로 보았다. 여기서 오랜 기간 지속되고 지금도 완전히 끝나지 않은 중요한 논쟁이 잉태되었다. 보른의 통계적 해석은 계속 개량되었다. 오늘날처럼 슈뢰딩거 방정식이 보여주는 파동을 '전자의 위치 내지 운동량을 발견할 확률'로 해석하는 개념은 파울리가 처음 제안했다. 파울리는 1926년 하이젠베르크에게 보내는 편지에서 보른보다도 분명한 형태로 양자역학에 대한 통계적 해석을 구체화시켰다.

이 편지에서 파울리는 "우리는 운동량이라는 눈으로도 세상을 볼 수 있고, 위치라는 눈으로도 세상을 볼 수 있다. 하지만 운동량과 위치의 눈을 동시에 뜨면 이상하게도 뒤죽박죽이 된다."는 불확정성 원리의 정수를 피력했다. 이 편지를 받은 뒤 얼마 후 하이젠베르크는 양자역학에 대한 철학적 해석인 불확정성 원리를 발표했다. 요르단은 양자역학의 통계적 성격은 측정 오차의 한계 때문이라고 생각했지만, 하이젠베르크는 이 불확실성이 더욱 근본적인 것이라고 보았다. 곧 하이젠베르크의 불확정성 원리와 보어의 상보성 원리는 양자역학에 대한 정통해석인 코펜하겐 해석으로 구체화되어, 보른에 의해 시작된 비결정론적 세계관은 양자역학의 핵심적 해석으로 발전하게 되었다.

충돌의 시작

"아인슈타인은 자신이 딛고 서 있는 땅을 우리가 발밑에서 허물어 버리도록 내버려두지 않았다." —하이젠베르크

이 모든 진행이 불만족스러운 사람들이 있었다. 아인슈타인은 1925년 9월에 에렌페스트에게 쓴 편지에 이렇게 적었다. "하이젠베르크가 거대한 양자 알을 낳았네……(나는 아니지만) 괴팅겐에선 그걸 믿는 모양이네." 12월 친구 베소에게 보낸 편지에도 아인슈타인은 이렇게 적었다. "최근 가장 흥미로운 성과는 양자 상태에 대한 하이젠베르크-보른-요르단의 이론이야. 정말 마법 같은 곱셈목록인데 여기서 무한한 행렬들이 직교좌표를 대체하지. 너무 기발한데다 복잡해서 좀처럼 반

보어, 하이젠베르크, 보른(위) vs. 플랑크, 아인슈타인, 슈뢰딩거(아래)

코펜하겐–괴팅겐 학파 대 베를린 그룹이라 부를 만한 이 두 집단의 충돌은 물리학을 바라보는 근본시각의 차이에서 비롯되었다. 베를린의 학자들에게 과학은 확실한 실재를 찾아나가는 것이었다. 하지만 코펜하겐과 괴팅겐에서는 현상을 만족하는 수학을 얻고, 그것이 나타내는 것으로 보이는 불확실성의 철학을 솔직히 받아들이면 되는 것이었다. 행렬역학과 파동역학 등의 접근법이 수학적 결과에서 어떤 차이도 없었기에, 이 근본적인 '태도의 차이'에서 비롯된 갈등은 오랜 기간 봉합될 수 없었다.

박할 수가 없어." 한마디로 아인슈타인은 이들의 작업이 처음부터 너무나 마음에 들지 않았지만 반박할 방법을 찾지 못했을 뿐이다. 그는 몇 년의 시간이 필요할 것으로 봤다. 하지만 평생이 필요했고 결국 성공하지는 못했다. 1926년 베를린 대학 콜로키움에서 하이젠베르크는 자신들의 행렬역학에 대해 발표했다. 당시 베를린 대학은 플랑크, 아인슈타인, 폰 라우에, 네른스트가 포진해 있어서 베를린은 코펜하겐-괴팅겐 그룹에게는 적진이었다. 조금 시간이 지나면 이 베를린 그룹에 슈뢰딩거까지 합류한다. 콜로키움이 끝나자 아인슈타인이 하이젠베르크를 집으로 초대했다. 한참의 대화 뒤 하이젠베르크는 아인슈타인에게 "당신의 생각은 위험한 쪽으로 가고 있군요."라는 말을 들었다. 아인슈타인은 하이젠베르크의 면전에서 꺼림칙함을 숨기지 않았다. 그만큼 그의 입장은 단호했다. 아인슈타인은 상대성이론에서 '동시성'의 개념을 포기했으나, 양자역학은 더 거대한 것을 포기했다. '확실성'을 포기한 것이다. 아인슈타인은 이를 과학의 목표에 대한 배반으로 보았다. 1년 반 뒤 5차 솔베이 회의에서 보어와 아인슈타인은 양자역학의 가치와 해석을 놓고 정면충돌한다.

행렬역학과 파동역학의 충돌

1925년 드브로이가 아인슈타인의 광양자 이론에 영감을 얻어 파동-입자의 이중성이 물질에서도 나타날 수 있다는 물질파 개념을 창안한 뒤, 1926년 초 슈뢰딩거는 드브로이의 아이디어에서 더 멀리 나아갔다. 슈뢰딩거는 물질파가 전자기장에서 전파되는 법칙을 파동 방정식으로 정리했다. 이 이론에서 전자의 상태는 진동하는 현의 파동처럼 표현될 수 있었다. 이 과정은 앞서 정리한 바 있다. 그러자 갑자기 물리학계는 충격에 빠졌다. 하이젠베르크와 슈뢰딩거의 수식들은 현상을 정확히 설명해냈지만 본질은 전혀 달랐다. 간신히 보른이 두 이론이 수학적 동치임을 보였지만, 본질에 대한 철학적 해석은 난관에 봉착했다. 슈뢰딩거의 입장은 입자라는 표상을 버리고 모든 것을 물질파 개념으로 전환함으로써 모순을 제거하자는 쪽이었다. 그에 따르면 물질파는 전자기파나 음파처럼 시공간 속의 명백한 실재적 과정으로 보아야 했다. 즉, 아날로그적이고 고전적이지만 파동의 시각에서 자연의 본질에 접근하자는 것이었다. 그리고 '양자도약' 따위의 불연속성은 폐기하면 그만이었다. 많은 고전적 해석을 선호하는 학자들이 이 해석에 해방감을 느꼈다. 그렇잖아도 그들에게 양자도약은 악몽이었다. 한편 괴팅겐 쪽에서는 이런 진행에 불안감을 느꼈다. 그들은 원자 속의 과정은 명료한 시공간적 묘사가 불가능하다고 확신하고 있었다. 확률분포에 의한

$$pq - qp = \frac{h}{2\pi}i \ \text{(하이젠베르크 방정식)}$$

$$-\frac{\hbar^2}{2\pi}\frac{d^2\psi}{dx^2} + V(x)\psi(x) = E\psi(x) \ \text{(슈뢰딩거 방정식)}$$

행렬역학과 파동역학
이 두 방정식은 수학적으로 똑같은 답을 내놓는다. 하지만 철학적으로는 자연을 전혀 다르게 바라본다.

하이젠베르크와 슈뢰딩거
1926년의 하이젠베르크에게 슈뢰딩거의 파동 방정식은 악몽이었다. 자신의 핵심 업적인 행렬역학이 그저 '지나가는 방정식'이 되어버릴지도 모른다는 위기감이 있었을 것이다. 결국 코펜하겐과 괴팅겐 그룹이 옳다는 해석적 인정은 얻었지만 그뿐이었다. 파동역학이 계산하기 더 쉽기 때문에 오늘날 물리학과들에서는 하이젠베르크와 보른의 해석을 쫓으면서도 슈뢰딩거 파동 방정식으로 현실적 문제들을 계산한다. 대부분의 물리학자들은 이런 상황에 전혀 모순을 느끼지 않는다.

불연속적이고 입자적인 설명의 묘사만이 해결책이라고 믿었다.

1926년 여름 조머펠트가 뮌헨의 세미나에 슈뢰딩거를 초청했다. 드디어 하이젠베르크와 슈뢰딩거는 첫 대면을 했다. 하이젠베르크는 자신의 방법에서 아주 복잡한 해법이 필요했던 것을 평범한 수학으로 우아하고 단순하게 해결한 것에 감탄했다. 하지만, 슈뢰딩거 가설로는 플랑크의 복사법칙을 설명할 수 없음을 지적했다. 그러자 슈뢰딩거는 문제가 여전히 남아 있지만 곧 해결될 것이라고 했다. 실험물리학 연구소장 빌헬름 빈도 이제 양자도약 따위의 황당한 논의는 필요 없어졌다고 확신했고, 믿었던 조머펠트조차 슈뢰딩거 수학의 설득력에 매료당하고 있었다.

상황진행에 극도로 불안해진 하이젠베르크는 '양자론의 교황' 보어가 이 상황을 해결해주기를 기대했다. 이번엔 보어가 슈뢰딩거에게 초대장을 보냈다. 9월에 슈뢰딩거가 코펜하겐에 온다고 하자 하이젠베르크도 둘의 대화를 경청하러 코펜하겐으로 갔다. 슈뢰딩거는 마중 나온 보어와 '코펜하겐 역에서부터' 불꽃 튀는 논쟁을 벌였고 토론은 며칠 동안 아침부터 밤까지 계속되었다. 보어는 슈뢰딩거를 자기 집에 재웠기 때문에 슈뢰딩거가 휴식 시간을 가지기는 힘들었다. 결국 슈뢰딩거는 몸살이 걸렸고, 보어는 드러누운 슈뢰딩거의 머리맡에서도 계속 이야기했다고 한다. 하이젠베르크는 사려 깊고 친절한 보어가 이 때만큼은 '광신자처럼' 한 치도 양보하지 않았고 조금의 불명확함도 허락하려 하지 않았다고 했다. 두 사람 모두 깊은 정열과 확신 속에서 대화했고, 하이젠베르크는 『부분과 전체』에서 그 느낌을 글로 재현하는 것은 불가능하다고 표현했다. 그러니 그들 논쟁의 간단한 논리만 요약될 수 있을 뿐이다.

슈뢰딩거는 양자도약은 말이 안 되며, 전자가 도약할 때 어떻게 움직이는지 설명해야 한다고 했다. 보어는 당신의 논리들은 양자도약이 없다는 것을 증명하지 못하며, 당신의 주장은 우리가 양자도약을 상상할 수 없고, 일상의 실험을 기술하는 직관적인 개념으로는 양자도약을 서술하는 것이 힘들다는 것을 보여줄 뿐이라고 응수했다. 슈뢰딩거는 자신은 철학적 토론을 원하는 것이 아니며, 모든 상황은 입자로서 전자는 존재하지 않고, 물질파가 존재한다고 보면 모든 것이 달라져 보이게 될 것이라고 했다. 보어는 계속 응수했다. "당신은……물질파는 있지만 양자도약은 없다는 가정으로 어려움이 제거될 거라고 말하고 있다. 하지만……" 서로의 논리는 이처럼 계속 평행선을 그렸다. 사실 서로가 문제를 완전히 이해하거나 해결했다고 주장할 수 없었다는 것이 핵심이었다. 그들은 단지 자신의 시각이 '유리'하다고 주장했을 뿐이다. 그리고 이런 경우라면 지칠 줄 모르는 체력의 소유자이자, 상징과 비유 수사의 달인인 보어가 단연 유리했다.

몇 날의 격렬한 토론에 슈뢰딩거는 병이 심해졌고 몸살기운은 고열의 감기 증상으로 이어졌다. 보어 부인의 간호 중에도 보어는 쉼 없이 슈뢰딩거의 머리맡에서 이야기했다. 논쟁의 끝마무리쯤 보어와 하이젠베르크는 자신들이 올바른 길을 가고 있다는 확신이 굳어졌다. 동시에 최일급의 물리학자들에게조차 원자 내부 상황의 시공간적 묘사가 불가능함을 설득시키는 것이 얼마나 힘든 일인지를 절감했다. 사실 슈뢰딩거 입장에서는 정반대의 상황이 보일 것이다. 자신들의 확률론적 해석과 양자도약에 심취한 나머지 명백한 물질파를 보지 못하는 코펜하겐과 괴팅겐의 고집쟁이들을 과연 설득할 수 있을까 하는 절망감이 남았을 것이다. 죽을 때까지 이들은 이 문제에 합의하지 못했다. 신사적이기로 유명한 보어의 비정상적 행동에서 이 문제에 그들이 느낀 위기감과 절실함이 어느 정도였는지 알 수 있다. 보어와 하이젠베르크로서는 최악의 경우 자신들의 업적 전체가 완전히 붕괴될지 모르는 위기였다. 어쩌면 이 승부는 어느 정도 스칸디나비아인 체력의 승리였다.

이후 몇 달간 보어와 하이젠베르크는 양자역학의 물리학적 해석에 대한 토론과 사고실험을 반복했다. 이 과정에서 보어는 입자와 파동을 동등한 것으로 위치시키는 쪽으로 방향을 잡았다. 상보성 원리가 탄생 중이었다. 입자와 파동 둘을 함께 고려해야 원자적 사건을 제대로 묘사할 수 있다는 이 시각은 결국 "위치와 운동량의 곱은 플랑크 상수 범위 내에서 불확정성을 가진다."는 전통적인 불확정성 원리의 모태가 되며 나아가 양자역학 전반을 아우르는 근본철학으로 정립된다. 이 시기 보른 역시 나름대로 행렬과 파동이라는 이 두 가지 이론을 해결하는 방법을 고민했고, 슈뢰딩거 파동함수의 제곱은 해당 장소에서 '전자를 발견할 확률'로 볼 수 있다는 가설을 제시했다. 물론 슈뢰딩거는 인정하지 않았지만 이 역시 양자역학의 표준적 해석으로 자리 잡는다.

1927년, 불확정성과 상보성

우리가 전자를 '관찰'한다는 것은 무슨 의미일까? 하다못해 광자 하나라도 전자에 부딪혀 돌아오는 것을 확인해야 우리는 전자를 '본' 것이다. 하지만 전자는 너무나 작아 광자 하나가 부딪혀도 이미 그 위치는 이동해 있을 것이다. 즉 우리가 '보았기에' 전자는 이미 이전의 전자가 아니다. 관찰 이전의 전자의 모습은 절대 알 수 없으며, 우리는 언제나 우리에 의해 '변화된' 전자를 본다. 하이젠베르크의 이름과 함께 기억되는 '불확정성 원리'는 이런 고민의 끝에서 탄생했다. 1927년 보어가 노르웨이로 스키여행을 떠나자 하이젠베르크는 오랫만에 '보어의 방해 없이' 홀로 고민했다. 그리고 아인슈타인에게 들었던 말을 떠올린다. "이론이 비로소 무엇을 관찰할 수 있을지를 결정한다." 하이젠베르크는 이번엔 공원을 산책하며 고민을 거듭한 끝에 불확정성(uncertainty) 원리라고 불리게 될 개념을 정립했다. 걷고 걸으며 하이젠베르크는 거듭 생각했을 것이다. 빛은 입자이자 파동이다. 적외선 쪽으로 가면 파장이 긴 것이고, 자외선 쪽으로 가면 파장이 짧은 것이다. 전자의 위치를 좀 더 '정확히' 관찰하기 위해서는 파장이 짧은 빛을 써야 한다. 그런데 파장이 짧은 빛은 더 많은 에너지를 가지고 있다. 그래서 전자의 운동량에 더 큰 영향을 미치게 된다. 위치를 정확히 알려고 하면 할수록 운동량에 대한 정보가 불확실해진다. 운동량에 대한 정보를 정확히 알려 할수록 위치 정보가 불확실해진다.

결국 하이젠베르크는 결론에 도달했다. 그 불확실성의 정도는 일정하다! 위치(p)와 운동량(q, 질량*속도)의 곱은 플랑크의 작용양자보다 작을 수 없다. 위치와 운동량의 곱은 플랑크 상수 범위 내에서 확률 값을 가진다. 또 플랑크의 '양자'가 소환되어버렸다! 결국 우리는 보고자 하는 것을 보게 된다. 위치를 정확히 알려고 하면 운동량의 불확실성이 커지고, 운동량을 정확히 알려고 하면 위치의 불확실성이 커진다. 이 해석에는 함부르크에 있던 파울리도 동의한다. 하이젠베르크는 헬골란트에 이어 이번에도 여행 중 중요한 성과를 얻었다. 1927년 하이젠베르크는 불확정성 원리에서 "어느 시점에서 한 입자의 위치와 운동량을 동시에 정확하게 아는 것은 불가능하다."고 결론 내렸다. 이 말은 종종 결정론의 붕괴로 이해되었다. 보어가 여행에서 돌아와 불확정성 원리의 개념을 다듬기 시작했고, 최종적으로 상보성 원리의 개념이 도입되었다. 보어의 해석은 다음과 같이 정리된다. "한 물체가 파동으로 행동하는 것과 입자로 행동하는 것은 양립할 수 없지만, 그 물체의 성질을 완전히 이해하기 위해서는 두 가지가 다 필요하다. 이 새로운 상황을 상보성(complementarity)이라고 이름한다. 어떤 물체가 입자로 행동하느냐 파동으로 행동하느냐는 그것을 바라보는 장비가 무엇이냐에 따라 달라진다." "같은 사건을 2개의 서로 다른 관찰방식으로 파악할 수 있으며, 두 방식은 서로 배타적이면서 한편으론 상보(상호보완)적이다. 모순되는 이 두 관찰방식을 병존시켜야만 우리는 그 현상을 올바로 이해할 수 있다." 즉 보어는 불확정성을 '한계'로 인식하지 않았다. 두 관찰방식 자체가 상호보완적인 것이라는 독특한 해석으로 두고두고 철학적 이야깃거리를 만들었다. 하이젠베르크와 보어는 몇 주에 걸쳐 논쟁을 벌인 후 양자론의 여러 부분들을 종합하여 일관성 있는 하나의 체계로 통합시켰다. 그리고 코펜하겐 해석이라는 혁명적인 결론을 내렸다. "측정이 이루어지기 전의 어떤 원자계의 상태는 결정되지 않았으며, 다만 어떤 확률 값의 가능성만을 가질 뿐이다."[31]

제5차 솔베이 회의, 용쟁호투

1927년의 중요한 두 행사에서 상보성 원리가 발표되었다. 처음은 이

---

31   양자역학의 특징과 매력과 약점을 모두 함축한 표현일 것이다. 지금까지 수많은 사람들이 이 해석에 매료되거나 당혹감을 느끼곤 했다. 훗날 물리학자 존 휠러(John Archibald Wheeler, 1911~2008)는 좀 더 압축적으로 이렇게 표현했다. "어떤 소립자도 기록되기 전까지는 현상이 아니다."

탈리아 코모에서 열린 물리학회였고, 보어가 상보성 원리에 대한 공식적인 개괄적 강연을 했다. 아인슈타인과 결전장이 된 것은 이후 솔베이 회의였다. 1927년 9월 아인슈타인이 없었던(!) 이탈리아 코모에서 보어는 이렇게 언급했다. "하나의 실험적 증거는 오직 파동의 성질을 바탕으로 해석할 수 있고, 또 다른 실험적 증거는 오직 입자의 성질을 바탕으로 해석할 수 있다고 가정할 때 이 두 가지 증거는 서로 모순되는 것이 아닙니다. 그 증거들은 서로 다른 실험조건에서 얻어진 것이기 때문에 하나의 그림으로 합쳐질 수 없지만, 상보적인 것으로 보아야 합니다."

다음 달인 10월 벨기에 브뤼셀에서 열린 제5차 솔베이 회의에서는 보어와 아인슈타인의 격렬한 토론이 전개되었다. "나는 확률론을 좋아하지 않습니다. 보른, 하이젠베르크, 보어가 따라간 길은 단지 발견적 가치가 있는 임시적인 것에 지나지 않습니다." 아인슈타인은 어떤 경우에도 이들이 주장하는 통계적 특성을 받아들이려고 하지 않았다. 확률적 진술 자체에 반대하지는 않았지만, 자연이 근본적인 불확실성을 가진다는 생각에는 반대를 명확히 했다. 이때부터 아인슈타인은 "신은 주사위놀이를 하지 않는다."는 말을 즐겨 사용하며 죽을 때까지 양자역학의 공식적인 반대자로 남았다. 그리고 반론을 위해 다양한 사고실험들을 제시했다. 난해하고 세련된 문제들이 차례로 제시되었으나 그때마다 보어는 방어에 성공했다. 며칠에 걸쳐서 이 일은 계속되었다. 결국 아인슈타인이 과하다고 생각했던 에렌페스트가 이렇게 끼어들었다. "아인슈타인. 부끄럽지 않은가. 자네는 새로운 양자론에 대해 예전 자네의 상대성이론에 대해 반대자들이 반박하듯이 하고 있어."

드브로이는 1955년 아인슈타인이 사망한 직후에 5차 솔베이 회의에 대해 이렇게 회고했다. "1927년 10월 말 브뤼셀에서 파동역학과 그 해

제5차 솔베이 회의 사진

이토록 눈부신 사진이 있을까? 이 사진은 상대성이론과 양자역학이라는 현대물리학의 두 기둥이 모두 완성되고
관련 업적을 가진 사람들이 총망라되어 찍힌 최초의 사진이다. 현대과학은 이들에게 엄청난 부분을 빚지고 있다.
하지만 모든 것이 해결된 회의는 아니었다. 이 회의에서 보어와 아인슈타인은 양자역학의 철학적 해석을 놓고 정
면으로 충돌했다. 참석자 대부분은 보어의 판정승으로 생각했지만 아인슈타인은 결코 받아들이지 않았다. 이 책의
주요 등장인물만 소개한다면 앞줄 좌측에서 두 번째부터 차례로 플랑크, 마리 퀴리, 로렌츠, 아인슈타인, 랑주뱅이
고 두 번째 줄 우측 첫 번째가 보어, 두 번째가 보른, 세 번째가 드브로이, 다섯 번째가 디랙이다. 맨 뒷줄 우측에서
세 번째가 하이젠베르크, 네 번째가 파울리, 여섯 번째가 슈뢰딩거다.

석이라는 주제로 제5회 솔베이 학회가 열렸다……보어와 보른 주변에 모인 파울리, 하이젠베르크, 디랙 등의 활동적인 소장파 이론물리학자들은 그들이 창시한 확률론적 해석에만 관심을 모으고 있었다. 하지만 몇몇 사람들은 소리 높여 이 새로운 이론과 맞섰다." 로렌츠는 현상에 대한 결정론을 유지해야 하고, 시공간에 대한 정확한 개념으로 그런 현상들을 해석해야 한다고 했지만 큰 반향을 얻지는 못했다. 슈뢰딩거는 입자 개념을 완전히 포기하고, 고전적이고 규칙적인 파동개념만 지키라고 권유했다. 하지만 드브로이는 그런 시도는 성공하지 못하리라 보았다. 드브로이는 당연히 아인슈타인의 반응이 궁금했다. "아인슈타인은 뭐라고 할까? 광양자에 대한 그의 뛰어난 직관부터 시작된 그토록 그를 사로잡았던 문제의 답이 이곳에서 나올 수도 있을 텐데. 몹시 실망스러웠지만, 단 한 번을 제외하면 그는 거의 말이 없었다." 하지만 한 번의 발언에서 아인슈타인은 확률론적 해석을 반박하며, 아주 간단한 표현으로 비중 있는 반대의견을 내놓았다. 하지만 역시 보어 진영의 신념을 무너뜨리진 못했다. 드브로이가 보아 아인슈타인은 양자물리학이 잘못된 길로 들어섰다고 확신했지만, 이러한 변화상황을 바꿀 길이 없어 낙심하는 듯했다. "양자물리학은 너무 복잡해졌습니다. 이제 이런 까다로운 질문은 검토할 엄두도 나지 않아요. 난 이제 너무 늙어버렸어요!" 드브로이는 당시 48세밖에 되지 않았던 아인슈타인의 이 비관적 표현에 살짝 충격을 받았다.

아인슈타인에게 이론물리학은 수학으로 객관적 세계를 기술하는 것이었다. 하지만 양자론은 무책임하게도 시공간 속에 객관의 세계가 없고, 수학은 사실이 아니라 가능성만을 보여준다고 주장하는 듯했다. 죽을 때까지 아인슈타인은 이런 시각에 반대했다. 보어는 아인슈타인에게 이렇게 응수했다. "신이 세계를 어떻게 다스릴지 제시하는 것이 우리 과제는 아닙니다." 두 사람의 논쟁은 평생 동안 계속 되었다. 하지만 그들의 과학적 해석의 차이는 그들의 우정에 아무런 영향을 주지 못했다. 이후 보어는 생각에 심취할 때마다 "아인슈타인……아인슈타인……아인슈타인……" 하며 혼잣말을 하는 버릇이 생겼다. 보어는 지금 이 생각을 아인슈타인이라면 어떻게 반응할까를 계속 생각하며 자기 이론의 완성도를 검증해갔던 것이다. 머릿속 가상의 아인슈타인은 보어에게 이상적인 자극제였다. 양자역학은 이처럼 끝없는 대화로 만들어졌다. 보어-아인슈타인, 보어-슈뢰딩거, 보어-하이젠베르크, 하이젠베르크-파울리 등의 대화는 결국 새로운 과학의 형성과정이었다. 개인적 사색보다 대화의 중요성이 이토록 컸던 과학발전 사례는 찾기 힘들 것이다. 언어로 기술할 수 없는 양자역학은 언어의 향연 속에 완성되었다. 하이젠베르크의 등산, 슈뢰딩거의 밀월여행, 뒤이어서는 디랙의 은둔에서 얻은 성과들까지 하나로 묶이자 비로소 양자역학이 탄생했다.

결정론과 양자역학의 문제

성경 창세기에는 이삭의 아들인 에서와 야곱의 이야기가 나온다. 에서와 야곱은 쌍둥이였다. 그런데 신은 태중에서부터 에서는 미워하셨고 야곱은 귀히 여기셨다. 실제 성경의 이야기에 따르면 훗날 성장한 에서는 장자의 명분을 소홀히 여기고 오만한 삶을 살았고, 야곱은 신께 순종하며 경건한 삶을 살았다. 그래서 성경역사의 맥락은 야곱의 가정을 중심으로 전개되게 된다. 이 내용은 초기 기독교 시대부터 논쟁거리였다. "신이 공정하고 정의로우시다면 신은 왜 아무 행동도 하지 않은 에서를 미워하셨는가?" 이 피할 수 없는 질문에 기독교회는 오랜 기간 이렇게 대답했다. "신은 에서가 나쁜 행동을 할 것임을 '미리 아시므로' 에서를 미워하셨다." 이 해석에 의하면 에서가 악하게 성장할 것은 이미 결정되어 있다. 에서에게 아무리 올바른 교육을 주어도 에서의 미래를 바꾸는 것은 불가능하다. 그렇다면 인간의 자유의지는 환상이란 말인가? 아무리 자유의지로 여러 선택을 행한다 해도 피할 수 없는 일이 있고 발생한 일은 결국 발생하고 마는 것인가? 미래는 결정된 것인가? 아니면 우리의 선택에 의해 바뀔 수 있는 것인가?

그리스신화에는 비극적 인물인 오이디푸스의 이야기가 나온다. 오이디푸스가 태어났을 때, 그가 '아버지를 죽이고 어머니와 결혼할 것'이라는 충격적인 신탁의 예언이 나왔다. 놀란 아버지이자 왕은 오이디푸스를 죽어버리라고 명령했지만 그 명령을 수행하던 신하는 동정심에 오이디푸스를 살려준다. 훗날 부모를 모른 채 영웅으로 성장한 오이디푸스는 자신의 아버지인 줄 모르고 아버지를 죽였으며, 어머니인 줄 모르고 어머니와 결혼했다. 예언은 전율스럽게 이루어졌다. 그렇다면 오이디푸스의 비극은 어디서 시작되었는가? 바로 신탁 자체가 아닌가? 신탁의 예언이 없었다면 오이디푸스는 버려지지 않았을 것이다. 그랬다면 오이디푸스는 자신의 부모와 악연을 겪지 않았을지 모른다. 그 예언은 자기실현적 예언이다. 하지만 달리 생각해보면 오이디푸스의 비극은 예언과 상관없이 결정되어 있었을지 모른다. 예를 들어 부왕이 어떤 선택을 해도, 신하가 어떤 선택을 해도, 오이디푸스가 부모를 만날 일 없는 전혀 다른 장소로 모험을 떠나기로 했다 해도 결국 예언은 이루어지지 않았을까? 과연 이 이야기에서 비난받을 대상이 있다면 신탁 그 자체일까? 혹은 오이디푸스의 존재일까? 아니면 다른 무엇일까? 어쩌면 그런 생각들 자체도 다 부질없는 것일까? 이 책의 독자들은 이 이야기를 끝까지 읽거나 읽지 않게 결정되어 있을까? 아니면 필자의 노력으로 그 가능성은 바뀌게 될까? 이것은 중요한 질문이다. 그 질문에 대한 답은 우리가 어떻게 삶을 살아갈 것인지와 직결되어 있다. 사실 우리 대부분은 어느 정도는 결정론을 믿으면서도 한편 어느 정도는 믿지 않으며 인생을 살아간다. 일기예보를 보며 내일 비가 올 것이 결정되었음을 믿기에 우리는 햇살이 쏟아지는 아침에 우산을 챙겨나간다. 동시에 나의 선택에 의해 '비에 젖은 나'라는 미래는 얼마든지 바뀔 수 있음을 알기에 우산을 가져가는 수고를 하는 것이다.

운명은 결정되어 있는 것인가? 바꿀 수 있는 것인가? 놀랍게도 이 논쟁은 현대과학 속에서 치열하게 되살아났다. 1925년 6월에서 1926년 6월 사이의 1년간 독자적으로 행해지던 하이젠베르크, 슈뢰딩거, 디랙 3인의 연구가 발표된 뒤 주요 학자들은 수없는 논쟁을 주고받았다. 그 과정의 끝에서 불확정성 원리와 코펜하겐 해석이라는 결실이 이루어졌다. 20세기 양자론은 완성되었지만 동시에 이 해석들은 결정론과 비결정론에 대한 오랜 역사적 논쟁을 다시 되살려냈다. 파동함수의 붕괴 과정에 대해 훗날 유진 위그너는 이것이야말로 자유의지의 중요성을 강조하는 것으로 해석했다. "관찰자의 의식이 그런 차이를 만들어낸다. 우리가 어떤 것을 의식하는 순간, 우리는 파동함수의 결정적인 붕괴를 초래하고, 생사가 섞여 있던 혼돈상태는 사라진다." 하지만 덧붙여둘 것은 보어는 이런 식의 표현도 아주 싫어했다는 것이다. 보어는 '관찰'은 강조했지만 '의식'을 강조하지는 않았다. 보어는 자신들의 과학이 형이상학이나 종교적 논쟁거리가 되는 것을 원하지 않았다.

고양이의 운명

보어의 업적도 하이젠베르크의 업적도 모두 플랑크의 양자에 기반해 있다. 하지만 막상 플랑크는 이들의 주장이 결코 마음에 들지 않았다. 하지만 그의 반대는 언제나 조심스러웠고 성급하지 말고 숙고해보자는 정도였다. 코펜하겐 해석에 대해 가장 강력한 반대를 지속적으로 이어간 사람은 오직 아인슈타인이었다. "양자역학은 높이 평가받아 마땅한 결과를 여럿 내놓고 있지만 내면의 목소리가 내게 말하고 있네. 양자역학이 아직 올바른 길을 가지 못하고 있다고. 이 이론은 우리가 악마의 비밀에 더 가까이 다가갈 수 있게 해주지 않아." 1926년 보른에게 보낸 아인슈타인의 편지는 평생 동안 견고하게 유지했던 그의 입장이 이미 완성되어 나타나 있다. 관찰자의 관찰행위에 따라 대상의 실제 상태가 바뀐다는 양자 세계의 모호성은 아인슈타인이 결코 받아들일 수 없었다.

"아무도 보지 않으면 달이 존재하지 않는단 말인가?"라는 명쾌한 반박도 같은 맥락이었다. 이 부분에 대해 아인슈타인과 끝까지 같은 입장에 섰던 우군이 슈뢰딩거였다. 유명한 '슈뢰딩거의 고양이' 사고실험은 그가 아인슈타인에게 보낸 1934년 8월 19일 편지에 묘사돼 있다. "강철 상자 안에 가이거 계수기와 그 계수기를 작동시킬 수 있을 정도의 적은 양의 우라늄을 집어넣습니다. (…) 잔인한 방법이기는 합니다만 이 강철 상자 안에 고양이도 한 마리 집어넣습니다. (한 시간 만에 고양이가 죽을 확률을 50% 정도로 만들어두면) 한 시간 뒤면 이 계의 결합된 파동 방정식 안에는 살아 있는 고양이와 죽은 고양이가 똑같은 양으로 뒤섞여 있게 될 겁니다." 꽤 많은 사람들이 오해하고 있지만 슈뢰딩거는 이 말이 옳다는 의미로 쓴 것이 아니다. 이런 해석은 말도 안 된다는 의미로 쓴 것이다. 코펜하겐 식의 확률론적 해석을 따른다면 누군가가 상자를 열어봐야 비로소 결합된 파동함수의 두 가능성 중 어느 한쪽으로 붕괴하게 될 것이다. 즉 뚜껑을 열어야 고양이가 죽었는지 살았는지 알 수 있다. 뚜껑을 열기 전까지 고양이는 절반은 죽어 있고 절반은 살아 있는, 살아 있기도 하고 죽어 있기도 한 이상한 상태에 놓인다. 이 괴상한 자기 모순적 진술, 양자 역설은 흔히 양자물리학을 상징하는 얘기로 회자된다. 괴팅겐-코펜하겐 진영에서 주장한 개념이 터무니없음을 조롱하려고 슈뢰딩거가 지어낸 이 이야기가 양자역학의 특성을 상징하는 표현이 되어버렸다. 슈뢰딩거의 고양이 역설은 "신은 주사위 놀이는 하지 않는다."는 아인슈타인의 표현과 일맥상통한다. 이것은 본래 슈뢰딩거의 독창적 창안이라기보다는 아인슈타인이 말한 '반은 폭발한 상태이면서 동시에 폭발하지 않은 상태'의 화약 이야기 등을 더 다듬은 것이다. 슈뢰딩거 고양이는 물리학을 잘 모르는 사람들도 한 번쯤은 들어보는 유명한 표현이 되어버렸다.

슈뢰딩거를 노벨상에 추천한 사람도, 그를 베를린 대학 교수와 프로이센 과학아카데미 회원으로 천거한 사람도 아인슈타인이었다.[32] 이후 아인슈타인은 전자기력을 일반상대성이론의 확장된 형태로 통합해서 원자핵 내부의 힘과 전자기력과 중력을 하나의 기본법칙으로 설명하는 통일장이론을 완성하기 위해 생애 마지막까지 애를 썼다. 물론 그 과정에서 양자역학을 배제하려고 했다. 그러나 별다른 성과를 내진 못

---

32   1929년 아인슈타인은 하이젠베르크의 이론에 반대했지만, 하이젠베르크와 슈뢰딩거를 1929년도 노벨상 공동후보로 추천했다. 하지만 그해는 드브로이가 받았다. 결국 하이젠베르크는 1932년도 노벨상을, 슈뢰딩거와 디랙은 1933년도 노벨상을 수상했다.

했다. "신이 떼어놓으신 것을 인간이 합할 수 없다." 파울리는 성경구절을 패러디하며 전자기력과 중력을 하나로 엮어보려는 아인슈타인의 통일장 이론 시도를 냉소적으로 빈정거렸다. 슈뢰딩거도 아인슈타인과 비슷한 길을 추구하면서 최신 양자론적 발견들까지 포괄하며 아인슈타인과 때로 경쟁하며 코펜하겐 해석을 공격해보기도 했다. 하지만 역시 성공하지 못했다.

이후 1935년이 되면 아인슈타인은 미국에서 포돌스키(Boris Podolsky), 로젠(Nathan Rosen) 등과 함께 쓴 논문에서 파동함수에 의해서 주어지는 물리적 실재에 대한 양자역학적 기술은 완전하지 않다고 주장하며 코펜하겐 해석에 대한 공격을 재개했다. 논문 저자들의 머리글자를 따서 'EPR 논문'이라 불린다. 슈뢰딩거는 이 아인슈타인의 비판에 다시 자극을 받아 같은 해에 관찰자의 측정행위가 대상에 영향을 미친다는 코펜하겐의 해석에 대해 또 한 번 강한 비판을 가했다. 이때부터 '슈뢰딩거의 고양이 역설'은 유명해졌다. 그리고 시간이 지나면서 양자역학 체계를 쉽게 설명하는 사례로 교과서에 실리게 되었다. 문제는 앞서 설명했던 것처럼 이때부터 고양이 역설은 슈뢰딩거의 입장을 옹호하는 것이 아니라 코펜하겐 해석을 설명하기 위해 거듭 사용되었다는 점이다. 슈뢰딩거로서는 코펜하겐 해석을 설명할 때 보어나 하이젠베르크의 말보다도 자신의 말이 더 많이 인용된다는 것이 정말 아이러니했을 것 같다. 수많은 에피소드를 낳으며 양자역학과 관련된 논쟁은 오늘날에도 계속되고 있다.

슈뢰딩거 고양이 이해하기

슈뢰딩거의 고양이 문제로 다시 들어가보자. 살아 있는 고양이, 방사성 물질, 가이거 계수기, 망치, 치명적 유독가스가 들어 있는 병이 밀봉된 방이 있고 방사성 물질의 붕괴에 따라 가이거 계수기가 작동하면 망치로 독가스가 유출되어 고양이가 죽게 되는 유명하고 잔인한 시스템. 방사성 물질의 입자가 한 시간에 붕괴할 확률이 50%일 때, 한 시간 뒤 고양이는 살아 있는 상태와 죽어 있는 상태의 확률은 같다. 양자론적 해석에 따르면 한 시간 뒤 상자 속에는 고양이가 완전히 죽어 있지도, 완전히 살아 있지도 않은 두 가지 파동함수가 중첩된 상태가 혼합되어 있을 것이다. 방의 문을 열고 결과를 확인할 때 비로소 고양이의 상태는 생과 사 중 하나로 결정된다. 우리의 관찰행위가 중첩된 두 파동함수를 하나로 붕괴시킨다. 이것이 코펜하겐 해석이다.

코펜하겐 해석을 따르면 관찰되지 않은 고양이는 삶의 상태와 죽음의 상태가 중첩되어 있다고 생각해야 한다. 즉 고양이는 '반은 죽었고 반은 살아 있는 상태'가 된다. 이 말을 꽤 많은 이들이 오해하는 경우가 있는데, 절대로, 절대로, '반쯤만 죽은 상태'라는 의미가 아니다! 하지만 관찰자가 상자 내부를 들여다보는 순간, 다시 말해 '측정'을 하는 순간, 고양이의 삶과 죽음은 '결정'된다. 그러니 고양이의 삶과 죽음의 결정은 관찰자의 행동에 의해 정해진다. 처음 들었다면, 믿어지기도 이해하기도 힘든 해석이다. 당연히 모든 사람들이 이 해석에 동의하는 것은 아니다. 무엇보다 이 사례제시 자체가 슈뢰딩거가 코펜하겐 해석에 반대하기 위해 만든 것이다. 슈뢰딩거는 양자도약 개념에 대해 대단히 부정적이었다. 따라서 이런 괴상한 개념을 포함하고 있는 하이젠베르크의 행렬역학을

슈뢰딩거 고양이 역설

붕괴확률 50%인 입자의 붕괴가 감지되면 독가스가 배출되는 밀폐된 상자 안에 고양이를 넣어두었다. 상자를 열기 전까지 우리는 고양이의 생사를 '알 수 없다'. 여기까지는 아무도 이의를 제기하지 않을 것이다. 그런데 정말 그 고양이의 생사는 우리가 상자를 연 순간 결정된 것일까? 상자를 열기 전까지 고양이는 삶과 죽음이 50%씩 중첩된 상태로 존재하는가? 정말 관찰이 사건을 완성하는 것일까? 우리가 눈을 감고 있어도 세상은 존재하는가? 우리가 달을 바라봐야만 달은 그렇게 존재하는가? 존재하니 인식되는가? 인식되므로 비로소 존재하는가? 내가 있어 네가 있는가? 네가 있어 내가 있는가? 혹 너는 너로서 마냥 있는가? 이런 데카르트적 질문이 1920년대 20세기 최첨단의 과학논쟁의 중심으로 떠오를 것을 예측한 사람들은 거의 없었다. 그것은 과학이론의 충돌이자, 철학적 입장의 충돌이고, 세계관의 충돌이었다.

연속체적인 자신의 파동역학으로 대체하려고 노력했으며, 이때 그는 자신의 파동함수가 실제 전자의 밀도를 나타낸다는 주장을 덧붙였다.

하지만 보른은 슈뢰딩거의 파동함수를 인과적인 것이 아니라 통계적인 것으로 해석했다. 즉, 슈뢰딩거의 파동함수의 제곱은 실제 전자의 밀도를 나타내는 것이 아니라, 전자가 다른 입자들과 서로 충돌해서 나타날 수 있는 가능한 상태, 즉 확률을 말해준다는 것으로 해석해버렸다. 이 부분은 상당히 설득력이 있었다. 파동역학의 창시자는 난감해져 버렸다. 이후 슈뢰딩거는 아인슈타인과 함께 코펜하겐 해석에 대해 비판을 계속해 나갔다. 슈뢰딩거가 양자론에서 비판적이었던 부분은 아인슈타인처럼 양자론의 비결정론적 성격 때문이 아니라 양자도약을 인정한다는 점에 대해서였기에 조금의 차이가 있다. 양자도약에 대한 슈뢰딩거의 비판은 그의 생애 마지막까지 계속되었다. 그런데도 코펜하겐 해석을 따르는 학자들에 의해 고양이만 유명해진 덕에, 시간이 갈수록 마치 슈뢰딩거가 코펜하겐 학파처럼 생각한 것으로 오해하는 사람들이 많아졌다. 아인슈타인과 슈뢰딩거는 생애 전체에 걸쳐 코펜하겐 해석에 대해 구체적이고 분명한 반대를 표한 극소수의 학자들이라는 공통점이 있다.

보어의 철학

1920년대에 들어서면 수학적 접근법이 너무 우세해진 나머지 물리적 모형을 제시해 자연을 이해하려는 시도는 사라져갔다. 양자역학의 핵심 주역들은 이런 물리적 시각화를 유치하게 생각했다. 다시 말해 러더퍼드 식의 접근법은 촌스러운 것이 되었다. 더구나 양자론은 극미의 세계에서는 거시세계에서 익숙한 인과론도 버리라고 요구했다. 대중들에게는 갈수록 과학이 혼란스러워진 느낌일 것이다. 하지만 한편으로 양자론은 대단히 성공적이었고 실용적 응용범위도 무궁무진하다. 참으로 얄궂은 이 상황은 왜 하필 독일에서 나타난 것일까? 그런 질문에 대한 답 중 하나가 포먼 논제(Forman Thesis)다. 인과론을 거부하고 확률론에 기반한 불확정성 원리 같은 것이 나오게 된 이유를 1차 대전에서 독일 패배 후 독일 지식인들 사이에 불어닥친 회의주의와 절망의 결과라고 보는 해석이다. 한번쯤 생각해볼 만한 논리이나 양자론에 대한 연구들이 영국과 덴마크를 포함하는 국제적 연구였고, 코펜하겐 해석이 나온 후에는 전 세계의 과학자들이 이 신비한 결론을 잘 받아들였다는 것

닐스 보어
실험물리학자답게도 러더퍼드는 보어에게 '독일식은 가능한 한 장황하게 쓰는 것이 미덕인지 몰라도, 영국에선 짧고 간결하게 쓰는 게 관례'라며 '너무 이론만 믿지 말라.'는 조언을 남긴 바 있다. 하지만 보어는 이런 조언과는 정반대로 '말 많은 철학자'의 길을 걸었다.

을 염두에 둬야 한다. 그래서 언제나 시대 분위기에 대한 문화결정론적 시각은 주의할 필요가 있다. 이런 전제하에 덴마크인 보어의 입장을 그의 환경적 조건을 염두에 두고 조심스럽게 살펴볼 필요는 있을 것이다.

"서로 다른 실험 조건 아래서 얻어진 증거들은 단일한 구도 안에서 이해될 수 없고 오직 현상의 총체성만이 대상들에 대한 가능한 정보를 규명해준다는 의미에서 상보적인 것으로 파악해야 한다." 보어의 이런 관점은 여러 번에 걸쳐 아인슈타인의 강력한 반대에 직면했다. 보어는 아인슈타인의 도전적 반대가 얼마나 깊고 지속적인 인상을 남겼고 양자론을 가다듬는 데 도움이 되었던가를 여러 차례 강조한 바 있다. 아인슈타인과 충돌한 보어의 입장은 어느 정도 '덴마크 출신' 철학자 키르케고르(Søren Kierkegaard, 1813~1855)의 생각에 영향 받은 듯 보인다. 키르케고르는 인간은 자연의 일부라는 한계성을 의식하고, 이 한계의 초월을 지향하지 않고, 반대로 한계성에 투철하라고 했다. 아인슈타인에게 물리학이란 "실재를 개념적으로 파악하려는 시도"였다. 하지만 보어의 물리학은 다른 것이었다. "물리학의 의무가 자연이 어떻게 존재하는가를 발견하는 것이라고 생각하는 것은 잘못이다. 물리학은 자연에 대해서 우리가 무엇을 말할 수 있는가에 관한 것일 뿐이다." 보어의 진술은 키르케고르와 닮은 구석이 있다. 강하게 주장할 바는 아니지만, 어떤 면에서는 상보성 원리도 덴마크적(?)

코펜하겐 연구소를 거쳐간 과학자들
하이젠베르크, 파울리, 슈뢰딩거, 니시나, 란다우, 페르미, 가모브. 이 책에 등장하는 대부분의 사람들이 코펜하겐에서 보어와 조우했다.

설명일지도 모른다. 상대성이론이 칸트, 마흐 등에 영향 받은 독일적 설명이라 볼 수 있듯이. 사람은 자신이 공기처럼 흡수한 가치관과 설명 틀을 자신도 모르게 닮아간다. 그리고 자신이 만든 이론에 자신도 모르게 흔적을 남긴다.

코펜하겐 해석이 학계 내에 어느 정도 자리를 잡은 1932년, 덴마크 학술원은 보어에게 칼스버그 명예의 집을 종신토록 사용할 수 있도록 해주었다.[33] 부부와 다섯 아들은 이사를 갔고 이때부터 죽을 때까지 이

---

33 칼스버그 맥주회사가 기증한 이 저택은 덴마크 최고의 석학이나 영웅들에게 종신토록 임대해주게 되어 있다. 바로 직전에 살았던 사람은 남극점 발견의 영웅 아문센이었다.

저택은 보어의 거처가 되었다. 아마도 이 시기가 보어 인생의 가장 행복한 시절이었을 듯싶다. 하지만 다음해인 1933년 초 히틀러가 집권하며 유럽의 분위기가 급변하기 시작했다. 그해 가을에는 친구 에렌페스트의 슬픈 죽음이 들려왔다. 다음 해에는 에렌페스트의 죽음에서 미처 헤어 나오지 못하던 보어에게 더 끔찍한 비극이 기다리고 있었다. 1934년 여름 보어는 친구 두 명과 큰아들과 함께 요트 항해를 했다. 갑작스런 돌풍을 만났고 돌풍과 강한 파도에 17세이던 장남 크리스티안이 휩쓸려버렸다. 보어는 절규하며 아들을 찾았으나 결국 시신조차 거두지 못했다. 큰 슬픔에 빠졌었지만 보어는 곧 다시 기운을 차리고 독일에서 탈출하는 학자들을 돕기 시작했다. 이미 엄청난 업적을 남긴 보어였지만, 그에게는 아직 많은 의무가 남아 있었다.

12

디랙과 반물질

1969년 폴 디랙(Paul Adrien Maurice Dirac, 1902~1984, 1933년도 노벨 물리학상)이 케임브리지 대학에서 플로리다 주립대로 자리를 옮길 때 많은 이들이 놀랐다. 미국 내 랭킹 83위(!)인 대학 물리학과에 디랙이 온다는 것이 현실적으로 들리지 않았던 것이다. 더 놀라운 것은 그 와중에 몇몇 교수들은 디랙의 임용에 반대했다. 그들은 이미 67세인 사람을 물리학 교수로 채용하는 것이 실효성이 없다며 반대했다. 분명 일리 있는 반대였다.[34] 어쨌든 물리학과 학과장이 이렇게 말하자 상황이 정리되었다. "디랙이 물리학과에 오는 것은 영문학과에 셰익스피어가 오는 것과 같은 일이다." 그 말을 부정할 사람은 아무도 없었다. 디랙 방정식과 반물질의 예언자로 유명한 디랙은 물리학 내에서 그의 거대

---

[34] 실제로 디랙은 은둔형 성격이라 플로리다 대학 물리학과가 발전하는 일은 일어나지 않았다. 그리고 디랙이 은퇴한 케임브리지 대학 루카스좌 교수는 스티븐 호킹(Stephen William Hawking, 1942~2018)이 후임이 되었다.

폴 디랙

한 존재감에 비해 대중적 인지도는 낮은 편이다. 아마도 그의 인생 내에 감동적으로 각색할 만한 일화나 '쉬운' 업적이 별로 존재하지 않기 때문이 아닐까 조심스럽게 추측해 본다.

SF 소설과 영화들을 보면 '반물질 엔진' 같은 것이 등장한다. 반물질 엔진은 반물질을 물질과 만나지 않게 강력한 자장을 걸어 모아둔 뒤 조금씩 물질과 반응시켜 에너지를 얻는 원리로 동작한다. 반물질과 물질이 만나면 전체 질량 100%가 에너지로 바뀌며 소멸하니 핵무기와는 비교할 수도 없는 어마어마한 에너지를 얻을 수 있다.—이론상 사람 몸무게 정도의 반물질이면 원자폭탄의 수만 배 에너지를 얻을 수 있을 테니 사실상의 무한동력이라 볼 수 있을 것이다. 이 상상력의 도화선이 된 반물질의 개념을 제시한 사람이 바로 디랙이다. 디랙은 1920년대에 양자역학에 상대성이론을 더해 반물질의 존재를 예측하는 기염을 토해냈다. 그 과정은 괴팅겐에서 어우러진 학자들의 길과는 많이 달랐다. 아마도 이 책에 등장하는 과학자들 중 디랙은 가장 '대화'가 필요 없었던 인물일 것 같다. 그래서 그의 이야기는 철저하게 독립적이다.

은둔자 디랙

디랙은 아버지와 사이가 좋지 않았다. 1933년 자신의 노벨상 시상식에도 아버지를 초대하지 않았고, 1936년 아버지가 사망하자 디랙은 아내에게 "나는 이제 더 자유로워진 것 같아."라고 편지에 썼다. 그럴만한 이유가 있었다. 부친 찰스 디랙은 매우 염세적인 사람이었다. 스위스 출생인 부친은 불우한 어린 시절을 보내고 20세에 가출해 여러 곳을 떠돌다가 영국 브리스톨에 와서 정착하고 결혼했다. 부인과는 아들 둘에 딸 하나를 두었지만 부부관계는 원만치 못했다. 부부는 열두 살 나이차에 종교와 언어도 달랐다. 디랙의 아버지는 사회적 관계를 거의 맺지 않았고 가족들에게도 그런 분위기를 강요했다. 또 브리스톨 대학교에서 프랑스어를 가르쳤던 부친은 가족들에게 식사시간에 프랑스어만 사용하도록 했다. 또 상황과 상관없이 접시에 나온 음식은 반드시 다 먹도록 강요했다. 디랙은 아예 말을 하지 않는 것으로 대응했고 이는 평생의 버릇으로 남았다.

이런 억압적인 분위기는 디랙의 성격 형성에 그대로 영향을 미쳤다. 폴 디랙은 상상의 세계로 도피하는 말수 없는 소년이 되어갔다. 그리고 그 버릇은 평생 계속되었다. 디랙의 일화들도 괴담 수준이다. "디랙은 5분 동안 천장을 쳐다보고 다시 5분 동안 창문을 바라보고 나서야 '예'나 '아니오'로 대답했습니다. 하지만 그는 언제나 옳은 답을 했습니다." 그는 대중매체와 인터뷰할 때 한 시간 동안 평균 두세 문장만 얘기했다고 한다. 기자들에게는 가장 끔찍한 인터뷰 상대였다. 동료들은 장난삼아 과묵함의 단위로 '디랙'을 사용했을 정도다. 한 시간에 한마디 하는 것이 1디랙, 두 마디하면 2디랙이었다. 그는 평생 동안 일요일에 검은 정장을 입고 홀로 숲속을 산책하는 것 빼고는 아무런 취미조차 없었다.

디랙의 아버지는 두 아들에게 모두 공학을 공부하도록 강요했다. 의사가 되고 싶었던 형은 교과 성적이 나빴고 결국 우울증에 걸려 자살하고 말았다. 후일 디랙은 "나는 부모란 원래 자식을 아껴야 한다는 사실을 몰랐다. (형이 죽었을 때) 부모님이 슬퍼하셔서 놀랐다."라고 말했다. 황량한 가정사를 놓고 볼 때 어쩌면 아버지라는 강력한 트라우마가 디랙을 물리학으로 '몰고' 갔다고 볼 수도 있을 것이다. 정서적 자극과 사회생활의 결핍이 수학과 물리학에 대한 집중으로 표출되었을 확률이 매우 높다. 디랙은 브리스톨 대학을 다니며 전기공학을 전공할 때까지만 해도 뚜렷한 두각을 나타내진 않았다. 하지만 디랙은 졸업 후 취업이 되지 않자 동 대학에서 수학전공으로 2년을 더 다녀 2개의 학사학위를 받았다. 그리고 1923년 21세로 케임브리지 대학에 학생연구원으로 지원해서 생활비 걱정 없을 정도의 장학금을 받고 합격했다.

이때부터 그의 인생은 달라지기 시작했다. 특히 랠프 파울러(Sir Ralph Howard Fowler, 1889~1944)가 디랙의 지도교수가 된 것은 결정적이었다. 파울러는 캐번디시 연구소에서 실험 물리학자들과 괴팅겐 등의 이론물리학자들 사이를 연결할 수 있는 사실상 유일한 인물이었다.[35] "파울러는 전혀 새로운 세계를 소개해주었다. 러더퍼드, 보어, 조머펠트의 원자세계였다……보어 이론은 내 눈을 뜨게 해줬다. 원자세계에서는 고전전기역학의 방정식을 사용할 수 없다는 것을 알고 충격 받았다. 나는 항상 원자를 가상의 것이라 생각했는데 이 연구소의 사람들은 원자구조를 실제 존재로 다뤘다." 2~3년 만에 디랙은 두각을 나타내기 시작했고 운명의 1925년이 왔을 때 그는 날아오를 준비가 되어 있었다. 캐번디시 연구소는 러더퍼드를 중심으로 원자에 관한 정보를 쏟아내고 있는 물리학의 중심지임은 분명했지만, 또 한편 이론물리학은 대륙에

---

35 파울러는 바로 러더퍼드의 사위이기도 하다. 파울러의 제자 중에는 디랙, 찬드라세카르, 모트 3인이 노벨상을 받았다.

비해 뚜렷이 뒤처져 있었다. 그런데 변변한 스승도 없이 혜성처럼 등장한 디랙 단 한 사람의 작업으로 인해 그 판도는 완전히 달라졌다. 디랙은 전형적인 '나 홀로' 연구자였다. 비밀스러운 경향이 있는 것은 아니었다. 그의 독자적 연구는 기본적으로 자신의 역량에 대한 자신감에 기인했다. 괴팅겐이나 코펜하겐에서 온 연구자들은 논문 출판 때까지 누구와도 토론하지 않는 디랙의 연구스타일을 보고 당황해하곤 했다.[36]

폴 디랙의 아버지, 찰스 디랙

폴 디랙의 아버지 찰스 디랙에 대해서는 조금 덧붙일 것이 있다. 폴 디랙의 아버지에 대한 대부분의 이미지들은 사실 디랙이 단편적으로 쏟아냈던 표현들에서 비롯된 것이다. 사람의 말은 그의 실제 기억을 온전히 반영하지 못하고, 인간의 기억은 실제 있었던 일을 수시로 왜곡하기 마련이다. 특히 폴 디랙처럼 남의 마음을 읽는 데 극도로 서투른 사람이라면 그 정도와 확률은 훨씬 높아진다. 찰스 디랙에 대한 다른 이들의 증언은 결코 야박하지 않았다. 지역사회에서 존경받는 프랑스어 교사였고, 엄한 스승이었지만 사명감에 투철했다. 더구나 여러 정황들로 볼 때 디랙의 형은 쉽게 우수한 성적을 얻는 동생에 대한 열등감에 휩싸여 있었다. 하지만 막상 폴 디랙은 이런 형의 마음을 전혀 이해하지도 못했었다. 그러니 형의 비극을 아버지 탓으로만 돌리며 괴팍한 독재자 아버지의 이미

36　디랙의 논문들이 발표되기 시작했을 때 사람들은 저자명의 'P.A.M. Dirac'이라는 약어가 무슨 뜻인지 궁금해했다. 사실은 'Paul Adrien Maurice Dirac'이라는 평범한 이름들의 약어였음에도 비범한 논문에 현혹된 사람들은 무언가 심오한 의미가 있을 것으로 생각했다.

지를 완성하기도 쉬웠을 것이다. 아마도 자기 마음을 표현하는 데 서투른 아버지와, 타인의 마음을 읽는 데 서투른 아들의 만남이 디랙이 창조한 극단적으로 왜곡된 찰스 디랙의 이미지를 만들지는 않았을까.

1925년의 디랙

1925년 9월에 파울러가 하이젠베르크의 논문을 주며 살펴보라고 했다. 디랙은 독자적으로 이 체계를 발전시켜 '양자역학의 기본방정식' 논문을 발표했다. 여기서 디랙은 괴팅겐과 완전히 독립적으로 행렬역학 방정식에 도달했다. 보른과 요르단 논문과 거의 동시에 발표되었는데 자칫하면 괴팅겐은 우선권을 빼앗길 위기였던 셈이다. 앞서 살펴봤듯이 이때 보른은 무명의 디랙이 먼 곳에서 자신들과 동일한 결론을 얻은 것에 큰 충격을 받았다. 특히 디랙의 방법론은 수학적으로는 훨씬 깔끔했다. 괴팅겐 학파가 지지하는 행렬역학은 행렬을 사용하고 사칙연산을 포함한 기본적 대수학의 규칙을 따랐다. 취리히의 슈뢰딩거가 만든 파동역학은 물리학자들에게 익숙한 미적분학에 뿌리를 둔 방법이었다. 같은 문제를 다루고 같은 답을 내놓는데 방법론이 완전히 다르다는 것, 양자역학에 두 가지 이론형식이 있다는 것은 수학적으로 용납될 수 없었다. 디랙은 이를 단일하고 우아한 수학적 언어로 통합하고자 했다. 디랙은 $xy-yx$라는 행렬곱셈을 $[x, y]$라는 형태로 사용했다.[37] 보른은 디랙이 정리한 논문을 보고 감탄했다. 디랙은 1926년 5월에 박사

37　디랙 덕분에(?) 우리도 고등학교에서 행렬을 배울 때 이 방식을 쓴다.

학위를 받고 9월에 코펜하겐에 가서 반 년 간 연구했다. 이 시기 디랙의 독자적 양자역학 체계가 확립되었다. 현재 사용하는 양자역학의 기호와 수학적 도구는 거의 디랙의 방식이다.

1926년에 디랙은 곧 행렬역학과 파동역학이 서로 변환가능하다는 것을 보여주는 변환이론(transformation theory)을 만들어냈다. 이 이론으로 디랙은 두 이론의 선택 문제는 취향과 편의상의 문제임을 증명해 물리학자들의 고민을 줄여주었다. 무엇보다 양자역학의 논리적 핵심이 이제 디랙의 방식으로 요약되었다. "이 연구를 하며 나는 일생 동안 쓴 어떤 논문보다도 더 큰 기쁨을 맛보았다." 혼자 연구하는 디랙의 특성으로 인해 케임브리지의 동료들조차 그가 다음에 무슨 연구를 내놓을지 언제나 궁금해했다. 후일 캐번디시 연구소장이 되는 네빌 모트(Sir Nevill Francis Mott, 1905~1996, 1977년도 노벨 물리학상)는 이 과정들을 이렇게 표현했다. "디랙의 발견들은 모두 말 그대로 '뚝' 떨어지더니 그냥 거기에 있었습니다. 나는 디랙이 자기 연구에 대해 얘기하는 것을 들어본 적이 없습니다……그냥 하늘에서 뚝 떨어진 거죠." 하이젠베르크, 파울리, 슈뢰딩거의 업적은 엄청난 것이었지만 1925년 당시 물리학자들 사이에서는 어느 정도 알려진 이름이었다. 하지만 디랙은 마치 20년 전 아인슈타인처럼 어느 날 갑자기 나타났다. 디랙은 1925년 양자역학의 상황정리에 기여한 바로도 엄청난 과학적 업적을 이루었다. 하지만 불과 몇 년 뒤 디랙은 양자역학의 충격보다 더 거대한 전망을 학계에 제시했다.

디랙방정식, 반물질로의 길

슈뢰딩거는 파동역학에서 자신의 미분방정식으로 전자의 움직임에 대한 설명을 제공했다. 하지만 이 방정식은 두 가지 결함이 있었다. 먼저 이 방정식은 에너지를 다루는 방정식이면서도 아인슈타인의 특수상대성이론을 따르지 않았다. 또 1925년에는 이미 전자의 질량과 전하에 이어 중요한 속성이 된, 파울리가 발전시켰던 스핀의 개념이 전혀 고려되지 않았다. 1928년 1월 디랙은 자신의 이름을 불멸로 만든 논문 「전자에 대한 상대론적 이론」을 발표했다. 디랙이 새롭게 제시한 방정식은 슈뢰딩거 방정식의 모든 문제를 해결했다. 디랙은 연결될 것 같아 보이지 않는 상대성이론과 스핀 개념이라는 두 이론을 연결해 예술적인 방정식을 만들어냈다. 상대성이론과 전자의 스핀은 처음부터 연결된 문제였다. 디랙 방정식을 보면 그것이 명백하게 이해되었다.

이 이론은 나오자마자 모든 물리학자들이 그 중요성을 인정했다. 이 논문의 결과로 더 이상 전자는 '자전'한다고 생각할 필요가 없어졌다. 스핀은 스핀이 아니었던 것이다! 디랙이 보기에 전자의 스핀은 페르미온이 특수상대성이론을 만족할 때 나타나는, '시공간의 대칭성이 자연에 드러나는 특별한 방식'이다. 스핀은 우리가 인식할 수 없는 극미 세계의 공간상에서 일어나는, 일상 언어로 결코 묘사할 수 없는 성질의 것이다. 아인슈타인과 파울리의 업적을 도구로 사용해서 디랙은 거대한 발걸음을 내디뎠다. "디랙의 이론은 기적으로 여겨졌습니다." 오직 상대성이론을 적용하는 수학적 연역만으로 디랙은 모호했던 전자의 스핀문제를 해결해버렸다. 후일 루카스좌 교수가 되어 가히 뉴턴의 뒤를 이을 사람답게 그의 고립적이고 수학적인 방식은 뉴턴과 많이 닮아

$$(i\gamma\partial_\mu - M)\psi = 0$$

디랙 방정식

"이 공식은 너무 아름다워 틀릴 수 없다!" 디랙은 방정식의 미(美)를 올바름의 척도로 봤다. 이 방정식에서 반물질의 아이디어가 나왔다.

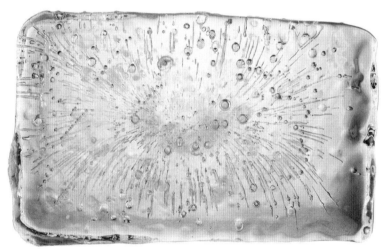

얼음 속 공기방울

얼음 속의 공기방울은 '얼음이 없는 것'인가 '공기가 있는 것'인가. 진공의 공간은 '있음이 없는 것'인가 '없음이 있는 것'인가. 만약 없음이 있다면 그것은 없음인가? 없음에서 어떻게 있음이 나오겠는가? 반물질은 물질인가? 물질이 아닌 물질인가? 그렇게 부르거나 표현하는 것이 과연 맞는 것일까? 디랙은 템플스테이에서 노스님께 들을 만한 질문들을 물리학자들에게 던져버렸다.

있었다. 하지만 이 이론을 전개하는 과정에서 특이한 문제도 나타났다. 디랙의 방정식은 우리가 아는 전자에 해당하는 답과 함께 전자의 에너지가 음수인 답도 함께 나왔다. 다시 말해 디랙의 방정식으로 해를 구하면 물질이 '음의 에너지'를 가진 상태를 허용한다. 이건 도대체 무슨 의미인가? 이차방정식 풀이를 할 때 흔하게 선택하는 것처럼 가볍게 버려야 하는 답일까? 아니면 심오한 설명이 필요한 무엇일까? 놀랍게도 디랙은 이것을 '질량은 같고 전하는 반대인 입자'로 해석했다. 문제는 그런 입자는 한 번도 관찰된 적 없다는 사실이었다. 디랙의 몽상으로 치부되기도 했던 이 예측은 4년 뒤 양전자가 발견되며 현실이 되었다. 이로써 물리학에 '반물질'이라는 새로운 대칭의 세계가 열려버렸던 것이다.

디랙이 제시한 반물질의 개념은 먼저 '디랙의 바다'라는 개념으로부터 유도된다. 디랙 방정식의 결과가 옳다면, 전자는 양의 에너지를 그대로 유지할 수 없다. 왜냐하면 음의 에너지 상태가 비어 있어서, 전자는 빛을 내놓고 순식간에 음의 에너지 상태로 떨어져버릴 것이다. 즉, 우주에서 양의 에너지를 가진 전자는 절대 오래 존재할 수가 없다. 하지만 우리 우주에는 엄청나게 많은 전자들이 있다. 이 상황은 어떻게 설명되어야 할까? 디랙은 역시 신비롭게 느껴지는 설명 틀을 제시했다. 디랙에 의하면 진공이란 아무것도 없는 무의 상태가 아니라 '음의 에너지로 온 우주가 가득 차 있는 상태'다. 모든 음의 에너지 상태가 전자로 가득 차고도 전자가 남는다면 그때는 어떻게 되는가? 남아 있는 전자는 파울리의 배타원리에 의해 그 마지막 전자는 양의 에너지를 가질 수밖에 없다. 그것이 우리가 아는 전자들이다. 즉 빽빽하게 이미 음의 에너지 전자들이 꽉 차 있기 때문에 전자는 존재 가능한 것이다. 바닷물이 바다를 가득 채우듯 음의 에너지를 가진 전자가 우주를 가득 채우고 있는 개념이기에 물리학자들은 이 개념을 '디랙의 바다'라 불렀다.

음의 에너지 상태 전자로 가득 채워진 디랙의 바다, 즉 진공상태의 우주공간에 빛을 쪼이면 어떻게 될까? 음의 에너지를 가지고 있던 전자 하나가 그 빛을 흡수해 양의 에너지 상태가 된다. 그러면 양의 에너지 상태에는 전자가 하나 생기면서 음의 에너지 상태에는 '구멍'이 하나 생길 것이다. 이 구멍은 우리에게 어떻게 보일 것인가? 공기 중에 물이 소량 있으면 물방울로 보이고 물속에 공기가 소량 있으면—즉 물이 '빈' 곳이 있으면—공기방울로 보일 것이다. 마찬가지로 우리에게는 이 구멍이 입자로 보일 것이다. 결국 이 구멍은 전자와 질량이 같고 전하는 전자와 부호만 반대인 입자로 나타날 것이다. 디랙의 바다에서 생긴 구멍이 바로 양전자(positron)다. 양전자는 전자의 반입자, 즉 반물질이다. 반물질은 이렇게 디랙의 추론이 거듭되며 오로지 수학적 사유로만 도달한 가상의 입자였다. 텅 빈 공간에 에너지가 가해지면 물질과 반물질이 쌍으로 출현하게 된다. 애초에 '텅 빈 곳'은 곧 '꽉 찬 곳'이었기 때문이다. 보는 관점에 따라 텅 비어 있음과 가득 차 있음이 구별 지어질 뿐이다. 유럽인들의 입장에서는 '동양적인' 느낌의 이 디랙의 이론에 대해 처음 학계의 반응은 좋지 않았다. 어떤 실험적 증거도 없었다. 그런데 불과 4년 뒤 칼 앤더슨(Carl David Anderson, 1905~1991)이 양전자를 정말 발견해버렸다! 그때부터 디랙은 과학 성인(?)의 반열에 올랐고, 반물질은 상대성이론, 양자역학과 함께 20세기 SF 작품의 단골소재가 됐다.

이렇게 1920년대가 끝날 즈음이면 인류의 자연에 대한 이해는 불과 10년 전만 해도 상상조차 할 수 없었던 고도한 단계에 진입해버렸다.

분명 축복된 선물이었다. 하지만 그 뒤 역사의 흐름을 놓고 볼 때 인류는 이 새로운 지식들을 소화할 도덕적 역량이 없었음도 분명했다. 지혜가 되지 못한 지식은 때론 저주가 되어버린다.

디랙과 반물질

디랙의 작업에 의하면 아인슈타인이 $E=mc^2$으로 유도했던 방정식의 실제 형태는 $E^2=m^2c^4$이 된다. 얼핏 똑같은 의미 아니냐고 생각되겠지만, 디랙의 방법을 따르면 $E=mc^2$과 $E=-mc^2$이 모두 성립한다. 이건 무슨 의미일까? 수학적 방정식은 있으나 그것을 물리적으로 어떻게 해석해야 하는가는 과학에서 언제나 어려운 문제다. 이 부분은 상당한 시간이 지나서야 '질량은 같고 전하가 반대인 물질'의 존재를 의미하는 것으로 해석되었다. 디랙이 발전시킨 아인슈타인 방정식의 확장판은 결국 반물질이라는 신비한 개념을 제시했다. 반물질 또한 상대성이론의 결과물 중 하나인 것이다. 물론 이 과정은 쉽게 이루어지지 않았다. 처음 디랙은 방정식에서 전하가 반대인 답이 양성자를 의미한다고 해석해보았다. 하지만 그랬다간 모든 원자들이 100억분의 1초 정도에 소멸되고 만다. 이 주장은 파울리가 정확히 비판했다. 그래서 일단 포기한 뒤 1931년에 디랙은 전자와 질량은 같고 전하만 반대인 입자를 대안으로 제시했고, 이 양의 에너지를 가진 전자가 나타나며 만들어진 '구멍'을 새로운 기본입자인 반전자(antielectron)라고 칭했다. 그리고 음전하를 가진 반양성자(antiproton)도 존재할 것으로 보았다. 1932년 8월 실험에서 칼 앤더슨이 이를 발견했고 앤더슨은 처음 디랙의 논문을 알지 못했기 때문에 양전자

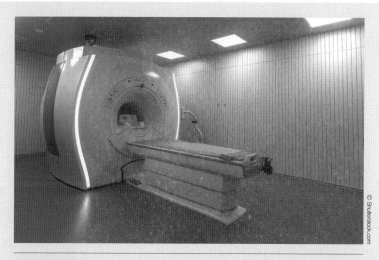

병원의 PET 장비
반물질과 관련된 지식은 이미 실용적으로 사용되고 있다. 의료현장에서 유용하게 사용되는 PET는 대표적인 경우다. CT나 MRI 같은 장비로 알 수 없던 인체 내의 상황을 구체적으로 알려준다.

(positron)라는 이름을 붙였다.

반양성자나 양전자 등 반입자들은 물질입자와 반응하면 감마선 등 높은 에너지의 빛(광자)을 내면서 없어진다. 이른바 '쌍소멸(pair annihilation)'이라 불리는 현상이다. 즉 물질과 반물질이 만나면 모든 질량이 100% 에너지로 바뀌면서 소멸한다. 이런 개념 역시 물리학자들이 즉시 받아들이기에는 너무 '비물리적'으로 보였다. 사실은 '낯선 물리학'이 나타났던 것이다. 그리고 1955년에 반양성자, 1956년에 반중성자가 발견되어 반물질은 현실이 되었다. 이때부터 물리학자들은 모든 입자에는 그것과 쌍을 이루는 반입자가 있다고 확신할 수 있게 되었다.[38] 또 반물질로만 이루어진 반세계가 있다는 상상으로도 연결되었다. 이로부터 20세기 중반에는 수식으로 먼저 제시되고 이후 발견되는 입자들이 꼬리에 꼬리를 물었다. 지금까지 이론물리학자들이 수식 상 있을 것 같다고 예측한 입자는 항상 발견되어왔다. 신이 정말 인간을 놀리는 것 같지 않은가?

반물질이 예언되고 검증된 지 80년 이상 흐르는 사이 반물질은 이미 실용적으로도 사용되고 있다. 대형 병원에서 쉽게 볼 수 있는 검진기구인 PET(Positron Emission Tomography, 양전자 방출 단층 촬영기)는 방사성 물질에서 나오는 양전자가 몸속의 전자와 쌍소멸을 일으키며 빛이 나오는 것을 이용하는 의료장비다. PET는 인체의 생화학적 변화까지 영상화할 수 있으므로, 뇌신경계나 뇌혈관 질환, 심장질환, 악성 종양 등을 진단하는 데에 상당히 효과적이다.

반입자들이 모인 반물질로만 구성된 세상도 상상해볼 수도 있다. 예를 들면 반쿼크 3개를 모으면 반양성자나 반중성자를 만들 수 있고, 반양성자는 음전기를 띠고 있으므로 이것을 양전자와 결합시키면 수소원자의 반물질인 반수소원자를 만들 수 있다. 2011년에 CERN 연구소에서는 이런 반수소를 만들어 16분 이상 잡아두는 데 성공했다고 발표했다. 인류가 실험실 안에서 만든 하나의 당당한 반원자였다. 우리 생애 내에 이 연구가 어디에 이를지는 아무도 모른다. 현재로서는 요원해 보이지만, 정말 복잡한 유기체 혹은 고분자 반물질이 만들어지는 것이 꿈이 아닐지도 모른다.

---

38 모든 기본 입자에 대해 반입자가 존재한다. 소립자 쿼크(quark)도 반입자인 반쿼크(anti-quark)가 있고, 또한 중성미자, 뮤온, 타우온 등 여러 기본 입자들도 각각의 반입자인 반중성미자, 반뮤온, 반타우온이 있다. 전기적으로 중성인 입자 중에 어떤 것은 자기 자신이 반입자가 되기도 한다. 빛 입자가 대표적이다. 광자의 반입자는 자기 자신이다.

3막

수호자들

13

1920년대의 퀴리 가문

1920년대가 되었을 때, 물리학의 중심축은 영미권과 독일어권에 있었음을 부인할 수 없다. 러더퍼드를 중심으로 한 캐번디시의 연구진과 독일 주요 도시들의 연구 인력들은 양적으로 프랑스를 압도하고 있었다. 하지만 비록 상대적으로 소수일지라도 여전히 마리 퀴리와 라듐 연구소는 연구 경쟁력을 유지하며 프랑스 과학의 체면을 유지시켜주고 있었다. 이 과정은 언론의 마녀사냥과 전쟁의 비극이라는 모진 과정을 거치면서도 올곧게 중심을 유지했던 마리 퀴리와, 적절한 시점에 어머니의 연구를 이을 만한 인재로 성장해준 이렌 퀴리라는 모녀의 조합이 있었기에 가능했다.

이렌과 졸리오의 만남

전쟁이 끝나던 1919년 즈음, 퀴리 모녀는 귀국을 앞둔 미군 장교들

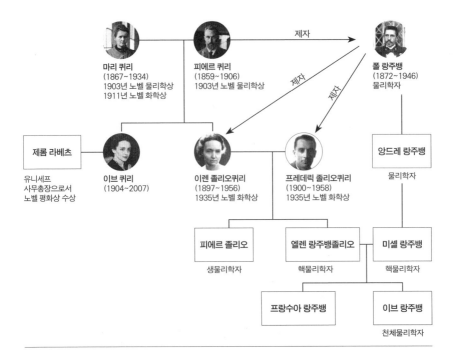

퀴리 가문 가계도

퀴리 가문의 구성원들은 대대로 과학자의 길을 걸었다. 퀴리 가와 랑주뱅 가의 질긴 인연도 주목할 만하다.

에게 엑스선 장비 사용법을 가르쳐주는 일을 했다. 21세의 여성 이렌이 있으니 장교들은 신이 났고 몇몇의 장교들은 이렌에게 접근하기도 했다. 하지만 이렌의 차디찬 눈길과 반응에는 모두 움찔하고 물러났다고 한다. 연구소에서 이렌의 별명은 '얼음 공주'였다. 프레데릭 졸리오 (frederic Joliot, 1900~1958, 1935년도 노벨 화학상)는 그런 이렌과 1924년에 만났다. 10여 년 전 많은 일들이 지나갔음에도 마리와 우정을 이어오고 있던 랑주뱅은 두 사람을 라듐 연구소에 추천했다. 한 명은 후에 랑주뱅의 아들을 낳게 되는 그의 연인 엘리안 몽텔이었고, 또 한 명은 제자인 졸리오였다. 마리는 두 사람을 모두 연구소에 받아들였다. 졸리오는 22년간 랑주뱅이 재직했던 물리화학공업학교에서 가장 뛰어난 학생이었다. 가난한 집안에서 출생해서 고등학교까지 무상교육으로 마쳤던 졸리오는 물리화학공업학교를 수석졸업 후 군복무 중이었다.

1925년 1월 1일 세 살 연상인 이렌의 조수로 취업한 졸리오는 다음 해 이렌과 결혼했다. 모르는 이들에겐 자연스럽게 느껴질 수도 있지만, 이렌을 알고 있는 사람들에겐 불가사의한 일이었다. 연구를 하며 서로를 알아갔고 테니스를 하며 사귄 정도로는 이해하기 힘든 일이었다. 어머니인 마리조차 거의 마지막까지 이렌의 결혼이 결국 성사되지 못할 거라고 생각했다. 그만큼 졸리오는 독특한 형태로 이렌에게 접근했던 모양이다. 줄담배를 피운다거나 마르크스주의에 강하게 감정이입하는 졸리오의 성향 정도는 전선의 상황을 눈으로 직접 체험한 이렌에게는 사소한 부분이었을 것이다. 평화와 박애, 약자 보호라는 이상에서 두 사람 모두 잘 맞았고, 진지한 사명감과 자유주의적 공화정을 지지하는 정치적 성향까지 둘은 비슷했다. 거기다 졸리오의 형 둘은 젊은 나이에 사망─한 명은 세계대전 기간 전사─했고 이렌 역시 어려서 아버지를 잃었다는 공통점 정도가 있긴 했다. 그럼에도 결혼까지 진행했던 과정은 주변인들에게도 고개를 갸웃거리게 만들었던 듯하다. 1925년 3월에 이렌은 박사학위를 받았다. 그리고 7월에 학사학위를 받은 졸리오는 이렌에게 청혼했다. 둘은 1926년에 결혼했고, 부부는 졸리오-퀴리 (Joliot-Curie)라는 성을 쓰기로 합의했다.[39]

39　이 책은 인물명 표기에 있어 대부분 성을 쓰지만 퀴리 가의 인물들만큼은 구별을 위해 이름을 사용할 수밖에 없다. 외젠, 피에르, 마리, 이렌, 이브가 모두 '퀴리'이기 때문이다. 단 프레데릭 졸리오퀴리만은 관용적으로 졸리오로 불리기에 여기서도 졸리오로 표기한다.

이렌과 졸리오 부부
이 새로운 퀴리 부부는 연구 초기 중성자와 양전자 발견 경쟁에서 모두 패배하면서 적지 않은 성장통을 겪어야 했다.

1927년에는 장녀 엘렌이 출생했다.[40] 이렌과 결혼한 후 졸리오는 마리와 유사한 형태의 상처를 많이 입었다. 퀴리 가에 빌붙어 성공하려는 기회주의자라는 시각은 퀴리 가의 사위가 된다면 피할 수 없는 것이기도 했다. 마리가 겪었던 일들을 그렇게 졸리오는 답습했다. 이렇게 형성된 평생의 열등감이 무언가 보여줘야 한다는 심리를 자극하고 그의 투사적 행동에 영향을 줬을 수도 있다. 퀴리라는 이름에는 언제나 큰 대가가 따랐다. 세계대전 기간 마리의 행동에서 알 수 있듯 퀴리 가는 무조건적 평화주의자들이 아니었다. 그래도 전시에 퀴리 모녀의 열정적 행동들은 온건한 영역에 속해 있었다. 하지만 훗날 졸리오는 '과학자답지 않을 정도의' 직접적 투사로서의 삶을 선택한다. 졸리오는 이렌에게 열심히 실험기술을 배웠고, 1928년경부터 논문을 공동으로 발표하기 시작했다. 졸리오는 1930년에 박사학위를 받았다. 생리적 연구에 방사성 동위원소 사용이 가능해진 1930년대, 그들이 근무하는 라듐연구소는 의학용 방사성 물질을 세계에서 가장 많이 보유하고 있었다. 이렇게 '새로운 퀴리 부부'는 1930년대에 벌어지는 국제과학의 새로운 경쟁에 뛰어들 충분한 준비를 마쳤다. 곧 프랑스의 졸리오퀴리 부부는 영국의 채드윅, 독일의 한-마이트너 팀과 분초를 다투는 불꽃같은 경쟁을 치르며 승패를 주고받게 된다.

---

40   후일 엘렌 졸리오는 랑주뱅의 손자와 결혼하며 엘렌 랑주뱅졸리오(Ellen Langevin-Joliot)가 된다.

라듐 여행

전쟁 후 마리가 당면한 난관은 실험용 라듐의 부족 문제였다. 본인이 라듐의 발견자였고 '노벨상 2회 수상자'였음에도 라듐 확보는 쉽지 않았다. 1920년 퀴리 모녀가 확보하고 있는 라듐은 1그램이었고 연구를 지속하기에는 턱없이 작은 양이었다. 더구나 의학적 필요 때문에 의료계에서 마리의 라듐을 끝없이 요구했다. 1920년대까지도 라듐은 일정한 노동집약적인 작업을 요구했고 개인적 노력을 통해 라듐 보유량을 늘이는 데는 한계가 있었다. 즉 자본과 인력의 문제였기 때문에 가장 쉬운 해법은 언론을 통해 공공의 도움을 요청하는 것이었다. 하지만 기자들과의 기억이 좋지 않은 마리는 언론에 호소하는 방법을 선택하지 않았다. 마리는 언제나 화요일과 금요일에만 인터뷰를 허용했고 과학 문제가 아닌 개인적 신상에 관한 질문은 일체 사절했다.

결국 라듐 연구소의 고질적인 실험용 라듐 부족 문제는 미국의 영향력 있는 여성 기자였던 멜로니(William Brown Meloney)와의 우연한 만남으로 해결의 실마리를 찾게 된다. 멜로니에게 마리와의 첫 인터뷰는 인상적인 것이었다. 마리는 미국의 라듐 보유량이 50그램 이상이고 '볼티모어 4그램, 덴버 6그램, 뉴욕에 7그램'이 있다는 것까지 세세히 알고 있었다. 그리고 자신의 연구를 위해 1그램의 라듐만 살 수 있으면 좋겠는데 너무 비싸 살 수 없다는 말을 했을 때, 멜로니는 라듐에 대한 특허권으로 비용을 조달하면 되지 않겠냐고 했다. 멜로니는 이때 마리의 대답을 듣고서야 퀴리 부부가 라듐에 대해 아무런 권리가 없다는 것을 알았다. "라듐은 원소예요. 모든 사람의 것이지요." 이 말에 크게 감동한 멜로니는 자신이 미국의 지인들에게 후원금을 얻어내겠다고 제

라듐 여행 시기 퀴리 모녀들

안했다. 그리고 미국 주요 언론에 대한 자신의 영향력으로 그 일을 해냈다. 마리가 치를 대가는 미국에 강연여행을 가서 하딩 미국대통령에게 직접 전달받는 이벤트에 참석하는 것 정도였다. 마리는 흔쾌히 승낙했다. 50대에 접어든 뒤 이미 자주 이명이 발생하고 백내장으로 눈이 흐려지고 있었지만 마리는 이 사실을 애써 숨기며 1921년의 '라듐 여행'을 딸들과 함께 떠났다. 그리고 자신이 싫어하는 '야생동물처럼 구경당하는 일'을 감수하며, 여러 여행과 강연, 명예학위 수여식들에 참석했다. 그때마다 많은 청중이 따랐다.[41] 그리고 마지막으로 하딩 대통령에게 모금된 라듐을 선물 받는 시끌벅적한 행사까지 마치고 귀한 1그램의 라듐과 함께 프랑스로 돌아왔다. 이제 마리 퀴리가 이끄는 라듐

---

41 이때는 시기적으로 한두 달 차이로 아인슈타인의 미국 강연여행과 겹친다. 과학의 영웅들이 연속적으로 미국을 방문하며 미국 대중들의 새로운 과학에 대한 호기심을 자극했다.

연구소는 전 세계에서 가장 많은 라듐을 확보한 연구소가 됐다. 이렇게 확보된 라듐 연구소의 라듐 2그램은 후일 이렌과 졸리오 부부가 노벨상을 받는 데에도 결정적 기여를 하게 된다.

1920년대는 라듐의 위험성이 본격적으로 알려지기 시작한 시기다. 아직까지 방사능이 인체에 미치는 세부 과정은 밝혀지지 않았다. 하지만 경험적으로 1920년대는 라듐의 효용과 함께 위험성도 충분히 인지되었다. 어떤 방법으로 어느 정도 대비해야 하는지에 대해서는 의견이 분분했다.[42] 미국에서는 1920년대 초까지 라듐이 만병통치약으로 생각되었다. 발기불능부터 정신병까지. 의사들은 강장제로 라듐음료를 마셨고 여성들은 라듐 목욕과 화장품을 사용했다. 라듐 사탕과 라듐청량음료—라디토어라고 불렀다—도 시판됐다. 1925년경이 되어서야 라듐에 대한 경고가 나왔다. 이 시기쯤 연구소 근무를 시작한 마리의 사위 졸리오도 연구소 근무 초기부터 연구원들이 악성빈혈이나 백혈병으로 젊은 나이에 죽는 것을 보았다. 이미 산업재해로 많은 여성들이 죽었거나 죽어가는 중이었다.[43] 1928년부터 미국에서 라듐소송도 많아졌지만 1932년에야 라듐거래는 금지되었다. 마리는 라듐소송이 본격화되던 1928년 마지막으로 다시 미국여행을 하며 라듐을 기부 받고 돌아왔다. 며칠 뒤면 경제공황이 시작되었기 때문에 아주 적절한 시기의 여행이었다.

---

42 실제 방사능은 DNA 구조를 파괴한다. 이런 변이가 결국 일반적으로 세포조직의 괴사를 불러온다. 유전자의 구조 발견 자체가 1953년이었으니 방사능이 어떻게 생명체에 영향을 미치는지는 당연히 알 수 없었던 시절이다.

43 라듐은 스스로 빛을 내는 특징으로 인해 주로 도료로 사용되었다. 시계에 라듐을 칠하던 여공들은 붓끝을 뾰족하게 세우기 위해 자주 붓끝을 핥았다. 그들은 대부분 턱뼈부터 괴사하기 시작했다.

1930년대 초반 퀴리 가의 핵연구: '중성자' 경쟁

캐번디시 스타일과 퀴리 스타일의 차이를 극명히 드러낸 새로운 경쟁상황이 1930년 발터 보테(Walter Bothe, 1891~1957, 1954년 노벨 물리학상)와 헤르베르트 베커(Herbert Becker)의 연구에서 시작되었다. 그들은 폴로늄에서 나오는 알파입자를 베릴륨(beryllium, Be)에 충돌시키는 연구를 진행 중이었는데 2센티미터 납을 관통하는 새로운 방사선의 방출을 발견한 것이다. 영·프·독의 핵심과학자들 모두가 이를 특별한 종류의 새로운 감마선일 것으로 추정하고 연구에 뛰어들었다. 이 경쟁은 실험용 폴로늄을 전 세계에서 가장 많이 보유한 졸리오퀴리 부부가 분명히 가장 유리했다. 그리고 그 유리함은 그들 스스로의 노력의 결과이기도 했다. 졸리오퀴리 부부는 전기분해와 증류라는 전통적 방법으로 추출한 폴로늄을 때로는 피펫—입으로 빨아서 사용하는 장비다—으로 옮겨 악착같이 모았다.

이 과정에서 졸리오의 손가락 하나가 방사능에 오염되기도 했다. 졸리오는 이후 자신의 손가락을 써서 가이거 계수기 작동유무를 점검하기도 했다는 끔찍한 일화를 남겼다. 졸리오퀴리 부부는 실험에 착수하자마자 보테와 베커 실험을 신속히 재현하며 에너지 투과력이 더 높은 방사선을 발견했다. 1931년 말까지 이렌은 폴로늄에서 나온 알파입자가 표적물질에서 양성자를 떼어냈다고 판단했다. 실험결과는 1932년 1월에 발표된 「수소함유물질에 투과력이 매우 높은 감마선을 쏘일 때 일어나는 고속 양성자 방출」 논문에 실렸다. 많은 과학자들은 인상적인 결과지만 해석은 무리하다고 느꼈다. 과연 감마선 충돌 정도로 전자보다 1840배나 무거운 양성자가 움직일 수 있을까? 이 가설은 믿기 어려웠다.

캐번디시의 제임스 채드윅(James Chadwick, 1891~1974)도 회의적이었다. 흥미로운 현상에 대해 이렌과는 다른 해석이 필요하다고 보았다. 그는 러더퍼드의 아이디어들을 듣고 자란 세대다. 그의 스승 러더퍼드는 1909년 한스 가이거와 마스덴 실험에서 알파입자 산란 발견 2년 후에 1911년 이를 '원자핵'과의 충돌로 설명해낸 바 있다. 이로부터 라듐의 알파입자로 충돌을 반복하며 원자연구가 지속적으로 진행되는 계기가 되었다. 이후 1920년 러더퍼드는 한 가지 가설을 세웠다. 핵에 전하량이 없는 입자가 있다면 그 입자는 물질 속을 자유롭게 움직일 수 있을 것이다. 전하가 없는 그 입자는 다른 원자 속에 쉽게 침투할 것이므로 다른 원자의 핵에 융합하거나 분해되어 전하를 띤 입자들(양성자와 전자)을 방출할 수도 있을 것이다. 러더퍼드는 그 가상의 입자를 '중성자(neutron)'로 명명해뒀다. 채드윅은 곧 스승의 이 중성자를 떠올렸다. 캐번디시 연구소의 폴로늄 보유량은 프랑스의 라듐 연구소보다 작아서 세계 2위였지만, 채드윅은 졸리오퀴리 부부가 가지지 못한 것을 가지고 있었다. 러더퍼드가 예측했던 입자들의 명단이었다.

채드윅은 캐번디시 연구소의 폴로늄을 총동원하여 1932년 2월 7일에 실험에 착수했다. 그리고 열흘간 밤낮없이 일했다. 불과 며칠 차이로 발견 우선권이 넘어갈 만한 단기간의 시간 싸움으로 보였기 때문이다. 먼저 이렌 부부의 실험을 재현해서 옳다는 것 확인한 뒤, 이후 리튬, 베릴륨, 붕소, 탄소, 질소, 수소, 헬륨, 아르곤 등의 원소를 방사선으로 직접 가격했다. 그리고 채드윅은 그 미지의 방사선은 '너무 가벼운' 감마선이 아니고 양성자와 질량이 거의 같은 중성입자라는 결론에 도달했다. 중성이기 때문에 전자들의 전하에 튕기지 않고 납을 그냥 통과

휘어진 시대 2

한 것이다. 그리고 이 실험결과와 가설을 요약한 간략한 보고서를 빠르게 《네이처》에 보냈다. 이렇게 채드윅은 보름간의 미친 듯한 '달리기'를 끝냈고, 상세 보고서는 3개월 후 작성해서 왕립학회에 보냈다. 최종 논문에는 의미심장한 문장을 담았다. "그 방사선의 강한 투과력을 설명하려면, 그 방사선의 입자가 전하량이 없다고 가정해야 한다. 우리는 그 입자가 1920년 베이커 강연에서 러더퍼드가 거론한 중성자라고 생각할 수밖에 없다." 채드윅의 소논문은 이렌의 해석에 대한 치명적 반박이었다. 결론이 달랐던 이유는 졸리오퀴리 부부는 '이미 있는 것'에서 답을 찾았고, 채드윅은 러더퍼드의 '상상의 세계'에서 답을 찾았다는 차이였다. 그리고 러더퍼드가 찾진 않았지만, 러더퍼드의 선견지명에 의해, 가장 러더퍼드적인 방법으로 찾아진 셈이었다. 캐번디시에서는 이미 12년간 중성자가 당연히 있을 것으로 믿고 있었고 이름까지 작명되어 있었다. 이번에도 영국적 방법론이 승리했다.[44] 이렇게 중성자가 발견됨으로써, 우리가 중등교육과정에서 배우는 원자의 구성 요소가 모두 다 확인되었다. 채드윅의 실험은 '졸리오퀴리 부부의 실험 진실성을 신뢰하되 설명은 우리가 한다!'는 캐번디시 연구소 특유의 자부심의 결과이기도 했다.[45] 그리고 좀 더 큰 그림에서 바라보면 독일

---

44 사실 채드윅의 이점은 또 하나 있었다. 실험장비의 차이였다. 독일의 보테와 베커가 사용한 계수기는 충돌반응에 의해 만들어진 감마선에만 민감했다. 졸리오퀴리 부부의 계수기는 감마선과 양성자 모두에 민감했다. 하지만 채드윅의 장비는 양성자에만 민감했다. 어찌보면 졸리오퀴리 부부의 장비가 훨씬 다양한 현상을 측정할 수 있었지만 이 경우는 양성자의 상황에만 집중하는 것이 훨씬 유리했다. 실험 결과는 언제나 실험장비가 본 자연까지만 보여주는 법이다.

45 이 일이 있은 직후인 1932년 봄에 캐번디시 연구소의 존 콕크로프트와 어니스트 월턴은 고속가속한 양성자 빔으로 리튬을 인위적으로 붕괴시켜 다른 원소로 만드는 데 성공했다. 또 한 번 캐번디시를 알린 사건이었고, 그래서 이 인상적인 1932년은 캐번디시의 '경이의 해'가 됐다.

의 보테와 베커의 발견에서 시작했고, 핵심단서는 프랑스의 졸리오퀴리 부부가 발견했으며, 영국의 채드윅이 올바르게 해석하며 마무리된 것이라는 점에서는 영·프·독을 중심한 유럽과학 연합체의 업적이기도 했다.

양전자 발견

중성자 발견의 공로가 채드윅에게 넘어간 뒤 졸리오퀴리 부부는 3월에 대신 외할아버지 이름 피에르를 딴 아들을 얻었다. 4월에 졸리오는 중성자의 존재를 인정하며 흔쾌히 채드윅의 손을 들어주었다. 어쨌든 인상적인 첫 경쟁에서 이렌 부부는 패한 셈이었다. 퀴리 가에는 불운이 이어졌다. 마리가 넘어져 부상을 당했다. 항상 아팠지만—사실 러더퍼드는 이미 10년 전부터 마리의 죽음이 임박했다고 보고 조문을 미리 써두었을 정도였다.—이번에는 누워 있어야 할 정도의 현기증이 동반되었다. 어쩔 수 없이 이렌이 임시 연구소장을 맡았다. 이렌 부부도 수시로 아팠지만 중성자 발견 경쟁의 패배 뒤 다시 힘을 내 연구했다. 그리고 당황스러운 현상을 또 하나 발견했다. 구름 상자 속의 전자 하나가 예측 방향과 정반대로 휘어진 것이다. 졸리오퀴리 부부는 1932년 11월에 자기장 속에서 다른 전자와 정반대로 움직이는 전자가 있다고 주장했다. 하지만 4개월 후 미국의 칼 앤더슨은 이것이 양전자(positron)라고 밝혔다. 2년 전 폴 디랙이 예언했던 입자였다.[46] 졸리오

46　이것은 최초로 찾아낸 반물질이었다. 앞서 디랙 편에서 설명된 대로 우주가 디랙의 추정대로 물질과 반물질로 이루어져 있음을 보여준 발견이었다.

퀴리 부부는 이렇게 최초의 발견을 하고 올바른 설명을 하는 데 또다시 실패했다. 퀴리 가는 언제나 검증에 강하고 해석에 약했다. 물론 원자 연구에 대한 국제적 경쟁이 얼마나 치열해졌는지를 보여주는 것이기도 했다. 이렌과 졸리오 부부는 중요한 발견을 몇 번이나 놓치면서 쉽지 않은 성장통을 겪어갔다. 그리고 이런 '아름다운 과학경쟁'만의 시절은 이 해가 마지막이 되었다. 1933년부터 세계는 추악한 정치적 경쟁의 시기에 진입하며 불안정해지기 시작했다.

마리 퀴리의 마지막 날들

1920년대 내내 마리는 평화주의 활동도 계속했다. 라테나우 암살, 프랑스의 루르 점령 등의 사건에 상처받아 여러 번 망설이는 아인슈타인을 계속 설득하며 1920년대 내내 국제연맹 국제지식인 협력위원회 활동을 이어갔다. 하지만 1930년 마리는 제네바에서 아인슈타인과 마지막으로 만나게 된다. 아인슈타인은 의미 없는 탁상공론으로 일관하는 이 '민족주의자들' 모임에서 탈퇴하겠다는 의사를 표명했다. 1920년대 내내 마리 퀴리와 아인슈타인은 느슨하게 이어져 있는 독일과 프랑스의 평화를 상징하고 있었다. 그런데 이제 그 빛바랜 상징마저 사라져버린 것이다. 1930년대 그나마 마리를 기쁘게 했던 것은 중성자 발견과 양전자 발견 기회를 모두 놓쳤던 딸 부부가 다시 힘을 내서 인공방사능 발견에 성공한 것이었다. 마리는 자신의 죽음 몇 달 전 이렌 부부의 성공을 보았고 그들의 미래를 확신할 수 있었다. 마리는 언제나 온몸이 아팠음에도 정기적으로 진료를 받는 것을 반대했다. 당시 의사들은 마리에게 아무도 진료비를 받지 않으려 했기 때문이다. 프랑스에서 어느 의사가 마담 퀴리에게 진료비를 청구하겠는가? 마리는 생의 마지막까지 거의 매일 라듐 연구소에서 일했다. 그리고 1934년 5월의 어느 날 열이 있어 집에 가야겠다고 말했다. 직원에게 정원의 꽃에 물을 줘야겠다고 말한 것이 연구소에서의 마지막이었다. 휴양을 권하자 이브와 떠났다. 휴양지의 진찰에서 이브는 엄마가 가망이 없는 상태라는 진찰결과를 들었다. 마지막 몇 일간 40도를 넘나드는 원인모를 열이 계속 되었다. 프랑스 최고의 의사들도 빈혈이라는 것만 알아냈을 뿐 병의 원인은 알지 못했다. 다행히 7월 2일 이렌과 졸리오도 도착했다. 1934년 7월 3일 아침, 항상 그렇듯 자신의 체온계를 직접 읽어본 퀴리 부인은 열이 떨어진 것을 알았다. 병간호를 하던 이브와 많이 좋아진 것 같다고 자축했다. 사실은 죽음 직전에 발생하는 체온 저하였다. 곧 또다시 고통이 시작되고 환각상태로 들어갔다. 그녀는 그 와중에 사람의 이름을 부르지 않았다. 연구에 대한 걱정 속에 "각 문단은 전부 통일시켜야 돼……그걸 책으로 내야 되는데……"라고 중얼거리다가 갑자기 찻잔에 시선을 고정시키고 숟가락을 들어 저으려고 했다. "이 안에 든 게 라듐이니, 메소토륨이니?" 그것이 그녀의 말 중 알아들을 수 있었던 마지막 말이었다. 다음날 새벽 마리는 임종했다. 곧 전 세계 신문의 1면이 마담 퀴리의 사망 뉴스로 장식되었다.

마리와 절친했던 아인슈타인은 '마리 퀴리는 자신의 명성으로 인해 타락하지 않은 유일한 인물'이라고 말한 바 있다. 마리 퀴리는 '폴란드' '여성'이었다. 사회적 편견의 교집합에 위치한 소수자 중의 소수자였다. 마담 퀴리라는 이름의 가치가 그녀의 과학활동만으로 남을 수 있었다고 생각하는 것은 큰 오산이다. 랑주뱅과의 스캔들에서 알 수 있듯 마리 퀴리는 위대한 과학자로서 직선으로 그어진 영광의 길을 나아간

뢴트겐과 마리 퀴리

과학적 결과물이 인류 공동의 자산이라는 신념은 20세기 초반까지도 비교적 잘
지켜지고 있었다. 뢴트겐은 과학자가 자신의 발견에서 개인적 이익을 취해서는
안 된다고 믿었다. 그래서 엑스선에 대한 특허 신청을 하지 않았다. 그렇게 평생
을 검소하게 살았다. 심지어 뢴트겐은 후일 병원에서 돈을 내고 자신이 발견한
엑스선 촬영을 해야 했다. 이 전통은 후속 연구자라 할 수 있었던 퀴리 부부도
그대로 이어갔다. 어떤 경우에도 그들은 자신들의 과학적 업적으로 추가적인 경
제적 이익을 얻으려 하지 않았다. 다만 마리가 뢴트겐의 운명과 달랐던 점은 프
랑스 내의 어떤 의사들도 마리 퀴리에게는 절대 치료비를 받지 않으려 했다는
점일 것이다. 1920년대의 마리는 마음속으로부터 우러나오는 존경의 대상이 되
어 있었다. 그래서 마리는 아무리 아파도 '공짜로 병원신세를 질까봐' 병원에 거
의 가지 않았다.

것이 아니다. 스스로 리틀 퀴리를 타고 전선을 누비고, 간호사로 종군
한 딸의 행동들이 없었다면, 그녀와 퀴리 가는 결코 오늘날처럼 인정받
을 수 없었을 것이다. 누가 보아도 충분한 도덕적 책임을 다한 위대한
상징이었기에, 이의제기가 불가능한 열정과 인류애의 화신이었기에,
그녀는 '폴란드'라는 족쇄와 '여성'이라는 굴레를 퀴리라는 이름의 화
려한 수식어구로 바꿀 수 있었다.

　1934년 남편의 묘에 함께 안장되었던 마리 퀴리는 60여 년이 지난
1995년 남편과 함께 프랑스의 위인들이 안치되는 팡테옹으로 이장되
었다. 20세기까지 마리 퀴리는 팡테옹에 묻힌 유일한 여성이었다.—이

퀴리 부부가 묻혀 있는 파리의 팡테온과 지하의 퀴리 부부 묘소
마리 퀴리가 임종 직전 마지막으로 부른 이름은 사람의 이름이 아니라 원소의 이름이었다. 자신들의 생애 전체를 과학에 헌정한 퀴리 부부에게 프랑스는 마땅한 최고의 예우를 갖췄다. 퀴리라는 이름으로 '폴란드 여성'은 불멸의 존재가 됐다. 20세기 말에 퀴리 부부는 프랑스의 위인들이 모셔지는 팡테온에 안장되었다. © 남영

후 2018년까지 5명의 프랑스 여성이 팡테온에 묻혔다. 1995년 팡테온 이장시 마리 관 속의 방사능 수치를 측정했다. 그리고 학자들은 여러 분석 결과 마리 죽음의 원인은 라듐보다는 1차 대전기의 엑스선 과다 노출 때문이었다고 결론지었다.

14

캐번디시의 러더퍼드

캐번디시 연구소장 러더퍼드

제1차 세계대전이 끝난 1919년, 러더퍼드는 톰슨의 뒤를 이어 캐번디시 연구소 4대 소장이 되었다. 같은 해 양성자 발견의 쾌거를 이룬 직후의 일이었다. 이제 러더퍼드는 직접적 연구를 넘어서 자신의 상상력에 기초한 광범위한 연구 프로젝트들을 연구원들에게 체계적으로 배분하면서 현대물리학에 대한 영향력을 키워갔다. 예를 들어 1920년 왕립학회 강연에서 중성자, 수소와 헬륨의 동위원소 등의 존재를 예언했는데, 이것들은 모두 결국 캐번디시 연구소 연구원들에 의해 발견되었다. 러더퍼드는 1937년 사망할 때까지 18년간 캐번디시 연구소장의 직위를 훌륭히 수행하며 새로운 세대의 물리학자들을 양성해냈다.

톰슨이 34년간 운영했던 연구소를 이어받는 작업은 영광스러운 일이지만 큰 부담이었을 것이다. 러더퍼드의 연구소는 스승 톰슨의 연구

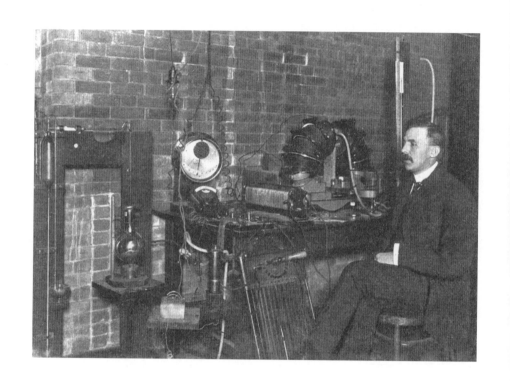

실험실의 러더퍼드 '남작'

러더퍼드는 자신의 업적에 걸맞는 충분한 영광을 누렸다. 왕립학회 회장(1925∼30)을 역임하고, 1931년 넬슨 러더퍼드 남작(Baron Rutherford of Nelson) 작위를 받았으며, 나치 정권이 수립된 후에는 1000명 이상의 망명 독일 지식인을 돕는 명예로운 작업을 수행하기도 했다. 물론 사망 후에는 최고의 예우를 받으며 뉴턴과 다윈처럼 웨스트민스터에 안장되었다.

닐스 보어	제임스 채드윅	오토 한	네빌 모트
(1885–1962)	(1891–1974)	(1879–1968)	(1905–1996)
1922년 노벨 물리학상	1935년 노벨 물리학상	1944년 노벨 화학상	1977년 노벨 물리학상

러더퍼드의 제자들

소와는 분명히 달라야 했다. 이는 두 사람의 기질적 차이 때문이기도 하지만 시대상의 변화도 고려되어야 했다. 1919년 캐번디시 연구소에 돌아왔을 때 상황은 그가 연구소를 떠나던 1898년과는 전혀 달랐다. 먼저 러더퍼드의 객관적 자산은 맨체스터 시절에 비해 크게 늘어났다. 일단 원자핵 발견, 양성자 발견, 노벨상 수상 등으로 스스로 세계적인 명성을 누리고 있었다. 그 자체로 캐번디시의 위상을 강화시킬 것이고 더 뛰어난 인재들을 끌어 모을 동력이 될 것이다. 또 이미 맨체스터 시절 밝혀낸 결과들에 기반한 구체적 연구계획들도 성립되어 있었다. 맨체스터도 훌륭했지만, 캐번디시에서 새롭게 얻은 경험 많은 연구집단은 맨체스터 이상의 역량을 가지고 있어 빠르게 이 연구계획들을 수행할 수 있을 것이다. 전쟁 전보다 크게 늘어난 재정지원도 뚜렷한 강점이었다. 전쟁이 끝난 후 과학의 힘을 체감한 군대와 산업체는 과학자들의 연구지원을 공식화하기 시작했다. 사실 러더퍼드가 이 지원체계의 주창자이자 수혜자였다. 1920년대부터는 대학원생들에 대한 연구비 지원이 급격히 늘어났다. 오늘날 일반화한 정부의 연구비 지원은 이렇게

1차 세계대전이 기원이 되었고 2차 대전 이후 전 세계에 확산되었다.

하지만 문제도 있었다. 모진 시련의 기간을 지나고 유럽 전체가 지쳐 있는 시점이었다. 제1차 세계대전 기간 러더퍼드의 제자들 상당수가 독일인이었기에 그의 제자들은 반씩 나뉘어 적군이 되어 싸웠다. 캐번디시와 맨체스터의 대학원생 다수가 아까운 시간을 참호에서 낭비했고 몇몇은 전사했다. 특히 모즐리의 전사는 과학 역사상 뼈아픈 손실이었고 러더퍼드에게도 큰 상실감을 주었다. 러더퍼드 실험실 출신의 독일학자들도 전쟁에 말려들기는 마찬가지였다. 오토 한은 하버의 독가스 개발에 직접 참여했다. 가이거는 포병장교로 근무했다.[47] 러더퍼드는 갈라져 싸울 수밖에 없었던 자신의 옛 제자들을 다시 규합하려고 노력했다. 유럽과학의 네트워크 재구축을 위한 노력은 다방면에서 이루어졌다. 특히 러더퍼드는 독일 출신 학자들을 기피하고 적국이었던 국가와 교류하지 않으려 하는 사회 분위기에 맞섰다. 전후 오스트리아 빈 연구소의 소장 스테판 마이어가 러더퍼드에게 재정적 어려움을 호소해온 적이 있었다. 구 오스트리아 제국 영토 대부분을 상실한 오스트리아는 초라한 약소국이 되어 빈의 시민들은 생계조차 막막해져 있었다. "책과 장비만 아니라 식량의 확보조차 어렵다."는 그의 호소는 과장이 아니었다. 전쟁 전 마이어는 러더퍼드에게 상당량의 라듐을 빌려주어서 맨체스터에서 러더퍼드의 눈부신 실험들을 가능하게 해준 인연이 있었다. 러더퍼드는 빈 연구소가 자신에게 '빌려주었던' 라듐을 왕립협

---

47 가이거는 그 와중에도 전쟁 중 독일에 억류된 영국 과학자들을 돕기 위해 최선을 다했다. 이 중 독일에서 포로가 된 채드윅에게 물리학 실험기구들을 제공해준 일도 포함되어 있었다. 가이거는 1918년 5월에야 4년간의 전쟁에서 살아남았다는 편지를 러더퍼드에게 보낼 수 있었다.

회가 '비싸게' 구입하도록 주선했다. 이 돈으로 마이어는 연구소를 간신히 운영할 수 있었다. 러더퍼드는 은혜를 갚았고 국경을 넘은 과학자들의 우정이 아직 동작하고 있음을 많은 이들이 확인할 수 있었다.

톰슨과는 전혀 다른 러더퍼드의 성격은 분명히 장단점이 있었다. 시원시원한 성격과 날카로운 직관력은 그의 강력한 리더십의 원천이었다. 하지만 무언가 생각나면 새벽에 전화를 걸어 연구원들을 깨웠고, 자주 불같이 화를 내는 성격에 적응하기 힘든 연구원들이 상당수 있었다. 러더퍼드는 격렬하게 화를 낸 직후 자신의 지나침에 대해 사과하기를 여러 번 반복했다. 그의 학문적 방법론의 한계도 분명히 존재했다. 러더퍼드는 새롭게 떠오르고 있는 양자이론을 원자에 스스로 적용할 수학적 역량은 없었다. 특히 1925~1926년을 지나게 되면 양자론은 고도의 수학적 이론의 영역이 되어갔다. 1920년대까지는 그래도 그럭저럭 러더퍼드의 스타일이 먹힐 수 있었지만 그의 만년에는 러더퍼드식 방법론은 분명한 한계를 보였다. 이런 부분을 보완하고자 러더퍼드는 처음에 보어를 고용하고자 노력했었다. 하지만 보어는 코펜하겐을 떠날 생각이 없었다. 보어는 곧 코펜하겐에 더 유명한 연구소를 만들었다.[48]

1920년대 러더퍼드의 후학 양성

앞서 살펴본 바와 같이 20세기 첫 10년 동안만 해도 원자를 실질적이고 물리적인 존재로 보려는 생각 자체에 상당한 반발이 있었다. 원자

---

48 그래서 러더퍼드는 대신 파울러를 고용했는데 파울러는 1921년 러더퍼드 딸과 결혼해서 러더퍼드의 사위가 됐고, 앞서 살펴본 것처럼 디랙을 가르쳤다. 파울러는 1932년 트리니티 칼리지 이론물리학 교수가 되었다.

의 실체를 규명하는 아인슈타인의 강력한 논문조차 수많은 통계 자료에만 기초하고 있었다. 하지만 1920년에 이르면 원자연구는 거의 개별 원자 수준에서 진행하는 실험이 일상적인 것이 되었다. 많은 부분 그 과정은 러더퍼드 학파에 의해 이루어진 작업이었다. 이제 러더퍼드는 그 과정을 후학들을 통해 더 정교하게 다듬어갔다. 1920년대 캐번디시에서의 러더퍼드가 양성해낸 후학들 중 특히 중요한 인물로는 앞서 살펴본 제임스 채드윅 외에도 존 콕크로포트(Sir John Douglas Cockcroft, 1897~1967), 패트릭 블래킷(Patrick Maynard Stuart Blackett, 1897~1974), 표트르 카피차(Pyotr Leonidovich Kapitsa, 1894~1984) 등이 있다.

채드윅은 1913년 베를린에 갔다가 억류되었고 전쟁이 끝나고서야 돌아왔다. 물론 그 사이에도 연구가 가능하도록 가이거가 도움을 주기도 했지만 인생의 많은 시간을 포로수용소에서 허비하고 돌아온 채드윅은 실의에 빠져 있었다. 러더퍼드는 그런 그에게 부소장 직위를 맡겼다. 맨체스터에서부터 함께했고 캐번디시로 러더퍼드를 따라 온 채드윅은 믿음직한 행정적 역량과 연구역량을 동시에 가지고 있었다. 1920~1924년 사이에 채드윅은 러더퍼드와 공동연구에서 대부분의 가벼운 원소들이 알파 입자를 맞으면 양성자를 방출한다는 것을 보여주었다. 그리고 1932년 이렌과 졸리오 부부를 '추월해서' 마침내 중성자를 발견하면서 스승의 원자모델의 마지막 퍼즐을 완성시키고 1935년 노벨 물리학상을 수상했다.

콕크로포트 역시 맨체스터 대학에서 전기공학을 전공했던 인물이었다. 콕크로포트는

제임스 채드윅

존 콕크로포트

톰슨과 러더퍼드라는 롤 모델을 쫓아 캐번디시로 와서 1924년부터 연구를 시작했다. 결국 콕크로포트는 자기 전공을 살려 E.T.S. 월튼(Ernest Thomas Simon Walton, 1903~1995)과 함께 양성자 가속장치를 개발했다. 두 사람은 이 공로로 1951년 노벨상을 공동 수상한다.

블래킷은 해군사관생도였다. 하지만 입학 후 전쟁이 발발하자 17세였던 1914년부터 순양함에서 근무했다. 영국해군은 전후에 전쟁으로 너무 일찍 임관한 장교를 위한 교양교육 프로그램을 운영했다. 블래킷은 덕분에 케임브리지로 와서 공부할 수 있었다. 그리고 물리학에서 자신의 재능을 발견하고는 전역해버렸다. 러더퍼드 밑에서 연구하던 블래킷은 윌슨(Charles Thomson Rees Wilson, 1869~1959, 1927년도 노벨 물리학상)의 안개상자 연구를 개량해 우주선(cosmic ray)을 추적할 수 있는 장치를 개발해서 1948년 노벨상을 받았다. 채드윅, 콕크로포트, 블래킷 3인은 모두 재능 있는 물리학자면서 행정역량을 발휘한 조직가이기도 했다. 세 명 모두 중요한 연구소를 설립했고 러더퍼드 사망 뒤 제2차 세계대전 기간 동안 영국 물리학을 주도했던 인물들이다.

패트릭 블래킷

외국인 제자 중 탁월한 재능을 보였던 인물로 카피차(Pyotr Leonidovich Kapitsa, 1894~1984, 1978년도 노벨 물리학상)가 있다. 카피차는 1921년 신생국 소련에서 유학 와서 캐번디시 연구소에 등록했다. 그는 1920년대 내내 중요한 거대 연구를 여러 가지 진행시켰다. 특히 극저온 연구에서 성과가 탁월했다. 연구소 내에서 최고액의 연구비 지원을 받았는데 한때는 카피차의 연구비가 캐번디시 연구소 전체 연구비의 50% 이상을 차지하기도 했었다. 마지막까지 액화시키기 힘들었던 수소와 헬륨의 액화장치를 고안해 냈고 액체헬륨의 초유동을 발견했다. 전하를

표트르 카피차

가진 입자의 경로를 휘게 하는 강력한 자석 장치인 강자기장 발생장치를 제작해 원자연구를 진일보시켰다. 1933년에는 캐번디시 연구소 운동장에 독립 건물로 카피차의 실험실이 만들어졌을 정도로 그는 가장 촉망받는 인재였다. 하지만 카피차는 1934년 잠깐 다녀올 예정으로 소련으로 돌아갔다가 다시는 영국 땅을 밟지 못했다. 이미 대규모 숙청을 진행시키고 있던 스탈린은 자국의 유망한 학자들이 못 믿을 서구자본주의 국가에 머무는 것을 허용할 생각이 없었다. 카피차는 소련에서 최고의 대접을 받았지만 죽을 때까지 소련 밖으로 나가지 못했다.

1934년 이후 카피차는 '조국에 감금된' 상태였지만 젊은 시절의 업적을 인정받아 1978년 노벨상을 받았다. '악어'라는 러더퍼드의 별명을 붙여준 인물이 바로 카피차였다. 러시아에서 악어는 감탄과 공포의 혼합적 의미를 가지고 있다. 카피차는 자신의 연구소를 건설할 때 건물 앞부분을 악어조각으로 장식하며 러더퍼드에 대한 존경과 애정을 표현했다. 카피차가 캐번디시에서 어머니에게 보낸 편지에는 넉살좋은 카피차의 러더퍼드에 대한 애정과 자부심이 잘 드러나 있다. "악어가

카피차가 만든 악어가 장식된 건물

내가 하고 있는 일을 살펴보기 위해 자주 옵니다." "과거에 여섯 번 정도……저는 그로부터 '바보 같으니', '멍청이' 같은 칭찬을 들었습니다……저는 진짜로 악어가 이끄는 집단의 구성원이 되었다고 생각합니다. 제가 실제로 유럽 작은 과학의 바퀴를 돌리고 있습니다." 카피차의 시원시원하고 과감한 성격을 눈으로 보는 듯하다.

이상 언급한 네 사람은 러더퍼드와 호흡이 잘 맞은 사람들이었다. 하지만 역량 있는 연구자들 모두가 러더퍼드의 리더십을 선호했던 것은 아니었다. 특히 내성적이거나 명랑하지 못한 사람들은 러더퍼드와 조화가 매우 힘들었다. 쉽게 상상되겠지만 190센티미터 거구의 연구소장이 수시로 욕설 섞인 고함을 지르는 분위기를 편안히 받아들이려면 카피차 정도의 심성은 되어야 했다. 안개상자 연구로 유명한 윌슨이나 프랜시스 애스턴(Francis William Aston, 1877~1945, 1922년도 노벨 화학상)은 러더퍼드와 충돌한 경우다.[49] 둘 모두 톰슨 시대부터 캐번디시에 있었던 사람들이었는데 톰슨과는 전혀 달라진 연구소 분위기에 적응할 수 없었다. 에드먼드 스토너(Edmund Clifton Stoner, 1899~1968)는 파울리가 배타원리를 발견하는 중간과정에 주효했던 중요한 연구를 수행

---

[49] 애스턴은 전자기력을 사용한 동위원소 분리 분야를 발전시켰고, 1922년에 소디와 노벨상을 공동 수상했다.

한 인물이다. 그는 소극적 성격인데다 당뇨를 앓고 있어 건강상 문제로 연구에 시간적 제약이 많았다. 1923년 3월에 러더퍼드가 스토너에게 '치를 떨며' 분노한 적이 있었다. 스토너는 러더퍼드에 대해 이렇게 기록했다. "사납게 불어대는 회오리바람……다정함을 분칠한 무정함……정력적인 사람들에게야 좋겠지만……정말 큰일이다. 분명히 가장 위대한 실험물리학자의 한 사람이고 놀라운 통찰력을 가졌지만, 존경할 수 없고 사랑할 수도 없는 사람이다." 이후 스토너는 1924년에 결정적 논문을 쓰고 러더퍼드의 후원으로 리즈 대학 교수로 옮겨갔다.

에드먼드 스토너
뛰어난 과학자였던 스토너는 러더퍼드와 결코 어울릴 수 없었다. 뛰어난 학자들을 모아두면 일이 저절로 잘 풀려갈 것이라는 믿음은 착각이다. 서로가 어울릴 수 없다면 빨리 헤어져 다른 팀을 꾸리는 것도 과학발전을 위한 좋은 해결책의 하나다.

러더퍼드는 교수의 임무는 '사내들을 잘 몰아가는 것'이라고 즐겨 말했고, 자신의 연구원들을 '내 아이들(my boys)'이라며 친근하지만 존중하지는 않는 표현으로 불렀다. 괄괄한 성격이었지만 한편으로 남녀동등권을 지지하는 소수 학자 중 한 명이었다. 러더퍼드는 여성 대학원생을 반대하지 않았다. 오늘날에는 너무 당연하게 들릴지 모르지만 온화하기로 유명한 톰슨조차도 여성의 학업까지는 허용하되 학위는 줄 수 없다는 입장이었다. 러더퍼드가 소장이던 시기 캐번디시 연구소 기념사진에서는 1921년과 1923년에 여성 1명씩이 찍혀 있고 1932년에는 2명의 여성연구원이 보인다. 물리학과에 여학생을 받아들이자는 주장이 악착같은 반대에 부딪치자 러더퍼드는 "물리학과는 남자 목욕탕이 아닙니다."라는 말을 남겼다. 분야별로의 차이는 있지만 과학에서 여성의 학문참여는 프랑스나 독일보다는 영국이 훨씬 느리게 진행되었다고 볼 수 있다. 프랑스나 독일에서는 그래도 19세기 말부터 여성이 '가끔씩' 발견된다. 마리 퀴리와 마이트너는 전형적 사례다.

1932년 경이의 해, 캐번디시의 절정

1930년 베를린에서 알파입자를 베릴륨에 쏘이는 실험 중 새로운 종류의 투과 복사선을 만들어냈다. 이 베릴륨 선은 많은 학자들의 관심을 끌었다. 특히 이렌 퀴리가 파리에서 세계에서 가장 많은 폴로늄을 사용해서 실험을 진행했다. 앞서 살펴본 것처럼 1932년 이렌은 대량의 베릴륨선 만드는 데 성공했지만 베릴륨선이 에너지가 강한 감마선이라고 추정했다. 이 실험 소식을 들은 지 불과 한 달 후 채드윅은 러더퍼드가 예언한 중성입자를 찾았다고 발표했다. 베릴륨 복사선이 양성자와 비슷한 질량을 가진 중성입자로 보면 합리적 설명이 가능했던 것이다. 이 중성자 발견으로 채드윅은 1935년 노벨 물리학상을 받았다. 90%까지는 이렌이 거의 풀어놓은 실타래였다. 가장 많은 실험을 하고 결정적 사진을 찍고도 이렌이 핵심을 놓친 이유는 간단했다. 그녀가 러더퍼드에게 배우지 않았기 때문이다. 채드윅의 성공은 러더퍼드의 기본 예측들을 숙지하고 있었던 결과다. 채드윅은 캐번디시적이고 러더퍼드적인 상상의 원자 속 모습을 그리고 있었기에 즉시 상황을 파악할 수 있었던 것이다. 이미 1920년부터 러더퍼드는 원자핵 안에 양성자와 동일 질량의 중성입자가 있어야 한다고 가르쳐왔다. 발견은 채드윅이 했지만 이 또한 러더퍼드의 승리였다. 1932년 채드윅이 중성자를 발견(또는 확인)하여 원자의 핵 모형을 완성시키며 러더퍼드는 인생의 절정에

섰다고 볼 수 있다. 그의 생의 사명이 '통일적 원자구조의 제시'였던 것 같다.

다행히 이후 이렌-졸리오 부부는 절치부심하며 인공방사능을 만들었고 그 공로로 채드윅과 같은 해에 노벨 화학상을 받을 수 있었다. 재미있게도 채드윅과 이렌-졸리오 부부의 작업을 합쳐 추론해보면 중성자와 양성자 간의 상호 변환이 가능함이 추론되었다. 러더퍼드는 이때도 중성자가 핵반응의 원인이라고 올바르게 추측했고, 이는 중성자를 적극 활용한 페르미와 로렌스의 연구로 이어진다. 이런 식으로 결국 1939년이 되면 오토 한의 실험에서 중성자 충돌로 우라늄 핵이 분리될 수 있음이 발견되었다. 핵분열 발견 역시 러더퍼드의 아이디어들에 연결되어 있는 업적이었다.

중성자가 발견되던 1932년은 캐번디시 연구소의 명성이 절정에 달한 해로 "경이의 해(wonder year)"로 불린다. 중성자 발견뿐만 아니라 중수소 발견, 양전자 발견, 입자가속기—로렌스가 만든 사이클로트론이 아니라 콕크로프트와 월턴이 만든 양성자 가속기—발명에 이르기까지 캐번디시 연구소의 업적이 폭발한 해였기 때문이다. 이 중 중수소는 연구소 밖에서 발견했지만 러더퍼드의 예상을 그대로 따랐다. 하지만 동시에 1932년은 유능한 연구원들이 캐번디시를 이탈하기 시작한 해이기도 하다. 중요 연구원들을 여러 곳에서 스카웃하려고 했다. 경이의 해라는 행운은 곧 위기였다. 이후 캐번디시의 위상은 도처에서 위협받았다. 생의 마지막 몇 년간 러더퍼드는 분명히 변화되는 학계의 새로운 분위기에 적절히 적응하지 못했다.

15

1920년대의 플랑크

1919~1923년 사이 독일의 초인플레이션(hyper-inflation)은 상상조차 힘든 수준이었다. 패전한 독일의 경제상황은 끔찍했다. 1918년 0.5마르크였던 빵 한 개 가격은 1923년 17억 마르크가 됐다.—5년 만에 34억 배 올랐다! 특히 1923년의 상황은 겪어보지 않은 사람은 비현실적으로 느껴질 정도였다. 주부들은 수백만 마르크 지폐를 불쏘시개로 사용했고, 돈 바구니를 깜빡 놓고 오면 돈뭉치는 그대로 있고 바구니가 사라졌다. 우유 하나를 사러 가기 위해 돈이 가득 찬 수레가 필요했으며, 월급을 받으면 바로 현물로 바꾸기 위해 상점에는 사람들이 장사진을 쳤다. 이 살인적 물가상승 앞에 괴팅겐의 볼프스켈 상금 같은 것도 당연히 의미가 없어져버렸다. 플랑크는 스스로가 당시 인플레이션의 정도를 가늠케 하는 일화의 주인공이 됐다. 어느 날 아카데미의 업무로 지방출장을 갈 때 '기차를 타고 가는 사이' 호텔비가 올라 지급받은 출장비로 요금지급이 어렵게 되었다. 어쩔 수 없이 65세의 노벨상 수상

1920년대 초 독일의 초인플레이션

1919–1923년 독일은 지폐를 땔감으로 쓰고, 빵을 사러 수레에 돈을 싣고 가는 믿기 힘든 장면들이 역사적 사실로 남았던 기간이다. 이런 상황 속에서도 독일에서는 양자역학이 꽃을 피웠다. 양자역학의 성립은 당대 독일의 상황을 알면 더더욱 기적처럼 보인다. 그 기적들은 플랑크 같은 학계 중진들의 보이지 않는 노력이 있었기에 가능했다.

자는 기차역 대합실에 앉아 첫 기차가 올 때까지 밤을 새야 했다. 당시 독일 최고 과학자가 감내해야 할 상황이 이 정도였다. 이런 위기 속에서 플랑크는 독일과학을 지키기 위한 작업을 치열하게 전개했다.

과학행정가

1920년대 플랑크는 명실공히 독일과학의 관리자로 부상했다. 그는 1920년대 초반 재정악화로 파탄상태에 직면한 독일과학을 되살리기 위해 동분서주했다. 1920년대가 되자 독일의 연구기관들은 자금난으로 장비는 물론 심지어 해외학술지를 사들여오는 것조차 불가능해진 상황이 되었다. 종이 값과 인건비가 치솟자 국내서적도 가격이 폭등했다. 그러자 플랑크, 하버, 네른스트 등은 국립과학보호센터라는 새 기구를 만들어 전쟁 중 독일이 확보하지 못한 모든 과학서적을 한 부 이상 확보하는 작업을 진행했다. 1920년 출범한 독일과학비상협회를 통해 체계적이고 통합적으로 자금을 모았다. 대부분의 정부기관, 과학단체, 기업들이 주저 없이 지원했다. 정치적 혼란기임에도 패전독일의 마지막 자부심이라 할 수 있는 독일과학만은 지켜야겠다는 공감대가 사회지도층에 형성되어 있었다.

어려운 경제상황이었지만 국가보조도 지속적으로 증가했다. 1928년경에는 800만 마르크의 자금이 지원되었고 이중 90만 마르크가 물리학에 할당됐다. 외부에서도 록펠러 재단이 50만 달러 원조했고 이는 독일 정부 지원의 5% 수준에 달했다. 일본과 GE도 동참했다. 플랑크는 이 기금들이 특히 원자물리학과 양자물리학에 우선 지원될 수 있도록 배려했다. 아인슈타인, 조머펠트, 보른 등의 핵심 연구자들 모두 이런 과정에서 연구비 지원을 받았다. 1920년대에 전개되는 독일 원자 과학의 황금기는 플랑크의 이런 작업들이 있었기에 가능했다. 물론 반유대주의자인 슈타르크는 수학으로 경도된 유대인 그룹에게 자원이 집중된다고 이 상황을 비난했다. 정확히 말해 플랑크의 연구비 분배방법은 친유대적인 것이 아니지만, 이론 위주의 엘리트주의적 지원이라고는 볼 수 있었다. 원자연구가 세계적 주제로 떠오르는 시기 플랑크는 독일 과학의 회생을 위한 가장 경제적이고 가능성 높은 분야에 적절히 투자한 셈이다. 실제로 이론물리학은 인재만 있다면 최소의 지원만으로 결과물이 가장 극적일 수 있는 분야다. 플랑크가 주도한 위원회의 지원을 받은 이론가들은 1925년 양자역학의 핵심작업을 이루어냈다. 결국 독일물리학은 양자역학으로 세계의 주목을 끌었고, 독일과학이 여전히 건재함을 증명했다.

하지만 1920년대 후반으로 가면 실용적 연구를 중시하는 산업계의 요구가 강해졌다. 당시 Krupp나 I.G. Farben 등의 거대기업이 카이저 빌헬름 협회 위원의 5/7을 차지하고 있었다.[50] 그래서 기업들의 영향력이 클 수밖에 없었고 새로 설립된 카이저 빌헬름 협회 산하 20여 개의 연구소들은 대부분 응용과학을 위한 것이었다. 플랑크는 카이저 빌헬름 협회에 당면한 단기이익보다 순수과학, 독일문화, 국제협력을 추구하라고 권고했지만 대기업들은 시큰둥했다. 1930년대에 플랑크는 어쩔 수 없이 다시 자신의 존재감을 활용했다. 1930년 카이저 빌헬름 협회 이사회가 72세의 플랑크를 회장으로 선출했다. 플랑크는 정부 관료

---

50 카이저 빌헬름 협회 운영경비의 절반은 프로이센 주정부와 공화국 정부가 부담했고, 나머지 절반은 기업 부담금으로 충당하고 있었다.

들을 '겨줄 수 있는' 국제적 명성을 가지고 있었다. 덕분에 학계에 대한 정부의 입김은 적절히 견제되며 플랑크의 재임 기간 동안 학자들의 독립성이 상당부분 보장되었다. 이로부터 플랑크는 7년간 재임하게 되는데 아주 힘든 기간이었다. 70대의 노인은 처음 3년은 세계 경제대공황의 타격을 완화해보기 위한 노력을 해야 했고, 뒤의 4년 동안은 나치의 폭압적 정책에 맞서서 학회의 독립성을 유지시키려고 필사적으로 움직여야 했다. 플랑크는 그때마다 신문기고, 인터뷰, 라디오 연설, 로비 등의 모든 가능한 방법을 사용했다. 바이마르 공화국 시절 동안 플랑크는 전기물리학 위원회 의장직과 비상협회 집행위원직도 유지했다. 그러면서 카이저 빌헬름 협회의 물리학 연구소 설립도 주도적으로 진행했다. 플랑크의 여러 지위가 요구하는 다양한 작업들에는 초인적 노력이 필요했다. 사실상 대체 불가능한 인력이었기에 플랑크는 1927년 정년으로 은퇴한 뒤에도 강의와 논문심사를 계속해야 했다. 74세에 이르는 1932년에도 대학 행정 일을 돌봤다. 전술한 작업들은 이런 기본적인 업무를 모두 처리하며 이루어진 활동이었다.

1920년대 독일과학이 당면한 어려움은 독일의 경제상황만이 아니었다. 독일 학문의 국제적 지위는 더욱 암담했다. 1919년 연합국에 의해 결성된 국제연구평의회는 정관에서 독일과 그 동맹국 국적자들의 참가를 배제했다. 1920~1924년 사이 국제학술회의에서 실제로 독일과 오스트리아 학자들은 철저히 배제되었다. 1925년 로카르노 조약 후 1926년에 독일이 국제연맹에 가입하고 나서야 국제적 학술회의들의 정관에서 독일 배제 조항이 삭제되었다. 하지만 많은 독일학자들이 국제회의에 참여를 거부했다. 가혹한 베르사유 조약 내용에 충격을 받은 독일지식인들의 심적 반발이 심했던 것이다.[51] 이 시기 국제과학기구

들에서 탈퇴를 요구하는 강경파도 독일과학자들 중 상당수였다. "세계
는 독일과학 없이 살 수 없음을 보여주자."는 심리였다. "독일은 특히
양자역학을 창조하지 않았는가?"라는 삐뚤어진 자부심도 한몫했다. 실
제2차 대전이 끝난 이후에야 독일의 학문 활동은 다시 세계와 완전하
게 연결될 수 있었다.

정치적 측면에서 플랑크의 경우 당시 독일지식인들과 비슷한 생각
을 피력했다. 특히 플랑크는 바이마르 공화국의 보통선거가 매우 무책
임한 것이라고 보았다. 대중이 투표권을 행사한다는 것은 비전문가가
뉴턴과 아인슈타인을 선택하는 것처럼 불합리하다고 보았다. "과학이
다수결로 이루어진다면 붕괴할 것이듯 정치도 그러할 것이다." "근본
적 악은 대중지배 때문입니다. (스무 살짜리들까지 투표하는) 보편적 투
표권은 근본적 실수라고 믿습니다." 베를린 아카데미, 비상협회, 카이
저 빌헬름 협회라는 정부지원을 받는 가장 강력한 세 기관의 일원이었
던 플랑크는 기본적으로 보수적이고 친정부적일 수밖에 없는 인물이
었다.—더구나 아들 에르빈도 국방부의 요직에 있었다. 보수적인 힌덴
부르크가 1925년 대통령에 취임하자 플랑크는 이제야 제대로 일이 풀
려갈 것을 기대하며 기뻐했다. 이런 상황 속에서 그 유명한 1927년의
제5차 솔베이 회의에 독일인이 전후 처음으로 초청된 것은 중요한 반
전이었다. 아마 로렌츠 등의 노력이 없었다면 불가능했을 것이다. 플랑

---

51 독일과학자들은 연합국의 사과를 원했고 동시에 바이마르 공화국에 불만을 표시했다. 베
르사유 조약의 모욕을 받아들이고, 대학입학 기준을 낮추려 하고, 외국의 농단에 이리저
리 흔들리는 정권이라는 것이 바이마르 공화국에 대한 대다수 학자들의 생각이었다. 학
자들의 생각이 이 정도였으니, 상황만 무르익으면 모든 잘못을 유대인과 연합국에 돌리
고 베르사유 조약을 완전히 무시하겠다고 나서는 극우정당이 국민의 기본권을 무시한 채
집권하는 것은 용이한 일이었다. 나치는 그렇게 잉태되고 있었다.

크는 로렌츠의 초청서한에 대한 답신에서 자신은 더 이상 양자론의 일선에 있지 않고 독일어만 말할 줄 알기에 참석이 망설여진다고 표현했다. 그리고 회의에 조머펠트를 정치적으로 제외한 듯 보이는 것도 불만이었다. 하지만 사실 로렌츠로서는 간신히 플랑크를 넣은 것이었고 중요한 정치적 고려였다. 전후 화해와 전쟁 전의 과학과의 연속성의 상징으로서 플랑크의 존재는 중요했다. 특히 양자론의 주요인사에 해당하는 독일인들—하이젠베르크, 파울리, 보른—을 넣으면 조머펠트까지는 힘들었던 것이다. 로렌츠의 진심어린 간곡한 재고 요청에 플랑크는 마음을 돌려 회의에 참석했다.

반상대론에 대한 대응

두 노벨상 수상자 레나르트와 슈타르크는 이미 1924년경부터 히틀러를 열렬히 지지했다. 심지어 이들은 히틀러를 갈릴레오, 뉴턴, 케플러, 패러데이 등에 비유하기도 했다. 동시에 그들은 '독일적이고,' 응용적이고, 산업적이고, 실험적인 물리학을 옹호했다. 실험물리학이야말로 독일적인 물리학이라는 주장은 시행착오를 거쳐 연단되는 기술습득이라는 이상에 익숙한 기술자들, 빠른 산업적 응용을 바라는 대기업들, 상대론과 양자역학이 유대인들의 퇴폐적인 작품이라고 보았던 반유대주의자들 모두에게 호소력이 있었다. 즉 기업자본가, 기술노동자, 극우 민족주의자라는 다른 이해관계를 가진 집단을 하나로 결속시키는 논리의 하나였고 친나치 과학자들은 이 효과 좋은 레퍼토리를 자주 반복했다. 한 마디로 그들의 눈에는 '난관을 뚫고 한 걸음 한 걸음 나아가는' 실험물리학은 꽤 독일과학다워 보였다. 그리고 이론물리학은 그 반대편에 있었다. 레나르트나 슈타르크 같은 이들이 이론물리학을 독일과학답지 못하다고 진심으로 느낀 이유는 사실 아주 간단하다. 그들이 이해하기에는 너무 어려웠던 것이다. 그리고 '노벨상 수상자인' 자신들도 이해 못한다는 것은 단지 말장난의 사기극이라는 생각이 그 뒤를 따랐다. 이후 독일과학을 버려놓은 것은 바로 그 무지의 오만이었다. 이런 와중에도 독일어권 학자들에 의해 양자역학이 태동했다는 것을 생각해보면 매우 아이러니하다. 이처럼 1920년대 독일에서는 이론물리학과 응용물리학 혹은 실험물리학과의 반목이 특수한 정치사회적 의미와 밀접한 연계를 가지고 심각하게 전개되었다.

1922년에는 초인플레이션과 정치적 암살이 횡행하던 시기의 불안감 속에서 과학에 대해서도 과도한 불가지론(不可知論)이 퍼져나갔다. 심지어 심령과학을 운운하는 부류의 입김도 작용했다. 1923년 2월 아카데미에서 플랑크는 단호하게 이런 분위기에 대해 경고했다. "일부 인사들이 물리학자들의 말을 악용해서, 과학의 몇몇 분야들은 인과율을 벗어나기 때문에 인간의 자유의지를 가능케 한다고 가르치고 있다. 하지만 과학은 인간적 요소를 배제시킴으로 발전해왔다." 1919년 에딩턴의 실험 뒤 아인슈타인이 유명세를 타자 곧 극우언론의 주 공격목표가 됐다. 레나르트와 슈타르크는 아인슈타인의 과학은 유대인들의 종교만큼이나 유해하다고 주장했다. 레나르트는 아인슈타인의 노벨상 수상을 저지하려고 노벨상 위원회 위원들에게 자신의 영향력을 최대한 발휘했다. 헨리 포드 같은 반유대주의 기업가들의 지원을 받던 파울 바일란트(Paul Weyland, 1888~1972)의 경우는 상대론을 '과학적 타락의 쥐새끼 소굴'이라고까지 표현했다.[52] 그리고 아인슈타인을 표절로 몰았다. 1920년대부터 아인슈타인은 직접적 테러가 가해질지도 모르는 위험한 상황이었다. 중상이 도를 넘자 아인슈타인은 신문지상을 통해 공개적인 대응을 했다. 아인슈타인이 독일에 진절머리를 내고 런던으로 가버릴 거라는 소문이 퍼지자 독일외무부가 겁을 먹었다. 플랑크는 그 특유의 어법으로 문제를 봉합하려고 노력했다. 레나르트의 물리학은 직관적이고, 아인슈타인의 물리학은 추상적인데 이는 '취향의 문제'라고 설명했다. "레나르트는 주관적인 직관과 객관적인 사실을 혼동하고, 자신이 이해하지 못한 것들을 파악했다고 믿고 있습니다. 그는 자신의 한계를 인식하지 못합니다. 그건 대학교수로서는 아주 위험한 일입니다." 그럼에도 상황은 훨씬 심각해졌다. 1922년 독일과학자 · 의학자 협회 회장으로 플랑크는 아인슈타인이 연례총회에서 연설하도록 주선했다. 그런데 유대인이었던 외무장관 라테나우가 백주대낮에 베를린에서 암살당하는 충격적 사건이 일어났다. 그 즈음 슈타르크는 『독일물리학의 당면 위기』라는 책자를 배포했다. 초청을 수락했던 아인슈타인은 생명의 위협을 느끼고 이를 철회했다. 결국 아인슈타인은 일본으로 도피성(?) 강연여행을 떠났다. 아인슈타인은 이런 험악한 상황에서의 일본 체류 기간에 자신의 노벨상 수상 소식을 들었다. 아인슈타인의 노벨상 수상 소식은 극우주의자들의 증오를 더 키웠고, 1923년

---

52 바일란트는 〈순수과학 보존을 위한 독일과학자 노동공동체〉라는 거창한 이름의 조직을 결성했던 인물이다. 아인슈타인은 이를 〈반상대론 주식회사〉라며 냉소적으로 불렀다. 이후 그는 전 세계를 돌며 국제사기꾼으로 삶을 살았다. 미국, 스웨덴, 스위스, 스페인, 벨기에, 북아프리카, 심지어 남미까지 종횡무진(?)하며 사기행각을 벌였고, 1938년에는 나치정권의 지원자금까지 횡령하다 형무소에 수감됐다. 그의 활약(?)은 이 정도에 그치지 않았다. 제2차 세계대전 이후에는 신분조작으로 미 점령군의 군무원으로 일했고, 이번에는 나치부역자들을 협박해서 금전을 갈취하다 기소당하고 도주했다. 그는 1949년 미국으로 이민을 떠났는데, 1953년 FBI에 아인슈타인이 공산주의자라며 불리한 정보들을 넘긴 인물이 바일란트라는 설이 있다. 사기꾼의 정체성과 아인슈타인에 대한 반감은 일생동안 일관되게 유지하며 살았던 인물인 듯하다.

아인슈타인은 아예 네덜란드로 피신해 있었다. 플랑크는 아인슈타인에게 부담을 주지 않으려고 베를린을 공식적 거주지로만 유지하고 베를린에서 최소 1년에 한 번 이상만 학술강연을 하면 현 직위를 모두 유지한 채 원하는 곳에 머물 수 있도록 배려했다. 전 세계가 부러워하는 독일의 보배를 달래보려고 플랑크는 극진하게 아인슈타인을 대접했다.

자유의지 문제에 대한 플랑크의 철학적 입장

플랑크는 행동의 자유라는 개념을 정당화할 수 있다고 봤다. 그 이유는 우리가 스스로를 관찰할 때, 필연적으로 연구대상 자체를 교란하게 되어 인과적 고려가 불가능하기 때문이다. 반면 충분한 정보를 가진 외부 관찰자가 있다면 우리의 과거 행동을 세밀하게 분석하여 우리의 결정을 인과적으로 예측할 수 있다는 것이 플랑크의 입장이다. 결정의 순간 우리는 결코 자기분석을 할 수 없기 때문에 '이 경우 우리는 증명된 교훈과 사명감에 근거하여 앞으로 나아가야 하는 것'이며 '인과율에 대한 믿음과 자유의지와 선의지에 대한 믿음은 (그래서) 둘 다 필요하다'고 했다. 이것이 플랑크의 자유의지와 결정론의 화해방법이었다. 물론 철학자들에게는 이미 친숙한 개념이었지만, 과학자로서 플랑크는 좀 더 쉽게 같은 논리를 주장했다. 결정론은 '관찰결과를 관찰대상들에게 변화를 주지 않고 얻을 수 있을 때' 의미가 있다. 즉 자기분석(자기성찰)의 경우는 이 조건이 성립되지 않는다. 따라서 인간의 의지는 인간 스스로에게 과학의 대상이 될 수 없는 것이다. 자아가 현재의 자신을 직관하며 실시간으로 스스로를 아는 것은 불가능하다. 이해 가능한 것은 '과거의 나'뿐

이다. 이런 유형의 과학철학적 논쟁들은 곧 양자역학에서 절정을 이루게
된다.

양자역학에 대한 대응

1차 대전 마지막 해인 1919년에 플랑크는 물리학의 핵심 질문을 지
목했다. "복사는 맥스웰 방정식처럼 공간 속을 연속적으로 퍼져나가는
가, 아니면 아인슈타인의 주장처럼 '양자'의 형태로 전파되는가?" 이미
1913년 보어의 원자구조 설명은 빛이 방출될 때 반드시 양자화되어야
함을 보였다. 그렇다면 빛이 퍼질 때는 파동으로 퍼지는가? 입자로 퍼
지는가? 6년 뒤인 1925년 여름에서 가을 사이 괴팅겐의 보른-하이젠
베르크-요르단 팀은 이 문제의 결실을 만들어냈다. 플랑크는 이제 연
속성을 함의하고 있는 방정식이 양자도약을 기술할 수 있는 방정식으
로 대체될 것으로 예상했다. 그러면 이제 관찰자의 관찰대상에 대한 영
향력은 염려할 필요가 없어질 것이다. 하지만 플랑크의 이 예상은 보기
좋게 빗나간다. 바로 다음 해 코펜하겐과 괴팅겐의 젊은 '한통속'들이
관찰자의 간섭이라는 복잡성을 과학에 도입하는 시도를 했다. 플랑크
가 그렇게 배제하고자 했던 마흐적인 사유들을 플랑크의 작업들에 기
초해서 재도입한 것이다. 슈뢰딩거가 양자이론의 불연속성을 파동의
미분방정식으로 표현해냈을 때 플랑크는 환호했다. 하지만, 그러면 전
자를 파동의 중첩(Superposition)으로 기술할 수 있으리라는 기대는 파
동이 '퍼져나가야' 하기 때문에 꺼림칙한 부분이 있었다. 얼마 뒤 보른
은 슈뢰딩거의 파동을 전자의 위치에 대한 '확률'로 해석했다. 결국 보

른의 관점이 최종적인 표준적 해석이 됐다. 플랑크는 이 괴팅겐-코펜하겐 해석을 강력히 거부했다.[53] 비록 슈뢰딩거의 해석에 불완전함이 있어도 이런 과격한 해법은 너무 무책임하게 나간 것이었다.

코펜하겐 해석은 1927년 두 번에 나누어 발표되었다. 먼저 하이젠베르크가 불확정성 원리를 발표했다. 어떤 경우에도 전자의 위치와 운동량을 동시에 정확히 아는 것은 불가능하다는 것을 수학적으로 보였다. 그 뒤 1927년 가을 코모 회의와 솔베이 회의를 거치며 보어가 상보성 원리라는 이름으로 상황을 종합해냈다. "물리 이론은 실험결과를 기술하는 것이지 사물의 본질을 기술하는 것이 아니다." 보어는 독립적으로 존재하는 사물의 성질을 물리학의 범위에서 제외시켜버렸다.[54] 이 해석에 따르면 파동과 입자 개념은 반대가 아니라 상보적(상호보완적)인 것이다. 실험자는 둘 중 어느 측면을 나타낼 것인지 '결정'한다. 즉 선택된 실험의 방법이 두 측면 중 한 측면으로 해석하게 한다. 둘 중 무엇인지를 따지는 것 자체가 의미가 없는 것이고, 그것은 물리학이 해야 할 일이 아니다! 그들이 만든 관계식들은 결국 정확한 위치(p)와 운동량(q) 값을 말하는 것은 원칙적으로 무의미하다는 의미가 된다. 이 '불길해 보이는 관계식'을 플랑크는 1927년 5월에 에렌페스트의 콜로키움에서 처음 들었다. —다른 이들에 비해 상황파악이 조금 늦었다. 지난 2년 동안 그들은 너무 나갔다! 플랑크는 이것이 '사고의 자유에 대한 제약'이라고 생각했다. 이전까지만 해도 플랑크는 양자론을 입자물

53　후일 괴팅겐의 보른은 '코펜하겐 해석'이라는 이름이 너무 마음에 안 들었다. 보른이 보기에 수학적 확률로 해석한 것은 자신인데, 보어와 하이젠베르크만 유명해졌던 것이다.

54　이는 어느 정도 데카르트의 입장과 같다. 아리스토텔레스는 사과가 본질적으로 붉은 색이라고 설명한 반면, 데카르트는 성질은 우리의 감각에 있다고 보았다.

리학과 파동물리학을 통합시킬 길조로 호의적으로 지켜보았다. 무엇보다 '양자'의 작명자가 바로 자신이 아니었던가? 하지만, 결코 불확정성 원리 같은 것을 기대하진 않았다. 물리학 이론이 실험자의 취향(?)에 의존한다면 플랑크가 그렇게 배제하고자 했던 인간중심적 요소를 과학에 끌어들이는 것이었다. 플랑크가 보기에는 독단주의에 불과했다. 코펜하겐 학파는 더 이상의 탐구 자체를 거부하고 있는 것이다. 어쩌면 단지 '비겁함'일 뿐이다. 플랑크로선 경악스러웠다. 그들의 행동은 '기고만장한 비관주의, 항복을 향한 열망, 체념과 열정의 융합'이라고 플랑크 전기 작가 하일브론은 적절히 표현했다.

플랑크와 유사한 생각을 가진 사람은 다행히 더 있었다. 아인슈타인 역시 "하이젠베르크와 보어의 진정제 철학 혹은 종교"라고 표현했다. 슈뢰딩거는 "파동함수의 확률론적 해석은 너무나 손쉬운 무책임한 해결책이다."라고 했고, 막스 폰 라우에도 "코펜하겐 해석은 이 시대에 어둡게 뒤덮인 문화적 비관주의의 한 표현일 뿐"이라고 봤다. 이 '베를린 그룹'은 1929년 자신들의 관점을 재확인했다.—재미있게도 양자역학에 의심의 눈초리를 보인 핵심 인물들은 거의 베를린에 거주하고 있었다. 1929년 독일 물리학회는 플랑크의 박사학위 취득 50주년—플랑크는 21세에 박사를 받았었다.—을 기념하여 플랑크 메달을 제정했다. 그리고 1회 메달을 플랑크 본인에게 수여했고, 2회 메달을 아인슈타인에게 주었다. 이 상은 독일판 로렌츠 메달이라 할 만했다. 의도한 것은 아니었지만 이후 이 메달은 아인슈타인, 라우에, 슈뢰딩거, 조머펠트, 보른 등 거의 베를린 그룹이 독식했다. 괴팅겐으로 가서 확률론적 해석을 해낸 당사자인 보른을 제외하면 모두 상보성 원리에 대한 반대자들이었다. 아인슈타인은 수상소감에서 "양자물리학이 통계적 법칙과 비인과율에 머물지는 않을 것"이라는 플랑크의 확신에 찬사를 보냈다. 어찌 보면 이 싸움은 코펜하겐-괴팅겐 연합 대 베를린 그룹의 싸움이 되어갔다. 그리고 결국 베를린이 졌다.

붕괴의 징조

하지만 과학계의 이런 학술적 대립들은 학계가 정상작동하고 있다는 행복한 증거들이었다. 더 심각하고 불행한 문제는 그런 행복한 시간들이 과학 외적인 문제들로 인해 끝나가고 있었다는 점이다. 1930년대 초 세계적 경제공황으로 비상협회와 카이저 빌헬름 협회 수입은 크게 떨어졌다.—비상협회는 1928년 800만 마르크의 예산을 집행했으나 1932년에는 440만 마르크로 낮아졌다. 경제위기 속에서 정치적 극단주의가 팽배해졌고 중도정당이 의석을 잃었다. 공산당과 나치 같은 극좌와 극우정당들이 약진했다. 동시에 공공연하게 악의적인 반유대주의가 학문세계에 침투했다. 대중들에게 과학과 이에 기초한 신기술들은 과잉생산과 실업의 주범으로 보였다. 경제위기에 직면한 정부도 경제적, 군사적 열세의 극복을 위해 응용과학 육성에 방점을 두었다. 이들은 모두 상대론이니 양자역학이니 하는 '배부른 학문'에 너무 많은 예산이 투입된다고 보았다.

이런 분위기 속에서 순수학문의 총아인 물리학에서 손쉬운 해결책을 선호하거나 체념하는 분위기들이 나타났다. 연구목표를 정하지 못하고 학계 전반에 방향감각 상실이 만연했다. 1930년대 초에 요르단은 양자역학의 비인과율을 들먹이며 자유의지, 생기론, 초감각적 지각을 급진적으로 옹호했다. 심지어 프로이트의 심층심리학을 지지하는데도 물리학을 도입하려 했다. 파울리는 융의 심리학에 똑같은 반응을 했다. 신학자들은 하이젠베르크 스타일로 설명된 불확정성 원리를 비결정론의 증거로 해석하고 자유의지와 도덕적 책임의 근거로 해석했다. 플랑크가 보기에 뛰어난 과학자들이 '망가지고' 있었고 도처에서 너무 많이 나가고 있었다. 플랑크는 양자물리학의 단순화된 해석들을 인용해서 생물학과 심리학에 적용하려는 안이하고 단순한 추론들을 거부했다. 특히 확률론적 해석으로부터 비인과율과 자유의지의 개념을 끌어내려는 시도들에는 강력히 반대했다. 슈뢰딩거의 아카데미 영입 수락연설에서 플랑크는 "물리학이 인과율의 문제를 만족스럽게 해결하지 못한다면 과학의 범위를 넘어서는 위험한 결과들이 일어날 수 있다."고 경고했다. 또한 플랑크는 물리학에서 비인과율이 정당한가와는 무관하게, 비인과율을 인간 행동의 기초로 삼아서도 안 된다고 보았다. 그렇게 되면 심사숙고할 문제들을 우연으로 대치시킬 것이고 모든 것이 제어불가이거나 예측불가라고 생각한다면 파멸적 결과로 이어질 것이 뻔했다. 1930년 보어에게 쓴 편지에서 플랑크는 자신의 신념을 이렇게 피력했다. "결국 최고 법정은 개인의 양심과 확신이며, 모든 과학 이전에 먼저 믿음이 있습니다. 내게는 그것이 사건들 사이의 완전한 법칙성에 대한 믿음입니다."

코펜하겐 해석의 주창자들과 빈 학파(vienna circle)가 이런 플랑크적 가치관의 핵심 반대자들이었다.[55] 하이젠베르크는 '실재하는 외부세계'라는 것은 '거의 확실히 패배한 견해'로 평가했다. 그가 보기에 엄밀

---

[55] 플랑크의 제자이기도 한 슐리크가 주축이 되어 만든 빈 학파는 사실 아주 다양한 입장을 가지고 있었다. 하지만 대체로는 실증주의를 믿는 과학철학자들이었고 나중에 그들 상당수가 미국으로 옮겨가 '논리실증주의'라는 명칭으로 뭉뚱그려 받아들여졌다.

한 인과율의 객관적 세계는 없다. 하지만 하이젠베르크는 플랑크 앞에 서는 주의했다. 파울리의 경우 '외부세계의 실재성'은 아예 의미가 없다며 성격대로 좀 더 강경한 자세를 취했다. 스스로 마흐와 빈 서클 추종자라고 멋대로 믿었던 요르단은 "측정이 가해지기 전에는 그 무엇도 아무런 특성을 가지지 않는다."고 했다. 콜럼버스를 기다리고 있는 신대륙처럼, 발견되기를 기다리는 사물로 가득 찬 객관적 세계가 존재한다는 플랑크의 말에 필립 프랑크는 '너무 많은 수의 세계를 가정했다'고 반박했다. 실증주의자는 감각세계와 수학의 세계만으로 견딜 수 있다. 하지만 플랑크는 제3의 불필요한 세계를 요구한다는 것이다. 물리학계의 주류적 흐름은 보어와 하이젠베르크 일파(?)를 중심으로 흘러갔고 플랑크의 입장은 분명 물리학계 내에서는 소수파에 해당했다. 하지만 재미있게도 물리학자가 아닌 당시의 철학자, 신학자, 인문학자들에게는 플랑크의 말과 글이 물리학계를 대표하는 주요 입장으로 인식되었다. 코펜하겐 학파의 주장들은 과학자 사회 안에서도 극소수만 이해할 수 있는 언어로 되어 있었기 때문이다. 그래서 (물리학 바깥의) 당대 지성인들은 주로 플랑크의 눈을 통해 양자론을 바라보았던 것이다.

16

1920년대의 힐베르트

1922년 힐베르트는 60세가 되었다. 몇 년 동안 힐베르트의 평생을 양육한 환경과 힐베르트가 일궈놓은 많은 것들이 무너져 있었다. 독일 전체가 혼란했다. 왕당파, 공산주의자, 나치가 모두 자기 확신에 차서 준동 중이었고, 신정부는 지폐를 마구 찍어내서 초인플레이션이 발생했다.[56] 사강사들의 생활은 극도로 궁핍해졌다. 학기 초 받은 수업료는 학기말이 되면 아무 가치가 없었다. 1921년까지 닐스 보어를 초청할 수 있었던 10만 마르크의 볼프스켈 기금이 종잇조각이 되었다. 1910년대 괴팅겐 황금기를 이끌었던 중요 자원 하나를 잃은 것이다. 초인플레이션은 1923년 렌텐마르크로 화폐개혁을 단행한 이후에야 가까스로 진정되었다. 하지만 이 시기 힐베르트는 다시 힘을 내서 수학의 세계

---

[56] 플랑크의 경우에서 다른 자료도 살펴봤지만, 수학학회지 가격변화에서도 이 충격의 강도를 알 수 있다. 1920년 『수학연보』 한 권 값은 64마르크였는데, 1922년 말 400마르크, 1923년 말 2800마르크가 됐다.

로 관심을 돌리고 자신이 할 수 있는 일들을 수행했다. 그는 1920년대 플랑크가 독일과학에서 수행했던 일을 수학에서 거의 그대로 진행시켰다. 먼저 괴팅겐의 세대교체를 시작했다. 쿠란트가 부교수가 되어 클라인의 역할을 대체하기 시작했다. 힐베르트는 이때 헤르만 바일도 괴팅겐으로 데려오고 싶어했지만, 바일은 모교는 그리웠으나 안정적인 취리히에서 불안정한 독일로 가고 싶지는 않았다. 그래도 란다우 덕에 1920년대 괴팅겐은 수론 연구의 중심지가 될 수 있었다. 또 민코프스키만큼이나 뛰어난 정수론 학자가 되는 칼 루트비히 지겔(Carl Ludwig Siegel, 1896~1981)이 란다우와 인연으로 괴팅겐에 왔고,[57] 후일 사이버네틱스 개념의 창시자가 되는 노버트 위너도 괴팅겐에서 공부 중이었다. 에미 뇌터도 1919년 사강사가 된 후 1920년대 활발한 작업을 계속했다.

그렇게 1920년대 괴팅겐 수학은 쿠란트, 란다우, 뇌터를 중심으로 활발한 연구가 재개되었다. 여기에 민코프스키에게 배웠던 막스 보른도 30대의 나이에 모교의 물리학 교수가 되어 괴팅겐에 물리학의 황금기를 만들기 시작했다. 1922년, 기회가 되자 보른은 친구 제임스 프랑크(James Franck, 1882~1964, 1925년도 노벨 물리학상)를 실험 물리학 교수로 데려왔고, 파울리와 하이젠베르크를 조수로 쓰면서 독일 양자역학 연구의 주축 세력을 형성했다. 그리고 쿠란트와 힐베르트가 쓴『수

57　수학사에 큰 족적을 남겼던 지겔은 란다우에게 박사학위를 받고 프랑크푸르트 대학 교수가 되었지만, 후일 나치가 집권하자 유대인 학자들을 보호하다 정권의 눈 밖에 났고, 결국 1940년 미국으로 망명해야 했다. 하지만 1951년 괴팅겐으로 돌아와 죽을 때까지 괴팅겐에 있었던 괴팅겐 사람이었다. "지겔이 했던 일들은 거의 불가능해 보였던 일들인데, 지겔이 그 일들을 해내고 난 뒤에도 여전히 거의 불가능해 보였다."라는 말을 들었다. 막스 보른처럼 나치 시기 독일을 떠났다가 다시 돌아온 몇 안 되는 석학 중 한 명이었다.

리하르트 쿠란트 　 칼 루트비히 지겔 　 에미 뇌터 　 에드문트 란다우

막스 보른 　 제임스 프랑크 　 볼프강 파울리 　 베르너 하이젠베르크

1920년대 힐베르트가 괴팅겐에 집결시킨 인력들

노버트 위너 　 로버트 오펜하이머 　 아서 콤프턴 　 폴 디랙

라이너스 폴링 　 패트릭 블래킷

1920년대 영미권에서 괴팅겐에 유학 온 인력들
이 인력들이 같은 공간에서 함께 생활했었다는 사실은 그들이 이후 해낸 작업들을 상상해볼 때
비현실적인 느낌이 들 정도다.

리물리학의 방법』은 물리학자들의 핵심 바이블이 되었다. 1921년에는 약관의 하이젠베르크가 괴팅겐에 왔다. 힐베르트는 상대론에 손을 대고 있을 때이고 통일장 이론을 자신이 만들 수 있을 것으로 보고 있었다. 하지만 여러 한계를 직감했는지 1922년부터 힐베르트는 물리학에서 손을 뗐다.

1920년대는 힐베르트의 연구 자체보다는 힐베르트의 정신적 영향력이 물리학에 영향을 미치고 있었다고 볼 수 있다. 전쟁 중 힐베르트와 디바이가 시작했던 물질 구조이론에 대한 세미나는 이제 보른과 프랑크가 주재했다. 1920년대 보른의 이 세미나를 거쳐 간 사람들은 하이젠베르크, 파울리, 오펜하이머, 콤프턴, 요르단, 디랙, 폴링, 블래킷 등이 있다. 1924년에는 21세의 폰 노이만도 괴팅겐에 와서 힐베르트 집을 자주 방문했다. 이후 각자가 이룬 업적을 놓고 볼 때 미래의 과학 자체가 괴팅겐에 집약되어 있었다고 해도 과언은 아닐 것이다. '힐베르트의 정신'을 에발트는 '기초적인 것을 중시하는 정신, 완전하고 분명하게 이해될 때까지 연구하는 정신, 자명한 것은 밀어내고 중요한 것들 사이의 명확한 연관성을 규명하려는 정신'이라고 요약했다.

양자론의 경이로운 돌파와 함께하다

1925년 6월에 클라인이 죽었다. 괴팅겐 수학의 외양 전체가 클라인이 이뤄놓은 것이었다. 도서관, 괴팅겐 대학 주변의 기술연구소들, 교육당국과의 밀접한 관계, 산업계의 지원 등 연구와 교육과 행정 모두에서 클라인은 탁월했다. 물론 힐베르트 역시 그의 작품이었다. 괴팅겐의 큰 별이 떨어지며, 괴팅겐의 한 시대를 마감했다. 그런데 또 그 해에 불

노년의 힐베르트, 조지 마이넛
악성빈혈증을 앓았던 힐베르트는 때마침 발견한 약으로 생명을 연장할 수 있었다. 힐베르트가 한 해씩 더 살수록 수학은 그만큼씩 발전했다. 그런 의미에서 마이넛의 치료법은 의학의 발전이 수학의 발전을 견인한 사례다.

안한 일이 겹쳐 발생했다. 힐베르트가 앓고 있던 병이 악성 빈혈증임이 판명되었다. 당시만 해도 죽음을 기다려야 하는 불치병이었다. 하지만 때마침 생간이 혈액재생에 효과가 좋다는 것이 발견되었고, 1926년에는 미국의 조지 마이넛(George Richards Minot, 1885~1950, 1934년도 노벨 생리의학상)이 임상용 치료제를 개발했다.―그는 바로 이 공로로 노벨상을 받았다. 하지만 환자에게 평생 복용시켜야 하는 약이었고 소량만 확보 중이었다. 거기다 하버드 대학 근처에서도 치료할 많은 이들이 있었다. 이때 란다우의 부인이 매독 치료제인 살바르산 발명자인 파울 에를리히의 딸이었던 것이 행운이 되어주었다. 하버드의 마이넛에게 그녀가 전보를 쳤다. 마이넛을 설득해서 약을 받아먹기 시작하자 힐베르트의 병세는 극적으로 호전되었다. 기적에 가깝게 건강이 회복되어 수

명을 늘인 힐베르트는 1920년대 물리학의 발전을 볼 수 있게 되었다.

1925년 초 하이젠베르크가 행렬역학을 만들었다. 물론 앞서 보았듯 그것이 행렬임을 알아본 것은 보른이었다. 하이젠베르크-보른-요르 단의 3인 논문 출판으로 이 업적은 완성되었다. 1926년 양자역학에 대한 보른의 통계학적 해석이 발표되었지만, 그는 1954년에야 이 업적으로 노벨상을 받을 수 있었다. 보른은 '코펜하겐 해석'이라는 표현에 완곡어법으로 불만을 표시하기도 했다. 실제 이 표현은 보어와 하이젠베르크만을 대중들의 뇌리에 기억되게 만들었고 보른이 그 해석의 핵심 공헌자라는 사실을 세상이 잊게 만들었다. 그 다음 해인 1926년 마이닛의 약으로 건강을 회복한 힐베르트는 이번 학기에 양자역학을 강의하겠다고 발표했다. 몇 달 뒤 슈뢰딩거가 파동역학을 발표했다. 같은 주제에 같은 결과였지만 두 이론은 완전히 다른 물리학적 가정에 기초했고 완전히 다른 수학적 방법을 사용했다. 이 두 이론이 동치임은 결국 보른이 증명해냈다.

힐베르트는 이 일을 전해 듣고 크게 웃었다. 처음 행렬역학을 보른이 힐베르트에게 가져왔을 때, '미분방정식의 경계값 문제에서 고유값의 부산물로 행렬이 나오고, 미분방정식에 대해 더 공부하면 행렬에 대해 더 많은 것을 알게 될 것'이라고 충고했었다. 하지만 그들은 흘려들었었다. 힐베르트는 "그들이 내 충고에 귀를 기울였다면 슈뢰딩거보다 먼저 파동역학을 발견했을 것이다."라고 했다. 이 시기에도 힐베르트의 수학적 직관은 여전히 민첩하게 동작 중이었다. 힐베르트를 중심으로 괴팅겐의 수학적 분위기가 창조되었기에, 괴팅겐에 온 모든 젊은 수학자들은 힐베르트의 사고과정에 따라서 적분방정식과 선형대수이론을 훈련받았다. 무엇보다 양자역학에 필요한 수학 방법론이 힐베르트의 적분방정식 이론의 응용이었다. 그러니 양자역학을 창조하는 청년물리학자들의 작업은 힐베르트라는 거인의 품 안에서 이루어진 것이다. "괴팅겐의 힐베르트는 양자역학의 발전에 간접적으로 가장 많은 영향을 끼쳤다. 이 사실은 1920년대에 괴팅겐에서 공부했던 사람만이 완전히 이해할 수 있다." 후일 하이젠베르크는 이렇게 회고했다.

수학 네트워크의 복원

제1차 세계대전 이후 1920년대 내내 독일 학자들은 국제회의에 전혀 초청받지 못했다. 1928년이 되어서야 이탈리아 국제 수학자 대회에 독일 수학자들은 처음으로 국제회의에 초청되었다. 1912년 이후 자그마치 16년만의 일이었다. 주최 측은 진정한 국제대회가 될 수 있도록 다른 국가들의 불만 섞인 눈초리 속에 상당한 부담을 무릅쓰고 독일 학자들을 초청했다. 그런데도 자존심이 상해 있는 많은 독일인들이 이 초청을 수락하기를 원치 않았고 국수주의적 수학자들은 이 대회를 보이콧하자는 움직임을 보였다. 힐베르트는 이렇게 입장정리를 했다. "(참석을 보이콧 한다면) 독일과학계에 불이익을 초래할 뿐더러 우리에게 호의를 베풀어준 사람들이 우리를 비판하게 만들 것이다……이탈리아 친구들은 이 대회가 이상적인 것이 되도록 많은 시간과 노력을 기울였다……올바른 판단력을 발휘하여 우호적인 태도를 취하는 것이 우리의 기본적 예의라고 생각한다." 힐베르트는 8월에 병이 재발했음에도 67명의 수학자들을 이끌고 대회에 참석했다.

회의에 모인 전 세계의 수학자들은 16년의 세월이 지나 전후 최초로 나타난 독일인들을 보았다. 훨씬 늙고 쇠약해진 모습이지만 아주 낯익은 얼굴이 선두에 있음을 발견했다. 몇 분간의 기묘한 침묵 후 한 사람씩 여기저기서 일어났고, 곧 전원이 기립해서 힐베르트와 동료들을 환영했다. 인사말에서 힐베르트는 이렇게 말했다. "모든 한계 특히 국가라는 단위는 수학의 본질에 반대되는 것입니다. 사람과 인종에 따라 분리된 벽을 만드는 것은 과학을 완전히 잘못 아는 것입니다……수학은 인종을 모릅니다……수학 앞에 전 세계는 하나의 나라입니다." 플랑크도 힐베르트도 1920년대 내내 국제 네트워크에 독일을 다시 편입시키기 위해, 독일에 찍힌 낙인을 지워보기 위해 열정적인 노력을 기울였다. 이런 흐름에 반대하는 적은 독일 외부보다 내부에 더 많았음에도 그들은 옳다고 믿는 작업을 계속했다. 그리고 분명히 성공적이었다. 이렇게 1920년대를 보내면서 힐베르트의 역사적 역할은 거의 끝났다. 록펠러 재단과 독일정부의 자금을 유치해 괴팅겐 대학의 수학과 건물의 완공을 보고, 1930년 68세로 정년을 맞았다. 괴팅겐에는 힐베르트의 이름이 붙은 거리가 생겼다.

힐베르트의 후임은 헤르만 바일이었다. 쿠란트가 클라인의 후임이 된 이후 이는 아주 자연스러운 생각이었다. 이미 45세인 바일은 괴팅겐의 초청을 받고 자신의 나이와 독일의 상황들을 놓고 고민에 고민을 거듭했다. 결국 바일은 결론을 내렸다. 재능 있는 젊은이들을 수학의 강으로 몰고 갔던 '피리 부는 사나이'—바일이 힐베르트에게 붙였던 별명이었다.—힐베르트에 대한 사랑과 존경,

헤르만 바일
'피리 부는 사나이'라는 힐베르트의 별명은 바일이 붙인 것이다. 그는 이 책 여기저기에 등장했다. 하이젠베르크에게 물리학의 길을 알려준 『시간, 공간, 물질』을 썼고, 슈뢰딩거의 아내와 사귀었고, 뢴트겐, 민코프스키, 아인슈타인이 거쳐간 취리히를 거쳐 괴팅겐에 돌아왔다.

(cc) Julian Herzog

힐베르트 묘비

힐베르트 묘비의 아래쪽에는 그의 유명한 명언이 새겨져 있다. "우리
는 알아야 하며, 알게 될 것이다." 학자의 사명과 학문의 미래에 대해
이토록 짧고 명쾌한 표현이 또 있을까.

괴팅겐의 수학적 전통에 대한 경외심이 많은 문제들을 압도했다. 바일은 힐베르트에게 답신했다. "독일 하늘에 드리워진 먹구름은 쉽게 사라지지 않을지도 모르겠습니다. 하지만 저는 앞으로 선생님 가까이에서 여러 해를 행복하게 보낼 수 있기를 바랍니다……늦은 답신을 용서 바랍니다." 새로운 절정기를 맞은 괴팅겐에 바일이 왔다.—하지만 결국 나치 집권기까지 겨우 3년여 있을 수 있었다. 연구소와 실험실, 전 세계에서 몰려든 학자들로 괴팅겐은 다시 채워지고 있었다. 그때까지만 해도 모든 미래가 밝아 보였다. 이 해에 힐베르트는 쾨니히스베르크 명예시민권을 받게 되었고 그는 고향에서 온 이 소식에 기뻐했다. 쾨니히스베르크 명예시민권을 받으며 남긴 연설은 녹음으로 남았다. 강연의 마지막 부분을 라디오로 방송했기 때문이다. 힐베르트는 막 새롭게 사용되기 시작한 낯선 기계에 대고 연설했다. 그의 학문에 대한 열정과 낙관이 담긴 이 연설 내용은 정확히 남아 있다. 힐베르트는 철학자 오귀스트 콩트가 해결 불가능한 문제의 사례를 제시했지만 결국 그런 문제들이 해결되었음을 예로 들었다. "왜 콩트가 해결 불가능한 문제를 발견할 수 없었는가? 그것은 세상에 해결 불가능한 문제가 존재하지 않기 때문입니다……우리는 알아야 합니다. 그리고 알게 될 것입니다.[58]" 이 울림 있는 마지막 문장은 힐베르트의 묘비명이 되었다.

이 낙관적 연설과 거의 같은 시기인 1930년 11월 17일 《월간 수학과 물리》에 25세의 논리학자 쿠르트 괴델(Kurt Gödel, 1906~1978)의 논문이 접수되었다. 그것이 바로 '불완전성 정리'였다. 놀랍게도 이 논문은

58　이 명언의 독일어 표현은 시적인 운율까지 있다.(Wir müssen wissen. Wir werden wissen.)

"이 세상에는 결코 증명될 수 없는 문제가 존재함을 증명했다." 괴델은 힐베르트의 라디오 연설과 전혀 다른 결론을 '수학적으로 증명'한 것이다. 괴델의 천재적 연구로 20세기 내내 쏟아온 힐베르트의 중요한 노력이 허사가 되고 말았다. 증명할 수 있으리라 믿었던 무모순성의 수학적 증명이 이제 불가능한 것으로 판명되었다. 불가능은 없다고 믿으며 달려온 힐베르트는 처음에는 괴델 정리의 중요성을 평가절하했고, 잠시 동안 화만 내고 좌절감에 빠졌다. 많은 책들이 이 시기 힐베르트의 반응을 재미있게 극단적으로 과장하곤 한다. 하지만 잠깐의 충격이 지난 뒤 힐베르트는 상황을 인정하고 곧 긍정적으로 괴델 정리를 검토했다는 사실이 분명히 언급되어야 할 것이다. 후학들은 그가 생의 마지막에 이르러서도 자신의 오랜 주장과 반대되는 타인의 업적을 인정하고 스스로의 연구계획에 거대한 수정을 가하는 것을 보고 감명 받았다. 그는 평생에 걸쳐 자신의 이성이 올바름으로 판명내린 것에는 결코 감정에 치우쳐 반대하지 않는 수학자다운 삶을 살았다. 1930년 퇴임 후에도 강의는 계속했다. 1894년부터 오랜 기간 스승을 보아온 블루멘탈이 힐베르트 논문집의 발간을 맡아 1932년 힐베르트 70회 생일에 증정했다. 연회가 열렸고, 학생들은 횃불행진을 벌이며 힐베르트를 연호했다. 노년에 이른 최고의 교수에게만 보이는 경의의 표시로서 괴팅겐 역사에 단 몇 명의 교수만 이 영광을 얻었다. 아마도 이로부터 몇 달 뒤 힐베르트가 사망했다면 그의 생은 최고의 인생 중 하나였을 것이다. 하지만 불행히도 그는 아직 11년을 더 살아야 했다. 남은 생애 동안 힐베르트는 자신의 세계를 뒤흔든 또 다른 충격을 맛보게 된다. 이제 히틀러가 줄 충격은 괴델이 준 충격과는 전혀 다른 것이었다.

17

바이마르 공화국의 아인슈타인

상대론에 대한 반대와 공격

1919년 10월 "별빛이 휘었다."는 에딩턴의 공식발표는 일반상대성이론이 인정받은 결정적 분기점으로 많이 언급된다. 결과론적으로 틀린 말은 아니지만 당시 에딩턴의 발표에 대한 반응은 사실 찬반양론이 다양했다. 에딩턴의 관측정확도는 논란의 여지가 있었고 관측을 인정한다 해도 그것을 일반상대론의 증명으로 볼 수 있느냐에 대해서는 의견이 분분했다. 유명세는 분명했지만 그만큼 반대도 많았다. 특히 1920년대 초 미국에서는 아인슈타인을 아주 우스꽝스럽게 표현하며 조롱하는 경향이 강했다. "아인슈타인 이론은 천문학적 증거가 없다." "사회 불안, 전쟁, 파업, 볼셰비키 폭동 등의……정신적 불안이 과학계에 침투했다." "상식을 팽개치고 아인슈타인의 실수를 받아들이고 만족했다는 것을, 미래 세대는 놀랍게 바라볼 것이다." "사팔뜨기 물리

레나르트와 슈타르크
이 두 노벨상 수상자는 친나치 과학자의 길을 걸었다. 플랑크, 아인슈타인, 하이젠베르크에게는 치유 불가능한 만성통증 같은 존재였다.

학……" "난센스 흑마술……" 심지어 "상대성이론에서 나는 빨갱이를 본다."는 표현까지 있다. "1940년대쯤 상대성이론은 농담으로 받아들여질 것이다." 물론 그런 일은 일어나지 않았다. 별빛이 진공의 우주공간에서 대기 중으로 들어왔기 때문에 당연히 휜 것이라는 이야기도—사실 그 부분은 이미 충분히 보정했음에도—끝없이 계속되었다. 1920년대에도 여전히 많은 당대 과학자들이 에테르를 믿었다. 세상은 바뀌지만 그렇게 빨리 바뀌지는 않는다.

유명 과학자들 중에도 반대자는 많았다. 마이컬슨-몰리 실험으로 유명한 시카고 대학의 마이컬슨은 에딩턴의 관찰은 인정하면서도 상대성이론의 수용은 거부한 경우였다. 그는 에테르 없는 세계를 절대 인정하지 않았다. "에테르가 존재하지 않고, 중력이 힘이 아니라 '공간의 속성'이라는 이야기는 정신병자의 궤변이며, 우리 시대의 수치다." 마이컬슨은 상대성이론은 "상식과 모순된다."고 했다.[59] 니콜라 테슬라 (Nikola Tesla, 1856~1943)도 아인슈타인을 비난했다. 그는 우주는 휘지 않았고, 엠씨스퀘어 방정식처럼 물질에서 에너지를 얻는다는 생각은 말도 안 된다고 보았다. 에디슨과 함께 전기 시대를 연 테슬라조차 상대성이론의 개념은 낯설었다. 유럽에서 아인슈타인의 정신적 스승 중 하나였던 마흐도 상대론을 인정하지 않았다. 볼츠만의 원자도 인정하지 않았던 마흐가 휘어진 공간을 인정하지 않는 것은 어쩌면 당연했다. 톰슨조차도 판단을 유보했다. 그만큼 그의 이론은 멀리 나간 것이었다. 학계의 막강한 실력자들이 반대자들에 포함되어 있었지만, 전반적으로 그들의 반론들은 천천히 잊혀졌다. 이 이론의 등장 이후 이를 검증하는 발견들은 꼬리를 물었고 우리의 우주에 대한 설명법은 완전히 달라져 갔다. 아인슈타인은 여덟 번을 계속해서 노벨상 후보로 추천된 끝에 1922년에야 노벨상을 수상할 수 있었다. 1919년 이후 아인슈타인의 유명세로 인해 더 이상 아인슈타인의 수상을 늦추면 노벨상의 권위가 땅에 떨어질 상황이었다. 하지만 아인슈타인은 상대성이론이 아니라 광전효과에 대한 논문으로 노벨상을 수상했다. 노벨상 위원회는 끝끝내 상대성이론에는 노벨상을 주지 않았다.

하지만 이런 정도는 독일 내에서 있었던 반응들에 비하면 대수롭지 않은 일들이었다. 가장 먼저 상대론을 지지했던 독일지역이 가장 마지막까지 상대론을 반대한 것은 아이러니다. 독일에서의 상대론 반대는 과학적 추론보다는 인종주의에 기반해 있었다. 독일에서는 레나르

---

59   아인슈타인은 "상식이란 18세 이전에 정신 속에 쌓인 편견의 퇴적물이다."라고 말한 바 있다. 사실 항상 그런 시각을 유지했기에 그는 새로운 미개지에 도달했다.

트와 슈타르크가 상대성이론의 핵심 반대자였다. 각각 1905년과 1919 년의 노벨상 수상자였기에 이들은 상당한 영향력을 행사했다. 결국 후 일 모두 친나치 과학자의 길을 걸었다. 원래 레나르트는 아인슈타인을 극찬했던 인물이다. 아인슈타인의 광양자이론은 레나르트의 실험에서 관찰한 광전효과를 토대로 하고 있었다. 하지만 레나르트는 전쟁기간 과격한 국수주의자로 변모해갔다. 영국인과 유대인에 대한 맹렬한 증 오를 표출했고, 결국 자신의 적들의 상징인물로 아인슈타인을 표적으 로 삼았다. 상대성이론이 터무니없는 것이라 했고, 노벨상 위원회에 영 향을 미쳐 아인슈타인의 노벨상 수상을 지속적으로 방해했다. 아인슈 타인의 늦은 노벨상 수상은 상당부분 레나르트의 영향력으로 보인다. "유대인은 진리에 대한 이해력이 현저히 떨어진다……과학은 훌륭한 인종과 혈통을 필요로 한다." 레나르트의 말이다. 자신이 이해할 수 없 다면 틀린 것이라는 믿음을 가졌던 이 불행한 학자는 다른 더 많은 불 행을 만들어냈다.

1920년대 내내 아인슈타인은 평화를 이룩하는 길은 모든 젊은이들 이 징병에 반대하는 것이라고 주장했다. 독일 내 극우파들에게는 세계 정부 구상을 이야기하는 반전주의자 아인슈타인은 눈엣가시 같은 존 재가 되었다. 한번은 베를린 대학에서 강연 중에도 한 우익학생이 "내 가 저 더러운 유대인의 목을 베어버리겠어!"라고 외치는 것을 들어야 했다. 이런 분위기는 미국에서의 조롱정도와는 비교가 되지 않는 것이 었다. 그럼에도 아인슈타인은 특유의 독설과 블랙유머 정도로 이런 일 들을 꿋꿋이 버텨냈다. 상대론을 반대하는 책에서 "아인슈타인이 뭐 라고 말하는지 전혀 이해할 수 없다."는 문장을 보고는 "인정하니 놀랍 군."이라고 주석을 달았다. 1931년에 『아인슈타인에 반대하는 100명의 학자들』이 출간되었을 때 아인슈타인은 "내가 틀렸다면 한 명이면 족했을 걸."이라고 특유의 어법으로 반응했다.—덧붙여 이 책에 수록된 반대자들은 120명이었으니 책은 제목부터 틀렸었다.

예술, 문학, 철학으로 퍼져나간 상대성이론의 영향

아인슈타인의 이론은 1920년대 내내 열광적 팬도 많았고 심리적 저항도 컸다. 하지만 엄청난 찬사와 반대는 결국 세계적인 명성으로 연결되었다. 물리학자, 수학자, 대중들은 각각 나름대로 그의 존재감을 느꼈다. 상대성이론의 영향력은 과학을 넘어 인류 지성사 전체로 퍼져 나갔다. 예술에서 대표적인 사례가 입체파(cubism)다. 피카소(Pablo Ruiz Picasso, 1881~1973)로 대표되는 입체파 화가들은 2차원의 그림 안에 대상을 여러 각도에서 관찰한 모습들을 함께 표현했다. 이런 유형의 표현기법들은 어느 정도 상대성이론에서 영감을 받은 것이다. 물론 상대성이론은 문학에도 영향을 미쳤다. 19세기까지 소설 저자들은 전지적 시점에서 '객관적인 실재'를 묘사하는 편이었다. 하지만 아인슈타인 이후 시공간이 관찰자에 의해 달라지듯 대상은 보는 자의 주관에 따라 달라진다는 생각이 나타났다. 이로 인해 문학에서는 등장인물의 1인칭 독백 형식이 강해졌다. 사실의 시간적 순서보다는 '의식의 흐름'을 따라 소설묘사가 진행되었다. 제임스 조이스(James Augustine Aloysius Joyce, 1882~1941)의 『율리시즈』는 그 대표적 작품이다.

상대성이론은 시대철학의 흐름에도 당연히 영향을 주었다. 19세기말까지 유물론의 기본입장은 물질은 불변하고 영원한 것이며 사물들의 근원이었다. 하지만 상대성이론의 등장으로 이런 사고법 역시 타격

파블로 피카소 〈아비뇽의 여인들〉, 1907
피카소는 1907년 여름에 파리에서 〈아비뇽의 여인들〉을 완성했다. 이 그림에서 피카소는 사각의
큐빅 모양으로 입체감을 표시했다. 또 대상의 한쪽면만 그린 것이 아니라 여러 방향에서 본 모습
을 하나의 평면에 합쳐 표현했다. 당시 많은 화가들이 4차원을 3차원이나 그림 속에서 표현하려
고 했다. © 2023 – Succession Pablo Picasso – SACK(Korea)

살바도르 달리의 〈기억의 지속〉, 1931
달리의 그림 〈기억의 지속〉을 보면 죽은 시계가 해변에 널려 있는 것을 볼 수 있다. 그림들의 이런 분위기는 당시
시대상이 미술에 끼친 영향을 반영한다. © Salvador Dali, Fundacio Gala–Salvador Dali, SACK, 2023

을 받았다. 물질과 에너지는 서로 변환되며 따라서 물질은 사라지거나 새롭게 나타날 수 있었다. 물질의 절대성이 훼손되자 '유물론은 죽었다.'라는 식의 과격한 주장들도 나왔다. 레닌조차도 이것을 유물론의 위기로 인식했다. 그래서 레닌은 1905년『유물론과 경험비판론』을 써서 물질의 철학적 개념을 다시 정의했다. 마흐의 주장들과 아인슈타인의 새로운 이론들에 대응하기 위해 물질의 변환 가능성을 받아들인 것이다. 상대성이론 이후 많은 철학자들이 물질을 새롭게 다루기 시작했다. 시간과 공간 역시 철학에서는 전통적으로 인간 경험 이전의 것이자 물질보다 근원적인 것으로 해석해왔었다. 뉴턴 이후 학자들은 절대시간과 절대공간의 개념으로 세계를 바라보았다. 하지만 상대성이론 이후 시공간은 관측자에 따라 변화하며 물질에 영향 받는 대상이 되었다. 이런 상황은 당연히 철학자들의 사유전반에 큰 영향을 미쳤다. 스페인 철학자 호세 오르테가(José Ortega, 1883~1955)는 특수상대성이론에 영향을 받아 1916년 '관점주의' 철학을 제시했다. 오르테가는 관점(관찰자)의 수만큼 현실이 있다고 주장했다. 관점주의는 현대의 다원주의와 민주주의에 여러 형태로 영향을 미쳤다. 칼 포퍼(Sir Karl Raimund Popper, 1902~1994)의 경우 아인슈타인이 일반상대성이론을 발표하면서 자신의 이론을 증명할 수 있는 실험을 제시한 것에 감명 받았다. 실험 결과에 따라 자신의 이론이 틀렸음을 받아들이는 과학의 태도야말로 모든 학문이 추구해야 할 목표였다. 그는 아인슈타인의 사례처럼 '반증가능성'을 갖고 있는 이론만이 과학이라고 주장했다. 그러면서 프로이트의 정신분석학과 마르크스의 사상 등을 대표적인 비과학으로 보았다. 반증이 불가능한 이론들이기 때문이다. 포퍼의 '반증주의(falsificationism)'는 과학철학의 중요한 흐름 중 하나였다.

하지만 상대성이론이 피상적인 소개로 얕은 이해에 그치면 인식론적 상대주의를 옹호하는 폐단을 낳기도 했다. 심지어 강신술사들은 4차원의 세계를 영혼들의 세계라는 식으로 인용하기도 했다. 물론 일고의 가치도 없는 말들이지만 아인슈타인을 들먹이면 조롱받아 마땅한 말들이 그럴듯해지곤 했다. 상대성이라는 표현 때문에 마치 진리 자체가 상대적인 것처럼 착각하는 부류들도 생겨났다. 사실 이런 식의 분석은 상대성이론에 대한 천박한 모욕이다. 아인슈타인이 찾아낸 것은 광속에 관한 단일한 진리였다. 그 불변의 진리에 근거하여 각 관찰자는 각자 상대적으로 다른 자기 자신의 시공을 인식하는 것뿐이다.

베를린 시대 아인슈타인의 개인적 삶

"평생 권위에 도전한 반항정신에 대한 벌로 신은 나 자신을 권위로 만들어버렸다." —아인슈타인

1905년과 1915년의 업적들로 아인슈타인은 이미 과학계의 유명인사였다. 하지만 엄청난 대중적 유명세는 분명 1919년 에딩턴의 개기일식 측정으로 얻게 되었다. 이것은 제1차 세계대전 직후 언론들이 고의로 이 사건을 강조한 영향도 있었다. 적국이었던 영국의 천문학자들이 독일학자의 이론을 증명했다는 것은 이제 과학이 민족주의를 뛰어넘었음을 보여주는 사례였고, 전후 되찾은 평화의 상징으로 소개하기에도 안성맞춤이었던 것이다. 아인슈타인은 분명히 자신의 이런 유명세를 어느 정도는 즐겼다. 기자들을 귀찮아하면서도 짐짓 인터뷰는 마다하지 않았다. 또 엘자의 묵인하에 플라토닉한 여성편력을 즐긴 듯 보이

는데 대부분 일회성의 가벼운 관계를 유지했다.─집에 여성을 데려오면 심지어 엘자가 자리를 비켜주기도 했던 것 같다. 엘자는 어린 시절 친구처럼 아인슈타인을 적당한 거리에서 챙겼고 아인슈타인 부인으로서 유명세를 즐겼다. 이미 한 번씩 이혼을 경험한 두 사람은 아마도 결혼시점부터 약속된 틀이 있었던 듯하다. 1920년대 점점 거세지던 반유대주의 앞에 아인슈타인이 무신경한 척하는 일화는 많다. 하지만 분명히 그의 신경을 잠식하며 냉소주의를 강화시켰을 것이다. 당시의 여성편력들은 이런 분위기를 잊기 위한 일탈이기도 했을 듯하다.

1920년 2월 아인슈타인은 어머니를 잃었다. 첫 결혼 직전 아버지를 잃었던 아인슈타인은 두 번째 결혼 직후 어머니를 잃은 셈이다. 위암으로 죽어가던 어머니는 아들 곁에서 마지막을 보내고 싶어 딸 마야와 함께 베를린에 왔고 아인슈타인의 집에서 임종을 맞았다. 바깥세상은 새로 탄생한 바이마르 공화국 초기의 혼란상을 보여주고 있었지만, 아인슈타인은 자신이 한풀 꺾여 움츠러들었다고 느꼈다. 마음이 힘들어지자 5월에는 레이든으로 강의를 갔고 에렌페스트에게서 위로받았다. 독일의 정치적 혼란상과 인종주의를 보지 않을 수 있는 네덜란드는 그의 휴식처였다. 이후 아인슈타인은 매년 레이든을 찾았다. 막상 에렌페스트는 자신의 낮아진 자존감을 표출하는 말을 많이 했다. "내게 뭔가 기대하지 말게나. 자네 같은 큰 짐승들 틈 속에서 밟혀죽지 않으려는 불쌍한 개구리처럼 내가 팔딱거리고 있다는 것이나 잊지 말게." 에렌페스트의 표현을 보아 이미 비극의 씨앗은 조금씩 자라고 있었던 것 같다. 6월에 아인슈타인은 노르웨이와 덴마크에 가서 강의했는데 이때 보어를 처음 만났다. 아인슈타인은 보어를 '최면에 걸린 듯 세상을 배회하는 매우 민감한 친구'라 보았고, 보어도 아인슈타인의 초연함과

'가슴을 후비는 어법 뒤에 감춰진 깊은 해학'에 감탄했다. 양자역학을 둘러싸고 평생의 맞수가 될 두 사람은 처음부터 상대를 알아보았다.

에디슨과 아인슈타인

1921년에 아인슈타인은 미국에서 강연여행을 했다. 신대륙에서는 아인슈타인에 대한 대중적 열광이 훨씬 강했다. 이때 토마스 에디슨(Thomas Edison, 1847~1931)과 만나 아인슈타인이 나눈 얘기는 곱씹을 만하다. 에디슨은 언제나 고등교육을 부정적으로 바라보았다. 자신의 낮은 학력에 대한 콤플렉스가 거꾸로 작용한 것일 확률이 높지만 에디슨은 확신이 있었다. 에디슨은 교양교육을 가르쳐야 한다는 사람들을 경멸했다. 그런 것들은 '실용'적인 것을 가르치지 못한다는 것이다. 에디슨 회사의

에디슨과 테슬라
전기시대를 탄생시킨 에디슨과 테슬라는 앙숙이었음에도 한 가지 공통점이 있다. 그들은 모두 '뜬구름 잡는 것 같은' 아인슈타인이 마음에 들지 않았다.

입사시험 문제는 이런 것들이 나왔다. "로그 발명자는 누구인가? 백혈구란 무엇인가? 세탁기를 가장 많이 만드는 미국 도시는 어디인가? 뉴욕에서 버팔로까지의 거리는 얼마인가? 지구에서 태양까지 거리는 얼마인가?" 수백 명이 시험을 치면 합격권에 드는 사람은 30명 정도였다. "나는 대학을 나온 사람들이 놀랍도록 무식하다는 것을 알게 되었다. 그들은 아는 것이 아무것도 없는 것 같다." "일반 대학 졸업자들에게는 1페니도 주지 않겠다. 공대 출신만 예외다. 그들은 라틴어와 철학 같은 어리석은 것으로 머리를 채우지 않았다." 미국식 반지성주의의 전형적 사고법을 보는 듯하다.

오늘날에도 자수성가로 어느 정도의 성공을 거둔 사람 가운데 이런 유형의 생각을 가진 사람들은 꽤 찾아볼 수 있다. 두 유명인의 만남은 기자들의 관심거리였다. 에디슨이 아인슈타인에게 소리의 속도는 얼마인지 물었다. "지금은 모르겠습니다. 난 책을 뒤지면 금방 알 수 있는 것은 외우지 않습니다." 사실에 관한 지식이 가장 중요하다는 에디슨의 말에 아인슈타인은 동의하지 않았다. "사실을 배우기 위해 대학에 갈 필요는 없습니다. 그거야 책만 보면 됩니다. 대학에서 교양과목을 가르치는 것은 사고훈련을 한다는 데 가치가 있습니다. 그런 것은 책으로 배울 수 있는 것이 아닙니다." 엄청난 사회적 성공을 거둔 유명인인 에디슨의 입장을 어떻게 정리해야 할지 기자들도 난감해 하던 터였다. 아인슈타인의 말은 기자들에게 힌트가 되어주었을 것이다. 물론 '실용'에 눈먼 시대를 사는 우리들에게도. 어쨌든 전기시대의 영웅이라 할 만한 에디슨도 테슬라도 아인슈타인과는 대척점에 있었던 것 같다.

1921년 말에는 레오 실라드(Leo Szilard, 1898~1964)라는 학생을 베를린 대학에서 알게 되었다. 라우에가 지도교수인 박사과정 학생이었는데 박사학위논문을 조언해주며 서로를 알게 되었다. 젊은 실라드의 성격은 젊은 시절 아인슈타인보다도 더 '수평적'이었던 모양이다. 아인슈타인이 칠판에 뭔가 적을 때 실라드가 "멍청하긴! 그건 틀렸어요."라고 말하자 아인슈타인은 곰곰이 생각한 다음 고개를 끄떡거리며 동의했다고 한다. 교수와 학생 관계가 전도된 이런 모습은 여러 번 연출되었는데 대부분 실라드가 옳았지만 그의 말투는 너무 퉁명스러웠다. 하지만 아인슈타인에게는 아무 문제가 되지 않았다. 이 인연은 18년 뒤 유명한 아인슈타인의 편지로 이어지게 된다.─실라드는 4부와 5부에서 중요한 비중으로 다뤄질 것이다.

1922년에는 라테나우(Walther Rathenau, 1867~1922) 암살사건이 일어났다. 독일 외무장관으로 임명된 라테나우는 오직 유대인이라는 이유만으로 수없이 살해협박에 시달렸다. 아인슈타인은 라테나우에게 장관직을 사임하라고 충고했었다. 라테나우는 자신은 '독일인'이며 이런 일들은 지나가리라 보았다. 하지만 정말 백주대낮에 현직 외무장관이 베를린 노상에서 기관단총과 수류탄으로 살해당하자 아인슈타인은 전율했다. 내가 아무리 독일인이고자 해도 그 독일이 나를 유대인이라고 할 때 나는 무엇일 수 있는가? 이 질문을 모든 유대인들이 자신에게 던질 수밖에 없는 날들이 다가오고 있었다. 아인슈타인은 이런 일을 겪고 잠시 고민했지만 독일을 떠나지는 않았다. 그해 일본 강연여행에서 돌아오는 길에 아인슈타인은 노벨상을 받게 되었다는 소식을 들었다. 이토록 늦은 노벨상에 대해 다양한 해석이 있었다. 레나르트의 압력이 있었을 거라는 것은 공공연한 것이었다. 1923년도 노벨상 수상자 밀리

컨은 이런 말을 덧붙였다. "당시 (노벨상) 위원 한 명이 시간을 들여 상대성이론을 공부했지만 이해할 수 없었답니다. 그러니 나중에 상대성이론이 틀렸다고 밝혀질지도 모르는데 누가 상을 주겠다고 나서겠습니까?" 그래도 많은 과학자들의 편잔이 있어 수상은 가능했던 것 같다. "아인슈타인 이름이 노벨상 수상자 목록에 없다면 50년 뒤 사람들이 어떻게 생각할까요?" 노벨상위원회는 사실 떠밀리듯 아인슈타인에게 노벨상을 주었다. 어쨌든 1922년의 노벨상 수상으로 아인슈타인은 밀레바에게 이혼조건으로 노벨상 수상 시 상금을 준다는 약속을 지킬 수 있게 되었다. 아인슈타인은 노벨상 상금 3만 2500달러를 밀레바에게 보냈다. 그럴 여유는 있었다. 치솟는 인플레이션 시기라 교수급여는 신통찮았지만 아인슈타인은 여러 독일 회사들에서 '특허 전문가'로 활동하면서 상당한 부수입을 얻었다. 자주 취리히로 가서 아들들도 만났다. 아버지로서 나름의 행동은 하고 있었다. 하지만 기본적으로 무심했다. 이혼과 밀레바의 불행을 아인슈타인의 책임만으로 돌리기에는 무리가 있지만, 가정사에 관한 한 아인슈타인의 한결같은 무책임과 무관심은 분명해 보인다. 단 두 번째 결혼은 그런 특성을 서로가 잘 이해한 상태에서 이루어졌다. 그리고 가족에 대한 아인슈타인의 감정적 정서는 분명히 무딘 편이었지만, 인류사회 전체에 대한 추상적이고 이성적인 인류애는 매우 섬세하고 열정적이었다.

1920년대 중반은 앞서 살펴본 바대로 아인슈타인이 양자역학에 대한 반대의 포문을 열었던 시기였다. 1927년 솔베이 회의에서 보어와 대립은 절정에 달했었다. 그리고 1928년에는 평생에 걸쳐 존경한 로렌츠가 사망했다. 유럽대륙에서 아인슈타인이 감정이입하던 극소수의 사람들이 차례차례 사라지고 있었다. 같은 해 당시 32세이던 헬렌 듀카를 개인비서로 뽑았다. 이후 듀카는 아인슈타인이 죽을 때까지, 심지어 자신이 죽을 때까지 아인슈타인의 비서로 일했다. 그녀의 장점은 아인슈타인이 연구에 몰두할 수 있도록 사람들을 따돌리는 능력이었다. 1929년에 아인슈타인은 새로 조수가 되어 돌아온 실라드와 소형 냉장고를 만들기도 했다. 상당히 좋은 효율을 보였지만 소음이 심해 상품화되지는 못했다. 10년 뒤 두 사람이 미국에서 만났을 때는 루스벨트에게 보내는 편지를 함께 쓰며 또다시 '공동작업'을 하게 된다.

에드윈 허블
허블은 일반상대성이론에 근거해서 자신의 천문학적 관찰 결과를 우주팽창이라는 거대한 비전으로 제시하는 데 성공했다.

　1930년은 많은 것이 바뀌기 시작했다. 캘리포니아 윌슨 산 천문대에서 에드윈 허블(Edwin Powell Hubble, 1889~1953)이 은하들이 서로 멀어지고 있다는 것을 발견했다. 일반상대성이론에 기초해서 우주팽창의 증거를 발견한 것이다.[60] 상대성이론은 더 견고해졌지만 아인슈타인의 인생은 결코 행복해지지 못했다. 이 해에 차남 에두아르트가 정신쇠약에 걸린 것이 분명해졌다. 아버지를 사랑하고 존경하면서도 한편 미워하는 모순된 감정 속에 에두아르트는 너무 오랜 시간을 보냈다. 이제는 혼란스러운 정신 속에서 자신이 병들었음을 자각했고 그 원인을 아버지 탓으로 돌렸다. 곳곳의 정신분석가들에게 보내봤지만 차도는 없었

60　상대성이론에 의하면 물체가 빠르게 멀어질수록 그 물체의 스펙트럼은 파장이 긴 적색으로 치우친다. 허블은 멀리 있는 천체일수록 스펙트럼의 적색이동이 일정하게 커진다는 것을 발견했다. 이것은 곧 모든 천체들이 서로 멀어지고 있다는 것을 의미했다. 결국 우주 자체가 팽창중이라는 의미로 해석된다.

지그문트 프로이트
정신분석학의 창시자 프로이트는 아
인슈타인처럼 나치 시기가 되면 초라
한 망명을 떠나야 했던 유대인 지식인
중 하나였다. 나치는 유대인 학자의
업적은 남김없이 궤변으로 치부했다.

다. 많은 이들은 이 해부터 아인슈타인이 눈에 띄게 나이 들어 보인다고 느꼈다. 아들의 정신병만은 아인슈타인으로서도 극복하기 힘들었다. 독일의 경제공황도 심해졌다. 군소정당이던 나치의석이 12석에서 순식간에 107석으로 늘었다. 하지만 아인슈타인은 아직 정확히 상황을 파악하지 못했다. "히틀러는 하나의 징조에 불과하다……길을 잘못 든 독일 젊은이들이 경제난과 실업으로 일시적인 분노를 표출한 것뿐이다." 아인슈타인뿐만 아니라 사실은 많은 이들이 이렇게 생각했다. 반면 프로이트는 상황을 더 잘 파악했다. "어려운 시대가 오고 있다. 나야 늙어 죽을 때가 됐으니 상관없지만. 일곱 명의 내 손자가 불쌍하다는 생각을 떨칠 수 없다."

1920년대의 아인슈타인은 수도사의 삶을 살지는 않았다. 냉소적 개인주의 성향도 강했다. 하지만, 사회적 명예에 따르는 책임을 다하기 위해 노력했다. 대표적인 것은 반전평화운동이었다. 특히 마리 퀴리와의 국제연맹의 국제지식인 위원회에서 함께 활동한 것은 프랑스와 독일의 화해라는 상징적 의미 또한 컸다. 하지만 앞서 마리 퀴리의 이야기에서 살펴본 것처럼 아인슈타인은 10년 정도의 위원회 활동을 마리 퀴리의 만류에도 불구하고 실망 속에 그만두었다. 또한 1920년대 내내 평화주의 신조를 견지하며 병역거부 지지활동을 했지만 훗날 히틀러가 집권하자 이 견해를 바꿨다. 나치 독일에 저항해 무장을 하는 것은 정의로운 것이라 할 수 있다는 것이다. 이 변절(?)로 한때 함께 병역거부지지 운동을 하던 사람들로부터 실망 섞인 비난을 받았다. 한 지식인이 자신의 입장을 평생 동안 유지하기 그만큼 어려운 시대였다.

이후의 과학에서 그는 새롭게 떠오르는 양자역학의 강력한 반대자였다. 그의 끈질긴 반대는 양자역학 지지자들에게는 재앙처럼 집요했다. 하지만 아인슈타인의 세련된 반론들은 초기 양자역학이 스스로의 약점들을 극복하는 데 많은 도움과 자극을 주었다. 그리고 보어가 인정한 대로 그의 예리한 비판에 단련된 덕분에 양자역학은 더욱 견고해졌다. 그리고 아인슈타인은 양자역학을 최종적으로 대체할 새로운 체계를 만들고자 통일장 이론에 대한 고민을 시작했다. 바이마르 공화국 시절 아인슈타인의 삶은 이 정도로 요약 가능할 것 같다. 반유대주의자들의 공격을 제외하면 그의 인생에서 그나마 가장 평온했던 시기였다. 하지만 바이마르 공화국의 불안정한 평화는 그리 길지 못했다. 1933년이되면 그는 떠밀리듯 신대륙으로 떠나야 했다.

18

괴팅겐의 보른:
아인슈타인을 보는 또 다른 눈

막스 보른에 대한 독립된 장을 만들어야 하는지에 대해 꽤 긴 시간을 망설였다. 보른은 양자론에 익숙한 사람들에게 들려줄 것이 아니라면 독립적인 이야기의 주인공으로 편성하기에는 상당히 힘든 인물이다. 그 자체가 보른의 특징이다. 그는 모든 것에 개입되었고 많은 것을 '마무리'했다. 바로 그래서 '뭔가를 시작시킨 사람들'의 이야기에 그의 스토리는 흩어져 배치되게 된다.[61] 보른은 앞서 이미 많이 등장했다. 민코프스키의 조수로서 그의 역사적인 〈시간과 공간〉 강연을 증인처럼 함께했고, 힐베르트가 영도하는 수학왕국 괴팅겐에 자리 잡아 제임스 프랑크와 함께 괴팅겐에 물리학의 자치구를 만들었다. 하이젠베르크와 파울리의 스승이자 공동연구자로서 양자역학—구체적으로 행렬역

---

[61] 이것은 사실 파울리도 마찬가지다. 어쩌면 그런 이유로 다른 대부분의 등장인물들이 1930년대까지는 노벨상을 수상했지만 파울리와 보른은 1940~50년대에 가서야 노벨상을 수상하게 된 것 같다.

학—에 대한 그의 업적은 핵심적이었다. 특히 베를린에서 플랑크나 아인슈타인과의 만남은 그들의 평생에 걸친 인연으로 이어졌기에 앞으로도 이야기는 계속될 것이다.

한 마디로 양자론의 중요 사건들에 언제나 등장하며 핵심적 역할을 수행했던 사람이기에, 다른 이야기와 중복되지 않는 단일한 스토리로 그의 생을 정리하기는 쉽지 않은 것이다. 그럼에도 한 번은 그의 시각에서 상황이 요약될 필요가 있다. 보른 스스로의 목소리로 당시의 상황을 새롭게 바라볼 수 있기 때문이다. 이 요약과 함께 앞으로도 다른 인물들의 인생사 여기저기서 튀어나오는 보른의 이야기를 차분히 따라갈 때에야 그의 존재감이 확연히 드러날 것이다. 또한 보른의 이야기는 어디에 배치해야 할지도 끝끝내 고민거리였다. 아인슈타인의 연배이면서도 그의 주요 활동은 하이젠베르크 등의 활약과 시기가 겹친다. 청년물리학자로 분류될 수 없지만 그는 '청년물리학'을 했다. 하지만 한편 대부분의 시간을 괴팅겐에 머물며 자기

막스 보른

'양자역학'의 작명자이고, 행렬역학과 파동역학이 수학적 동치임을 알아냈으며, 슈뢰딩거 파동함수의 확률론적 해석의 제안자이다. 괴팅겐에서 민코프스키에게 배웠고, 수학을 전공하다 이론물리학으로 옮겨간 경우이며, 괴팅겐에서 델브뤽, 괴퍼트 마이어, 오펜하이머, 요르단의 박사논문을 지도했다. 페르미, 하이젠베르크, 파울리, 텔러, 위그너는 그의 조교였다. 이들 모두가 단행본 위인전의 주인공들이라는 점을 생각해보면 이 시기 괴팅겐에서 보른이 만든 네트워크는 특별히 눈부셨다. 그는 제임스 프랑크와 함께 1920년대 괴팅겐 물리학의 황금기를 이끈 쌍두마차로 인정된다. 덧붙여 보른은 베를린 대학에서의 인연으로 아인슈타인과도 평생에 걸친 두터운 우정을 나눴다. 보른은 30여 년간 아인슈타인과 주고받은 편지를 모아 서한집을 출간하기도 했다.

자리를 든든하게 지켜준 사람이기에 '수호자들'이 그의 위치로 더 적당한 듯하다.

보른과 아인슈타인의 인연

1882년생인 막스 보른은 아인슈타인보다 세 살 어리다. 보른은 베를린과 쾨니히스베르크에 이은 프로이센 제3의 도시였던 브레슬라우(현재 폴란드 브로츠와프) 출신이다. 그의 아버지는 브레슬라우 대학 교수였다. 보른은 브레슬라우 대학에 입학한 후 당대의 다른 대학생들처럼 하이델베르크와 취리히 대학을 옮겨 다니며 공부했다. 그리고 1904년부터는 괴팅겐에서 클라인, 힐베르트, 민코프스키, 슈바르츠실트 등의 쟁쟁한 수학자들 아래서 배웠다. 그래서 보른은 탄탄한 수학자로서 기본을 쌓고 그 위에 물리학자로서의 정체성을 쌓아올린 경우라 할 수 있다. 특히 1905년에는 민코프스키의 조수로 있을 때, 자신의 스승 민코프스키가 아인슈타인의 연구에 신선한 충격을 받는 과정을 지켜보았다. 1907년 괴팅겐에서 수학박사 학위를 받은 뒤에는 케임브리지와 브레슬라우 대학을 다시 거치며 물리학, 특히 상대성이론을 주로 공부했다. 다음해인 1908년 민코프스키가 이에 관심을 가지고 보른을 괴팅겐으로 다시 불렀다. 하지만 몇 달 뒤 겨울 민코프스키는 급사하고 말았다.

보른은 계속 괴팅겐에 남아 강사로 있다가 1914년에 플랑크의 초청으로 베를린 대학 부교수가 되었다. 이때 베를린 대학에서 보른은 아인슈타인과 함께 신임교수로서 처음 만났다.—아인슈타인과 보른이라는 두 거물을 동시에 베를린으로 데려온 플랑크의 역량이 실로 놀랍다. 이미 1908년 민코프스키가 〈시간과 공간〉 강연을 하고 민코프스키 공간을 정의하던 때에 보른은 민코프스키의 조수로서 중요한 역사적 순간을 목격했었다. 그런 그가 1914년 아인슈타인을 베를린에서 만난 것 자체가 재미있는 운명이었다. 더구나 둘 다 유대인이었다. 그래서 둘은 자연스럽게 1차 대전 기간 중 친구가 되었다. 이 인연으로 보른은 이후 아인슈타인과 평생에 걸친 편지를 주고받았다. 결국 이 편지교환은 과학사적 가치로 이어졌다. 보른은 죽기 전해인 1969년에 아인슈타인과 평생에 걸쳐 주고받았던 서신들을 한 권의 책으로 만들어 출간했다.[62] 서신집에는 1916년부터 1955년 아인슈타인이 죽을 때까지 40년 동안 아인슈타인과 막스 보른 부부가 나눈 100여 통이 넘는 편지가 나온다. 베를린, 괴팅겐, 영국, 다시 괴팅겐을 옮겨 다닌 보른이 이 편지들을 기나긴 시간 동안 그대로 소장하고 있었던 것이 놀랍다. 이 서신들을 살펴보면 두 위대한 과학자 사이의 우정과, 그럼에도 첨예하게 대립할 수밖에 없었던 양자역학에 대한 시각차가 잘 드러난다. 또한 그 시대를 살아가는 고단한 유대인 과학자들의 내밀한 일상도 살펴볼 수 있다. 무엇보다 양자역학의 역사에 대한 대부분의 자료가 보어와 코펜하겐 학파를 중심축으로 서술되기 때문에 이 서한집은 보른의 눈을 통해 다른 각도로 상황을 바라볼 수 있는 귀중한 기회도 된다.

하필이면 1914년이라는 암담한 해에 교수가 되었던 보른은 불과 몇 개월의 교수생활 뒤 1차 대전이 발발하자 곧 입대해야 했다. 공군 무선 기사와 육군 포병대에서 근무하다가 1918년에야 베를린 대학으로 복귀했다. 그리고 당시 베를린에 간절히 돌아오고 싶어했던 플랑크의 애제자 막스 폰 라우에와 자리를 교환해서 보른은 1919년 프랑크푸르트

62　후일 막스 보른의 아들 구스타프 보른이 추가적인 서신들을 정리해 재판을 출간했다. 그리고 딸인 이레네 뉴턴 존이 영문판을 손봤다.—이레네 뉴턴 존은 유명한 가수 올리비아 뉴튼 존(Dame Olivia Newton-John, 1948~)의 어머니다. 다시 말해 막스 보른은 올리비아 뉴턴 존의 외할아버지다. 이 서신집은 『아인슈타인 · 보른 서한집』이라는 제목으로 번역되어 나와 있다. 보른 스스로에 대해서도 상당한 개인적 정보를 남겨놓았지만, 편지에 나타난 '개인' 아인슈타인을 새롭게 바라볼 기회도 더불어 제공한다.

대학 정교수로 갔다.—당시 독일대학 교수들은 자기들끼리 이런 일을 비교적 쉽게(?) 벌일 수 있었던 모양이다. 즉 보른이 베를린에서 아인 슈타인과 함께한 시간의 합은 2년이 채 되지 못한다. 하지만 그 우정의 끈은 계속 이어져 두 사람은 평생에 걸쳐 연락을 주고받은 것이다. 그 리고 다음해인 1920년 피터 디바이가 괴팅겐에서 취리히 공대로 자리 를 옮기자, 괴팅겐 대학은 보른을 이론물리학 정교수로 불렀다. 이렇게 보른은 전쟁 뒤 불과 2년 사이 베를린, 프랑크푸르트, 괴팅겐을 옮겨 다 녔다. 1913~1920년 사이에도 아인슈타인의 상대성이론들에 대한 반 론은 많았는데 이 시기 보른은 아인슈타인을 계속해서 적극 옹호했다.

보른과 아인슈타인의 서신교환은 보른이 군생활을 하던 1916년부 터 시작했는데, 보른이 프랑크푸르트로 간 후인 1919년 11월의 편지에 가서야 비로소 아인슈타인과 보른은 서로를 'Du(너)'로 호칭하기로 한 다. 신중한 두 사람은 전쟁이 끝나고 마흔의 나이가 되어서 정말 정감 가는 새 친구를 사귄 셈이다. 이 시기 그들은 새로 만들어진 국제연맹 등에 기대를 하다가 실망하기도 했고, 이미 유전형질에 기초한 반유대 주의 주장들이 있다는 것을 서로에게 경고했다.[63] 하지만 우리에게 인 상적으로 보이는 것은 1920년 1월 27일의 편지일 것이다. 이 편지에서 아인슈타인은 연속체라는 개념을 포기함으로써 양자에 대한 해법이 발견될 수 있다고 보지 않는다고 밝혔다. "인과율을 단념해야 하는 상 황이라면 유감스러운 일"이라며 양자론에 대한 아인슈타인의 입장들

---

63   이 당시 편지에서는 새로운 공산주의 국가 소련에 대한 아인슈타인의 잡다한 생각들도 확 인할 수 있다. 아인슈타인은 볼세비키 혁명이 군국주의, 관료주의, 금권정치로부터 해방 이라고 봤다. 그것이 '어처구니없는 이론'임에도 불구하고, 공산주의에 의해 상황개선이 가능하리라고 보고 있다. 1920년대 초반에는 많은 지식인들이 비슷한 꿈을 꾸고 있었다.

이 이미 뚜렷한 형태로 등장하고 있다. 아직 나타나지도 않은 양자역학과의 격렬한 충돌은 이미 보어가 기본적 작업을 진행하던 시절부터 잉태되어 있었던 것이다. 두 사람은 최고도의 과학철학적 논쟁을 편지로 주고받았지만 이 시기 보른의 상황은 독일의 심각한 인플레이션 상황도 그대로 보여주고 있다. 그 무렵 보른은 연구소의 부족한 예산을 채우기 위해 상대성이론에 대한—입장료를 받는—대중강연을 열고 있었다. 실제 경제적으로 성공한 강의여서 연구소 운영을 간신히 지속할 수 있었다. 1차 세계대전 직후 독일은 공적인 시스템으로 법이 보증한 대학과 연구소의 운영조차 쉽지 않았던 모두가 힘든 시기였다.

괴팅겐의 보른과 베를린의 아인슈타인

이런 과정을 거치며 보른이 괴팅겐에 자리 잡은 뒤 제임스 프랑크도 괴팅겐으로 왔다. 앞서 살펴본 것처럼 이때부터 보른과 플랑크에 의해 1920년대 괴팅겐은 수학을 넘어 물리학 연구의 중심지로 떠오른다. 보른은 파울리와 하이젠베르크를 길러냈고, 물리학과 학과장이 되어 10년 이상을 근무하며 괴팅겐 물리학, 즉 양자역학의 황금시대를 만들어낸다. 슈뢰딩거의 파동함수론을 통계적으로 해석해 행렬역학과 파동역학을 연결한 것은 보른의 생애 최대 업적이라 할 수 있다. 하지만 보기에 따라 괴팅겐을 파울리나 하이젠베르크가 '뛰어놀 장소'로 만들어준 것이 더 중요한 업적일 수도 있다.

그런데 보른의 업적은 이미 그 자체가 아인슈타인과 결정적으로 다른 입장에 선 것을 보여준 것이었다. 확률과 통계에 기대는 양자역학의 해석들은 아인슈타인이 결코 받아들이기 힘든 것이었다. 1920년 고민 끝에 괴팅겐으로 가면서 보른은 아인슈타인과 공간적으로 멀어졌었다. 결국 이 상황이 둘의 물리학적 입장 차이를 크게 갈라놓는 데 한몫을 한 것 같다. 보른과 아인슈타인의 편지들은 1926년에 이르면 이후두 사람의 대립이 점점 첨예해졌음을 잘 보여준다. 아인슈타인의 양자역학과의 결별 선언도 이미 이때 등장하고 있으며 편지이기에 표현은더 강력하다. 1931년까지 아인슈타인은 관련 논문 하나 없이 이 입장을 고수하기만 했다. 하지만 다른 이들의 추정처럼 '포기'한 것은 절대아니었다. "세계가 객관적인 영역과 주관적인 영역으로 완전히 나뉠수 있다는 믿음, 그리고 그 구체적 측면에 대해 엄밀한 설명을 할 수 있어야 한다는 것은 그의 기본 태도였다." 하이젠베르크가 언급했던 것처럼 아인슈타인의 입장은 명확히 정리된다. 그러나 양자역학은 이런요구를 전혀 만족시킬 수가 없었다. 보른과 나눈 편지에서는 이런 아인슈타인의 맥락들이 분명하게 도드라진다.

그리고 이런 물리학적 입장들이 정리되는 과정들은 결코 안락하게이루어지지 않았다. 사실 두 사람은 여러 외부적 요인으로 상처받고 지쳐갔다. 1920년대 초 레나르트는 이미 아인슈타인에게 악의로 가득 찬반유대주의적 공격을 주도하고 있었다. 아인슈타인은 외로움을 느꼈는지 편지에는 특유의 냉소적 표현들이 갈수록 늘어난다. 한편 보른은편지에서 자신의 러시아인 제자인 보그슬라프스키에 대한 구원이 필요함을 여러 번 피력한다.[64] 1920년대만 놓고 본다면 독일에서도 극단

---

64 보그슬라프스키는 귀족 출신이라 새로 탄생한 소련이라는 국가에서 어려움을 겪고 있었다. 1920년 8월에 보른에게 보낸 보그슬라프스키의 편지는 당시 상황을 짐작할 만한 내용이 나온다. "이곳에서의 과학적 삶은 거의 숨을 거두었습니다……여러분들은 모두 운이좋은 분들입니다. 이곳의 비참함이 어느 정도인지 여러분들은 상상도 하지 못할 겁니다."

적 좌우대립이 진행 중이었지만 소련에서는 훨씬 심한 학문탄압이 정치적으로 진행되고 있었다. 당시 보른의 정치적 판단력은 아인슈타인보다 훨씬 현실감 있어 보인다. 정치적 상황에 대한 아인슈타인의 낙관론에 동의하지 않는다면서 독일은 전쟁 배상금을 지불하지 않을 것이고 결국 '돌이킬 수 없는 분노와 복수심 그리고 증오만 불러일으킬 뿐'이라고 했다. "불가피하게 새로운 재앙이 뒤따를 것입니다. 세상은 이성으로 지배되지 않습니다." 놀라운 예언이다. 40년 뒤 책을 편집하면서 보른 스스로 자신의 젊은 시절 시각에 놀랐다. 전후의 유럽체계에 크게 실망하는 목소리도 나온다. "구역질 날 정도로 위선적인 연합군의 모습에 반감은 커져갑니다. 독일인들은 기회가 있을 때마다 다른 나라들을 약탈했었지만, 최소한 그들은 '문명구출' 같은 가소로운 말은 하지 않았습니다." 당시 보른 같은 양심적인 독일 지식인들의 입장이 이 정도였으니 나치의 준동은 어쩌면 필연이었는지 모른다.

1921년 10월 21일 편지에서 보른은 장비 납품 대금을 10월 31일까지 마련해야 하며 이후에 주문하면 50% 인상된 금액으로 사게 되는 상황이라고 밝힌다. 끔찍한 당시 인플레이션 상황이 잘 나타나 있다. 신정부의 통화 평가절하로 두세 달 만에 돈 가치가 절반이 되던 시절이었고, 조금 시간이 지나면 며칠 만에 그렇게 되어버린다. 플랑크가 받은 출장비로 호텔에 묵지 못해 기차역에서 밤을 새고, 페르마 정리 상금으로 운영되던 괴팅겐의 많은 학술활동도 못하게 되어버리던 대혼란의 시기였다. 보른은 이 시기 상속 유산의 대부분을 잃었다고 담담히 밝히고 있다. 그들의 아내들은 받은 급여로 생필품을 바로바로 구입했다. 이름이 널리 알려진 현직 교수들의 상황이 이 정도였다. 보른 등은 열악한 상황에서 어떻게든 연구를 지속시키려고 악전고투했다. 그의 어투가 즐거워지는 것은 파울리가 등장할 때 정도다. 그 와중에도 보른은 파울리에 대해서만큼은 칭찬하기에 여념이 없었다. "파울리가 쓴 논문이 완성되었는데, 무게가 2.5킬로그램이나 나간다는군요. 그의 지성의 무게가 얼마인지 보여주는 지표입니다." "이제 파울리가 제 조수입니다. 놀랄 정도로 똑똑하고 유능하며 21세임에도 매우 어른스럽습니다."

1921년 11월 29일 보른의 편지는 자신이 기관지 천식에 걸려 파울리가 강의를 대신하고 있는데 역시 훌륭하다는 칭찬으로 가득 차 있다. '이렇게 훌륭한 조수는 다시 얻기 힘들 것'이라며 그가 내년에 함부르크로 가고 싶어해서 유감이라는 표현까지 나온다. 그리고 1922년 4월 30일에는 "파울리가 유감스럽게도 함부르크 렌츠로 가버렸습니다."라고 빼놓지 않고 기분을 언급했다. 원래 조머펠트가 쓰려고 했던 상대론에 대한 소개 글을 파울리에게 맡겼는데 훌륭하게 작업을 끝냈다. 21세의 어린 학생이 그렇게 기초가 튼튼한 논문을 쓸 수 있다는 것이 정말 놀라운 일이라며 "깊이와 철저함으로 평가했을 때, 그 논문은 이후 30년 동안 상대성이론을 주제로 한 다른 논문들을 완전히 압도했다."라고 했다. 수십 년이 지나 서한집을 편집하면서도 보른은 파울리에 대해 이런 평가를 내렸던 것이다. 파울리에 대한 보른의 평가는 평생 일관적이었다. 물론 보른은 "의심의 여지없이 파울리는 최고의 천재였지만, 그만큼 훌륭한 조교를 얻지 못하리라는 나의 생각은 틀렸다. 후임자인 하이젠베르크는……"이라며 하이젠베르크는 파울리 이상이었다는 내용도 써놓았다.

양자역학 탄생기의 충돌

1923년 4월 7일 보른은 긴 일본여행을 마치고 돌아오는 아인슈타인에게 귀국환영 메시지를 보내며 보어와 아인슈타인의 노벨상 소식에 기뻐했다. 그리고 2~3년간 진척이 없는 자신의 양자론 연구에 대해 푸념하고 있다. "매일매일 노력하고 있지만, 양자라는 거대한 신비에 조금도 다가가지 못하는 것 같습니다……하이젠베르크를 이곳에 데려왔습니다." 강압적 방법으로 독일 우파들에게 명분을 제공하는 프랑스를 비판하는 내용도 있다. "독일의 민족주의를 강화시키는 반면 공화정을 약화시키는 프랑스의 어리석음이 저를 슬프게 합니다." 정치도 물리학도 돌파구가 열리려면 2년을 더 기다려야 하는 시점이었다.

운명의 1925년을 지나면서 보른과 아인슈타인은 양자역학에 대한 의견 불일치가 뚜렷이 강화되었다. 1925월 7월에 보른은 함께 일하는 젊은 친구들―하이젠베르크, 요르단, 훈트―이 아주 뛰어나다면서 때론 그들의 생각을 따라잡는 것만도 벅찰 정도라고 자랑했다. "곧 발표될 하이젠베르크의 논문은 당혹스러우면서도 틀림없고 심오합니다." 한참 행렬역학이 탄생하는 중이었다. 다음 해 1926년 3월 7일까지도 아인슈타인은 "하이젠베르크와 보른의 생각은 저희 모두로 하여금 숨죽이게 만들었고, 이론물리학을 연구하는 모든 사람들에게 깊은 인상을 심어주었습니다."며 호의적인 반응을 보이고 있다. 이 편지에 보른과 하이젠베르크는 잠시 기뻐했지만, 곧 분위기는 싸늘해졌다. 1926년 12월 4일의 편지에서 아인슈타인은 "양자역학은 확실히 주목할 만합니다. 그러나 제 안의 어떤 목소리가 양자역학은 확실한 것이 아니라고 제게 말하고 있습니다……어쨌든 저는 신이 주사위놀이를 하지 않는다고 믿습니다."라고 썼다. 보른에게는 아인슈타인의 이 평가가 충격으로 다가왔다. 아인슈타인은 어떤 구체적 이유도 들지 않고 '내부의 목소리'를 이유로 양자역학을 거부했다. 보른은 이것이 철학적 태도의 기본적 차이에서 기인했다고 생각했고, 보른은 자신이 '젊은 세대'의 생각과 가깝다고 보았다.

이후 1년 반 동안 두 사람은 편지왕래조차 없었다. 그 사이의 편지를 잃어버린 것인지 정말 서로 침묵했는지는 보른도 명확히 기억하지 못했다. 1926년 이후에는 바로 1928년의 편지로 건너뛴다. 그 사이 유명한 1927년의 5차 솔베이 회의가 있었다. 이때 아인슈타인은 코펜하겐 해석에 공개적으로 반대했고 보어와 격렬한 논쟁을 벌였다. 1928년은 양자역학이 이미 선명하게 완성되어 있던 시점이다. 이후 두 사람은 양자역학에 대한 직접 논쟁을 삼가며 편지들은 뜸해진다. 1929년 8월의 편지에서 보른은 소련에서 상대성이론이 당한 일들을 언급하고 있다. "상대성이론은 공식 '유물론' 철학에 배치되는 것으로 여겨지고 있으며,……상대성이론을 옹호하는 사람들이 박해를 당하고 있습니다." 1931년 2월에는 허블의 발견을 언급하며 상대성이론이 우주팽창이라는 새로운 천문학적 발견에 기여한 부분을 언급했다. 아무리 봐도 양자역학에 대한 내용은 깨끗이 '증발'한 편지들이다. 분명 그들의 머릿속에 생각이 없진 않았을 것이다. 서로가 의식적으로 양자역학에 대한 논의를 삼간 느낌이다. 1931년 10월의 편지 뒤 다음 편지까지는 18개월이 걸렸다. 이번에는 양자역학에 대한 갈등이 원인은 아니었다. 그때는 이미 히틀러의 집권기였고 아인슈타인도 보른도 모두 고달픈 망명생활을 시작한 때였다.

19

레이든의 신사들

괴팅겐, 캐번디시, 코펜하겐 같은 규모의 과학을 만들어내지는 못했지만, 또 다른 의미에서 20세기 초 유럽과학 발전의 한 축을 담당했던 곳이 있다. 바로 로렌츠와 에렌페스트가 근무했던 네덜란드 레이든 대학이다. 이 두 사람은 모두 아인슈타인과 인연이 깊다. 로렌츠는 아인슈타인이 평생에 걸쳐 아버지처럼 존경했던 인물이고, 에렌페스트는 아인슈타인이 사회인이 된 뒤에 사귄 가장 절친한 친구였을 것이다. 이 둘은 그 과학적 업적과 함께 고결한 인품으로도 더욱 유명한 사람들이다. 레이든 대학에 대한 이해는 20세기 초반 과학의 흐름을 살펴볼 또 하나의 퍼즐조각이다.

레이든 대학과 오네스

레이든 대학의 역사는 16세기로 거슬러 올라간다. 1568년 네덜란드

레이든 대학 전경

대학도시 레이든은 암스테르담 40킬로미터 남쪽에 위치해 있다. 네덜란드에서 가장 오래된 전통의 명문 대학이다. 레이든 대학의 '에렌페스트 콜로키움'에 초빙된 강사들은 에렌페스트가 만든 '강사의 벽'에 사인을 남겼고 이 콜로키움은 지금도 이어지고 있다. © Universiteit Leiden

는 공화국을 선포한 후 스페인과 80년에 걸친 맹렬한 독립전쟁을 벌였다. 이 지루한 전쟁은 결국 독일의 30년 전쟁이 종료되던 1648년에야 함께 해결될 수 있었다. 그 이후 17세기는 네덜란드의 황금시대가 되었다. 네덜란드의 상선들은 전 세계로 진출했고, 도처에 식민지를 건설했다. 세계의 부가 이 작은 국가로 쏟아져 들어왔고 문화적 기풍은 자유로웠다.[65] 그 결과 네덜란드에는 데카르트와 스피노자의 철학이 만개할 수 있었고, 일본에는 난학(蘭學)이 만들어지게 되었다.[66] 이런 거대한 변화의 물결은 스페인의 공세에 맞섰던 네덜란드 시민들의 용기에서 비롯되었다. 레이든은 그 상징적 도시다. 레이든은 스페인군의 오래되고 집요한 포위공격을 영웅적으로 방어해냈다. 그래서 실권자인 오라네공 빌럼 1세는 레이든 시민에 대한 감사의 표시로 레이든 대학을 지어주었다. 레이든 대학은 1575년 네덜란드 최초 대학으로 세워졌으니 네덜란드의 역사와 함께 한 대학이라 할 수 있다.

유서 깊은 유럽의 주요 대학이던 레이든은 19세기 말 유럽물리학의 중심지 중 하나가 되었다. 특히 20세기 초가 되면 레이든 대학은 로렌츠와 함께 카멜링 오네스(Heike Kamerlingh Onnes, 1853~1926, 1913년 노벨 물리학상)의 저온물리학 실험실의 명성이 높았다. 기체의 온도가 내려가면 '모두' 액체가 된다는 것은 19세기에야 알려졌다. 그전까지는 자명한 현상으로 생각하지 않았다. 실험과학자들이 더 낮은 온도

---

65 그 흔적은 네덜란드령 동인도회사의 영역, 즉 지금 인도네시아라는 거대한 국가에 남아 있다.

66 네덜란드를 지칭할 때 네덜란드 연방의 가장 큰 주인 홀란드(Holland)를 혼용해 사용하기도 한다. 이를 한자어로 음차할 때 '화란(和蘭)'으로 표기했고, 그래서 네덜란드 상인들로부터 얻은 정보를 연구하는 학문을 일본에서는 '난학(蘭學)'이라 불렀다. 근대일본의 '근대화' 혹은 '유럽화'는 난학의 전통이 있었기에 빠르고 성공적으로 진행될 수 있었다.

카멜링 오네스

20세기 초 로렌츠와 에렌페스트뿐만 아니라 저온물리학 대가로 액체헬륨을 만드는 데 성공한 오네스도 레이든 대학에 있었으니 이론과 실험 양면에서 레이든은 당대 물리학의 중심축 중 하나로 보기에 손색이 없다.

를 만들어갈수록 대부분의 기체가 실험실 내에서 액체로 바뀌었다. 19세기 말이 되면 오직 수소와 헬륨만 액화시키지 못하고 있었다. 1898년에 케임브리지에서 영하 252.87도에서 수소를 액화하는 데 성공했다. 오네스는 헬륨만은 자신이 액화하려고 노력했고, 1908년 7월 영하 268.93도에서 마침내 헬륨을 액화하는 데 성공했다. 이로써 인류에게 알려진 모든 기체가 액화되었다. 오네스는 자신이 만든 액체 헬륨을 이용해 저온물리학의 대가가 되었다. 그가 실험실 내에서 만든 가장 낮은 온도는 영하 272도 아래까지 내려갔다. 인류는 마침내 절대 0도에 거의 근접한 것이다. 그래서 "지구에서 가장 추운 곳은 레이든 대학에 있다."는 말이 나왔고 오네스의 별명은 '절대 영도의 신사'가 됐다. 오네스는 극저온에서 물질의 성질을 연구하고 특히 액체 헬륨을 만들어낸 공로로 1913년 노벨 물리학상을 받았다. 초전도 현상도 오네스가 처음 발견했다. 오네스의 존재감만으로도 레이든 대학의 위상은 높았다. 그런데 그 시기 로렌츠도 레이든에 있었고, 곧 이론물리학에 관한 한 그의 존재감은 오네스 이상이 되었다.

로렌츠

"로렌츠는 모든 이론물리학자들에게 세계를 지도하는 영혼으로 여겨졌다고 말해도 좋을 것이다. 로렌츠는 그의 전 세대가 끝마치지 못한 일들을 완성했고 양자론에 기반을 둔 새로운 개념을 받아들일 기초를 준비했다." - 노벨재단 홈페이지 설명

헨드릭 로렌츠(Hendrik Lorentz, 1853~1928, 1902년도 노벨 물리학상)는 1853년 네덜란드 아른헴에서 출생했다. 플랑크, 톰슨, 피에르 퀴리 등과 동년배로 볼 수 있다. 1870년 레이든 대학에 입학할 때부터 그의 학문적 역량은 눈에 띄게 드러났다. 로렌츠는 대학졸업시험에서 재미있는 일화를 남겼다. 로렌츠는 학사학위 졸업시험을 '그럭저럭' 우수한 성적으로 통과했지만 로렌츠의 명성에 비하면 미흡한 점수라고 시험관은 생각했다. 그래서 다시 한 번 확인해보니 박사학위용 시험문제를 잘못 줬다는 것을 알게 되었다고 한다. 1875년 박사학위 논문을 제출해 학위를 받았고, 1878년 24세의 나이로 레이든 대학의 이론물리학 교수가 되었다. 로렌츠를 위해 일부러 만들어진 자리였다. 아직 아인슈타인이 태어나기 1년 전이었다. 이후 로렌츠는 34년간 레이든 대학 교수로 지내며 많은 업적을 남겼다. 1912년 대학을 떠난 뒤에도 과학계의 지도자로서 자리를 지켰다. 로렌츠는 고전물리학의 정리자로서 새로운 현대 물리학의 출발점이 되어준 사람이다. 또한 로렌츠는 지식, 인품, 강의의 모든 면에서 완벽한 인간의 모델 그 자체였다. 아인슈타인이 아버지처럼 따랐던 인물도 플랑크가 아니라 로렌츠였다. 로렌츠의 업적은 아인슈타

헨드릭 로렌츠

인과 플랑크의 업적의 기반이 되었다. 그의 연구에서 상대성이론과 양자론의 기초가 잉태되었다.[67] 로렌츠는 자신의 제자인 피터 제만(Pieter Zeeman, 1865~1943)과 함께 제2회 노벨 물리학상의 수상자가 되었다. 덧붙여 솔베이 회의를 조직했고, 1911~1927년 사이 다섯 번의 솔베이 회의를 모두 주관했다. 죽기 직전까지도 그는 자신의 인생을 허투루 쓰지 않았다.

에렌페스트

양자론의 발전과정을 다루는 대주제로 인해 어쩔 수 없이 짧게 다뤄지는 중요한 인물들이 많다. 그중엔 특유의 매력과 인품의 소유자임에도 짧게 지나칠 수밖에 없어 아쉬운 사람들이 있다. 에렌페스트는 그 대표적인 경우다. 파울 에렌페스트(Paul Ehrenfest, 1880~1933)는 마이트너나 파울리처럼 빈에서 태어난 유대인이다. 에렌페스트는 빈 공대에서 화학을 전공했지만 빈 대학에서 볼츠만의 열역학 강의를 듣고 계시를 받았던 듯하다. 열정적인 볼츠만의 강의에 감동한 에렌페스트는 물리학으로 전공을 바꿨다. 마이트너에게도 에렌페스트에게도 볼츠만은 그런 존재였다. 그리고 1901년 괴팅겐으로 가서 클라인과 힐베르트의 강의를 들었고 아내가 될 우크라이나 키예프(우크라이나어: 키이우) 출

67　대표적 업적으로 로렌츠 변환(Lorentz transformation)을 들 수 있다. 전자기학과 고전역학 간의 모순을 해결해낸 특수상대성이론의 기본을 이루는 변환식이다. 이 변환식은 아인슈타인의 특수상대성이론과 수학적으로 동치이다. 단지 로렌츠는 아인슈타인처럼 '절대시간 자체의 부정'까지는 나아가지 않았을 뿐이다. 그래서 상대성이론에서도 그대로 "로렌츠 변환"이라는 이름을 쓴다. 이런 이유로 로렌츠는 푸앵카레 등과 함께 상대성이론에 가장 근접했던 과학자 중 한 명으로 평가받는다.

신의 수학자 타티야나를 만났다. 이후 빈으
로 돌아와 1904년 볼츠만을 지도교수로 박
사학위를 받은 뒤 그해 말 타티야나와 결혼
했다. 볼츠만의 거의 마지막 직계제자인 셈
이다. 타티야냐와 결혼하고 블츠만이 죽은
후 1907년에 러시아 상트페테르스부르크로
가서 5년간 머물며 연구했다. 하지만 소외감
을 느꼈고 1911년까지도 교수 자리를 얻지
못했다. 러시아의 반유대주의 때문이었던 것
으로 보인다. 당시 유대인에 대한 노골적인

파울 에렌페스트

차별은 러시아가 가장 심했다.[68] 더구나 에렌페스트는 잠재적 적국인
오스트리아 출신이었다. 게르만 민족 대 슬라브 민족이라는 충돌 구도
는 이미 독일 통일 뒤부터 강화되고 있었다. 러시아 생활에 실망한 에
렌페스트는 1912년부터는 구직을 위해 독일어권 대학을 주유했다. 베
를린에 가서 플랑크를, 뮌헨에서 조머펠트를, 프라하에서 아인슈타인
을 만났다. 이때부터 아인슈타인과 에렌페스트는 가장 가까운 친구지
간이 된다. 오죽하면 아인슈타인이 자신의 프라하 교수직을 에렌페스
트에게 주려고 했을까. 하지만 에렌페스트가 자신은 무신론자라고 밝
혀 결국 임용은 무산되었다. 아인슈타인은 같은 질문에 적당히 둘러댈
줄 알았지만 에렌페스트는 아인슈타인보다도 더 자신의 신념체계에
충실하고 고지식했다.

1912년 로렌츠는 아인슈타인에게 레이든으로 와서 자신의 후계자

68　러일전쟁에서 유대자본이 일본을 지원하면서 승패가 갈린 것도 이런 맥락과 상관이 있다.

© Universiteit Leiden

레이든 대학 물리학과의 로렌츠 연구소
네덜란드의 국민영웅이었던 로렌츠와 더없이 온화했던 에렌페스트의 숨결이 녹아 있는 곳이다. 실제 아인슈타인은 이들을 가장 고귀한 품성의 소유자들로 생각했고 그래서 레이든에 자주 들렀다.

가 되어달라고 부탁했었다. 하지만 그는 이미 모교인 취리히 공대에 가기로 한 상태였다. 다른 후임을 찾던 로렌츠에게 에렌페스트를 추천한 것은 조머펠트였다. "그렇게 매력적이고 지혜롭게 강의하는 사람을 본적이 없다……그는 수학적 내용을 아주 쉽고 생생한 묘사로 바꿔버린다." 그렇게 에렌페스트는 1912년에 레이든의 이론물리학 교수이자 로렌츠의 후계자가 됐다. 조머펠트의 추천이라는 행운이 없었다면 에렌페스트는 상당히 오랜 기간 경제적 궁핍을 겪었을 듯하다. 레이든 대학교수가 된 이후 에렌페스트는 1933년까지 21년의 기간 동안 상대론과초기 양자론에 여러 업적을 남겼다. 특히 고차원 이론에 많은 관심을가졌는데 제자 울렌벡과는 5차원 파동에 관한 논문을 썼다. 이는 훗날많은 고차원 이론들의 기본 아이디어가 되어주었다. 하지만 연구보다더 뛰어났던 그의 업적은 교육이었다. 토론을 이끌고 제자들의 창의력을 끌어내는 재능은 보어에 비견할 만했다. 특히 외부인사들을 초청해서 콜로키움을 열고 적극적 토론 분위기를 만들었다. 에렌페스트의 콜로키움은 대성공을 거두며 유명해졌고 비슷한 콜로키움이 레이든 대학에 퍼져나가 현재까지 레이든 대학의 자랑거리다. 지금도 매주 수요일마다 '에렌페스트 콜로키움'이 계속되고 있다. 세계적으로 유명한 이강의에는 여러 방문자들이 찾아온다.

1921년에는 네덜란드 최초의 이론물리학 연구소가 개관했다. 로렌츠 연구소라 명명됐고 에렌페스트가 초대 소장이 되었다. 아인슈타인은 1920년부터 아예 레이든 대학의 비전임 교수로 매년 몇 주씩을 레이든에서 보냈다. 그리고 그때마다 에렌페스트의 집에 묵었다. 보어와아인슈타인의 다리를 놓아준 사람도 에렌페스트였다. "저는 이제 에렌페스트가 당신을 왜 그렇게 좋아하는지 이해할 수 있습니다." 보어를 처음 만난 뒤 아인슈타인은 보어에게 보낸 편지에 이렇게 썼다. 파울리 편에서 살펴본 것처럼 에렌페스트의 제자 울렌벡과 하우드스미트는 전자의 스핀을 발견했다. 워낙 새로운 개념이라 겁을 먹은 두 제자는 논문을 발표하는 것을 포기하려고 했었다. 에렌페스트는 "자네들은 젊으니까 좀 이상한 논문을 써도 괜찮아."라며 힘을 북돋아줬다. 그래서 그들은 노벨상 수상자가 될 수 있었다. 엔리코 페르미조차 처음 학위를 받고 스스로에 대한 확신이 없었을 때, 레이든에 와서 에렌페스트의 격려로 자신감을 얻었고 최고의 과학자로 성장해갔다. 폰 노이만을 미국에서 자리 잡게 해주면서 친구인 유진 위그너를 함께 추천해줘서 유대인인 그가 적절한 시점에 미국으로 탈출할 수 있도록 도왔다. 그들은 모두 에렌페스트를 은인으로 여겼다. 아인슈타인은 에렌페스트를 이렇게 평했다. "그는 최고의 선생 정도가 아니었다. 그는 자기 학생의 발전과 운명에 정열적으로 온 마음을 다했다."

모순적인 것은 막상 에렌페스트 자신은 스스로의 낮은 자존감에 평생 시달렸고 그로 인해 비극을 맞았다는 점일 것이다. 로렌츠의 후계자요, 아인슈타인과 보어를 친구로 둔 사람의 숙명이었을지도 모른다. 에렌페스트의 2남 2녀의 자녀 중 딸 하나는 수학자, 또 다른 하나는 작가가 되었고, 아들 하나는 물리학자가 되었다. 하지만 막내 바시크는 다운증후군으로 독일 예나의 시설에 위탁해 있었다. 그런데 1933년 히틀러가 집권했고 유대인인 에렌페스트는 불안함을 느껴 아들을 암스테르담의 시설로 옮겼다. 하지만 암스테르담 시설의 비용은 너무 비쌌다. 어쩌면 에렌페스트의 개인적 비극에조차 히틀러는 어느 정도 개입되어 있었던 셈이다. 양자역학을 이해하지 못한다는 우울증에 경제적 부담까지 가중되자 에렌페스트는 1933년 9월 25일 결국 앞서 살펴본 극

단적 선택을 했다. 개인적 비극이었지만, 어찌 보면 이후 유럽의 과학
자 집단 전체를 덮치게 될 거대한 비극의 예고편이기도 했다.

The Curved Period

4부

———

붕괴

"폭탄을 던져 성공하면 조선이 독립될 것이라고 보았는가?"

"현재 조선은 실력이 없기 때문에 적극적으로 일본에 반항하여 독립함은 당장은 불가능할 것이다. 그러나 만약 세계대전이 발발하여 강국 피폐의 시대가 도래하면 그때야말로 조선은 물론이고 각 민족이 독립하고야 말 것이다. 현재의 강국도 나뭇잎과 같이 자연 조락의 시기가 온다는 것은 필연의 일로서, 우리들 독립운동자는 국가 성쇠의 순환을 앞당기는 것으로써 그 역할로 삼는다. 물론 한두 명의 상급군인을 살해하는 것만으로 독립이 용이하게 실행될 리는 없다. 따라서 금회의 사건과 같은 것도 독립에는 당장 직접적인 효과가 없음은 매우 잘 알고 있지만, 오직 기약하는 바는 이에 의하여 조선인의 각성을 촉구하고, 다시 세계로 하여금 조선의 존재를 명료하게 알게 하는 데 있다. 현재 세계지도에 '조선'은 일본과 동색으로 채색되어 각국인은 '조선'의 존재를 추호도 인정하지 않는 상황에 있다. 그러므로 차제에 '조선'이라고 하는 개념을 이러한 사람들의 뇌리에 깊이 새겨 넣는 것은 장래 우리들의 독립운동에 결코 헛된 일이 아님을 믿는다."

—일본 내무성 보안과가 1932년 7월에 윤봉길을 심문하며 작성한 심문조서 중에서

윤봉길의 냉정한 현실 분석은 그가 뜬 구름을 잡는 자아도취적 몽상가가 아니었음을 분명히 보여준다. 홍커우 공원에서 침략자인 일본제국 고관들을 폭살한 그의 용기는 단단한 이성에 토대를 두고 있었다. 그가 정확히 예견한 '세계대전에 의한 강국 피폐의 시대'는 그로부터 10년도 되지 않아 도래했다. 윤봉길이 일본에서 처형당하던 무렵 씨앗은 이미 뿌려져 있었다. 그 해 독일에서는 히틀러의 나치당이 총선거에서 제1당으로 도약했다. 다음 해 그들은 무소불위의 독재권력을 손에 넣었다. 세계사적 재앙이 잉태됨과 동시에 과학사에도 암흑의 시대가 왔다. 위대했던 과학자들의 네트워크가 산산이 부서지기 시작했다. 곧 많은 이들이 쉽지 않은 선택을 강요당했다. 선택의 여지가 없이 오랜 삶의 터전을 버리고 황망히 떠나야 했던 이들이 있었다. 한편으론 갈등과 고민 속에 아슬아슬한 선택을 반복해야 했던 이들도 있었다.

1930년대가 끝나갈 무렵 황금시대를 풍미했던 과학자들의 이상향은 사라졌다. 현학적인 논쟁이 전개되었던 유럽과학의 황금기가 끝났다. 미증유의 인류적 대재앙이 시작되고 있었다. 뒤이어 과학자들의 역량은 거대전쟁으로 빨려 들어갔다. 과학이론들은 무시무시한 무기로 탈바꿈하고 끔찍한 결과물들을 내놓으며 현대과학은 많은 선택지들을 잃어버렸다. 특히 창조적 과학자들의 가장 고귀한 지적 유희였던 학문의 제왕 물리학은 인류의 가장 추악한 일면과 야합하며 묵시록적 재앙을 만들기 시작했다.

1막

남은 사람들

1

하켄크로이츠의 시대

바이마르 공화국의 몰락

1919년 제1차 세계대전 종료 후부터 1933년 히틀러의 집권까지 독일 바이마르 공화국의 짧았던 14년 역사는 크게 세 시기로 구분할 수 있다. 1919~1923년의 시기는 극도의 혼란기라 할 수 있다. 새롭게 출범한 바이마르 공화국의 헌법은 더없이 민주적이었으나, 문제는 그 공화국이 패전의 결과로 나타났다는 데 있었다. 태생적 한계는 끝없이 이 체제의 발목을 잡았다. 파산한 국가를 물려받아 시작된 바이마르 공화국은 엄청난 전쟁배상금의 굴레를 떠안아야 했다. 부족한 재정을 충당하기 위한 벼랑 끝 재정정책들은 초인플레이션을 유발했고, 중산층의 몰락을 초래했다. 극단적 정치 테러가 빈발했다. 대낮의 베를린 시내 한복판에서 외무장관 라테나우가 기관총에 맞아 암살된 사건은 당시 독일의 분위기를 단적으로 증명한다. 하지만 후일 나치가 선전한 것처럼 바이마르 공화국 시기 전체가 혼란으로 얼룩진 것은 아니었다. 1924~1929년의 시기는 상대적으로 정치경제적 안정기였다. 중도적인 정당들이 연정을 통해 안정적으로 국정을 주도했고, 독일의 경제도 본격적으로 되살아나기 시작했다. 이 시기는 양자역학이 완성되고 새로운 과학이 정립된 시기와 일치한다. 어느 정도의 경제적 안정이 뒷받침되지 않았다면 아무리 '독일과학'이라도 양자역학이라는 결실을 내놓기는 힘들었을 것이다. 그런데 1930년대의 바이마르 공화국은 빠르고 어이없는 몰락을 경험한다. 세계적 대공황은 어떤 정권이라도 인기 없게 만들었다. 긴축정책 이외의 방법이 없었기 때문이다. 하지만 해외 식민지가 없는 독일의 궁핍은 훨씬 심할 수밖에 없었다. 극우와 극좌 정당 모두가 엄청난 실업의 책임을 현정권의 탓으로 돌렸지만, 어떤 정권도 이 대공황의 충격을 피해가진 못했을 것이다. 1930년대의 바이마르 공화국은 이로부터 위기를 맞고 붕괴되었다. 어느 정당도 주도권을 쥐지 못한 가운데 나치는 불과 1/3 독일 국민의 지지만으로 정권을 잡게 된 것이다.

월리엄 샤일러는 "히틀러에 대해 여러 비난이 가능하지만, 그가 권력을 잡은 뒤에 (무슨 짓을 하려 했는지)……밝히지 않았다고 비난할 수는 없다."고 썼다. 그 말처럼 그는 자신의 호전적인 생각을 숨기지 않았다. 그런데도 많은 유권자들이 히틀러에게 투표했다. 1928년까지도 나치당은 2.6% 지지율에 불과한 군소정당이었다. 하지만 대공황 뒤인 1930년에는 18%로 지지율이 급상승했다. 1932년 대선과 총선에서는 37%선의 지지를 얻었다. 하지만 성장세는 여기서 정체를 보였다. 국회 해산 뒤 11월의 선거에서는 33%선으로 떨어졌다. 급격한 경기침체기에 과격한 주장에 기댄 정당의 성장한계선에 도달한 것이다. 하지만 군소정당이 난립한 독일 정계는 이 정도 지지만으로도 나치독재를 가능케 했다는 데 역사의 비극이 있다. 많은 독일인은 여전히 제국 시절을 그리워했고, 독일이 그 위상에 걸맞는 대접을 세계로부터 받지 못하고 있다고 믿었다. 히틀러와 나치는 독일의 패전 책임은 '한줌의' 유대 자본가에게 씌우고, 위대한 독일인들이 주도하는 세계 건설을 약속했다. 우파와 군부는 독일군은 용감했고 강력했으나, 등 뒤에서 칼을 맞아 전쟁에 졌다는 그럴듯해 보이는 논리를 합리화해주는 히틀러를 환영했다. 대기업은 노동조합과 공산주의자를 없애버리겠다는 히틀러의 약속들이 믿음직했다. 실업자들은 당장의 빵을 약속한 히틀러에게 투표했다. 1933년, 수백만 실업자, 보수 우파, 대기업, 군부 모두에게 그는 하나의 희망으로 보였다. 독일이라는 국가만의 특수성과 전 세계를 덮친 대공황이라는 상황이 결합하자 히틀러의 정권 장악이라는 결과로 나타나버렸던 것이다. 역사상 가장 민주적인 헌법을 갖춘 바이마르 공화국은 그렇게 사라졌다.

바이마르 공화국 힌덴부르크 대통령
"저 오스트리아 출신 상병한테 체신부 장관 자리 이상은 못 준다." 제1차 세계대전에서 역전의 명장이었던 힌덴부르크 대통령은 사석에서 제1당 당수인 히틀러에 대해 이렇게 말했다. 그러나 그는 결국 히틀러를 수상에 임명한다. 초라하고 미천한 출신 히틀러에 대해 전통 귀족과 보수 군부 출신 인사들은 거부감과 경멸감을 숨기지 않았다. 그런데도 그들은 자발적으로 히틀러의 집권을 도왔고, 정권의 만행을 방임하거나 협력했다. 히틀러가 미웠으나 공산주의는 더 미웠고, 고상하게 평화를 논하는 고학력 정치인들보다 한 번 더 싸워보자는 히틀러가 그래도 더 믿음직해 보였기 때문이다.

제3제국의 시작

1933년 1월 30일 총리가 된 히틀러는 사흘 뒤인 2월 3일 비공개로 군 수뇌부를 불러놓고 장광설을 늘어놓았다. 히틀러의 연설요점은 간단히 요약된다. '민주주의라는 악성종양을 도려낼 것'이고, '마르크스주의를 발본색원'할 것이며, '군사력을 증강'시켜 독일제국 시기의 영광을 되찾을 것이다. 새 수상은 믿음직하지는 못했지만, 최소한 군부가 좋아할 말을 했다. 그리고 정말 그 말대로 실행하기 시작했다. 2월 27일 국회의사당 방화사건이 발생하자 히틀러는 바로 공산주의자의 소행이라고 몰아갔다. 자신들의 수장이 수상이 되자 돌격대는 수만 명을 초법적으로 멋대로 잡아갔다. 3월 21일 히틀러는 공식적인 '통합의' 총리 취임식을 했다. 그리고 바로 그 다음날 다하우 수용소를 열었다고 발표했다. 나치 수용소의 존재는 결코 비밀이 아니었다.

신정권의 메시지는 분명했다. 고의적으로 공포 분위기를 조성했다. 처음에는 공산주의자들이 잡혀 들어갔지만, 곧 모든 반 나치적 정치인들이 체포되었고, 결국 유대인들이 잡혀 들어갔다. 비슷한 방법은 계속 반복되었다. 1933년 4월 1일 이후 법령에 의해 해직된 교수는 의학 423명, 물리학 106명, 수학 60명, 생물학 등의 자연과학 406명이었다. 베를린과 프랑크푸르트 대학은 교수의 1/3을 잃었다. 통계는 믿을 수 없을 정도다. 대학 행정체계와 학기 운영이 이런 충격을 버텼다는 것이 더 놀라울 정도

제3제국 국기 하켄크로이츠(갈고리 십자가)
나치는 집권 후 자신들의 정당 상징물을 국가 문양으로 격상시켰다. 바이마르 공화국과의 완전한 단절과 일당독재국가로서의 독일을 뚜렷이 보여주는 상징물이다.

연설하는 히틀러

히틀러의 연설내용은 언제나 천편일률적이었다. 독일민족은 위대하고, 유대인은 사라져야 할 전염병 같은 존재다. 전쟁배상금은 한 푼도 낼 수 없고, 굴욕적인 베르사유 조약은 폐기되어야 한다. 독일은 재무장해야 하고, 위대한 독일군의 영광을 재현한 뒤, 독일인을 위한 충분한 생활권역을—물론 무력정복 이외의 방법은 없다—확보해야 한 다. 독일과 전 세계에게 히틀러의 목표는 비밀이 아니었다. 집권 전부터 이런 주장을 반복해온 자를 많은 이들은 애써 무시했다. 집권 뒤 히틀러가 자신의 목표를 하나하나 집요하게 추진해 나가는 모습을 보면서도 주변국들은 설마설마하며 온건한 유화책으로 일관했다. 대부분의 사람들은 보고 싶은 것만 보며, 믿고 싶은 것만 믿는다.

나치가 독일의 보편복지제도를 공격하는 포스터

"이 유전병 환자에게 민족공동체가 써야 하는 돈은 6만 마르크나 된다. 국민들이여, 이 돈은 그대들의 돈이다." 하지만 나치는 신체장애자를 죽일 것인가 하는 문제에는 의외로 신중했다. 그 이유가 다행스럽게도 나치의 실질적 2인자급이었던 선전상 요제프 괴벨스가 다리를 절었기 때문이라는 우스꽝스런 이야기가 회자된다.

다. 5월 1일 노동절 행사를 정부주도로 성대하게 치렀다. 그리고 다음 날 전국적으로 노조간부들을 체포하고 노조자금을 철저히 압수했다. 정권의 강압이 규모와 강도와 속도에서 언제나 예상을 능가했기에 반대편들은 저항의 시기를 놓쳤다. 5월 10일에는 외설적이거나 반독일적인 고전들을 불태웠다. 유대인 문학가의 작품이라면 단지 그 이유만으로 분서의 대상이었다. 바이마르 공화국과 싸우는 데 익숙했던 사회활동가들은 나치의 차별과 탄압의 방법론이 너무나 저열했기에 어떻게 대응해야 할지를 몰랐다. 육체적 폭력, 공개적 망신, 물리적 약탈을 정치적 의사표현의 기준으로 삼은 나치는 '신사들의 무능'을 비웃었다. 공포 분위기 속에서 독일국민은 체념과 순응을 선택했다.

1934년이 되면 히틀러는 마지막 남은 조처로 무력해진 정적들과 효용가치가 없어진 자신의 사냥개들을 처단하기 시작했다. 6월 30일은 '장검의 밤'이라 불리는 나치의 탈법적이고 조직적인 암살의 날이었다. 이날 정권획득 뒤 논공행상 과정에서 불만을 품고 있는 돌격대 조직을 해산하고 주요 간부들을 처형했다. 얼마 전까지 정권 2인자였던 그레고어 슈트라서는 게슈타포 본부에서 총살됐다. 히틀러와 반말을 주고받던 사이였던 돌격대 사령관 에른스트 룀은 자결을 강요당했고 거부하자 결국 총에 맞아 죽었다. 토사구팽의 와중에 잡다한 조처도 잊지 않았다. 슐라이허 전 총리 부부는 집에서 총에 맞아 죽었고, 10여 년 전 뮌헨의 비어홀 폭동 때 도움을 주지 않았던 우파 인사들도 잊지 않고 칼로 난자해 죽였다. 그 어느 누구도 재판 따위는 받지 않았다. 사실 이제 독일은 법치국가라고 부를 수조차 없었다. 그리고 8월에 힌덴부르크 대통령이 노환으로 죽자 히틀러는 총리와 대통령 직을 겸직하는 '총통'이 되었다. 그리고 좌파를 죽이고, 장애인을 죽이고, 동성애자를 죽이고, 집시를 죽이고, 유대인을 죽이며 모든 '소수'를 죽이는 길을 걸어 갔다. 남은 이들은 자신이 그 '소수'가 아니라는 사실에 자위하며 눈을 감았다. 그러자 그는 곧 이민족들을 죽이며, 전 유럽을 파괴해갔다. 그렇게 모두의 무능과 방임과 침묵 속에 히틀러는 결국 독일을 멸망시키고 자기 자신의 죽음으로 끝나는 길을 선택해갔다.

소련과 독일에서의 양자론 탄압

1920년대 말이 되면 이전에 별 어려움 없이 유럽여행을 하던 소련 물리학자들이 잘 보이지 않게 되는 일이 늘어났다. 스탈린의 권력이 공고화되고 공산당 내부의 권력투쟁이 극에 달하자 과학자들에게까지 그 여파가 미쳤던 것이다. 서유럽을 방문한 소수의 소련 물리학자들조차 다른 물리학자들과 거리를 두려는 태도가 눈에 띄었다. 모두가 몸을 사리고 있었다. 란다우는 트로츠키주의자라는 의심을 받았다. 몇 년 전만 해도 즐겁고 장난스럽게 사회주의 체제에 대해 얘기하던 란다우는 자신과 절대 정치적 토론을 하지 말아달라고 베를린 공대 동료들에게 부탁했다. 순진무구한 사람으로 소문이 나 있던 가모브는 두 번이나 소련탈출을 시도했다. 한번은 산을 넘어 아프가니스탄으로 가려고 시도하다 국경경비대에 붙잡혔고, 두 번째는 작은 돛단배로 흑해를 건너 터키로 가려다 국경순시선에 발각되었다. 스탈린 이후 소련정부는 가모브 같은 과학자들의 중립적 태도를 묵과하지 않았다. 그들은 정부에 대한 적극적인 이념적 지지를 표방해야만 무사할 수 있었다. 결국 가모브는 7차 솔베이 회의에 참석한 후 다시는 소련으로 돌아가지 않았다.

소련의 문화부문 정치위원들은 1920년대의 현대물리학을 의심스럽다고 판단했다. 원자 내부의 관찰에서 주체(관찰자)와 객체(관찰대상)를 명확히 구분하는 것이 불가능하다는 양자역학의 주장은 유물론 교리와 정면으로 배치된다고 판단했다. 이 생각에 따르면 개인이 자연현상에 지나친 영향력을 행사할 수 있었다. 이것은 '위험한 관념론'이며 결국 '기독교적인 반계몽주의'로 이어질 것으로 보였다. 물리학자 프렝켈은 모스크바에서 '노동자를 위한 강의' 중 큰 낭패를 보아야 했다. 빛은 관찰조건에 따라 입자로나 파동 모두로 묘사할 수 있다고 설명했다. 입자설과 파동설 모두 양립가능하다는 설명에 한 여성 청중이 꼬투리를 잡았다. 그녀는 강연자가 부르주아 선전에 빠졌다고 강하게 비판했다. 일은 어떻게 진행되었을까? 소련당국은 프렝켈을 '반동분자'로 처벌했다. 이론물리학, 특히 양자론을 연구하는 과학자들은 위험이 컸다. 그리고 문제가 생길 때마다 '관념론자'라는 비판이 따라 붙었다.

트로츠키

레닌의 총애를 받았고, 스탈린의 정적이었던 트로츠키(Leon Trotsky, 1879~1940)는 스탈린의 일국사회주의에 반대하며 단일국가로서 사회주의 혁명은 성공할 수 없으며 전 세계로 혁명을 확대해야 한다며 세계혁명론을 부르짖었다. 결국 스탈린과의 권력투쟁에서 패배한 트로츠키는 멕시코로 망명해야 했고, 그곳에서 스탈린이 보낸 암살범의 손도끼에 죽었다. 이후 소련에서는 서방과의 관계에 유화적이거나, 스탈린 정권에 충분한 충성심을 나타내지 않는 인물들에게 '트로츠키 주의자'라는 굴레를 씌웠다.

독일에서 상황도 마찬가지였다. 실험이 아닌 수학놀음에 불과한 상대론과 양자론은 유대적 물리학에 불과하다며 나치는 목소리를 높였다. '성적 본능(리비도)'으로 모든 것을 설명하려는 유대인 프로이트의 심리학도 마찬가지로 퇴폐적이고 유대적인 설명이었다. 나치에게 유대인 학자가 주장한 이론은 모두 '틀린 것이어야만' 했다. 이렇게 1930

년대가 되면 독일과 소련 모두에서 양자이론은 유대적인 것이거나 부르주아적인 것이 되어버렸다. 과학발전에 국가의 총력을 투입하던 두 국가에서 벌어진 아이러니한 일이었다. 그들에게는 오늘날 자명해 보이는 이론물리학의 개념들이 과학이라기보다 사상이나 이념으로 보여졌던 것이다. 제2차 세계대전 기간 대부분의 유럽인은 독일과 소련 둘 중 한 편에 섰어야 했다는 점을 생각해보면 암울함은 도를 더한다.

1933년 아인슈타인이 미국으로 떠나자 폴 랑주뱅은 이렇게 말했다. "바티칸이 로마에서 신대륙으로 옮겨간 것에 비견할 만한 사건이다. 이제 물리학의 교황이 옮겨갔으니 미국이 자연과학의 중심지가 될 것이다." 사실 그 말 그대로 되었다. 독일과학의 전통도 송두리째 뿌리 뽑히고 있었다. 그리고 곧 유럽지성 전체에 대한 야만적 모욕으로 이어질 것이었다. 그토록 짧은 시간에, 그렇게 많은 문명의 정수들이, 그처럼 철저하게 학대받은 사례는 흔치 않다. 이후 10여 년간 나치가 벌였던 참혹한 일들을 우리는 잘 알고 있다. 상처는 결코 완전히 회복되지 못했고, 한 시대가 종말을 고했다. 소련은 추방된 서방과학자들을 의심의 눈초리로 보고 있었기 때문에 이 시기 중요 과학자들의 확보는 미국이 독점하다시피 했다. 미국은 스스로 의식도 하지 못한 사이에 히틀러가 '버린' 최고의 인재들을 자연스럽게 '주워 모으고' 있었다. 그 결과 세계 과학의 중심은 대서양을 건너 미국으로 자리를 옮기게 된다.

예언의 시작

지나간 역사를 되짚어보면 너무나 기이한 일치가 발견된다. 1933년 1월 히틀러와 루스벨트는 같은 해, 같은 달에 권력을 잡았다. 그리고 두 사람은 모두 1945년 4월에 죽었다. 더구나 이들은 죽을 때까지 12년간 사실상의 절대 권력자였다.[1] 전 세계 자원의 절반 이상이 이들의 의도 속에 움직였고, 이들의 집권기간 동안 세계의 운명은 극적으로 바뀌었다. 제3제국의 지속시기와 제3제국을 무너뜨리기 위해 예정된 인물의 집권기간이 겹친다는 것은 비과학적이지만 운명이라는 말을 떠올리게 한다. 하지만 더욱 운명 같은 일이 있었다. 히틀러와 루스벨트의 집권 직전인 1932년 2월,

프랭클린 루스벨트 대통령
미국 역사상 유일의 4선 대통령. 그는 히틀러와 정확히 같은 기간 동안 사실상의 절대권력자였다.

채드윅이 17년 전 러더퍼드가 예언했던 중성자를 발견했다. 이 개별적 사건이 어떤 연관을 가지게 될지 알 수 있는 이들은 아직 아무도 없었다. 역사적 숙명은 소리 없이 그렇게 인류 앞에 포진했다. 극소수 사람들의 작은 경고소리들은 흩어져 사라졌다. 그때가 세계사적 전환점이었음을 인류가 제대로 깨달은 것은 10년 이상 지난 히로시마 이후였다. 돌이키기에는 너무 늦은 때였다.

괴팅겐에서 핵융합의 원리를 최초로 떠올렸던 호우테르만스는 1932년 베를린 공대 취임연설에서 이렇게 말했다. "이 작은 입자(중성자)가 물질 속에 잠자고 있는 강력한 힘을 해방시킬지 모른다." 1935년 졸리오는 인공방사능 발견 업적으로 노벨 화학상 수락 연설을 했다.

---

1 루스벨트가 미국이라는 나라에서 유일한 4선 대통령이 되었기 때문에 가능했던 일이다. 독일과의 전쟁에 뛰어들 준비를 하던 루스벨트는 대통령이 재선 이후 더 이상 출마하지 않는 전통을 지키지 않았다. 이후 미국은 이런 일이 다시 발생하는 것을 막고자 3선 금지 조항을 법조항에 추가했다.

"원소를 마음대로 만들고 파괴할 수 있는 과학자는 폭발적 핵변환을 일으키는 능력이 있을지 모릅니다……만약 그런 핵변환을 물질 속에서 확산시키는 데 성공한다면, 막대한 가용에너지를 끌어낼 수 있을 것입니다." 독일에서 탈출한 학자에게 폴 랑주뱅도 비슷한 말을 남겼다. "히틀러는 다른 독재자들처럼 얼마 가지 않아 망하고 말걸세. 내가 더 우려하는 것은 다른 거라네. 그것은 조만간 멸망할 그 얼간이보다 세상에 훨씬 큰 해를 끼칠 수 있고 우리가 결코 제거할 수 없는 것이네. 그건 바로 중성자야." 하지만 모두 추상적 경고 정도였다. 당시 중성자 발견 소식을 듣고 즉각 구체적인 정치적 결론을 도출했던 사람은 뒤에 살펴볼 레오 실라드 한 명 정도였다.

2

제3제국의 플랑크

고난의 시간

1933년 플랑크는 75세의 나이가 되었다. 그해 1월 30일, 44세의 히틀러가 수상에 취임했다. 제3제국은 앞으로 12년간 계속될 것이었다. 이제 플랑크는 인생의 황혼에 가장 고통스럽고 논쟁적이며 치열한 인생을 살아가야 했다. 당시 아카데미 서기이자 카이저 빌헬름 협회 회장이었던 플랑크는 국가의 자금지원에 의존해야 했기에 새 정권과 많은 연계를 가져야만 했다. 인격과 평판에서 국제적 신뢰도가 높은데다 전형적 '독일인종'이었기에 나치 입장에서도 플랑크는 선전효과가 충분한 인물이었다. 그래서 어느 정도의 결격사유들은 눈감아줄 수 있었다. 플랑크 역시 처음에는 나치가 정권을 잡았으니 지나친 과격함은 줄어들면서 단결과 영광은 추구하는 순기능은 남길 것으로 순진하게 생각했다. 결국 이 시기 플랑크의 입장은 '이해할 수 없는 세계관'—아인슈

국회에서 연설중인 히틀러

타인에게 보낸 편지의 표현—을 가진 정권의 비위를 거스르지 않으면서 독일과학을 보호하는 것으로 요약되었다. 사소한 것은 순응하고 큰 불의에도 공개적인 반항은 삼갔다. 언제나 적당한 타협이 플랑크의 주된 해결책이었다. 그리고 똑같은 태도를 취할 것을 오토 한, 슈뢰딩거, 하이젠베르크에게 권고했다.

히틀러 집권 초인 1933년 5월에 플랑크는 히틀러와 독대했고 이 면담은 후일 여러 형태로 해석되었다. 어느 정도 알려진 내용은 다음과 같다. 플랑크는 히틀러를 찾아가 유대인 추방정책이 독일과학을 파멸시킬 것이고 유대인도 훌륭한 독일인이 될 수 있다고 주장했다. 그러자 히틀러는 자신은 유대인에게 아무런 적대감이 없고, 공산주의를 적대할 뿐이며 그중 유대인이 많을 뿐이라고 했다. 그리고 자신은 유대인을 보호하려 하는 것이라는 궤변을 늘어놓다가 갑작스럽게 격분했다. 여든 살을 바라보는 노벨상 수상자를 40대의 수상이 윽박지르자 플랑크는 쫓기듯 면담을 마치고 나와야 했다. 당시 독일과 독일과학이 처한 운명이 무엇이었는지를 정확하게 보여주는 장면이었다. 플랑크는 이날 이후 아마도 이 정권에 '말과 논리'로 영향을 미치는 것은 불가능하다는 것을 알았을 것이다. 그리고 플랑크는 고지식하게 히틀러의 말을 받아들였다. 막스 보른과 제임스 프랑크에게 〈공직정화법〉의 단서조항—제1차 세계대전에 공훈이 있는 유대인들은 예외로 공직에 남아 있을 수 있다는 생색내기용 예외조항—들을 활용해서 교수직을 유지하라고 권고했다. 다행히 보른과 프랑크는 구차하다며 이 어리석은 조언을 무시하고 독일을 떠났다. 그들이 플랑크의 말을 믿고 좀 더 독일에 남아 있었더라면 생명을 지킬 그 나마의 기회까지 잃었을 확률도 있었다. 그런 식으로 불과 몇 년 사이에 독일과학의 낙원들은 사막이 되어갔다. 괴팅겐 수학이 종말을 맞았고 베를린 그룹은 붕괴되었다. 역시 플랑크만큼이나 고지식했던 마이트너 정도만 유대인 중에는 유일하게 1938년까지 독일에서 버텼다.

오토 한이 독일의 저명교수 30인 명의로 유대인 동료를 옹호하는 시국선언을 발표하자고 제안했을 때 플랑크는 이렇게 반응했다. "만일 당신이 오늘 그런 선언을 지지하는 30명을 모은다면, 내일 그 사람들의 자리를 차지하려는 150명이 모여 그들을 비난할 겁니다." 분노하고 실망해 오스트리아로 귀국하겠다는 슈뢰딩거에게는 공개적인 '항의 사임'은 하지 말고 대신 휴직하라고 간청하며 '건강상 이유'를 대라고 조언했다. 사임하고 해외이주하려는 하이젠베르크에게는 독일에 남아 젊은이들을 지도하는 것이 미래를 위해 더 높은 차원의 기여가 될 것이라고 했다. 랑주뱅에게는 "원래 의도를 달성한 선언은 하나도 없다……보통은 그 반대다. 모순은 어쩔 수 없이 발생하고, 선언문은 잘못 이해되고 해석되며, 서명자들을 비방하는 데 이용된다."고 했다. 어쩌면 1차 세계대전 때 〈93인 선언서〉에 서명했던 기억이 잔상처럼 그를 계속 괴롭혔는지도 모른다. 나치시기 플랑크의 많은 노력들 속에 실제로 항거나 선언은 단 한 번도 없었다. 그는 자신의 태도에 명확한 확신을 가지고 있었다. 이 답답할 정도로 고결한 플랑크의 의무감은 물론 자신에게도 적용되었다. 그는 어떤 경우에도 사임하지 않고 웬만한 모욕은 받아들일 각오를 했다. 공적 업무에서 물러나고 싶었지만, 분명히 많은 사람들이 그의 도움과 존재감에 의지하고 있었다. 결국 플랑크의 활동은 해직에 항거하는 것이 아니라 해직자가 민간에서 일자리를 얻도록 도와주고, 해외이주는 가급적 말리고, 꼭 필요하면 해외이주를 도와주는 형태로 진행되었다.

1933년 아인슈타인은 미국에서 아카데미에 사표를 보내며 신랄하게 독일을 비판했다. "(독일은) 집단적 정신이상에 빠져 있고, 현재의 독일을 옹호하는 것은 독일문화의 참된 가치들을 배반하는 것이다. 지금 독일을 변호한다면, 도덕의 야만화와 현대 문명 전체의 파괴에 공헌하는 것이다." 단호한 목소리였다. 교육부의 나치 관료들은 격노했다. 결국 아카데미는 공식적으로 아인슈타인을 비난하는 성명을 발표하고 제명해야 했다. 1933년 5월 11일 아카데미 회의록에 플랑크의 발언은 이렇게 남아있다. "우리는 아인슈타인의 업적이 그 중요성에서 케플러나 뉴턴과 비교될 수 있음을 알고 있다. 그렇기에……아인슈타인이 자신의 정치적 행동 때문에 그의 아카데미 회원직이 유지될 수 없게 된 것은 심히 유감스러운 일이다." 우리는 뒷문장이 마음에 들지 않고, 나치는 앞문장이 마음에 들지 않았을 것이다. 하지만 독일에 남아 있는 사람으로서 이 이상의 표현이 가능했을까? 이 표현조차 분명 용기가 필요한 상황이었다.

이 시기 아인슈타인은 이미 독일문화를 타락시키고 독일민족을 중상한 자라는 죄목으로 재산몰수 조치를 당했고, 베를린의 아인슈타인 거리는 괴테 거리로 개명 당했다. 플랑크는 최종적인 결별 때까지 아인슈타인을 위해 노력했기에 이 모든 흐름이 곤혹스러웠다. 연락이 끊어지기 전 아인슈타인에게 보낸 편지들은 플랑크의 가치관을 명확히 알려준다. "당신의 노력에 의해, 당신의 인종적·종교적 형제(유대인)들은, 그들의 어려운 처지로부터 구조 받는 것이 아니라, 오히려 더욱 심하게 탄압받을 뿐입니다……어떤 행동의 가치는 동기에 있는 것이 아니라 결과에 있습니다." 이 문구는 이후 플랑크의 선택과 행동들이 어떻게 진행될지 잘 알려주고 있다. 그리고 말하기는 쉽지만 적용하기는 힘들다. 과연 무엇이 '결과'일까? 이후 아인슈타인은 플랑크에게 보낸 편지에 이렇게 적었다. "무방비 상태의 나의 유대인 형제들에 대한 박멸전쟁은, 나로 하여금 내가 조금이라도 세상에 가지고 있는 모든 영향력을 그들을 위해 쓰지 않을 수 없게 만들었습니다." 그리고 플랑크에게는 아무 적대감이 없다고 짧게 덧붙였다. 둘의 노선 차이는 분명했고 그것이 사실상 그들 관계의 마지막이었다.

카이저 빌헬름 협회와 아카데미를 지키는 과정

플랑크는 친 나치 과학자의 대표격이 된 레나르트와 슈타르크의 지속적인 집요한 공세에도 대응해야 했다. 레나르트와 슈타르크는 1920년대 내내 상대성이론은 '유대인의 허풍'이라며 반복적으로 폄하했고, 보어 등의 연구조차도 '유대 물리학'이라며 공격했다. 한 마디로 오늘날의 관점에서 그들은 20세기 물리학의 성취 전체를 부정한 것이나 다름없다. 대다수 이론물리학자들은 소수의 이 허무맹랑한 공격을 처음에는 한 귀로 흘리거나 무시하면 된다고 보았다. 하지만 시간이 지나 나치당이라는 구심점으로 이런 생각을 가진 자들이 몰려들자 상황이 불안정해졌다. 그리고 나치가 정권을 잡자 레나르트와 슈타르크 같은 자들은 '독일 물리학'을 부르짖기 시작했다. 그러자 진짜 독일 물리학은 순식간에 붕괴되기 시작했다. 아인슈타인의 교수직 후임으로 플랑크는 라우에를 추천했다. 그러자 레나르트와 슈타르크는 라우에는 아인슈타인과 한패라고 했다. 그리고 슈타르크는 자기 자신을 추천했고 나치는 슈타르크를 뽑으라고 압박해왔다. 플랑크는 국외의 조롱거리가 될 거라고 버티며 일단 이 시도를 보류시켰다. 이후 슈타르크는 라우에를 제국연구소 고문직에서 해고시킴으로 대응했다.

1934년이 되자 레나르트와 슈타르크는 '백색 유대인'이자 '아인슈타인 도당'이라며 라우에와 하이젠베르크를 한꺼번에 공격한다. 대표적 나치 사상가 알프레드 로젠베르크(Alfred Rosenberg, 1893~1946)도 이 공격을 거들며 카이저 빌헬름 협회의 플랑크, 아카데미의 라우에, '아인슈타인 정신의 정수' 하이젠베르크를 하나하나 열거하며 공격했다. 힘을 받은 레나르트는 한 술 더 떠서 카이저 빌헬름 협회 자체가 유대인의 도구라고 했다. 고령의 레나르트는 플랑크의 생각을 '바로 잡아주기 위해' 편지를 보낸 후에 "그는 인종에 관해 너무도 무지해서, 아인슈타인을 존경받아야 할 진짜 독일인으로 생각한다."며 안타까워했다고 한다. 다행이었던 것은 슈타르크가 누가 봐도 행정적으로 무능했다는 점이었다. 나치도 중용하는 데는 망설일 정도여서 플랑크에게 큰 위협이 되지 못했다. 슈타르크가 조금 더 유능했다면 플랑크는 훨씬 일찍 교체되었을 것이다. 어쨌든 1934~1935년 사이 아카데미에서는 플랑크의 영향력이 최후의 보루가 되어 최악의 상황을 막아주었다. 슈타르크 입회가 철회되고, 아카데미 독립성이 유지되고, 유대인 직원과 회원들이 남아 있을 수 있었다. 하지만, 시간이 지나면서 결국 카이저 빌헬름 협회는 모든 유대인을 해고시키고 나치 앞잡이들을 고용해야만 했다. 젊은 연구자들은 이제 학문적 성공을 위해 나치당 입당을 심각히 고려했다. 불과 2~3년 사이 독일사회는 '구텐 탁(Guten tag)' 대신 '하일 히틀러(Heil Hitler)'로 인사하는 병영국가가 되어갔다. 물리학회는 이사회에 나치를 받아들이고, 나치 깃발을 게양하고, '하일 히틀러'로 서신을 끝맺고, 공식행사에서 나치식 경례를 하며 버텨 나갔다. 이 시기 플랑크의 고민을 엿볼 수 있는 증언도 있다. 물리학회 모임 중 플랑크는 연

1934년 뉘른베르크 나치당 전당대회
나치 집권 불과 1년 뒤의 모습이다. 독일은 모든 일상이 병영이 되어갔다.

설 전 단상에 서서 손을 반쯤 들어 올렸다가 다시 내려놓았다고 한다. 두 번째도 차마 입이 떨어지지 않아 그렇게 했다. 그리고 세 번째에야 그는 손을 들어 올려서 '하일 히틀러'라고 말했다. 비겁해 보일 수 있는 이런 행동들은 후일 모두 논란이 됐다. 아마 그가 전후 더 오래 살았다면 살아서 그런 비판에 직면했을지 모른다.

'어떤 모욕도 감내하는' 이런 노력에도 불구하고 1936년 플랑크와 하이젠베르크는 슈타르크 진영의 인신공격에 다시 시달렸다. 1936년 플랑크의 두 번째 회장 임기가 끝날 때, 슈타르크와 레나르트는 또 음모를 꾸몄다. 슈타르크는 위대한 물리학자는 모두 독일인이고, 현재 대표자는 레나르트라고 했다. 반면 아인슈타인의 상대론으로 대표되는 유대 물리학은 비독일적 물리학이었다. 노벨상도 유대인의 음모에 넘어가버렸고, 레나르트와 슈타르크 같은 실험가들이 아니라 플랑크, 아인슈타인, 슈뢰딩거, 하이젠베르크 같은 자들에게 노벨상이 돌아가며 노벨상이 오염됐다고 주장했다. 슈타르크가 히틀러의 총통취임 국민투표에 지지선언을 요구하자, 라우에는 과학과 정치는 혼합될 수 없다며 조건 없이 단번에 거절했다. 반면 하이젠베르크는 "비록 개인적으로 찬성하지만, 과학자들의 정치선언은 극히 이례적인 것이라 잘못된 것이라고 봅니다."고 온건하게 표현했다. 친위대 유인물에서는 이 정도 저자세의 표현에도 하이젠베르크의 유대적 정신을 드러낸다고 논평했다. 하이젠베르크로서는 너무 큰 압박감에 시달리고 있었을 것이다. 이후 전쟁 시기 독일군수산업에 몸담는 하이젠베르크의 행동들은 어쩌면 애처로운 생존의 몸짓이기도 했다.

노벨상이 라우에를 그나마 어느 정도 보호해줬기 때문에 플랑크는 이런 와중에 어떻게든지 한과 마이트너도 노벨상을 수상시키려고 노력했다. 하지만, 이런 시도도 결국 벽에 부딪치고 만다. 1936년도 노벨평화상 수상자로 나치 수용소에 갇혀 있는 평화주의자 칼 폰 오시에츠키(Carl von Ossietzky, 1889~1938)가 선정되자 히틀러는 모든 독일 국적자에게 노벨상 수상을 금지시켰다. 이로 인해 플랑크는 위험한 연구자들을 노벨상 후보로 추천하는 작업조차도 포기할 수밖에 없었다. 그리고 거기까지였다. 1937년 결국 플랑크는 카이저 빌헬름 협회를 떠났다. 이후 카이저 빌헬름 협회의 독립성은 돌이킬 수 없이 위축되었다. 이제 남은 유대인 직원들을 보호할 수 없었고 1939년에는 세 명의 마지막 유대인 정회원에게 사임이 요구되었다. 이것은 당시 독일의 어떤 조직보다 유대인이 오래 남아 있었던 경우였다. 막스 플랑크 협회의 자료를 보면 나치에 의해 해고된 카이저 빌헬름 협회 직원은 총 126명에 달한다. 그중 104명이 과학자였고 추방된 과학자 중 4명은 결국 강제수용소에서 사망했다.

1938년 말 플랑크는 80세를 맞아 1912년부터 26년간 재직했던 아카데미 서기직도 물러났다. 하지만 그 와중에 카이저 빌헬름 물리연구소를 1938년에 개소시켰다. 이 연구소는 피터 디바이 등의 피난처가 되어주었다. 자신의 육체적·행정적 영향력이 계속해서 쇠락하는 사이에도 플랑크는 쉼 없이 행동했고 그에 따른 공격도 중단 없이 계속되었다. 친나치 과학자들은 "모든 참된 사고를 배제시키는 수학으로" 유대적 사고를 퍼뜨린다며 비난하고, 플랑크의 유명한 공식은 "실험결과들에 끼워 맞추다 얻어걸린 수학적 재구성"이라며 평가절하했다. 한 마디로 그들은 사실상 현대물리학 자체를 욕보이려는 불가능하고 우스꽝스런 시도를 하고 있었다.

이렇게 고령의 플랑크는 1937~1938년 사이 아카데미와 카이저 빌헬름 협회에서 모두 물러났다. 하지만 이후에도 플랑크는 결코 멈추지 않았다. 곧 전국을 돌아다니는 순회 연설가가 되었다. 80세의 나이에 순회 설교자가 된 플랑크는 과학과 종교는 조화될 수 있음을 자주 언급했다. 그는 죽을 때까지 27년간 교회 장로였다. 과학적 질서와 종교의 신을 동일시하는 플랑크의 『종교와 과학』은 5판을 발행했다. 플랑크는 각 개인은 자기본성의 종교적 측면과 과학적 측면 모두를 함께 발전시켜야 함을 강조했다. 그가 보기에 종교와 과학이 함께 해야만 '회의주의, 교조주의, 불신앙, 미신에 대항하는 꾸준한 투쟁'이 가능한 것이었다. "이 투쟁에서 우리를 이끄는 표어는 태고부터 가없는 미래까지 언제나 '신을 향하여 앞으로!'이다." 특유의 차분한 어조로 과학과 종교의 융합을 낙관주의적 관점으로 피력하는 플랑크의 연설들은 아마겟돈을 연상케 하는 대전쟁의 와중 많은 이들을 위로하고 희망을 주었다. 인도철학과는 대조적으로 중국철학(유교)은 현실 긍정적이었기에 플랑크는 마음에 들어 했다. "누구든 삶의 의미를 부정하는 사람은, 모든 윤리의 전제조건인 근본적 통찰의 전제조건을 동시에 부정하는 것입니다." 누구보다 참혹한 비극의 개인사가 있었기에 그의 말은 큰 울림을 가진다. 우리는 행복할 권리를 타고난 것이 아니기에 우리는 운명이 준 모든 선물, 만족스러운 시간들 하나하나를 과분한 은총으로 생각해야 한다고 했다. 그는 마지막의 마지막까지 절망하거나 포기하지 않았고, 모진 운명을 원망하지도 않으며 때론 체념으로도 보이는 고통의 감내를 계속했다. 그리고 세상의 어떤 힘도 빼앗을 수 없는 유일의 소유물 '의무의 성실한 이행으로 표출되는 깨끗한 양심'을 고수하라고 권고했다. 뜬구름 같은 슬로건이 아니라 그의 평생 동안 일치된 행동이 증명한 진심이었다.

3

힐베르트의 노년

인종주의의 광풍

힐베르트가 70세가 되던 1932년 국회의원 선거에서 그간 몇% 지지율에 불과했던 나치는 1/3에 가까운 의석을 얻으며 약진했다. 다음 해 1933년 1월 히틀러가 수상이 되었다. 집권하자마자 나치는 정재계와 학계, 문화예술계에서 '악의 세력'을 쫓아내기 시작했다. 대학 근무자 중 순수 유대인의 혈통은 모두 추방하라는 명령이 내려왔다. 힐베르트는 국적, 인종, 성별에 대한 편견이 전혀 없었기에, 역설적으로 괴팅겐은 이 조치의 피해를 더욱 심각하게 입을 수밖에 없었다. 클라인의 후계자 쿠란트, 민코프스키의 뒤를 이은 란다우, 업적을 쏟아내던 여성 수학자 에미 뇌터, 16년간 조수였던 베르나이스, 괴팅겐 물리학과의 상징이라 할 수 있었던 막스 보른과 제임스 프랑크가 모두 유대인이었다. 괴팅겐 자연과학부 교수 7명을 퇴출시키라는 구체적 명령이 내려왔다.

괴팅겐의 위대한 양자역학 발전을 이끈 보른은 영국으로 떠나야 했다. 1933년 4월 말, 보른은 괴팅겐을 떠나며 아인슈타인에게 편지를 보냈다. 보른은 신문에서 '시민으로서 적당하지 않은 사람들' 명단에 자신의 이름이 있는 것을 보았다고 언급했다. 편지를 받는 아인슈타인은 이미 미국에 있었다. 사실 이 시기 독일은 보른이 그나마 편지를 쓰고 있었다는 것이 놀라울 정도로 상황이 빠르게 나빠지고 있었다. 보른은 곧 독일을 미련 없이 떠났다.

아인슈타인은 이렇게 답장했다. "당신과 프랑크의 사임을 환영합니다. 이제 당신들은 위험이 없으니 신께 감사할 뿐입니다. 하지만 젊은 이들을 생각하면 가슴이 아픕니다." 보른은 이후 1934년 3월이 되어서야 간신히 케임브리지에 정착한 뒤 다시 아인슈타인에게 편지를 쓸 수 있었다. 프랑크는 1차 대전 참전용사이고 1925년 노벨상 수상자라 첫 해직대상에서는 제외되었다. 하지만 프랑크는 모욕감 속에 항의표시로 신문에 공개적으로 알리며 사직서를 제출했다. 그리고 차별적 조치가 심해지기 전 바로 떠났다. 프랑크와 보른이라는 쌍두마차가 사라졌다. 나치는 아예 괴팅겐 물리학 자체를 퇴출시킨 셈이었다. 미국으로 간 프랑크는 이후 존스 홉킨스 대학과 시카고 대학을 거치며 많은 후학을 양성했고, 원폭 개발과정에도 많은 영향을 미쳤다. 괴팅겐이 쌓은 수백 년의 전통과 명성이 무너져 내리는 데는 불과 몇 주가 걸렸을 뿐이다. 대체 불가능한 업적을 쌓고 존경받던 학자들이 오직 유대인이라는 이유로 축출 당했다. 힐베르트는 강의에서 배제된 쿠란트에게 "왜 소송하지 않는가? 주 법정에 가란 말이야. 도대체 이런 불법이 어디 있나!"라고 화를 냈다. 그는 이런 상황변화를 이해하지 못했다. 어쩌면 당연했다. 그는 독일의 법치에 대한 자부심으로 살아온 프로이센 출신의 노인이었다. 더구나 아버지는 판사였던 사람이다. 당연히 '정의로운' 독일의 구시대를 신봉했다. 하지만 독일은 이제 히틀러의 독일이었다. 법의 이름 아래 교묘한 행정명령들이 하나씩 진행되며 독일은 비열한 법치의 길을 가고 있었다. 사람들은 이 신정부가 어디까지 상황을 밀고 나갈 것인지 생각이 갈렸다. '끝까지' 진행될 것이라고 판단했던 사람들과 해외에서도 좋은 대접을 받을 수 있는 사람들은 그래도 상황이 비교적 좋을 때 독일을 떠날 수 있었다. 하지만 순진하게 독일의 법치와 정의를 믿고 있었던 사람들은 자신의 재산과 생명을 지킬 수 있는 그나마의 기회조차도 차례차례 사라져갔다.

란다우는 독일제국시대에 교수로 임명되었기에 잠시 추방에서는 제외되었다. 하지만 란다우가 신입생들의 미적분 강의를 하러 갔을 때, 친 나치 학생 무리가 그를 가로막았다. 그리고 "당신이 고등수학을 가르치는 것은 묵인하지만, 우리는 신입생들이 유대인에게 첫 강의를 듣게 두지는 않겠다."라는 말을 들어야 했다. 괴팅겐 교수로서 당할 수 있는 극한의 모욕을 경험한 란다우도 조금 뒤 결국 괴팅겐을 떠났다. 쿠란트는 1차 대전에서 용감히 싸운 역전의 상이용사였고, 뇌터를 위해서는 유명인들의 이름이 빼곡하게 들어간 진정서가 제출되었다. 하지만 아무 소용없었다. 모두 차례차례 괴팅겐을 떠났다. 당대 세계 최고의 지성으로 인정받던 사람들이 당했던 수모가 이 정도였으니, 괴팅겐을 넘어 독일과 유럽에 미친 학문의 참화는 언급할 필요조차 없을 것이다. 인류문명의 정수들을 돼지들이 분뇨 속에서 짓밟고 있었다. 오토 뇌게바우어가 새 수학과 학과장이 되었지만 총장실에서 충성선언에 서명하라는 요구에 반대하고 하루 만에 물러났다. 바일이 다음 학과장이 되었다. 바일은 백방으로 노력을 기울였지만 아무것도 바꿀 수 없었다. 늦여름까지의 불과 반년 사이 이 모든 사람이 떠나갔다. 스위스로 휴가를 간 바일에게 미국의 많은 친구들이 속히 독일을 떠나라고 간청하는 편지들이 쇄도했다. 아인슈타인이 프린스턴에서 같이 일하자고 결국 그를 설득했고 바일은 프린스턴에서 아인슈타인과 합류했다. 이렇게 힐베르트만 남겨졌다. 자신의 사비로 베르나이스 한 명만 조수로 계속 고용했고 마지막으로 두 명에게 박사학위를 줄 수 있었다. 힐베르트가 지도교수인 수학박사는 이로써 69명이 되었다. 그것으로 마지막이었다.

괴팅겐 붕괴

막스 플랑크의 노년을 독일과학의 붕괴라고 볼 때, 힐베르트의 노년은 독일수학의 붕괴를 의미한다. 여러 면에서 둘의 생애는 과학과 수학이라는 차이를 빼면 반사된 거울상 같은 삶이었다. 물론 막스 플랑크는 마지막까지 자신을 둘러싼 세계의 붕괴를 하나하나 정확히 느낄 수 있는 판단력을 유지했었다. 하지만 힐베르트의 영혼은 자신의 육체가 나치 시대 자체를 보지도 듣지도 생각하지도 않기를 바랐던 모양이다. 만년에 그의 지적 쇠퇴는 나치 시기의 상황을 적절히 판단할 수 없는 수준까지 고립되었다. 개인의 삶으로 볼 때는 차라리 다행이었다.

1934년 나치 교육부 장관이 "유대인들에게 해방된 괴팅겐 수학은 이제 잘 돌아갑니까?"라고 물었을 때, "괴팅겐 수학이요? 아무 문제도 없습니다. 존재하지 않으니까요."라고 힐베르트가 받아쳤다는 이야기는 유명하다.[2] 힐베르트의 과감한 기백과 솔직담백한 인성을 언급할 때 자주 인용되는 일화다. 하지만 이 일화를 위대했던 수학자의 호쾌한 일갈로 웃어넘길 수만 없는 것은, 이 말이 액면 그대로의 사실이라는 데 있다. 나치의 반유대정책으로 독일 전역에서 대동소이한 일들이 벌어지고 있었지만, 국제적 연구의 산실이었고, 유대계의 수학자와 과학자가 많이 포진하고 있었던 괴팅겐의 피해는 훨씬 도드라졌다. 대학 건물들에도 하켄크로이츠가 나부끼고, 대학 인쇄물들이 독일 고대 문자체로 만들어지기 시작하자, 나치 관리가 수학과의 책임을 맡았다. 1933년 겨울학기에 힐베르트는 수학과에서 마지막 강의를 했고 이후 다시는 수학과에 나타나지 않았다. 1932년의 라디오 연설은 힐베르트 최고의 순간이었다. 70세에도 그의 정신력은 여전히 빛을 잃지 않았었다. 하지만 히틀러의 독일이 힐베르트의 육체를 둘러싸자, 그의 영혼은 칸트와 괴테와 베토벤의 독일로 도피했다. 믿고 싶지 않은 현실을 부정하고 싶은 그의 정신적 갈등이 그의 급격한 노쇠를 불렀으리라.

1934년 상황은 급속히 더 나빠졌다. 힌덴부르크 대통령이 여름에 죽자 히틀러는 대통령 직위도 이어 받아 총통이 되었다. 베르나이스마저 결국 스위스로 떠나야 했다. 뇌터는 짧은 시간 미국에 자리 잡고 수학사에 큰 족적을 남겼지만 1935년 수술 후 사망했다. 이 시기 이후 힐베르트는 완전한 침묵으로 들어갔다. 1935년 블루멘탈이 집필한 힐베르트의 마지막 논문집이 발간되었다. 블루멘탈은 결론부에 이렇게 적었다. "새로운 것을 창조하는 데는 민코프스키를, 더 옛날로 거슬러 올라가면 가우스, 갈루아, 리만 등을 힐베르트보다 더 위에 놓을 수 있다. 그

---

2 약간 다른 버전에서는 새 프로이센 교육부 장관이 힐베르트에게 "교수님, 유대인들이 떠나고 교수님 연구소가 큰 타격을 받았다는 것이 사실인가요?"라고 걱정스럽게 물었을 때, 힐베르트는 "장관님, 연구소는 전혀 타격받지 않았습니다. 더 이상 존재하지 않으니까요."라고 대답했다고 한다. 기본맥락은 대동소이하다.

326   휘어진 시대 2

러나 여러 결과를 종합해내는 능력에 있어서는 힐베르트와 견줄 만한 사람이 없다." 그 해 9월에는 뉘른베르크법이 제정되었다. 이 〈독일 혈통과 독일제국 시민의 명예보호를 위한 법령〉은 결국 유대인 시민권 박탈과 학살의 법적 근거가 되었다. 그 해에 이 법에 근거하여 위대한 업적에도 불구하고 블루멘탈마저 아헨 교수직이 박탈되었다. 광기는 흘러 넘쳐 힐베르트도 이름이 다비트라는 이유로 유대계라며 잠시 의심받았을 정도였다.

이때쯤 힐베르트는 이미 지칠 만큼 지쳤을 듯하다. 1936년 뉴욕대에 자리 잡은 쿠란트가 오슬로 세계 수학자 대회에 와서 힐베르트에게 전화했다. 이때 쿠란트에게 힐베르트는 무슨 말을 해야 할지 몰랐다. "무슨 말을 해야 하지? 잠깐 생각하게 기다려주게."라는 말을 반복했다. 2~3년 사이 힐베르트의 지력은 급속히 쇠락했다. 1937년 75세가 된 힐베르트에게 기자가 질문하자 "나는 오래전부터 기억하지 않기로 했다네."라고 대답했다. 1938년 마지막 생일파티에는 몇 명만 모여 점심을 같이 했다. 이미 3년 전에 해직된 블루멘탈에게 힐베르트가 이번 학기에는 무엇을 강의하는지 물었다. 블루멘탈이 자신은 더 이상 강의하지 않는다고 하자 힐베르트는 무슨 뜻인지 다시 반문했다. "저는 강의를 금지당하고 있습니다." "있을 수 없는 일이네. 범죄를 저지르지 않는 한 누가 교수를 해임한단 말인가? 왜 자네는 법에 호소하지 않나?" 그러면서 힐베르트는 모두에게 화를 냈다. 그는 믿고 싶지 않은 현실을 받아들이려 하지 않았다. 곧 학술지 표지에서도 블루멘탈의 이름은 빠졌다. 나치는 유대인의 모든 흔적을 지워나갔다. 이 해에 란다우가 죽었고 블루멘탈은 네덜란드로 떠났다. 1939년 힐베르트의 조수는 게르하르트 겐첸이었다. 힐베르트 요청으로 쉴러의 시를 낭송해주곤 했었던 겐첸은 전쟁이 발발하자 결국 떠났다. 겐첸은 후에 체포되어 프라하에 수감되었고 1945년 사망했다.

1940년 지겔은 오슬로에서 강연 부탁을 받고 떠날 결심을 굳힌 뒤 힐베르트를 마지막으로 보기 위해 집을 찾았다. 오슬로에 가자 이미 보어 형제가 미국으로 떠날 배편과 프린스턴의 일자리를 마련해둔 것을 알았다. 지겔이 오슬로를 떠난 이틀 뒤에 독일군은 노르웨이를 침공했다. 극적인 경우였다. 하지만 모두가 이렇게 운이 좋지는 못했다. 네덜란드에 독일군이 침공하자 블루멘탈은 탈출 시기를 놓쳤다. 1942년 힐베르트의 마지막 사진들을 보면 언제나 순수하게 빛나던 눈동자가 의심에 가득 찬 노인의 눈초리로 바뀌어 있다. 이 해에 힐베르트는 거리에서 넘어져 팔이 부러졌고, 합병증으로 다음해인 1943년 2월 14일 사망했다. 장례식에는 10여 명밖에 참석하지 않았다. 유명인 중에는 뮌헨에서 오랜 친구 조머펠트가 온 정도였다. 위대한 수학의 거인이 타계했다는 소식은 전 세계로 천천히 전해졌으나 전쟁의 와중이라 중요하게 취급되지 못했다. 영국에서 막스 보른은 소식을 듣고 힐베르트가 민코프스키보다 30년 이상을 더 살았지만 나치 정권 아래의 고독한 죽음이 전성기에 세상을 떠난 친구의 죽음보다 덜 비극적이라고 감히 말할 수 있을까 생각했다. 몇 달 뒤 블루멘탈은 네덜란드에서 게시타포의 유대인 검거에 걸려 체포되었고 체코슬로바키아로 이송되어 다음 해인 1944년에 사망했다. 1945년 1월 17일 힐베르트의 부인 케테가 거의 실명상태로 죽었다. 이번엔 장례식에 참석할 지인들조차 없었던 쓸쓸한 죽음이었다. 전쟁의 막바지에 모든 이들이 죽음에 무감각해져 있었다. 조사를 읽어줄 사람조차 없어 힐베르트의 아들은 모르는 여인에게 부탁을 해야 했다. 그 해 독일 패전으로 그들의 고향 쾨니히스베르크는 소련 영토가 되어 칼라닌그라드로 이름이 바뀌었고 소련군 해군기지가 되었다.

힐베르트의 개인적 세계는 비극으로 끝났지만 그가 남긴 수학의 세계는 히틀러의 세계보다 훨씬 견고했다. 《네이처》는 힐베르트가 죽자 "전 세계 수학자들의 연구 분야 중 힐베르트의 업적에서 연유되지 않은 사람은 극소수다."라고 적절히 평했다. 힐베르트 공간, 힐베르트 부등식, 힐베르트 변환, 힐베르트 공리, 힐베르트 유체론, 힐베르트 불변적분 등 그의 이름이 남은 업적은 헤아릴 수 없다. 그중에서도 가장 중요한 것은 후속세대에게 힐베르트 정신을 물려주었다는 점이다. 헤르만 바일은 프린스턴에, 리하르트 쿠란트는 뉴욕에 자리 잡는 등 그의 제자들은 전 세계로 퍼져나갔다. 20세기 수학의 수학기초론, 초수학, 증명론과 현대물리학의 상대성이론, 양자역학은 괴팅겐의 수학과와 물리학과를 거쳐 간 이들의 손으로 이루어졌다. 그들은 모두 힐베르트의 영향력 속에서 교육받았던 사람들이다. 바일의 표현처럼 그는 괴팅겐의 '피리 부는 사나이'였다.

2차 대전 직후 독일에서 제일 먼저 문을 연 대학은 역시 괴팅겐이었다. 하지만 옛 인물들 중에는 보른, 단 한 사람만 끔찍한 학살이 지나간 땅으로 다시 돌아왔다. 보른에게 '괴팅겐'은 '독일'과는 다른 의미였다. 이 시기 독일의 수학과 과학은 한 세대를 잃었고, 그 반사이익은 고스란히 미국이 얻었다. 아인슈타인, 프랑크, 괴델, 디바이, 폰 노이만, 위그너, 파울리 등 나치가 내팽개친 인류의 보석들은 열거하기에도 벅차다. 힐베르트의 삶과 괴팅겐은 이 모든 영광과 비극을 함께 보여주는 상징이다.

4

러더퍼드의 노년

캐번디시 원자 연구의 황혼

캐번디시 연구소의 퇴조는 다름 아닌 채드윅의 이탈로 시작되었다. 1919년 맨체스터에서 러더퍼드를 따라 캐번디시로 왔던 채드윅이었다. 러더퍼드의 오른팔로 불리며 신임이 두터워 처음부터 연구소 부소장을 맡아왔던 그다. 그런 채드윅이 1932년 중성자를 발견한 지 얼마되지 않아 리버풀 대학으로 떠나버렸다. 부소장의 이탈로 연구소 조직의 변화가 불가피했다. 이것은 연구소 전체의 쇠퇴로 연결될 수도 있는 충격적 사건이었다. 러더퍼드는 불같이 격노했다. 하지만 언제나처럼 화를 가라앉힌 뒤에는 채드윅과 관계를 정상화하기 위해서 노력했다. 리버풀 대학에서 러더퍼드의 편지를 받아본 채드윅은 통곡했다고 한다. 그런 노력의 결과 둘의 관계는 어느 정도까지는 회복되었다. 러더퍼드는 이후 채드윅을 후계자로 염두에 두었으나 러더퍼드의 갑작스런 사망으로 이루어지지 못했다. 러더퍼드의 급서로 채드윅은 자신이 가장 존경했던 스승과 완전한 화해를 이루지 못한 것을 두고두고 괴로워했다. 1969년에 채드윅은 이런 인터뷰를 남겼다. "시간이 지남에 따라 새로운 실험기구 없이 연구하는 것이 매우 어렵게 되었습니다.……연구의 한계에 도달했지요.……나뿐만 아니라 다른 연구원들 모두의 눈에도 고에너지로 가속된 양성자가 필요하다는 것이 명확해졌습니다. 그러나 그것은 더 넓은 공간, 더 많은 예산, 그리고 새로운 기술을 필요로 했습니다.……러더퍼드는 복잡한 기구를 아주 싫어했습니다. 그는 간단한 실험기구만으로도 많은 성과를 거두었기 때문에 연구소에 크고 복잡한 기구가 들어오는 것을 원치 않았습니다.……내가 이 문제를 러더퍼드와 논의했다면 큰 다툼으로 번졌을 겁니다.……그래서 아무 말 없이 떠났던 겁니다." 채드윅의 회고는 '러더퍼드의 캐번디시'가 도달한 한계와 그 이유를 명확히 설명해준다.

1932년 콕크로포트가 만든 양성자 가속기는 3년 만에 개발에 성공했던 것이다. 이제 캐번디시 연구소는 인공장치로 원자핵을 쪼갤 수 있게 된 것이다. 하지만 이 우위는 오래가지 못했다. 다음 해인 1933년에 바로 중요한 변화가 나타났다. 유럽대륙에서는 히틀러가 집권했지만 캐번디시 연구소로서는 미국에서 사이클로트론이 만들어진 것에 주목했어야 했다. 콕크로포트의 입자가속기 개발 불과 1년 만에 버클리 칼텍의 로렌스가 훨씬 더 좋은 입자가속기를 만들어냈다. 입자를 직진시키는 콕크로포트의 방법보다 입자를 여러 번 회전시켜 더 빠른 속도를 얻어낼 수 있는 원형의 사이클로트론이 훨씬 더 좋은 실험장비 임은 상식적으로 추론이 가능하다. 하지만 콕크로포트와 파울러는 1933년에 이를 보고 와서도 "우리가 캘리포니아보다 훨씬 앞서 있다."고 보고했

초기의 사이클로트론

입자를 고속으로 회전시켜 충돌시키는 사이클로트론은 오늘날 원자연구의 표준장비다. 로렌스가 사이클로트론을 개발한 뒤 빠르게 유행했고 원자연구의 속도와 방향을 크게 바꿔놓았다. 하지만 러더퍼드는 이 새로운 유행에 민감하게 대응하지 못했다. 원자연구가 바로 자기 자신에 의해 개척된 분야였기 때문에 러더퍼드는 캐번디시 연구소가 원자연구의 표준이자 중심이라는 생각을 버리기 힘들었다.

고 러더퍼드는 이를 믿었다. 러더퍼드는 이후 로렌스의 여러 충고에도 귀 기울이지 않았다. 채드윅은 사이클로트론의 필요성을 확신했지만 러더퍼드와 콕크로프트는 입자를 직진시키는 고전위직선법을 계속 고수했다. 채드윅이 캐번디시를 떠난 이유에는 사이클로트론을 자유롭게 만들기 위한 이유가 컸다. 리버풀 대학은 사이클로트론의 건설을 약속해줬던 것이다.

1936년에야 러더퍼드는 결국 사이클로트론 하나를 만들기로 결정했다. 그러나 때는 너무 늦어 있었다. 캐번디시 연구소는 2차 대전 말쯤에는 버클리보다 두 세대 뒤처진 입자가속기를 가지고 있었다. 이미 원자 연구의 주도권이 미국으로 완전히 넘어간 상태가 되었다. 사실 그들이 만든 것은 당시 일본에서 만들어진 것보다도 작았다. 1차 대전 말까지 원시적으로 보이는 단순한 장비들로 러더퍼드와 그의 제자들은 놀라운 발견들을 해냈다. 1920년대에도 애스턴, 블래킷, 콕크로프트, 카피차 등의 러더퍼드의 '아이들'은 강렬한 열정으로 원자 내부를 탐사했다. 하지만 1930년대가 되면 실험도구들은 최첨단의 공장조립라인처럼 거대화되고 정밀해졌다. 새로운 실험에는 돈이 많이 들었다. 개인적 기부로는 한계에 도달했다. 이전에는 캐나다 맥길 대학의 맥도널드, 벨기에의 솔베이, 덴마크의 칼스버그 같은 사례들은 매우 성공적이었다. 하지만 이제는 록펠러, 카네기멜런 가문의 지원으로도 연구비는 부족해지고 있었다. 1930년대 초반에는 유럽에서 오직 캐번디시 연구소만이 이런 연구에 필요한 자금을 조달할 수 있었다고 봐도 과언이 아니었다. 그 결과 중성자는 캐번디시에서 발견될 수 있었다. 하지만 1930년대 중반을 지나면 미국의 연구규모는 유럽적 스케일을 크게 추월했다. 이제 원자연구는 러더퍼드식의 단순하고 직관적인 세련됨에서 캘리포니아식의 크고 복잡한 공학적 연구로 전환되었다. 두세 명의 공동연구에서 수십 명이 매달리는 학제적 연구로 바뀌었다. 어쩌면 러더퍼드는 한 사람의 역량으로 실험의 모든 것을 이해할 수 있는 마지막 세대였다고 볼 수 있다. 러더퍼드는 캐번디시의 영광이 아직 유지되던 1937년에 죽었기에 자신이 쌓아올린 캐번디시 원자연구의 몰락을 보지 않을 수 있었다. 아마 러더퍼드가 살아 있었다 해도 이후 시대흐름의 변화를 돌이키기는 힘들었을 것이다.

러더퍼드의 죽음

세계 물리학의 선도자로서 캐번디시 연구소의 역할은 점차 줄어들고 있었지만, 러더퍼드는 1930년대에도 열정적으로 중요한 역할들을 수행해냈다. 1931년 러더퍼드는 넬슨 남작이 되었다. 작위를 받으며 러더퍼드가 만든 가문의 라틴어 문장은 "사물의 기초에 의문을 품어라.(primordia quaerere rerum.)"였다. 1933년 나치 독일에서 쫓겨난 학자들이 늘어나자 그 구호 활동을 위해 학자구호회의가 만들어졌다. 러더퍼드는 회장으로 추대되어 적극적으로 활동했다. 1936년까지 이 위원회는 1300명의 독일인을 도왔다고 보고했다. 이 단체의 활동으로 363명의 학자가 자리를 잡았고, 324명이 임시직을 얻을 수 있었다. 채드윅을 떠나보낸 지 2년도 되지 않은 1934년, 카피차가 과학회의에 참석하러 소련으로 갔다가 돌아오지 못한 것은 큰 상실감을 주었다. 본인의 의사에 반하는 사실상 납치나 다름없는 일이었다. 러더퍼드는 수년간 카피차를 돌려보내달라고 소련대사관을 압박했다. 소련대사관은 간단히 대응했다. "소련이 러더퍼드 경을 갖고 싶은 만큼 케임브리지는 세계의 모든 유명 과학자들을 모으고 싶을 것이다." 어쩔 수 없게 된 러더 퍼드는 카피차에게 조금이라도 도움이 될 수 있도록 그의 실험도구들을 소련에 싸게 팔았다. 카피차는 소련에 새롭게 만들어진 물리학 연구소 소장직을 맡게 되었고 고풍스런 저택도 제공되었지만 새장 속의 새처럼 살아가야 했다.

1937년 10월 아직 66세로 명성과 권력과 건강이 충분하던 때에 러더퍼드는 갑작스럽게 죽음을 맞았다. 장 마비 증세가 왔고 쉽게 고칠 수 있을 것으로 봤지만 드물게도 혈관이 막혔고 발병 4일 만에 사망했다. 볼로냐에서 학술회의 참가 중 비보를 받은 보어는 눈물을 흘리며 이 소식을 국제학술회의에서 전했다. 자신이 가장 아꼈던 제자의 장례식에서 스승 톰슨이 조사를 읽었다. 러더퍼드는 웨스터 민스터 사원의 뉴턴 묘역 바로 옆의 복도에 묻혔다. 연금술에 심취했던 뉴턴처럼 러더퍼드는 원자 안에 뉴턴이 만들었던 세계와 비슷한 것을 만든 진짜 연금술사였다. 현재 러더퍼드는 뉴질랜드 100달러 지폐의 주인공이고 104번 원소는 러더포듐이라는 이름이 붙어 있다.

놀라운 성과들은 러더퍼드였기에 가능했고, 러더퍼드만이 아니었기에 가능했다. 전 세계의 가능성 있는 연구진들이 적절히 모여들었고, 이들을 효과적으로 배치한 결과 러더퍼드의 연구소들은 성과를 낼 수 있었다. 캐번디시 연구소는 영국에 있지만 진정한 의미에서 영국적 연구가 아닌 국제적 연구의 절정을 러더퍼드라는 창을 통해 보여주었다. 그리고 그 결과 캐번디시는 진정한 의미에서 '원자의 고향' 그 자체가 되었다.

러더퍼드 이후의 캐번디시 연구소

러더퍼드는 갑작스럽게 사망했기 때문에 자신이 염두에 둔 후임인사를 진행하지 못했다. 많은 이들은 그가 은퇴 전 채드윅을 부르려고 했다고 믿는다. 러더퍼드의 후임으로 제5대 캐번디시 연구소장이 된 사람은 1915년에 25세로 노벨상을 수상했던 로렌스 브래그(아들 브래그)였다. 브래그는 러더퍼드가 1919년 맨체스터 대학에서 캐번디시로 올 때 후임으로 맨체스터에 갔었으니 계속해서 러더퍼드의 자리로 옮겨온 셈이었다. 브래그는 이제 주도권을 빼앗긴 원자 내부에 대한 연구보다는 현실성 있는 연구에 집중하기로 했다. 실제 투입자금의 규모와 인력 면에서 이제 미국과 경쟁한다는 것은 거의 불가능해진 상황이었다. 브래그는 자신의 재임기간(1938~1954) 동안 연구소의 주 연구 분야를 엑스선 결정학 연구로 전환했다. 바로 브래그 자신이 개척한 분야기도 했다. 특히

왓슨과 크릭, 브래그
DNA 이중나선 구조를 발견한 왓슨과 크릭의 업적은 캐번디시 연구소에서 나왔다. 1930년대까지 원자연구를 주도하던 연구소에서 1950년대가 되자 전혀 새로워 보이는 업적이 탄생한 것이다. DNA 구조 발견은 연구소장의 역량과 성향이 연구소에 어떤 영향을 미치는지도 잘 알려준다. DNA 구조발견을 가능하게 한 엑스선 결정학은 바로 연구소장 브래그가 개척한 분야였던 것이다.

당시 떠오르던 분야인 생체 물질들의 결정 구조 연구에 집중했다. 이 전략은 또 한 번 성공을 거두며 캐번디시 연구소가 건재함을 알려줄 수 있었다.

1953년 프랜시스 크릭(Francis Harry Compton Crick, 1916~2004)과 제임스 왓슨(James Dewey Watson, 1928~)에 의해 DNA의 이중나선 구조가 캐번디시 연구소에서 발견된 것이다. 그 결과 1962년의 노벨 화학상과 생리의학상은 캐번디시 연구소 연구원들이 휩쓸었다. 연구소장의 특성이 연구소에 미치는 영향을 잘 알 수 있는 이야기다. 이후 1954년 네빌 모트(Sir Nevill Francis Mott, 1905~1996)가 6대 소장으로 취임해 1971년까지 연구소를 지휘했다. 모트는 1977년에 노벨상을 수상해서 역대 연구소장은 모두 노벨상을 받은 기록도 세웠다. 이때까지 캐번디시 연구소 재직 중 연구로 노벨상 수상은 24회였고, 캐번디시 연구소를 거쳐 간 사람을 모두 꼽아보면 29명이 노벨상을 받았다. 1962년에 분자생물학 연구실은 독립해 나갔고, 1974년 단 하나의 건물에서 100년에 걸친 참으로 많은 이야기를 남긴 채 캐번디시 연구소는 케임브리지 외곽의 현재 위치로 옮겨갔다.

카피차를 잃은 러더퍼드의 마지막 날들

러더퍼드와 카피차는 서로를 더할 나위 없이 아끼고 인정했다. '러더퍼드만 빼고 모두가 아는' 악어라는 별명을 러더퍼드에게 붙여 줬던 카피차는 1934년 조국을 방문했다가 다시는 돌아오지 못했다. 스탈린은 카피차를 영국으로 돌려보낼 생각이 없었다. 러더퍼드는 할 수 있는 모든 방법을 동원해서 소련 정부에 카피차의 귀환을 부탁했다.—심지어 러더퍼드는 볼드윈 영국수상에게까지 부탁했다. 소련정부는 "물론 영국은 카피차가 영국에 있으면 좋을 것이다. 하지만 우리도 러더퍼드가 소련에 있으면 좋겠다."라는 말로 영특하게 거절했다. 카피차 친척이 영국주재 소련대사에게 이렇게 호소했다. "어차피 당신들은 그를 가질 수 없을 겁니다. 우리 표트르는 아주 완고합니다." 그러자 소련대사는 "그런데 우리 스탈린 동지는 더 완고합니다."라고 답했다. 카피차를 데려오기 위한 모든 노력들이 실패하자 러더퍼드는 존경스러운 모습을 보여주었다. 카피차가 사용하던 거대한 규모의 모든 장비를 소련에 보내준 것이다. 그렇게 러더퍼드는 애제자에 대한 애정과 국경을 초월하는 과학 공동체에 대한 무한한 믿음을 보여주었다. 아직까지 과학자들의 국제적 우정은 동작할 수 있었다. 냉전 이후라면 어떤 경우에도 불가능했을 일들이다.

소련에 '갇힌' 카피차는 1936년 러더퍼드에게 보낸 편지에 이렇게 썼다. "우리는 그저 우리가 운명이라고 부르는 어떤 흐름 속에 부유하는 물질 속 작은 입자에 불과합니다……그 흐름이 우리를 지배하지요." 쾌활한 호걸의 어투는 염세적이 되어 있었다. 1935년에야 모스크바로 가서 남편과 함께 생활하게 된 부인 안나는 러더퍼드와의 연결이 그나마 남편을 자살하지 않고 살아가게 하는 힘이라고 보았다. "저는 카피차의 생명이 선생님께 빚지고 있다고 확신합니다. 선생님을 향한 남편의 사랑과 존경이 없었다면, 선생님의 헤아릴 수 없는 도움이 없었다면……그는 죽었을 겁니다." 시대는 여러 사람의 운명을 잔인하게 바꿔놓기 시작했다. 소련은 이후 카피차를 위해 새 연구소를 지어주고 극진한 대접을 했다. 그러나 절대 자신들의 새장 밖으로 카피차를 내보내지 않았다. 심지어 카피차가 1978년 노벨 물리학상을 수상할 때까지 그를 다시 만난 사람은 거의 없었다.

캐번디시 연구소로서는 카피차의 손실이 하나의 신호탄이었다. 그 후 몇 년간 캐번디시 연구소는 핵심 인력들이 빠져 나가며 원자연구 중심지로서의 명성을 잃기 시작했다. 블래킷과 채드윅 등이 떠나간 뒤 러더퍼드는 갑자기 늙어갔다. 그리고 그답게 결코 그것을 인정하지 않았다. 러더퍼드가 실험 중 손을 심하게 떨자 조수가 기력이 좋지 않으시냐고 걱정하자, "기력이라니, 염병할! 네가 테이블을 흔들고 있잖아!"라고 고함쳤다. 1937년 10월 14일 비교적 건강하던 66세의 러더퍼드는 조금 힘든 일을 한 뒤 심하게 넘어졌다. 약간의 탈장이 발생했지만 간단한 수술로 완치될 듯 보였다. 하지만 수술 후 감염증세가 있었다. 항생제를 발견하기 전이라 치명적이었고 10월 19일 결국 사망했다. 러더퍼드는 웨스터민스터 뉴턴 무덤 서쪽에 캘빈경과 나란히 묻혔다. 러더퍼드의 갑작스러운 죽음은 영국 과학계에 충격이었다. 그리고 러더퍼드의 죽음 즈음 이제 원자연구의 중심은 자연스럽게 미국으로 이동해갔다.

5

1930년대의 졸리오퀴리 부부

1933년, 7차 솔베이 회의

1931년 스페인에서는 왕정이 붕괴되고 공화정부가 성립됐다. 공화정부는 여성 투표권 도입, 토지개혁, 작위폐지, 의무교육 실시 등의 엄청난 개혁작업에 가속도를 냈다. 이 급격한 개혁은 기득권 세력의 반감을 불러일으켰고 결국 내전으로 이어졌다. 1933년 스페인 내전이 한창이던 와중에 독일에서는 히틀러가 집권했다. 유럽의 정치적 분위기와 균형추가 급변했다. 히틀러는 1월 말에 집권 뒤 불과 3개월 뒤인 4월까지 정교수—특히 독일 대학 정교수는 아주 권위 있고 안정적인 직업군이었다—313명을 포함해서, 대학 교직원 1000여 명을 해고했다. 법 테두리 안에서 가능한 최고속도로 진행된 숙청이었다. 아인슈타인은 이미 미국으로 도망치듯 떠났다. 1933년의 이런 상황을 본 많은 양심적이고 진보적인 지식인들이 그러했듯이 랑주뱅과 졸리오는 정치적으로 소련으로 기울었다. 랑주뱅은 히틀러의 독일에 대항할 수 있는 세력은 이제 소련뿐이라고 판단했다. 랑주뱅과 졸리오는 이 해에 소련을 방문해서 큰 만족감을 얻고 돌아왔다. 특히 이상주의적인 사람들일수록 당시 소련에게 기만당한 사람들은 많았다. 보여주고 싶은 것만 보여줄 수 있는 극장의 나라라는 사실을 몰랐던 것이다. 당시 소련을 방문한 사람들은 스탈린의 총애를 받고 특권을 누리는 과학자만 볼 수 있었다. 소련이 거대한 감옥 국가이고 시베리아에서는 전혀 다른 지옥도가 그려지고 있다는 것은 알 수 없었다. 사실 이 시기 소련과 독일의 과학은 모두 재앙에 직면하고 있었다. 1933년 10월 어수선한 분위기 속에 제7차 솔베이 회의가 열렸다. 로렌츠 사후라 이번엔 랑주뱅이 주도해서 11개국 41명을 초청했는데 초청자 중 두 명이 참석하지 못했다. 아인슈타인은 미국에 망명해 있었고, 에렌페스트가 비극적 자살을 선택한 뒤였다. 뒤숭숭한 분위기 속에서 랑주뱅은 물리학의 교황이 신대륙으로 이주했으니 이제 미국이 자연과학의 중심지가 될 것이라는 예언적인 말을 남겼다. 빅뱅이론의 창시자 가모브(George Gamow, 1904~1968)는 부부가 함께 와서 솔베이 회의에 참석한 뒤 곧바로 미국으로 탈출했다.[3] 이렇게 아인슈타인은 히틀러를, 가모브는 스탈린을, 에렌페스트는 양자역학을 피해 떠났다.

이 솔베이 회의에서 또 하나 특기할 만한 것은 세 명의 여성이 참석했다는 점이다. 언제나 홍일점이었던 마리 퀴리 외에 딸 이렌이 부부동반으로 참석했고, 독일에서는 리제 마이트너가 참석한 것이다.—사실

---

3 가모브의 미국 망명 이후 소련은 중요한 학자들에게 더 이상 외국여행 허가를 내주지 않았다. 1933년의 이 사건은 다음해 카피차가 소련에서 억류되는 사건에도 영향을 준 듯하다.

7차 솔베이 회의

솔베이 회의 기념사진에는 언제나 마리 퀴리가 홍일점이었다. 그런데 이 7차 회의에는 세 명의 여성이 등장한다. 앞줄 왼쪽에서 두 번째가 이렌, 다섯 번째가 마리, 앞줄 오른쪽에서 두 번째에 마이트너가 있다. (졸리오는 이렌의 뒤에 비껴서 있다.) 시대변화를 상징하는 모습이지만, 한편 새로운 갈등 양상도 나타났다. 그리고 아인슈타인과 에렌페스트가 빠져 있는 슬픈 사진이기도 하다.

마이트너의 경우는 이때 가모브처럼 망명을 생각하는 것이 정상적일지도 몰랐다. 화려한 변화였지만 내용 면에서 이렌 부부에게는 이익이 없었다. 아무도 예상 못했던 일이 벌어졌다. 새로 참석한 두 여성 사이에 묘한 경쟁구도가 형성되어버린 것이다. 발표시간에 이렌과 마이트너는 우라늄 실험을 놓고 충돌했다. 이렌 부부는 앞서 두 번이나 실험결과를 잘못 해석해 실추된 명예를 되살리기 위해 노력 중이었다. 이렌은 양전자가 원자핵에서 방출되고 있다는 요지의 실험결과를 발표했다. 그런데 마이트너가 이렌 부부의 실험결과를 정면으로 반박했다. 그리고 채드윅이 마이트너의 반박에 동조했다. 발표 후 보어와 파울리만 호의적으로 인사했다. 다른 이들은 내심 '부모는 잘 만났지만 솜씨는 고만고만한 이렌'이라는 인상들을 가졌을 수 있다. 사실 이렌 부부는 마리와 랑주뱅의 존재가 아니었다면 초대되지 않았을 수도 있었다. 이렌 부부는 이런 분위기를 충분히 느낄 수 있었다. 마리는 채드윅이 괘씸해서 식사시간 동안 옆에 앉은 채드윅에게 한마디도 하지 않았다.

이렌 부부는 기대를 품고 왔으나 모욕감만 느끼고 떠나야 했다. 사실 그들이 경원시된 것은 이렌 자신의 문제 때문일 수도 있다. 마이트너는 이렌에 대해 이렇게 평가했다. "마담 퀴리의 딸로 인식되는 것을 두려워하는 듯했다. 그런 두려움 때문에 낯선 사람들에 대한 태도가 이상했던 것 같다. 그리고 사회적 관습에 무관심했다. 그녀는 강한 자신감을 가지고 있었는데, 그것은 사교성의 결여로 오해될 수 있었다." '강한 자신감'이라 표현은 결국 '자신도 의식하지 못하는 오만한 태도'의 부드러운 표현이다. 물론 이런 마이트너의 분석을 객관적이라고만 보기는 힘든 면이 있다. 마이트너의 입장에서 보면 자신은 55세의 나이가 되어 '여성'으로서 어렵고 어렵게 여기까지 왔지만, 이렌은 불과 36세의 나이에 '마담 퀴리의 딸'로서 너무나 쉽게 이 자리에 나타난 것이다. 그건 사실이기도 했다. 어쨌든 졸리오퀴리 부부는 작년까지 중성자와 양전자 발견이라는 중요한 경쟁에서 모두 실패하지 않았는가? '어머니 덕분에' 보유하고 있는 엄청난 폴로늄과 라듐을 가지고서도 말이다.[4] 여러 정황으로 마이트너로서는 이렌이 함량미달이라는 선입견을 가지기 쉬웠을 것이다. 또 거의가 '남성'들인 회의장에서 이렌이 발표하면 대부분은 '레이디'의 말에 예의상 침묵했을 것이니 자연스럽게 마이트너가 이의를 제기하는 분위기가 연출되었을 것임도 추측해볼 수 있다. 거기에 독일과 프랑스 특유의 경쟁심도 계산해야 한다. 에피소드가 많았던 회의였지만 어쨌든 이 모욕감은 이렌 부부에게는 채찍질이 됐다. 3주 후인 11월 18일 마이트너는 이렌에게 편지를 보내 자신의 비판이 실수였다고 인정했다. 실험을 거듭해보니 양전자들이 정말 핵에서 나온다는 것을 확신할 수 있었던 것이다. 마이트너의 학자적 인품은 혹시 있었을 작은 질투심보다는 훨씬 거대하고 고결했다.

인공방사능 발견과 노벨상

힘을 얻은 졸리오퀴리 부부는 1933년 12월 새로운 후속실험에 박차를 가했다. 자신들이 결정적 실험을 하고 중성자 발견은 놓쳤던 바로 그 실험을 재검토했다. 알루미늄박을 알파선으로 가격했을 때 양성자가 아니라 중성자와 양전자가 튀어나온 것은 사용한 알파입자들의 에

4　사실 그 엄청난 폴로늄 보유량은 앞서 살펴본 것처럼 이렌과 졸리오의 집요한 노력으로 늘어난 부분도 크다. 하지만 다른 이들의 눈에 그런 것이 보일 리는 없다. '퀴리'라는 이름은 졸리오퀴리 부부에게는 감수해야만 하는 큰 짐이기도 했다.

너지가 너무 강했기 때문이 아닐까라고 생각했다. 이 생각의 검증을 위해 졸리오는 폴로늄을 표적에서 점점 멀어지게 함으로써 알파입자가 표적에 도달했을 때의 속도와 힘을 점차적으로 줄여나가는 실험을 구상했다. 그리고 폴로늄을 특정 거리까지 멀리 떼어놓자 중성자는 나오지 않고 양전자만 나오게 됐다. 그런데 이때 폴로늄을 치워도 양전자는 계속 나왔다. 졸리오는 이렌을 불러 이 이상한 현상에 대해 상의했고, 가이거 계수기에 이상이 없는지까지 거듭 확인했다. 그리고 인공적으로 만들어진 방사능을 발견했다는 결론에 도달했다. 곧 마리와 랑주뱅이 와서 그 실험을 보았다. 졸리오가 실험을 재현했을 때 마리는 자신의 딸과 사위가 과학사에 중요한 발견을 했음을 즉시 깨닫고 강렬한 기쁨의 표정을 지었다. 두 번의 실패 뒤였다. 중성자와 양전자 발견을 놓치고 이룬 값진 성과였다. 외적인 원천을 이용해서 특정 원자핵들을 방사능을 띠도록 한 것, 즉 인공 방사능의 발견이었다.

마리는 딸 부부의 이 성공을 보고 몇 개월 뒤 죽었다. 이 발견은 또다시 새로운 경쟁을 촉발시켰다. 특정 원자핵을 인위적으로 방사능을 띠게 만들 수 있다는 것은 곧 핵의 변환이 가능하고 연금술의 꿈에 다가가는 열쇠임을 모두가 직감했다. 이후 중성자로 원자핵 때리기(?)는 대유행이 되었다. 뒤이은 페르미의 업적들과 1939년 경쟁자 한-마이트너 그룹의 핵분열 발견까지가 어느 정도 이 실험으로부터 유래했다. 졸리오는 '이류학교를 나온 퀴리 가의 데릴사위'라는 콤플렉스를 완전히 해결할 발견을 해냈다. 발견의 의미를 졸리오 스스로 이미 잘 알고 있었다. 1934년 노벨상 수상자 명단에 자신이 없다는 얘기를 조수에게 듣고 졸리오는 "걱정 마, 내년에 탈 테니까."라고 말했다. 그리고 1935년 새로운 방사성 원소의 인공합성으로 졸리오퀴리 부부는 이제 대를 이어 부부 노벨 화학상을 받으며 퀴리 가의 이름은 더더욱 불멸이 됐다.

1935년 노벨상 시상식 연설은 영·프·독을 대표하는 과학자들이 차례로 나섰다. 다가오는 비극의 조짐은 이 수상식에서도 나타났다. 중성자 발견으로 노벨 물리학상을 수상한 영국의 채드윅이 먼저 연설하고, 이어서 인공방사능 발견 공로로 노벨 화학상을 수상한 프랑스의 이렌과 졸리오 부부가 연설했다. 그리고 그 해 노벨 생리의학상 수상자인 독일의 한스 슈페만(Hans Spemann, 1869~1941)이 연설했다. 슈페만은 연설을 끝내며 나치식 경례로 인사했다. 독일에서 온 인사들이 보여준 뚜렷한 변화였다. 프랑스에 돌아온 뒤 이렌은 놀랍게도 새 정부에서 신설된 과학부 차관 임명을 받아들였다. 프랑스에서 여성이 최초로 고위직에 진출한 사례였다. 아마 그 상징성을 알기에 이렌도 마지못해 받아들였을 것이다. 언론은 곧 이렌이 '건방지고 서투르고 순진하다'고 공격하기 시작했다. 이렌의 너무나 정직한 성격은 이때의 일화에서도 드러난다. 싫은 초대를 거절하는 편지에 서명할 때 직원이 가져온 내용은 "참석할 수 없어 유감스럽습니다."라는 문장으로 끝났다. 이렌은 "참석할 수 없습니다."로 문장을 고치고서야 서명했다. 유감스럽지 않았기 때문이다. 이렌의 정직성은 정치가 적성에 맞지 않을 수준이었음을 바로 알 수 있는 일화다. 다행히 이렌의 이 힘든 차관 시절은 두 달에 끝났고 바라던 실험실로 복귀했다. 동생 이브는 이 시기 어머니의 전기를 완성했다. 영화로도 만들어졌던 그 전기는 지금까지도 판매되고 있다.

졸리오의 선택

노벨상 수상 뒤인 1936년부터 이렌과 졸리오는 공동연구를 중단했다. 그리고 다시는 함께 연구하지 않았다. 졸리오가 프랑스 고등학문의 상징인 콜레주 드 프랑스 핵화학 교수직을 얻고 난 뒤 독자적 행보를 시작했기 때문이다. 졸리오는 이제 미국에서 막 유행이 시작된 사이클로트론 건설을 시작했다. 졸리오는 사이클로트론이 미시세계 연구의 표준적 장비가 될 가능성을 정확히 내다봤다. 동시에 졸리오는 능력과 야망을 갖춘 사람이 권위를 갖췄을 때 흔히 선택하는 길을 걸었다. 노벨상의 권위를 더해 세상을 바꾸는 일, 즉 정치적 문제에 자신의 목소리를 내보기로 한 것이다. 그리고 이후 졸리오의 사회적 활동은 아마도 한국에 사는 필자가 1990년대가 될 때까지 그의 이름조차 들어보지 못한 이유였을 것이다. 1934년에 졸리오는 가문의 가치를 따라 프랑스 사회당에 입당했었다. 이때까지 졸리오는 좌파성향이었으나 공산당을 좋아하지는 않았다.

1936년 스페인 내전의 진행상황은 졸리오에게 다른 견해들을 제공해주었다. 막 들어선 민주적 공화정부에 반대해서 프랑코 장군을 중심으로 한 극우세력들이 반란을 일으키자 전 세계의 양심적 지식인들은 당연히 공화정부를 지지했다. 곧 스페인 난민이 프랑스로 들어오기 시작하자 졸리오는 적극적으로 정치활동을 시작했다. 프랑코의 반란군은 독일과 이탈리아의 지원을 받았다. 히틀러는 미래의 전쟁을 대비한 실험으로 공군과 공병대와 전차를 보냈고, 무솔리니는 아예 7만 명이나 되는 병력을 파병했다. 영·프·미는 심정적으로는 공화정부 편이었다. 하지만 국가단위에서는 소련만이 유일하게 소규모 병력을 지원했다.[5] 국제적으로 고립된 스페인 공화정부는 비참하게 패배했다. 피카소가 조국의 현실에 대한 분노와 슬픔을 담아 〈게르니카〉를 그릴 때쯤 졸리오는 그래도 정의감을 가진 유일한 국가는 소련정도라고 생각했

뮌헨 협정 사진

1938년 뮌헨 협정에서 영국과 프랑스는 평화를 위해 비겁한 선택을 했다. 체코슬로바키아를 사실상 독일에 넘겨
줌으로써 겨우 1년의 평화를 연장했을 뿐이다. 이때 많은 지식인들은 프랑스나 영국보다는 소련이 그나마 믿을 만
하다는 생각을 하기 시작했다.

다. 1938년이 되자 졸리오는 히틀러에게 유화책으로 나가는 프랑스 정부에 여러 번 격분했다. 1938년 체코슬로바키아를 사실상 독일에 넘겨버린 뮌헨 협정 후 처칠은 이렇게 말했다. "작은 나라를 늑대들에게 던져줌으로써 안전을 확보할 수 있을 것이라는 믿음은 치명적인 착각이다. 독일의 전쟁수행 능력은 영국과 프랑스가 방어능력을 갖추는 것보다 훨씬 빠르게 향상될 것이다." 정확한 예언이었다. 졸리오도 이런 생각을 공유했다. 그런데 프랑스 정치계에서 뮌헨 협정에 반대하는 것은 프랑스 공산당뿐이었다. 진보적 지식인들은 점점 공산당 쪽으로 기울었다. 사회당원이던 졸리오도 마찬가지였다. 이는 결국 졸리오가 대전 기간 프랑스 공산당에 입당하는 계기 중 하나였을 것이다.

이렌과 한-마이트너 팀의 핵분열 연구 경쟁

노벨상 수상 후에도 이렌은 한과 마이트너 팀과의 두 번째 논쟁을 치러야 했다. 그리고 이제는 남편의 조력 없이 이 과정을 홀로 진행해야 했다. 이렌은 반감기가 3.5시간이라 일단 'R-3-5'라 이름붙인 새 원소를 '발견'했고, 정체를 알아내려고 애쓰고 있었다. 하지만 독일에서 한과 마이트너가 이렌의 실험을 재현했으나 R-3-5의 흔적은 나오지 않았다. 마이트너는 이번에도 이렌의 실수를 확신했고 이렌에게 논문을 철회하라는 편지를 보냈다. 결론부터 밝힌다면 이번에는 마이트너가 옳았다. 졸리오가 화학자 회의에서 한을 만나 이렌의 입장을 변호

---

5 개인적으로는 서방국가에서도 수천 명의 지원병이 열정적으로 공화정부 편에 자원해서 싸웠다. 헤밍웨이도 그중 하나였고 결국 그 경험을 살려 명작 『무기여 잘 있거라』를 쓰게 된다.

하며 중재했다. 그러나 한은 이렌이 '자기 엄마가 쓰던 낡은 기법'을 쓰는 것이 문제라고 반응했다. 후에도 한은 이렌의 발견을 비웃으며 그것은 발견이 아니라 '퀴리오즘(curioism)'이라고 빈정거렸다. 이것이 독일 쪽 핵심 학자들이 이렌을 바라보는 시각이었다. 그리고 얄궂게도 핵분열 발견은 바로 이 이렌의 연구를 반박하는 과정에서 파생되었다. 마이트너는 이렌에게 편지를 보낸 얼마 뒤 독일을 탈출해야 했지만 한은 이때의 연구과제를 계속 밀어붙였던 것이다. 한과 마이트너 그룹의 생각대로 이렌은 결과를 잘못 해석하고 있었다. 퀴리 가문의 연구전통대로 이렌은 무책임한 상상을 하지 않았다. 그것이 이번에도 발목을 잡았다. 사실 이렌의 실험결과들은 '핵이 분열할 수 있다'는 상상을 통해서만 만족스럽게 설명될 수 있었다. 이렌은 이번에도 훌륭한 선도적 실험을 했지만 제대로 된 해석에는 실패했다. 세 번에 걸친 실패의 데자뷰였다. 어쩌면 한의 말이 맞았다. 그것은 어쩌면 '마담 퀴리적' 방법론의 한계였다. 물론 이 경우 그렇다고 다른 팀이 제대로 생각하고 있었던 것도 아니었기에 이렌의 상상력의 부재를 논할 만한 것은 아니다. 단 과학적 돌파구는 '신앙심에 가까운 노력' 이외에도 다양한 종류의 생각과 사람들이 필요함을 보여주는 것은 분명하다.

뒤에 다시 살펴보겠지만, 마이트너의 조언으로 분석된 역사적인 한과 슈트라스만의 논문이 1939년 1월 8일《자연과학(Naturwissen-schaften)》에 실렸다. 1월 중순 졸리오는 그 논문을 읽자마자 한순간에 이렌의 이상한 발견들을 명확하게 이해할 수 있었다. 이번에도 분명한 패배였다. "함께 연구했더라면 우리가 핵분열을 발견했을지 몰라." 아쉬운 마음에 이 말을 한 것이 졸리오인지 이렌인지는 알지 못하지만 딸 엘렌은 그 당시 부모가 이 말을 한 것을 분명히 들은 기억이 있었다. "젠장, 우린 정말 구제불능 머저리야!" 이건 이렌의 말이었다. 이미 노벨상 수상자였지만 이렌은 아직도 배가 고팠다. 아마 가속기 건설에 집중하던 졸리오의 아쉬움과 겸연쩍은 미안함은 훨씬 컸을 것이다. 어쨌든 졸리오퀴리 부부의 아쉬움보다 더 큰 문제는 이제 '신의 힘'에 대한 정보를 주요 국가들이 모두 인지했다는 사실이었다. 2월 2일에 레오 실라드가 원자폭탄을 경고하는 편지를 졸리오에게도 보냈다. 핵분열 논문으로부터 한 달도 되지 않은 시점이니 실라드의 상상은 정말 빨랐다. 하지만 졸리오는 대수롭지 않게 보았다. 확률이 너무 낮은 허황된 이야기로 들렸다. 하지만 영미권의 학자들은 즉시 실라드를 지지했다. 확실히 당시 프랑스 쪽은 이런 감각 면에서 뒤처져 있음을 부인하기 힘들다. 하지만 졸리오는 1939년 5월 핵 연쇄반응 기술에 대한 특허를 출원했다. 물론 퀴리 가의 전통을 따라 특허권은 프랑스 국립과학연구센터에 귀속시켰다.─이후 이 특허권자는 프랑스 원자력위원회가 된다.─현대 프랑스의 핵 발전과 핵무기는 졸리오의 이 연구 프로젝트로부터 시작되었다. 독일도 바로 반응을 시작했다. 1939년 4월 29일, 베를린에서는 핵연구 프로그램을 시작하고 독일에 합병된 체코슬로바키아 요아힘스틸 광산의 우라늄을 통제하고 우라늄 전문가들은 출국을 금지하는 조치가 취해졌다. 핵분열을 떠올린 지 석 달도 되지 않아 진행되었던 일들이다.

오토 한은 원자폭탄의 가능성을 확신하고 난 뒤 진지하게 자살을 고려했었다고 한다. 카이저 빌헬름 협회에서는 누군가 저장된 우라늄을 바다에 버리자고 제안하기도 했고, 다른 이가 요아힘스틸 광산에서 계속 우라늄을 공급할 수 있다고 말하자 의미가 없어졌다. 전쟁이 임박했다는 것은 누구나 느끼던 시절이기에 핵무기는 상상된 순간부터 진지한 대상이 되었다. 곳곳에 원자무기에 대한 경고를 보내던 실라드는 1939년 7월 드디어 아인슈타인을 만나 설득하고 루스벨트 대통령에게 그 유명한 편지를 보냈다. 실라드는 프랑스가 원자연구에서 가장 앞서 있을 것이라고 추정했다. 처칠도 경고를 받았고 일단 미심쩍었지만 여러 조치를 취했다. 그중에는 대중을 안심시키기 위해 원자폭탄 같은 것은 불가능하다는 발표를 한 것도 포함된다. "우라늄 중에서 오직 미량만이 연쇄반응을 일으킬 수 있고, 실제 반응이 일어나려면 그런 우라늄이 많이 있어야 한다. 또 일단 연쇄반응이 시작되면 그 힘 자체로 우라늄들이 (반응 전에) 흩어져버리기 때문에 정말 강력한 폭발은 불가능하다." 사실 이 발표문은 원자폭탄을 만들기 위해 해결해야 할 것들이 무엇인지 정확히 요약하고 있다. 그리고 실제 모두 차례로 해결되어갔다.

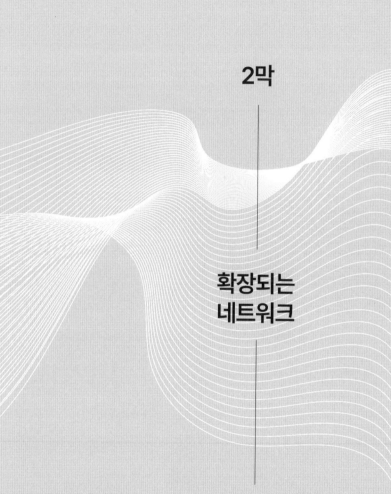

2막

**확장되는
네트워크**

6

니시나 요시오

일본 최초의 노벨상 수상자는 유가와 히데키(湯川秀樹, 1907~1981)
이다. 그는 1948년 중간자 발견의 공로로 노벨 물리학상을 수상했다.
이는 일본인 최초였을 뿐 아니라, 동아시아 최초의 노벨과학상 수상이
었다. 유가와는 일본의 국민 영웅이 되었고, 이 사건은 패전국 일본의
상처 입은 자존심을 회복시켜준 인상적 이벤트였다. 뒤이어 유가와의
친구였던 도모나가 신이치로(朝永振一郎, 1906~1979)가 역시 1965년에
파인만, 슈윙거와 함께 노벨 물리학상을 수상한다. 유가와와 도모나가
의 노벨 물리학상 수상은 일본의 젊은 과학도들에게 방향을 제시하고
동력을 불어넣었다. 분명 이 두 명의 노벨상 수상은 이후 이어진 일본
의 연속적인 노벨과학상 수상의 발화점이 되었다. 하지만 그럼에도 일
본물리학의 아버지로 추앙받는 사람은 유가와도 도모나가도 아니다.
일본 현대물리학의 아버지로 불리게 된 사람은 한 번도 노벨상을 수상
한 적이 없는 니시나 요시오(仁科芳雄, 1890~1951)라는 인물이다. 그리

유가와 히데키와 도모나가 신이치로
이 두 노벨상 수상자는 일본의 노벨상 수상 러시의 도화선이 되었다. 둘 모두 니시나 요시오로부터 많은 영향을 받았던 인물들이다.

고 사실은 유가와와 도모나가의 노벨상 수상 자체가 니시나의 존재로부터 비롯되었다.

유럽 바깥으로 연결된 코펜하겐 네트워크

니시나는 1914년 대학에 입학했다. 그의 조국은 9년 전 러시아를 패퇴시키고 4년 전 대한제국을 강제병합하며 비유럽국가 중 유일하게 제국주의 열강의 일원이 되어 하루가 다르게 팽창하고 있던 시기였다. 니시나는 일본의 최고학부였던 동경제국대학교 전기공학과를 다녔다. 그리고 1918년 학과를 수석 졸업했다. 젊은 니시나의 엔지니어로서 앞날은 보장되어 있었다고 볼 수 있다. 그런데 자연계의 근본법칙을 알아나가는 일에 매료된 니시나는 대학원에 진학하며 물리학으로 전공을 바꾸었다. 대학원 진학 시 전공을 바꾸는 것은 일본에서는 흔치 않은 일이었다. 대학원에서는 토성형 원자모델로 유명한 나가오카 한타

로 밑에서 공부했다. 1920년 니시나는 대학
원을 졸업한 뒤 유명한 일본의 '리켄'에 연구
원보로 취업했다.[6] 리켄에서도 촉망받는 연
구원이었던 니시나는 1921년 리켄의 후원으
로 2년 예정으로 유럽 유학길에 오른다. 하
지만 이후 니시나의 인생은 이전 단계들처럼
잘 풀려가지는 못했다. 처음에 유학한 곳은
캐번디시 연구소였다. 하지만 10개월여 만
에 캐번디시 연구소 생활에 적응하지 못하고

니시나 요시오
일본물리학의 아버지로 불린다.

독일로 떠났다. 아마도 얌전한 동양인 과학자는 러더퍼드의 '포효하는'
리더십에 질려버렸을 듯하다. 1922년 가을부터 1923년 봄까지는 괴팅
겐에 가서 막스 보른에게 양자역학을 배웠다. 이번에도 세계 최고의 학
자들과 조우할 수 있는 행운을 얻은 셈이었지만 니시나는 불과 반년 만
괴팅겐에 머물렀다. 독일생활에 적응하지 못한 니시나는 코펜하겐으
로 옮겼다. 그리고 마침내 자신의 성향과 잘 맞는 연구소장을 만났다.
니시나를 눈여겨 본 보어는 니시나의 능력을 인정해서 1923년에 귀국
예정이던 니시나를 붙잡았다. 그래서 니시나는 보어가 주는 장학금을
받으며 1928년까지 보어 연구소에서 연구할 수 있었다. 이것은 니시나
일생에서 결정적 전환점이 되었다. 1923년에서 1928년 사이의 5년간,
바로 양자역학이 만들어지던 핵심적인 시기에 바로 그 중심에서 이 모
든 과정을 관찰할 수 있었던 것이다. 니시나의 스승 한타로는 후진 양

---

6   리켄은 이화학연구소를 말한다. 줄임말을 좋아하는 일본인들은 '이화학연구소'를 '리켄(이
        연)'이라고 줄여 불렀다.

성에 열심이었지만 서양 학문에 대해 콤플렉스를 가지고 있었던 일본의 1세대 학자였다. 그런 열등감은 제자인 니시나도 물려받고 있었다. 코펜하겐에서 보어가 니시나에게 들려준 말들은 그런 열등감의 해소에 큰 역할을 했다. "학문은 인종 차이라든가 유전과는 전혀 상관이 없습니다. 만약 차이가 있다면 문화적 전통뿐입니다." "마음속으로 일본 과학이 서양의 수준에 도달하는 건 도저히 무리라고 생각했습니다. 하지만 선생님의 말씀을 듣고 우리도 과학에서 일류가 될 기회가 있다고 생각하게 되었습니다." 과학의 변방에서 온 니시나에게 코펜하겐의 5년은 전혀 다른 세계를 보여주었다. 물리학자로서의 기본적 능력향상과 함께 양자역학의 성립과정 전체를 목격할 수 있었고, 보어 특유의 교육철학에 깊은 영향을 받았다. 코펜하겐 연구소의 자유분방한 분위기는 예의범절과 위계질서를 중시하는 동양에서 온 학자로서는 충격적인 경험이었다.—도대체 이 연구소에서는 '위'라는 것이 없는 것 같았을 것이다. 뿐만 아니라 그 시기 코펜하겐 연구소를 거쳐간 하이젠베르크, 디랙, 파울리, 클라인 등 양자역학의 핵심인물들과 밀접한 인적 네트워크를 구성할 수 있었다. 니시나는 1928년에 오스카 클라인과 공동으로 '클라인-니시나 공식'을 도출하며 물리학 방정식에 자신의 이름을 새겨 넣었다. 그리고 유럽에서의 오랜 유학을 마무리하고 일본으로 돌아갔다.

리켄

일본의 이화학연구소(리켄, RIKEN)는 1917년 설립 이래 일본 기초과학

리켄

발전의 산실이었다. 설립을 주도했던 인물은 세계 최초로 아드레날린을 추출해낸 응용 화학자 다카미네 조키치였다. "일본인의 폐단은 성공을 너무 서둘러 금방 응용 쪽을 개척해 결과를 얻고자 한다는 점입니다. 그렇게 되면 이화학 연구의 목적을 달성할 수 없습니다. 반드시 순수 이화학의 연구 기초를 다져야 합니다." 다카미네는 이런 각오하에 독일의 카이저 빌헬름 연구소나 미국의 록펠러 연구소가 같은 국가로부터 독립적인 순수과학을 연구하는 민간 연구소를 만들려고 했었다. 이런 목표로 출범한 이화학연구소는 니시나 같은 인재들을 배출하며 일본의 기초 과학 발전의 중심지 역할을 해냈다.

일본 근대과학 발전의 진행과정

일본의 과학기술 발전의 시작이 메이지 유신 이후부터라고 보는 것은 단순한 생각이다. 사실 일본의 난학—네덜란드 상인들을 통해 전해지는 서양서적을 연구하는 학문—전통은 수백 년에 걸쳐 지속되었다. 그래서 개항시기 일본은 이미 서구의 과학기술에 대해 어느 정도의 지식을 가지고 있었다. 동아시아 유교문화권에서 열등생이었던 일본이 다른 문화권에 지속적인 관심을 가진 것은 어쩌면 자연스러운 것이었다. 일본은 개항하자마자 서구과학기술을 받아들이는 데 사력을 다했다. 탈아입구(脫亞入歐)—아시아를 벗어나 서구의 일원이 된다—가 그들의 슬로건이었다. 개항기 지식인 후쿠자와 유키치(福澤諭吉, 1835~1901)는 동아시아의 현황을 간단히 표현했다. "동양에 없는 것은 두 가지다. 유형으로는 수리학이요, 무형으로는 독립심이다." 단 한마디 속에 동아시아에 대한 비하와 유럽에 대한 연모가 함께 녹아 있다. 실제 일본은 이 지독한 짝사랑을 수십 년 동안 지속하며 '유럽인 되기'를 열망했다. 일본 지배계급인 사무라이들은 이런 분위기에 적극 호응했다. 그 중심에는 과학기술이 있었다. 후쿠자와는 특히 물리학이 서양 학문의 핵심임을 간파하고 물리 교육에 힘썼다. 일본 최초의 물리학자는 야마카와 겐지로(山川健次郎, 1854~1931)였다. 그는 제자 나가오카 한타로를 일찌감치 오스트리아 빈 대학으로 보내 볼츠만에게 배우게 했다. 나가오카는 이런 전통을 이어 리켄의 제자 니시나를 러더퍼드에게 보낸 것이다. 니시나가 연구했던 보어 연구실은 당시 세계 최고의 수준을 자랑했다. 보어의 독창성과 인품에 매료되어 전 세계의 젊은이들이 모여들었다. 그래서 하이젠베르크, 오스카 클라인, 폴 디랙, 라이너스 폴링까지 니시나의 동료가 되었다. 당시 비유럽권 국가의 학자에게 보기 드문 수준의 국제적 네트워크가 만들어진 것이다.

일본에 이식된 코펜하겐 정신

아마도 당시 동아시아인 중 유일하게 양자역학을 제대로 이해하고 있었을 인물이 일본에 돌아왔다. 그때 니시나는 금의환향할 수 있었을까? 놀랍게도 고향에서는 유럽에서 그가 받은 것과는 정반대의 대접이 기다리고 있었다. 1928년 귀국 후 니시나는 취업에 실패(?)했다. 그가 '전기공학과' 학부 출신이라는 것이 발목을 잡았다. 순혈주의를 중시하는 일본에서는 학부와 석박사 과정이 동일전공인 것이 유리했다. ―영국에서는 콕크로포트가 전기공학과 출신이었기에 양성자 가속장치를 개발했었던 것을 떠올려보면 이 얼마나 우스꽝스런 상황인가? 거기다 오랜 외국생활로 일본 물리학계에 인맥이 부족했던 것도 취업실패의 한 이유가 됐다. 2년 가까운 시간을 대학 시간강의를 하며 보내야 했다. 하지만 니시나는 유럽에서의 인연들을 활용해서 이후 보어, 하이젠베르크, 디랙 등의 일본 방문을 성사시켰다. 최신과학의 상징 같았던 이들의 일본 방문은 유가와나 도모나가 같은 일본의 젊은 물리학자들에게 큰 자극이 되었다. 그리고 우스꽝스럽게도 이들의 방문이 니시나가 인정되는 계기가 되었다. 니시나의 역량에는 아무 관심이 없던 이들이 그가 보어 같은 이들을 불러들일(?) 수 있다는 것을 확인하고는 바로 태도를 바꿨다. 그래서 니시나는 1931년 리켄에 자신의 연구실을 개설할 수 있었다. 그리고 니시나는 곧 유망한 4대 최신 연구과제로 양자역학, 우주선(cosmic ray), 원자핵, 방사능을 제시했다. 그리고 사실상 일본 내 유일의 양자역학 연구실을 운영해 나갔다.

자리를 잡은 니시나는 1930년대 기간 '코펜하겐 정신'을 일본에 이식하기 위해 끊임없이 노력했다. 상명하복 문화가 극도로 강한 일본사회에서 코펜하겐 연구소의 분위기를 그대로 모방하는 것은 불가능한 일이었지만 니시나는 적절한 수준으로 일본 학계의 관행을 바꾸기 위해 노력했다. 먼저 니시나는 자신의 연구실 시설을 젊은 연구자들에게 개방했다. 교수가 연구실을 개인 소유로 간주하던 것이 일반적인 당시 관행에서는 놀라운 일이었다. 뿐만 아니라 니시나는 제자들과 자유롭게 '토론'했다. 당시 일본의 대학교수는 학생에게 절대적 존재였다. 교수가 말을 하고 학생은 듣고 행할 뿐이었다. 연구원이 니시나에게 무어라 의견을 제시하고 있는 '기이한' 장면들은 당시 파격적으로 비쳐졌고 니시나의 별스러운 연구실은 소문이 났다. 일본의 문화적 특수성 속에서도 니시나는 학생과 수평적 관계를 형성하는 데 어느 정도 성공했다.

또 니시나는 일본 특유의 지역감정과 인맥과 학맥이라는 구습 철폐를 위해서도 의도적으로 많은 노력을 기울였다. 대표적인 것이 교토의 유가와 히데키 연구실과 공동연구를 진행하고 연구원 교환을 시도한 것이었다. 당시 일본의 관동지방과 관서지방의 지역감정은 아주 심했다. 일본에서 오사카와 교토가 있는 지역을 관서지역이라 부르고, 중앙 정부가 있는 도쿄 인근을 관동지역이라 부른다. 양 지역의 지역감정 정도는 오늘날 우리가 상상하는 것 이상이었다. 수백 년간 천황이 머물던 교토는 상징권력을 대표했고, 막부가 있던 도쿄는 실제권력을 대표하며 일본의 두 중심을 이루었었다. 메이지 유신 이후 천황은 도쿄로 옮겨갔지만 두 지역은 서로가 일본의 대표지역이라는 자부심을 가지고 있었다. 그래서 군부, 정계, 재계, 학계에 걸쳐 양 지역은 서로 파벌을 이루며 경쟁했다. 심지어 군사작전을 수행할 때도 지휘관 역량에 따라 업무가 배분되지 않았다. 지역 파벌 간 균형을 고려하여 군 지휘권, 계급, 작전업무 할당이 이루어졌다. 정계 요직에 있는 인물들끼리도 공식적인 자리가 아니면 관동과 관서 지역 사람들은 서로가 사적으로 교류하는 일은 극히 적었다. 더구나 사투리와 발음의 차이도 컸기 때문에 서로가 지역을 숨기기도 쉽지 않았다.[7] 이런 상황에서 관서지방 교토의 유가와와 관동지역인 도쿄 리켄에 있던 니시나 연구팀이 함께 연구한다는 것은 파격적인 모습이었다. 외관상으론 대수롭지 않았을지 모르지만 상당한 부담을 감수하고 연구원들을 설득하며 조심스럽게 이루어져야 했을 것이다. 니시나의 시도는 결코 쉽게 선택할 수 있는 것들이 아니었다.

니시나의 일본 물리학에 대한 더 직접적인 기여도 많았지만 역시 가장 인상적인 것은 유가와와 도모나가에 대한 지원일 것이다. 1934년 일본물리학회에서 유가와는 심혈을 기울인 자신의 연구결과를 발표했다. 하지만 발표장의 일본물리학자들은 무관심했다. 특별한 반론조차 없는 학회장의 분위기에·유가와는 실망감에 휩싸였다. 학회가 끝난 후 실의에 빠져 발표회장 한구석에 앉아 있는 유가와에게 니시나가 걸어 왔다. 그리고 의미심장하게 말했다. "전 세계가 당신의 업적을 알 수 있도록 서두르십시오!" 이 한 마디 말에 힘을 얻은 유가와는 두 달 동안 논문을 영어로 번역해서 해외 학술지에 투고했다. 그 논문은 바로 중간자에 대한 논문이었다. 유가와는 바로 이 논문으로 1948년도 노벨상을 수상한다. 코펜하겐의 세례를 받은 니시나는 유가와의 중간자 연구가

---

7   한 예로 관동대지진 시절 일본의 위정자들은 국민 불만을 잠재우기 위해 조선인들이 우물에 독을 탔다는 누명을 씌워 학살을 유도한 바 있다. 이때 일본인 폭도들은 조선인들이 발음하기 어려운 단어를 말하게 해 조선인을 색출하고 살해했다. 그런데 학살당한 사람들 중에는 소수지만 관서지방 일본인들이 섞여 있었다. 관동지역의 일본인들이 듣기에는 그들의 발음이 너무 이상해서 조선인으로 오인해 죽인 것이다.

가진 가치를 제대로 이해할 수 있는 일본 유일의 인물이었을 것이다. 하루가 다르게 새로운 발견이 나오고 치열한 경쟁과 우선권 논쟁이 이루어지던 당시 세계 물리학계의 흐름을 알고 있던 한 사람의 조언은 결정적이었다. 니시나처럼 코펜하겐과의 실낱같은 작은 연결은 유럽 밖에서도 새로운 과학의 끈을 확장시켰다.

후학들에 대한 니시나의 조력은 이에 그치지 않았다. 도모나가 신이치로는 유가와 고등학교, 대학교를 함께 동문수학한 절친한 동기 사이였다. 또한 두 사람은 언제나 1, 2등을 다투는 라이벌이기도 했다. 하지만 그런 친구였던 유가와가 중간자 이론을 발표한 뒤 1937년부터 홀로 세계적 인정을 받기 시작하자 도모나가는 크게 낙담했다. 니시나는 이때 도모나가에게 독일유학을 조언하며 하이젠베르크에게 추천해줬다. 독일에 유학 간 도모나가는 독일동료들이 유가와를 칭찬하는 말을 자주 들었다. 소심한 면이 많았던 도모나가는 유가와가 자기 친구라고 말하지 못했다. 본인 처지를 생각하면 초조함만 더해갔다. 그는 절망스런 마음을 표현한 편지를 니시나에게 보냈다. 니시나는 답장을 보냈다. "연구의 성과가 오르거나 그렇지 않은 것은 운이라고 생각하네. 미래가 보이지 않는 기로에 서 있는 것이 우리들 삶일세. 나중에 큰 격차가 생기더라도 그런 것에 너무 신경을 쓸 필요는 없네. 그러다 시간이 좀 지나면 운도 찾아와 좋은 일도 생길 걸세. 나는 언제나 그런 마음으로 믿을 수 없는 것을 믿으며 생활하고 있다네. 부디 여유를 찾고 건강에 유의하면서 운이 찾아오도록 최선의 노력을 다하는 외에는 달리 방법이 없다고 생각하네." 도모나가는 독일생활을 인내하며 1939년까지 하이젠베르크에게 수학하며 양자전기역학을 접했다. 그리고 결국 이 주제로 연구를 진행하여 1965년 노벨상을 받게 되었다. 사실상 일본의 초기 노벨상 수상 모두가 니시나의 후원 아래 가능했던 셈이다.

니시나 스스로 수행한 연구 프로젝트들 역시 세계물리학의 최첨단에 있는 주제들이었다. 니시나는 1937년과 1944년에 일본에 입자가속기를 건설했다. 당시 이 입자가속기들은 미국 바깥의 입자가속기 들 중에는 최대 규모의 가속기였다. 니시나의 연구는 특정 부분에서는 서구의 수준을 능가하고 있었다. 제2차 세계대전 후 니시나의 연구소를 점령한 미군은 당시 일본이 입자가속기를 '가지고 있다'는 것만으로 큰 충격을 받았고 두 대의 입자가속기 모두를 파괴시켰다. 실제 제2차 세계대전 시기 니시나의 활동들은 후일 미군의 간담을 서늘하게 할 만한 것들이었다. 이에 대해서는 뒤에서 다시 살펴보게 될 것이다.

어떤 국가의 경제규모가 일정 수준에 도달하면 노벨상은 자연스럽게 연결되고 기초과학은 적절한 발전을 이루는 것일까? 20세기 중반 일본의 노벨상 수상은 일본이 도달했던 기술적·산업적 역량에 비추어 당연한 것이었을까? 20세기 초중반 일본의 과학은 정말 서구열강의 수준에 근접했던 것일까? 동아시아 국가, 특히 대한민국의 사람들이라면 이런 질문에 관심이 있을 것이다. 니시나의 사례는 이런 질문들에 대한 답이 되어줄 수 있을 듯하다. 이런 유형의 학문적 약진은 일정 수준의 국가에서 발생하는 평범하고 당연한 일이 아니라 적시에, 적절한 곳에서, 극소수의 적절한 인물들이 연결되었을 때 비로소 가능한 일이다. 니시나의 이야기는 '코펜하겐 정신'이 유럽을 넘어 동아시아까지 연결된 국제적 네트워크의 정신적 모델이 되었음을 보여주며, 리더십을 갖춘 한 사람의 구심점과 네트워크의 중요성을 잘 알려주는 생생한 사례다.

7

엔리코 페르미

"물론 저는 콜로세움을 보고 감탄했습니다. 하지만 로마 최고의 명물은 의심의 여지없이 페르미입니다." —조머펠트의 제자 한스 베테가 로마에서 페르미를 보고 스승에게 보낸 편지

엔리코 페르미(Enrico Fermi, 1901~1954)는 하이젠베르크와 동갑이다. 물리학의 대혁명시대에 이탈리아에서 태어난 이론과 실험 모두에 능통했던 드문 유형의 핵물리학자다. 20세기 초반의 이탈리아는 더 이상 갈릴레오 시절 같은 과학 중심지나 경제 중심지가 아니었다.[8] 페르

---

8 20세기 초를 배경으로 하는 『엄마 찾아 삼만리』는 아르헨티나 같은 부국으로 이탈리아 소년이 엄마를 찾아 떠나는 이야기다. 페르미가 유년기를 보내던 이탈리아의 상황을 단적으로 보여주는 작품이다. 이탈리아의 경제와 학문적 상황은 영국, 프랑스, 독일 등의 상황과 비교할 바가 되지 못했다. 특히 새로운 유행으로 떠오른 핵물리학은 학계에 아는 이가 거의 없었다.

미가 없었다면 이탈리아는 원자에 관한 이 장대한 스토리에 등장하지 못할 뻔했다. 페르미 단 한 명으로 인해 이탈리아는 갈릴레오 이후 현대과학에 새롭고 거대한 영향을 다시 한 번 미쳤다. 이탈리아 출신인 페르미가 핵심 핵물리학자의 일원이 된 것은 일본의 니시나가 코펜하겐 네트워크에 연결된 것과 비교될 만한 특별한 사건이다. 또한 이 과정 역시 코펜하겐과 괴팅겐 등을 잇는 원자

엔리코 페르미

모험가들의 네트워크와 분리할 수 없는 이야기이기도 하다.

불모지에서 페르미의 성장

페르미는 20세기의 시작에 이탈리아 로마에서 철도청 직원인 아버지와 초등학교 교사였던 어머니 사이에서 막내로 태어났다. 라디오나 비행기도 없었고, 원자는 존재 자체가 의심스럽던 시절이라 물리학자들이 세상을 어떻게 바꿔놓을지 아무도 생각조차 못하던 시절이었다. 대중은 전혀 느끼지 못했지만 맥스웰의 전자기 이론이라는 토대, 뢴트겐의 엑스선 발견, 톰슨의 전자 발견, 이후 플랑크의 양자에 이르기까지 바야흐로 원자에 대한 개념의 진화가 일어나고 있었다. 유년기의 페르미가 러더퍼드가 누구인지도 모르던 시기에 캐번디시에서는 원자핵 개념이 정립되고 주기율표가 재탄생했다. 이 모든 것들은 곧 20세기 과학의 핵심 화두가 될 것이었다.

페르미의 부모는 1898년 결혼해서 1899년 장녀 마리아, 1900년 장

남 줄리오, 1901년 차남 엔리코를 차례로 낳았다. 그래서 연년생의 삼 남매는 함께 시간을 보내며 어울렸다. 엔리코는 내성적이고 부끄럼을 많이 타서 형과 보내는 시간이 더욱 많았다. 초등학교 교사인 어머니는 엄격했고, 자녀들에게도 큰 기대를 거는 전형적 중산층 가정이었다. 자녀들 모두가 총명했고, 특히 엔리코는 언제나 전교 1등이었다. 기억력이 매우 뛰어나 웬만한 책은 내용 전체를 거의 암기했기 때문에 책을 소장할 필요도 별로 없었다.—물론 뒤에 살펴볼 폰 노이만보다는 한 수 아래였던 듯하다. 운동을 좋아했고 경쟁심도 강했다. 학교진도와 상관 없이 수학과 물리학을 좋아해서 헌책방에서 관련 책을 사서 독학했다.

그러던 중 1915년 형 줄리오가 갑자기 죽었다. 목에 난 종기를 제거 하는 평범한 수술 중 어이없이 사망한 것이다. 활발해서 엔리코를 잘 챙겨주었던 형의 죽음은 너무 큰 충격이었다. 충격을 잊기 위해 14세의 엔리코는 전보다 더 학문으로 도피했다. 어머니는 우울해졌고, 집 안 분위기는 엉망이 되었다. 형의 죽음 후 엔지니어였던 아버지의 동료 아돌포 아미데이가 페르미가 신동인 것을 알아차렸다. 그리고 어려운 책들을 차례로 빌려주며 페르미의 실력을 신장시켰다. 페르미가 빌려갔던 미적분 책을 돌려주자 아미데이는 그 책을 가져도 좋다고 했더니 페르미는 내용을 다 외우고 있어서 그럴 필요가 없다고 답했다는 일화가 있다. 아미데이가 피사 행을 강하게 주장해서 페르미는 로마와 어두운 집안 분위기로부터 떠나갈 수 있었다. 정확히는 피사 대학과 피사 고등사범학교를 '동시에 입학'하라고 권유했고 그렇게 되었다. 고등사범학교는 이탈리아 최고의 수재 40명만 뽑는 것으로 유명했다. 그런 피사 고등사범학교 입학시험에서 압도적 재능을 보이며 교수들의 관심을 한 몸에 받았다. 입학시험에서 석사학위 수준의 수학 지식을 보여준 페르미는 당연히 전액장학금으로 입학해 학비 걱정을 하지 않을 수 있었다. 입학 후 얼마 지나지 않았을 때 물리실험실 책임자인 원로교수가 현대물리학의 발전과정을 따라잡을 수 없자 신입생인 페르미에게 상대성이론을 가르쳐달라고 사정할 정도가 되었다.—당시 노년의 교수에게 일반상대론은 무리였을 것이다. "물리학과에서는 차츰 내 말이 가장 막강한 권위를 갖게 되었다." 건방진 표현으로 들리지만 페르미의 이 말은 사실이었다.

대학 1년을 보낸 페르미가 1919년 여름에 기록한 공책에는 최신 학문을 흡수하고 있는 그의 수준이 드러나 있다. 물리학 이론들을 깔끔하게 정리했고, 플랑크 복사이론도 정리되어 있었다. 페르미는 수학만을 위한 수학에는 별 관심이 없었고, 자연현상을 명확히 이해하는 선에서 활용할 수학까지를 원했다. 항상 이론과 실험 사이에서 적정한 위치를 잡았다. 공책 정리를 할 때 책을 전혀 참조하지 않고 순전히 읽었던 책에 대한 기억만으로 써내려갔다. 말년까지 그의 이 비상한 기억력은 유지되었다. 최후의 몇 년간 자신의 기억력이 감퇴되자 또 특유의 서류정리법을 만들어 순식간에—'캐비넷을 몇 번 이리저리 열고 닫으며 자료를 참고하면'—깔끔한 글을 만들어내곤 했다. 대학시절 독일어를 충분히 숙지했다. 이제 독일어 논문과 책은 출간 즉시 스스로 바로 읽을 수 있었다. 과학자로 성장할 수 있는 아주 중요한 역량을 습득해둔 것이다. 대학생활 2년 만인 1920년에 졸업을 했고, 다시 2년 만인 1922년 7월 피사 대학에서 물리학 박사학위를 받았다. 물론 고등사범학교 졸업도 함께 해냈다.

21세인 페르미의 천재성은 널리 알려져 있었지만, 이탈리아는 과학부문에서 크게 뒤떨어져 있었고, 물리학 교수 자리는 거의 나지 않았

다. 독학으로 물리학을 공부했던 대학 1학년 페르미가 원로교수들에게
상대성이론을 알려주는 상황이었으니 이탈리아의 한계는 분명했다.
페르미는 유학의 필요성을 절감했다. 그래서 페르미는 1922~1923년
사이 괴팅겐으로 박사 후 과정을 떠났고, 막스 보른에게 가르침을 받았
다. 하지만 페르미는 이때 제대로 적응하지 못했고 과학 선진국 독일
과 이탈리아의 거대한 격차를 강하게 느꼈을 뿐이었다. 아웃사이더로
서의 느낌만 받으며 소외감 속에 실패로 마무리된 유학이었다. 페르미
가 괴팅겐으로 떠난 사이 1922년 10월 이탈리아에서는 무솔리니가 정
부를 전복하고 집권했다. 1923년 페르미는 독재정권이 구축된 로마로
돌아와 로마 대학에서 물리학 강의를 시작했다. 1924년에는 부모가 모
두 사망하는 슬픔을 겪었다. 남들에게 알려지진 않았지만 이 시기 페르
미는 자신의 가치에 대한 심각한 회의에 빠져 있었다. 1924년 가을 해
외장학금으로 네덜란드 레이든으로 가서 에렌페스트에게 지도를 받았
다. 불과 3개월에 불과한 기간이었지만 이번에는 성공적이었다. 인자
하고 열정적인 스승 에렌페스트는 페르미에게 다시 자신감을 불어넣
어주는 데 성공했다. 따뜻하게 대우받고 능력을 인정받았으며 자신의
가치에 대한 확신을 얻을 수 있었던 시간이 되었다. 에렌페스트는 이처
럼 아인슈타인과는 다른 형태로 물리학의 발전에 아주 큰 영향을 미쳤
다. 이때부터 페르미는 통계역학에 관심을 가졌고 곧 페르미-디랙 통
계라는 업적을 내놓게 되었다.

　1924년 귀국했을 때는 그래도 피렌체 대학에서 임시교수직을 얻었
다. 장비부족과 예산부족이 일상적이었던 이탈리아 상황 속에서 페르
미는 '단순하고 싼' 하지만 독창적인 실험들을 진행했다. 이 작업은 전
파분광학으로 연결되었다. 그리고 1926년 불과 25세 나이로 마침내 로

마 대학 이론물리학 교수로 채용되었다. 이론물리학 교수가 없던 로마 대학에 오직 페르미를 임용하기 위해 이론물리학 교수직이 만들어졌다. 이탈리아 최초의 이론물리학 교수직이었다. 이제 종신 교수직을 얻자 장기간에 걸친 연구계획이 가능해졌다. 그 사이막 등장한 양자역학은 페르미에게도 어리둥절한 것이었다. 슈뢰딩거의 파동과 하이젠베르크의 입자의 공존은 이탈리아 원로 학자들로서도 받아들이기 힘든 것이었다. 페르미는

젊은 시절의 엔리코 페르미

이 현대물리학의 혁명을 이탈리아에 보급하기 위해 대학원생들을 양성하고 교재를 만들고 대중매체에 기고하는 등의 노력을 쏟았다. 일본에서 니시나가 그랬던 것처럼 사실상 페르미 홀로 이탈리아에서 이 작업을 수행했다. 이 기간 페르미는 방학 동안 휴양지에 드러누워 기억력만으로 『원자물리학의 소개』란 책을 썼는데, 놀랍게도 공책에는 단한 곳도 고친 흔적이 없었다고 한다.[9] 1927년부터 페르미는 친구인 라세티, 아말디, 세그레 등과 한 팀이 되어 제대로 된 연구 사이클이 동작하기 시작했다. 이때 페르미의 모습은 태도와 역량 모두에서 제자들에게 웅변적 모범이 되었다. 페르미는 물리학이 애매하지 않고 명확하기원했고, 수학적 형식주의를 깬 단순한 설명을 좋아했다. 본질과 핵심을단순하고 명확하게 바라보는 천부적 성향과 재능이 있었다. 수학을 못

---

9 증언에 의하면 페르미는 휴가 갈 때 '지우개 없이' 공책과 연필만 가져갔고 완성된 공책에는 어떤 교정 흔적도 없었다고 전한다.

한 것이 아니었음에도 그는 수학적 형식보다는 직관을 따르는 편이었다. 이런 성향은 정확성을 떨어뜨리거나 지나친 비약이 나올 확률도 있었다. 핵분열 발견이 결국 오토 한에게 돌아간 것은 이런 부분이 약점으로 작용한 것이다. 하지만 한편 도약적으로 정곡을 짚어내고 실용적인 결론에 이를 수도 있었다. 훗날 원자폭탄의 개발에서 페르미가 보여준 성취는 이런 특성이 장점으로 작용한 결과였다. 페르미 식의 작업은 많은 학자들에게는 큰 도움이 될 수 있는 '하나의' 중요한 방법론일 수 있다.

1930년대의 페르미, '중성자 포격'

30대 초반의 페르미는 이탈리아의 원자물리학을 진일보시켰다. 페르미의 활약으로 과학의 변방 로마 대학 물리학과의 명성은 계속 높아졌다. 페르미는 1930년 여름에 미국 미시건 대학에 초청되어 강의했고 1935년에도 다시 초대되며 미국에 익숙해지는 계기가 되었다. 페르미는 1933년《네이처》에 베타붕괴를 설명하는 논문을 보냈는데, 편집자가 '물리적 현실과 동떨어진 추상적 생각'이라며—한마디로 '헛소리'라는 얘기였다.—실어주지 않았다. 이 논문은 새로운 중성의 소립자 뉴트리노(neutrino, 중성미자)의 존재를 예측한 노벨상급 논문으로 결국 페르미는 다른 잡지에 발표했다. 채드윅의 중성자 발견 후 1933년부터 페르미는 핵에 대한 중성자 포격을 통한 인공방사능 연구를 진행했다. 페르미는 졸리오퀴리 부부가 인공방사선을 만든 방법에서 한 가지를 바꿨다. 알파입자 대신 중성자를 쓰기로 한 것이다. 즉 프랑스에서 이렌과 졸리오퀴리 부부가 촉발시킨 연구이고 독일에서는 오토 한과 마이트너 팀이 맹렬히 연구 중인 분야이기도 했다. 이와 관련한 어떤 업적이 나온다면 프랑스, 독일, 이탈리아의 세 팀이나 캐번디시에서 나올 확률이 높았다. 페르미는 「중성자 포격으로 유도된 방사능 I」이라는 논문을 발표했는데, 뒤이은 자신의 관련 논문이 줄을 설 것이라는 것을 잘 알았기에 번호를 붙였던 것이다. 그리고 서둘러 실험을 진행해 나갔다. 페르미의 '기적의 해'라 불러도 좋을 1934년, 페르미는 처음 8개의 원소에 체계적으로 중성자 충돌실험을 해보았지만 아무런 결과도 얻지 못했다. 9번째로 플루오린을 가지고 실험했을 때 가이거 계수기가 째각거리며 방사능을 검출했다. 인공방사능을 중성자로 만들어내는 데 성공한 것이다. 더구나 이 과정에는 아주 중요한 두 가지 발견이 추가되었다.

(1) 물을 통과시켜 '느려진' 중성자를 금속에 충돌시키면 방사능은 100배 이상 강해졌다. 기묘한 현상으로 설명이 되지 않았다.

(2) 우라늄에 중성자를 충돌시키자 우라늄보다 무거운 새로운 원소가 생겨난 것처럼 보였다. 그래서 페르미는 초우라늄 원소를 발견한 것으로 판단했다.

결과적으로 (1)은 옳은 관찰이었으나 (2)는 착각이었다. 사실은 '핵분열'이 일어났던 것인데 페르미는 잘못 파악했다. 즉 우라늄 연쇄반응이 세계 최초로 일어난 것은 아마도 1934년 로마'였을' 것이다. 하지만 페르미는 연쇄반응을 일으키고도 그것이 무엇인지는 몰랐다. 어찌되었건 원자번호 93번의 새로운 원소를 만든 것으로 보인 이 연구는 과학계에 강렬한 영향을 미치면서 여러 연구자들로 하여금 중성자 충돌

실험의 대유행을 만들어냈다. 그리고 5년이 지난 뒤 같은 방법으로 결국 오토 한과 마이트너가 올바른 실험과 올바른 해석을 얻을 수 있었다. 더 재미있는 것은 페르미의 노벨상은 (2)의 공로에 대해 주어졌다는 것일 것이다. 그는 '틀린 내용으로' 노벨상 수상자가 됐다. 그래서 적절한 시기 이탈리아를 떠날 수 있었고, 그 결과로 원폭개발에 결정적 공헌을 한 페르미가 적절한 타이밍에 미국에 안착했으니, 역사적 우연이 만든 유쾌한 반전이라 할 만하다. 또 페르미는 (1)의 과정에서 '저속 중성자'를 발견했다. 저속 중성자는 핵에 충돌할 때 훨씬 많은 방사능을 유도할 수 있어 핵 연구에 중요한 도구가 얻어진 것이다. 이때부터 페르미는 중성자에 관한한 최고의 전문가로 인정받았다. 또한 이 저속 중성자에 대한 지식은 후일 원자폭탄의 개발에 중요한 토대가 되었고, 저속중성자를 만들기 위해 중성자의 속도를 감속시키는 '감속재'의 역할이 중요하게 떠오른 계기가 되었다.

원자핵 연구의 정체

놀랍게도 페르미가 주장한 내용을 즉시 제대로 해석한 학자들은 이미 있었다. 젊은 부부 연구자인 이다 노다크(Ida Noddack, 1925년 레늄 발견자)와 발터 노다크(Walter Noddack)는 1934년 논문에서 "무거운 원자핵에 중성자를 충돌시킬 때, 해당 원자핵이 다수의 조각으로 분해되는 것도 가능하다. 이 조각들은 알려진 원소들의 동위원소이지, 새로운 원소들이 아니다."라고 정확하게 설명했다. 하지만 페르미는 이 비판을 무시했다. 중성자가 그 단단한 원자핵을 쪼갠다는 것은 상식적으로 불가능해 보였다. 최고의 라듐 전문가 오토 한도 이 생각에 동의하자 페르미는 자신이 옳음을 확신했다.—핵분열의 불가능성을 강력히 주장했던 오토 한이 결국 핵분열의 발견자가 된 것은 참으로 얄궂은 일이다. 페르미가 이처럼 잘못된 방향을 취한데다 이렌과 마이트너의 경쟁도 아름답게 진행되지 못했다. 두 사람이 라듐 연구에 관한 한 최고 전문가들이었고 같은 성별이었다는 것이 오히려 암묵적으로 경쟁구도를 강화시켰다.

1933년 솔베이 회의에서 마이트너는 졸리오퀴리 부부의 실험을 부정확한 것이라고 비판했었다. 부부는 크게 낙담했지만 보어와 파울리가 긍정적인 반응을 보여주어 연구를 계속할 수 있었다. 그리고 부부는 이 실험의 연장선상에서 인공방사능을 만들어내며 노벨상을 받았다. 이 부분은 분명한 마이트너의 실수였다. 졸리오퀴리 부부로서는 '주제 파악 못한 독일여자'의 말을 신뢰했다면 큰 낭패를 볼 수 있었다. 이후에도 잡다한 사건들이 중첩되면서 두 집단 간의 불화와 의심은 커져갔다. "이렌 졸리오퀴리는 아직도 유명한 어머니에게 물려받은 화학지식에 의존하고 있다. 그 지식은 이제 상당히 낡은 것들이다." 이 정도가 오토 한과 마이트너의 생각이었다. 더구나 유대인 마이트너는 나치정권하 독일에서 시시각각 강도를 더해오는 불안 속에 있어야 했다. 세계 최고수준의 두 팀은 서로의 연구를 이류로 보고 신뢰하지 않았다. 하지만 서로는 서로가 생각했던 것보다 훨씬 더 뛰어났다. 이런 불협화음은 서로의 연구를 늦추게 만들었다. 한편 영국의 캐번디시 연구소도 카피차와 채드윅의 손실을 끝끝내 보충하지 못했다. 결국 러더퍼드조차 갑작스럽게 사망하며 캐번디시의 원자연구가 사실상 막을 내리게 된다. 그 결과 눈부신 발전이 있었던 1934년 이후 영국, 프랑스, 독일, 이탈리아의 유력한 팀들 모두가 여러 가지 이유로 핵분열 관련 연구에서 3~4

년이나 답보상태에 있게 되었던 것이다. 어쩌면 1939년의 핵분열 발견은 상당히 늦은 결실이었다.

페르미의 망명

1933년 페르미가 32세의 나이에 중성자로 핵을 타격하는 실험을 시작했을 때는 히틀러의 집권으로 유럽의 정치지형도가 혼미해진 시기기도 했다. 페르미 부인의 출신이 이때부터 페르미의 운명을 천천히 몰아가고 있었다. 페르미는 16세의 로라 카폰과 1924년에 만났었는데 1926년에 우연히 다시 만나 사귀기 시작했다. 그리고 둘은 1928년 결혼한 뒤 1931년 딸 넬라, 1936년 아들 줄리오를 낳았다. 부인 로라는 유대인이었다. 1933년의 상황변화는 결국 5년 뒤 현실적 위협으로 드러났다. 히틀러에게 운명을 걸어보기로 한 무솔리니는 1938년 7월 이탈리아에 반유대주의 포고문을 발표했다. 이탈리아에서는 충격이었다. 이탈리아에 유대인은 0.1%에 불과했고 모두 이탈리아 사회에 동화되어 있었다. '유대인 문제' 자체가 없었다. 겨우 독일과의 '연대'를 보여주기 위한 독재자의 뜬금없는 정책이었다. 페르미 가족 중 부인 로라가 가장 로마를 좋아했던 것은 아이러니였다. 9월에 반유대주의 법안이 통과되자 페르미 가족은 슬픔과 비장함 속에 이탈리아를 떠날 결심을 굳혔다. 페르미는 미국의 대학교 네 곳에—혹시 망명타진이 발각될까봐—각각 다른 마을에서 편지를 보냈다. 곧 컬럼비아 대학에서 교수직을 은밀히 내정해줬다. 코펜하겐에 갔을 때는 보어가 페르미 이름이 노벨상 후보에 올라 있음을 넌지시 귀띔해줬다.[10]

1938년 9월 29일 역사적 뮌헨 회담이 열렸다. 영국과 프랑스는 사실상 체코슬로바키아를 히틀러에게 헌납하며 허울뿐인 평화를 연장했다. 유럽의 상황은 빠르게 악화되고 있었다. 11월 10일, 페르미는 스톡홀름에서 저녁에 전화가 올 것이라고 들었다. 그날 연구소에 출근하지 않고 귀중품과 시계를 구입했다. 이날 유대인 어린이들은 공립학교에서 추방되고 유대인 교사는 모두 해고되었다는 라디오 뉴스가 흘러나왔다. 저녁에 스톡홀름에서 노벨상 단독 수상 결정 소식을 전화로 알려왔다. 곧 가족은 의심받지 않기 위해 가벼운 옷차림과 최소한 짐만 챙긴 채 이탈리아를 '영원히' 떠났다. 페르미는 노벨 사망일인 12월 10일 스톡홀름에서—'초우라늄 원소 발견이라는 완전

무솔리니
1920년대만 해도 무솔리니는 히틀러의 롤 모델이기도 했다. 하지만 히틀러의 집권 이후 독일이 지속적으로 강대해지자 무솔리니와 히틀러의 관계는 역전된다. 1938년 이탈리아가 실행한 반유대주의 정책은 독일에 대한 비굴한 아부 같은 것이었다. 독재자의 변덕스런 정책으로 이탈리아는 페르미라는 뛰어난 과학자를 잃었다.

히 잘못 파악된 업적으로'—노벨 물리학상을 수상했고, 시상식에 참석한 뒤 페르미 가족은 바로 미국으로 떠났다. 망명이 들통날까봐 부동산이나 예금을 처분할 수도 없었던 페르미 가족에게 노벨상 상금은 미국에 정착할 수 있는 가뭄 속 단비와 같았다. 페르미 일가는 1939년 1월 2일에 미국에 도착했다. 2차 세계대전이 시작된 바로 그해에 추축국은 핵심과학자 한 명을 이렇게 잃었다.

---

10   정확히는 보어가 "노벨상을 주면 받을 수 있겠느냐."고 물었다. 독일과 이탈리아 정부가 일부 후보자에게 노벨상 수상을 금지시킨 적이 있기 때문이다. 페르미는 받을 수 있다고 대답했다. 보어는 노벨상 후보 추천에 대한 비밀유지의 전통을 깨고 페르미를 돕기 위해 정보를 흘린 것이다. 망명의 기회가 될 수 있을 테니 준비하라는 묵시적 신호였다.

8

부다페스트의 유대인 학자들

부다페스트

서기 1000년경 수립된 헝가리 왕국은 이후 오스만 투르크 제국의 침략으로 영토를 크게 잃었고, 16세기부터는 합스부르크 가문이 헝가리 왕을 겸하기 시작했다. 합스부르크 가문의 중심 오스트리아 제국은 독일계 주민이 지배계급이었을 뿐 다수를 점하지 못했고 전형적인 다민족 국가의 틀을 유지하며 수백 년간 강대국으로 존속했다. 헝가리는 이 오스트리아 제국 내에서 안정적으로 정착했다. 하지만 민족주의가 강화되는 19세기에 접어들면 오스트리아 제국은 다민족 국가라는 자체 특성으로 인해 점진적인 몰락을 겪게 된다. 1866년 프로이센과의 전쟁에서 패한 오스트리아는 제국을 유지하기 위해 피지배민족들에게 더 많은 혜택과 자치를 보장해야 했다. 특히 헝가리의 마자르족의 지지는 아주 중요했다. 지배계층인 독일계 주민과 마자르족을 합치면 제국 내

© Shutterstock.com

부다페스트 야경

부다페스트는 오스트리아–헝가리 제국을 유지하기 위해 전략적으로 지원된 도시다.

인구의 과반을 넘기 때문이었다. 1867년 오스트리아 제국은 '오스트리아-헝가리 이중제국'으로 명칭을 바꿨다. 이 시기부터 헝가리는 자치를 시작했고, 1918년 1차 대전의 종결과 함께 결국 헝가리는 독립하게 된다. 특히 19세기 후반 헝가리는 밀제분 산업이 번창했기 때문에 '유럽의 빵공장'으로 불리며 급속히 발전했다.

이런 배경 속에 발언권이 크게 강화된 헝가리를 오스트리아 제국 내에 붙잡아두기 위해 특히 부다페스트는 융숭한 대접을 받는 도시가 되었다. 유럽대륙 내에서 가장 먼저 지하철이 건설된 도시는 파리나 베를린이 아니라 부다페스트이고, 걸출한 인물들이 집중 배출되었던 부다페스트 공대, 오늘날도 손꼽히는 부다페스트의 야경은 모두 이 시기 제국 차원의 집중적 지원이 배경이 되었다.[11] 1867년 28만 명이던 부다페스트 인구는 1903년 80만 명으로 늘어났다. 20세기 초 부다페스트는 런던, 파리, 베를린, 빈, 상트페테르부르크의 뒤를 이어 유럽 6위의 도시였다. 이 시기에 농업자원이 풍부했던 헝가리와는 차별화되는 부다페스트만의 독특한 문화와 상황이 자라난다. 오스트리아-헝가리 제국 내의 주요 세 도시 빈, 프라하, 부다페스트는 모두 독일계 주민이 권력을 가진 도시였고, 또한 유대인도 많았다. 전통적으로 지주일 수 없었던 유대인들은 특히 대도시에 몰렸다.[12] 1910년경 빈의 유대인은 10% 선에 달했다. 체코인이 다수인 프라하에서도, 헝가리 인이 다수인 부

11　부다페스트의 지하철은 1898년 완공되었고 프란츠 요제프 2세는 같은 해에 현재도 부다페스트의 명물인 대궁전도 증축했다.

12　유럽에서는 전통적으로 이교도인 유대인들에게 토지 소유를 금했다. 이로 인해 유대인들은 도시로 몰려들었고, 은행업으로 많이 진출했으며, 결국 20세기에 접어들면 상당한 부가 유대인에게 집중되게 된다.

다페스트에서도 유대인은 눈에 띄게 많았다. 곳곳에서 유대인들은 은행업, 학문, 예술, 전문직 진출이 두드러졌지만 특히 부다페스트의 상황은 인상적인 수준이다. 유대인들은 1910년 헝가리 인구의 5% 정도였다. 하지만 1904년 기준 유대인은 헝가리 농지의 37.5%를 소유했고, 변호사와 상업 종사자의 절반 이상, 의사 60%, 금융인 80%가 유대인이었다. 이 상황은 전근대적 계급사회를 유지하고자 했던 마자르족 귀족들이 1918년까지도 헝가리인 1/3을 문맹으로 방치한 것과도 상관있었다. 새롭게 성장하는 관료계급과 중산계층을 견제하려고 헝가리 귀족계급은 유대인 대자본가들과 결탁했다.

그 결과 20세기 초 헝가리에서는 유대인에게 귀족작위 수여가 극적으로 많아졌다.[13] 폰 노이만의 이름에 귀족을 표시하는 폰(von)이 붙게 된 이유이기도 하다. 이런 분위기 속에 재능과 재력을 갖춘 유대인들은 부다페스트로 몰려왔다. 부다페스트는 유대인 부호들을 환영했다. 국제적이고 개방적인 도시면서도 빈처럼 정치의 중심 도시도 아니었기 때문에 고립된 자족적 삶이 가능했다. 헝가리의 마자르족이 유럽의 주류민족이 아니었기 때문에 반유대주의의 물결도 아주 약했다. 한마디로 부다페스트의 문화와 교육은 헝가리의 상황과는 분리되어 있었고, 유럽 유대인 지식인들에게 이상적 공간이었다. 부다페스트의 가장 유명한 명문 김나지움 세 곳의 50~70% 학생이 유대계였다! 그러니 역으로 상황이 변한다면 유대인들은 사회모순에 대한 불만의 희생양이 되기 쉬웠다. 다수의 피지배인들이 두려운 독일계 지배자들에게도, 지배

---

13   1800년에서 1900년 사이 126명이 귀족이 되었는데, 1900년에서 1914년까지 220명 이상이 귀족이 되었다.

권력이 두려운 다수의 체코인과 헝가리인에게도 그것이 쉽고 안전한 방법이었다. 이른바 '헝가리 4인방'으로 불리는 '부다페스트 출신 유대인 네 명'이 부다페스트에서 배출된 것도, 그들이 헝가리를 떠나 방랑하고 미국으로 망명을 떠나게 된 것도, 이런 배경에서 진행된 것이다.

헝가리 4인방

'헝가리 4인방'은 오스트리아-헝가리 제국이 배출하고 그 폐허에서 신대륙으로 건너간 부다페스트 공대 출신 유대계 헝가리인 네 명을 가리킨다. 원자폭탄과 관련된 이야기에 이들의 이름은 계속해서 등장할 것이기에 먼저 기본적인 소개를 할 필요가 있다. 믿기지 않는 일을 해낸 이 네 명의 헝가리인을 미국에서는 '화성인들'이라고 불렀다.─폰 노이만(John von Neumann, 1903~1957)은 조금 더 특별히 '반신(半神)'이라고 불렀다. 독일이 이들 네 명을 놓친 것은 큰 실수였다. 폰 노이만과 함께 레오 실라드(Leo Szilard, 1898~1964), 유진 위그너(Eugene P. Wigner, 1902~1995), 에드워드 텔러(Edward Teller, 1908~2003)를 합쳐 '헝가리 4인방'이라 부른다. 위그너는 노벨상을 수상했고, 실라드는 오펜하이머와 함께 '원자폭탄의 아버지'로 불리며, 텔러는 '수소폭탄의 아버지'라 불린다. 놀랍게도 이들은 모두 헝가리의 수도 부다페스트라는 도시에서 살았고, 그뿐만 아니라 같은 시기에 같은 김나지움과 부다페스트 공대에 재학했다. 그들이 이룬 업적을 놓고 볼 때 이런 기록적 천재들이 1910년대에 헝가리라는 국가, 부다페스트라는 도시, 부다페스트 공대라는 학교를 공유하며 쏟아져 나온 것 자체가 불가사의한 일이다.

폰 노이만, 레오 실라드, 유진 위그너, 에드워드 텔러

　가장 나이가 많은 실라드는 부다페스트 공대 1학년 때 1차 세계대전에 징집되어 노회한 오스트리아 제국군의 시대에 뒤떨어진 형편없는 효율과 가혹한 군율만 체험했다. 이때부터 실라드는 군대에 대한 강한 반감을 가지게 되었다. 전쟁 직후 새로 독립한 헝가리에서는 쿤 벨러(Kun Bela)가 1919년에 혁명을 일으켜 소비에트 정권을 수립했고 아주 짧은 기간 통치하다가 1920년 소련으로 망명했다. 벨러는 이후 결국 스탈린에게 숙청당했다. 실라드는 벨러 정권 초의 몇 주간에 걸친 적색테러를 보았다. 그리고 그 뒤를 이은 호르티 미클로시 통치기간의 백색테러도 보았다. 이 시기 다른 구 오스트리아 제국 영토들처럼 기존 권위체계가 모두 붕괴한 헝가리는 대혼란기였다. 실라드는 한 마디로 군대, 좌파, 극우파 모두에게 강한 반감을 가진 사람이 되어 베를린으로 떠났다. 처음에 실라드는 하를로텐부르크 공대를 다녔는데 베를린에 아인슈타인, 플랑크, 라우에 등이 진을 치고 있던 시기였다. 아버지처럼 토목공학자가 되려 했던 실라드는 이런 '꿈같은' 분위기에서 이론 물리학으로 진로를 바꿨다. 처음에는 라우에의 조수로, 이후에는 카이저 빌헬름 협회에서 연구하며 강사로 일했다. 이 시기 실라드와 아인슈

타인이 맺은 인연은 앞서 살펴보았다. 1933년 히틀러 집권 직후 빈으로 갔고, 빈 역시 위험할 것으로 정확히 예측하고 6주 뒤 영국으로 떠났다. 그의 인생사 자체가 정치적 흐름에 민감할 수밖에 없었기에 실라드는 흔히 보기 어려운 특이한 과학자로 성장했다. 1933년부터 영국에 체류했는데 그해 가을에 영국과학진흥협회 연례회의에서 러더퍼드의 연설을 들었다. 이때 러더퍼드는 "원자 에너지의 대규모 방출을 언급하는 사람들은 터무니없고 무책임한 말을 하는 것"이라고 했다. 그 말을 듣고 실라드는 1933년 10월 중성자 하나를 흡수하면 중성자 두 개를 방출하는 원소가 있다면 연쇄반응이 일어날지 모른다는 생각을 했다. 권위자의 말에 언제나 반대급부를 생각하는 실라드다웠다. 실라드는 이처럼 세계 최초로 핵분열 과정을 떠올린 사람이다. 1939년 실제로 그런 상황을 마주하자 실라드가 즉각적으로 폭탄을 생각하게 된 것은 자명한 순서였다. 1935년부터 실라드는 원자과학자들에게 현재연구들이 초래할 위험에 대해 경고하면서 연구결과 발표에 신중해야 한다고 주장했었다. 결과적으로 상당한 선견지명이었다. 실라드는 이렇게 '때 이른 제안을 하는 버릇'이 있어 '첫걸음을 떼기도 전에 서너 번째 걸음을 생각한다.'는 명성을 얻었다. 핵무기는 1933년에서 1939년에 이르는 몇 년간은 실라드 단 한 명의 머릿속에만 구체화되어 있던 생각일 뿐이었다.

'헝가리 4인방'은 비슷한 성장환경을 공유했지만 이들의 나이는 각자의 경험에 약간씩의 편차를 주었다. 실라드는 부다페스트 공대를 다니다 입대했고 전후 혼란기에 바로 베를린으로 떠났다. 반면 위그너와 폰 노이만은 10대 후반의 나이에 자신들이 알던 헝가리가 붕괴되는 것을 목격했다. 그리고 텔러는 불과 11세인 1919년에 공산혁명과 반혁명을 겪었다. 1920년 호르티 정권은 민족 인구 비례에 따라 대학신입생을 입학시키는 법률을 제정했다. 이 법대로라면 유대계 신입생은 5%로 감소하게 된다. 당연히 재능 있는 유대계 젊은이들은 모두 헝가리를 버리고 스위스나 독일 등지로 떠났다. 하지만 텔러는 너무 어려서 떠날 수가 없었다. 최악의 몇 년 동안 텔러의 아버지는 귀에 못이 박히도록 텔러에게 말했다. "커서 좀 더 우호적인 나라로 이민을 가고, 사람들이 싫어하는 소수민족의 일원이니 생존을 위해서는 평균보다 훨씬 탁월해야 한다." 4인방 중 가장 호전적인 입장을 끝까지 유지했던 텔러의 행동들은 이런 유년기의 기억을 감안해야 이해된다. 원자폭탄의 비극을 목도한 이후 실라드, 위그너 등이 모두 부정적으로 돌아섰음에도 텔러는 끝끝내 수소폭탄 개발에 매진했고 결국 성공했다. 실라드는 원자폭탄에 관한 이야기에서, 텔러는 수소폭탄에 관한 이야기에서 등장할 것이다. 하지만 위그너의 인품과 업적은 위대하지만 이 책에서는 아주 조금 언급할 수밖에 없을 것 같다.[14] 폰 노이만은 이 책에서 다루는 역사에 모두 간섭하고 있지만 동시에 약간은 비껴서 있는 사람이다. 그럼에도 그의 이야기는 뒤에 좀 더 충실히 서술할 필요가 있다. 우리 머릿속 과장된 괴짜천재 과학자들의 이미지는 대부분 폰 노이만으로부터 비롯되었기 때문이다.

---

14 이 책에서 위그너의 이야기는 위그너의 여동생이 디랙과 결혼했고, 위그너가 인간의 자유의지와 양자역학의 불확정성을 연결시켜 표현하자 보어가 화를 냈다는 에피소드 정도에 등장한다. 그리고는 폰 노이만의 이야기에 보조적 형태로 등장할 수밖에 없지만, 그의 물리학적 존재감도 탁월하다는 것을 언급해둔다.

신대륙으로의 대이동

1930년 프린스턴 대학교는 폰 노이만과 유진 위그너를 함께 초빙했다. 위그너는 "나는 폰 노이만과 한 묶음으로 같이 초청됐다."고 이때를 장난스럽게 회고했다. 폰 노이만의 명성은 이미 전 세계적인 것이고 자신은 덤으로 딸려갔다는 의미였다. 프린스턴 대학교가 과학부문을 보강하기 위해 처음 자문을 구한 사람은 에렌페스트였다. 에렌페스트는 아는 사람들끼리 함께 가서 외롭지 않도록 해주기 위해 같은 김나지움을 다녔던 두 사람을 '묶어서' 추천했던 것이다.—폰 노이만과 위그너를 안전한 때에 미국으로 보내준 이도 에렌페스트였으니 그가 한 일은 아주 많았다. 위그너는 앞으로 독일과 유럽이 유대인들이 버티기 힘든 곳이 될 것임을 일찍 직감했다. 이들은 유럽 유대인 중 아주 운이 좋은 이들이었다. 몇 년이 지나면 수많은 유대계 학자들이 유럽에서 떠밀리듯 이동했고, 그다음은 쫓겨났고, 이후에는 쫓겨날 기회도 없이 자유를 박탈당하고 곧 목숨까지 빼앗기는 상황들이 차례로 발생하게 된다.

위그너가 미국에 자리 잡은 2년 뒤 베를린에 있던 실라드는 위그너에게 자신의 미래를 상의하는 편지를 보냈다. 히틀러 집권 3개월 전이었다. 실라드는 1933년 4월 1일이 되기 직전 베를린을 떠났다. 인도로 떠나볼 것까지 진지하게 고민하던 실라드는 이후 빈, 런던, 옥스퍼드 등을 떠돌며 불안할 나날을 보내면서도 원자무기를 상상했다. 로마에 가서는 친분이 있는 페르미와도 이야기를 나눴다. 실라드는 고민 끝에 1938년 결국 인연의 끈을 따라 위그너가 이미 자리 잡은 미국으로 떠났다. 해가 바뀌어 1939년 1월 2일에는 실라드와 연고가 있는 페르미도 미국에 도착했다. 노벨상 수상 직후 온 가족을 데리고 미국으로 망명해 온 것이다. 나치 독일과 연관되지 않은 경우는 소련의 가모브가 있었다. 가모브는 1933년 7차 솔베이 회의 이후 미국으로 망명했다. 그리고 워싱턴의 조지 워싱턴 대학에 자리 잡았다. 1930년 하이젠베르크 밑에서 박사학위를 받은 텔러는 이후 1933년까지 괴팅겐에서 양자역학의 응용분야를 연구하며 일했다. 자신이 곧 떠나야 한다는 것을 잘 알고 있었다. 텔러의 부모는 아들에게 헝가리로 돌아오라고 했지만 듣지 않았다. 솔베이 학회가 끝난 뒤 미국으로 망명을 간 가모브와 인연으로 26세의 텔러는 1935년 현명하게 신대륙으로 향했다. 그 외에도 1933년부터 1941년 사이 100명 정도의 핵심 물리학자들이 미국으로 이동했다. 그렇게 자신들도 모르는 사이 운명의 진용이 갖추어지고 있었다.

9

천재 폰 노이만

그의 두뇌는 지칠 줄 몰았다. 그의 이름을 언급하지 않고 컴퓨터, 인공지능, 게임이론을 설명할 방법은 없다. 그는 이 모든 아이디어의 시작이었다. 그의 업적이 너무나 거대하여 원자폭탄과 수소폭탄 개발에 결정적 기여를 했다는 점은 사소한 일화에 속한다. 유대인이며, 취리히 공대를 다녔고, 베를린 대학에 자리 잡은 바 있으며 프린스턴 고등연구소에 안착했다는 점에서 아인슈타인과 공통점을 가진다. 물론 두 번 결혼했고, 좋은 남편으로 분류되기는 조금 힘들었다는 점도 비슷하다. 그리고 양자역학과 원자폭탄의 완성에 일정한 기여를 했다는 점도 같다. 하지만 아인슈타인은 상대

폰 노이만
'천재 혹은 반신(半神)'임이 분명하기에 폰 노이만에게 평범한 인간이 감정 이입하기는 쉽지 않다. 그의 이야기는 때때로 극소수의 사람들에게 세상이 디자인 당하고 있다는 느낌을 지울 수 없게 만든다.

휘어진 시대 2

성이론을 만든 사람이라는 소개를 들어야만 천재로 보이는 경우였다면, 폰 노이만은 그를 처음 본 사람조차 존재감을 즉시 느낄 수 있는 천재였다는 점에서 차이가 있다. 그는 냉전시대 미국 국방정책의 핵심조언자였고, '호모 사피엔스인 척하는 자', '반신(半神)' 등의 별명으로 불렸다.

유년기의 폰 노이만

폰 노이만의 이름은 독어로는 요한 폰 노이만, 헝가리어로 네우먼 러요시 야노시(Neumann Lajos János)이다.[15] 아버지는 법률가였고, 금융업에도 종사했다. 유대계 엘리트의 전형이었다. 아버지 막스는 1913년 귀족작위와 새로운 성을 하사받았다.[16] 그래서 폰 노이만의 정식 이름은 요한 노이만 판 마르기타이—독일어로는 폰 마르기타—가 되었다. 이후 시대가 바뀌자 하사받은 성은 무시하고 귀족이었음을 암시하는 '폰'은 계속 이름에 넣어 썼다. 그래서 그의 이름은 존 폰 노이만으로 역사에 남았다. 폰 노이만 가문의 천재성은 많이 구전되고 있다. 외할아버지 야콥은 100만 단위 곱셈을 암산으로 해냈고, 아버지 막스도 마찬가지로 비범했다. 양가혈통이 모두 뛰어났고, 폰 노이만은 선천적으로 이를 잘 물려받았다. 거기에 최고의 교육이 가능한 부를 가진 집안에서 성장하며 유대계 특유의 교육열과 본인 스스로의 학구열이 결합되자 기록적 천재의 삶으로 나아갔다. 집안에는 공공도서관에 가까운 장서

---

15   마자르족은 동아시아처럼 성이 앞쪽에 온다.

16   앞서 살펴본 1900~1914년 사이 제국시절 말기 세습귀족작위를 받은 220개의 헝가리 유대인 가문의 하나였다.

수를 보유한 서재가 있었고, 가정교사를 두고 프랑스어, 독어, 영어, 이태리어, 심지어 고대 그리스어와 라틴어를 교육받았다. 폰 노이만은 특히 수학과 역사, 그리스어와 라틴어 공부를 좋아했다. 읽었던 책은 수십 년 뒤에도 정확히 암기했기 때문에 그는 필기가 별로 필요 없었다. 8세인 1911년부터 1921년 사이 개신교 계열인 루터 김나지움을 다녔다. 바로 이 시기가 빈과 부다페스트가 세계사적 인재를 쏟아낸 시기였다. 헝가리 4인방에 더해 마이클 폴라니(Michael Polanyi, 1891~1976), 게오르그 헤베시(Georg Karl von Hevesy, 1885~1966) 등 쟁쟁한 헝가리 유대계 인물들이 역사에 족적을 남겼다. 어떻게 생각해봐도 오스트리아-헝가리 제국은 마지막 때에 세계를 위한 엄청난 인적 자원을 배출하며 사라져 갔다.

폰 노이만은 스승 운도 좋은 편이었다. 루터 김나지움의 수학교사 라츠는 사실상 '수업이 필요 없었던' 뛰어난 학생들에게 부가적인 수학교육을 시키며 학업에 열정을 잃지 않게 관리했고, 각 분야의 대학교수들에게도 연결해주곤 했다. 이때 폰 노이만을 보고 온 한 수학교수는 천재를 만난 감동에 겨워 울며 집으로 돌아갔다고 한다. 폰 노이만은 활발한 사회활동을 좋아했다. 떠들썩한 파티를 즐기면서도 한쪽에선 복잡한 수학계산이 가능했다. 폰 노이만의 성격은 미워할 수 없는 천진난만함과 선량함으로 요약된다. 학생시절부터 폰 노이만은 온화하고 친절했다. 동시에 눈치가 없었다. 타인의 좌절이나 시기심 같은 감정들을 전혀 짐작할 수 없었기 때문이다. 그에게는 존재할 수 없는 감정체계였다. 후일 페르미 부인은 '뒤에서 험담을 듣지 않는 유일한 사람'이라고 평했다. 유진 위그너는 이 시기 폰 노이만을 만나 평생의 지기가 되었다.[17] 자신이 1년 선배였음에도 그는 폰 노이만의 재능을 바로 인정하고 평생 동안 존경했다.

청년기의 폰 노이만

극우파로 분류되는 폰 노이만의 정치적 입장은 그의 성장기를 보면 잘 이해되는 부분이 있다. 1918년 민주정을 표방하며 벨라 쿤이 헝가리-소비에트 사회주의 공화국을 성립시켰다. 매우 반유대주의적인 공산정권이었고 부다페스트의 유대인들은 탄압받았다. 하지만 곧 루마니아가 침공해서 호르티를 집권시켜 왕국을 부활시켰다. 짧았던 기간이었지만 이 기억은 헝가리 유대인들에게 공산주의는 반유대주의라는 등식을 성립시켰다. 1920년 정권을 잡은 호르티도 보수적 독재자의 길을 갔고, 후일 나치의 괴뢰정권 수반을 맡았다. 헝가리의 유대인들은 이 기간 경제공황과 반유대 정책을 피해 대규모로 헝가리를 빠져나갔고, 부다페스트의 황금기는 끝나게 된다. 이후 1945년 이후 헝가리가 소련의 영향권에 들어갔고 헝가리를 떠난 유대인들은 돌아갈 고향을 영영 잃어버렸다. 어쩌면 당연하게도 폰 노이만은 극단적 반공주의자가 되었고, 소련에 대해서는 초강경파로서 입장을 죽을 때까지 고수했다.

1921년 김나지움을 졸업할 때 폰 노이만은 이미 잘 알려진 수학자가 되었다. 수학을 계속 공부하고 싶었던 폰 노이만은 현실적인 직업을 가지기 바라는 부모와도 잘 타협했다. 부다페스트 대학에는 수학전

---

17 10세의 위그너는 9세의 폰 노이만을 찾아가 정수론을 배웠다고 한다. 10세의 어린이가 정수론을 배우는 것만도 천재라 분류할 일이다. 하지만 위그너는 언제나 폰 노이만을 기준으로 생각했기 때문에 자신이 보잘것없는 사람이라고 생각했다. 위그너가 겸손함의 화신이 된 것은 그가 폰 노이만과 평생을 가깝게 지냈던 것도 한 이유였을 법하다.

공으로 입학해두고 취리히 연방공과대학에서 화공학을 전공하기로 한 것이다. 부다페스트 대학은 시험만 합격하면 출석 여부를 개의치 않았기 때문에 이 이중의 대학생활은 가능했다. 1921~1923년에는 주로 베를린에 거주하며 베를린 대학에서 과학을 배웠다. 1923년 수업을 전혀 듣지 않은 상태에서 시험만 참석한 폰 노이만은 부다페스트 대학 최고점을 얻었고 이후 계속 부다페스트 대학의 학적을 유지했다. 1923년에 취리히 공대로 가서 헤르만 바일의 강의를 들었다. 바일은 가끔씩 바쁠 때면 폰 노이만에게 강의를 맡겼다. 수업 중 미해결의 수학적 난제를 교수가 언급하면 수업종료 후 폰 노이만이 완벽한 해답을 풀어온 경우도 있었다. 1926년 폰 노이만은 취리히 공대의 화공학위와 부다페스트 대학의 수학전공과 물리화학 부전공으로 박사학위를 동시에 얻었다. 그리고 23세의 나이에 베를린과 함부르크 대학의 사강사 생활을 시작했다. 당시 사강사 중 최연소였다. 1926~1927년 사이에는 괴팅겐에 가서 힐베르트부터 오펜하이머까지 친분을 쌓고 국제적 인맥을 넓혀 나갔다.

20세기 초의 수학은 러셀과 화이트헤드의 논리주의 대 힐베르트의 형식주의의 대결로 볼 수 있다. 폰 노이만은 수학을 논리로 환원시키려는 러셀-화이트헤드의 시도는 실패할 것으로 보았다. 하지만 그런 그도 괴델이 힐베르트 프로그램의 불가능성까지 증명할 거라는 상상은 하지 못했었다. 이후 힐베르트 공간을 양자역학에 적용하는 결정적 기여를 했다. 폰 노이만은 1920년대 후반까지 양자론의 수학적 기초에 대한 작업도 상당히 진행시켰다. 1930년 프린스턴 초청교수가 되어 악명 높은 난이도의 수업을 했다. 1931년에는 괴델의 불완전성 정리 발표를 듣고 바로 가치를 알아보았다.[18] 괴델의 불완전성 정리는 폰 노이만 인생의 충격이었다.—힐베르트 말고도 괴델의 작업에 경악했던 사람은 이렇게 다양했었다. 폰 노이만은 괴델의 업적을 본 이후 순수수학에 대한 욕심을 상당 부분 접어버렸다. 이후 자신의 수학강의가 더는 필요 없다며 폐강했고 수리논리학 연구 자체를 그만두었다. 그 후 프린스턴 고등연구소의 종신교수로 초청되었다. 아인슈타인과 괴델을 포함한 6명의 종신교수 초청자 중 한 명이었고 유일한 20대(29세)였다. 사실 아인슈타인이나 괴델 등의 초청인물 명단을 만들어준 사람이 바로 폰 노이만이었다. 그렇게 폰 노이만은 1933년에는 이미 30여 편의 최고수준 논문을 써낸 수학자가 되어 미국에 영구히 자리 잡았다.

괴델의 불완전성 정리

20세기 지성계를 대표하는 철학적 화두 세 단어를 든다면 상대성(relativity), 불확정성(uncertainty), 불완전성(incompleteness)이 될 것이다. 이중 상대성과 불확정성은 과학의 영역에서 아인슈타인과 하이젠베르크에 의해 제시된 개념이며 이 책에서 비중 있게 다루었다. 또 하나의 개념 불완전성은 쿠르트 괴델(Kurt Godel, 1906~1978)에 의해 순수수학의 영역에서 제시되었다. 괴델의 불완전성 정리를 단순하게 요약하면, "수학 체계 내에는 참이지만 참임을 증명할 수 없는 명제가 존재한다." 는 것을 증명한 것이다. 다시 말해 무모순인 수학체계는 자신이 무모순

18　사실 폰 노이만이 그 발표회장에서 괴델의 발표의 가치를 알아볼 수 있었던 유일한 사람이었다. 이후 괴델은 폰 노이만 '덕분에' 아인슈타인과 함께 프린스턴에 안착할 수 있었다.

쿠르트 괴델
아인슈타인과 폰 노이만이 최고의 천재로 인정했던 괴델은 슬프게도 '굶어' 죽었다.

임을 증명할 수 없다! 약간의 왜곡을 무릅쓰고 그의 정리를 단순화하면 이 정도의 표현이 된다. 한 마디로 그는 '증명할 수 없는 것이 있음'을 증명했다.[19] 힐베르트 편에서 살펴봤던 것처럼 괴델의 정리는 이렇게 힐베르트 평생의 신념을 붕괴시켰다. 그의 정리는 다양한 해석이 가능하기에 이후 많은 철학자들의 상상력을 자극했다. 동년배인 오펜하이머(J. R. Oppenheimer, 1904~1967)와 폰 노이만, 나아가 아인슈타인의 삶도 괴델과 밀접한 연관이 있다. 오펜하이머는 괴델의 정리를 '인간이성의 한계를 보여준 증명'이라고 말했고, 폰 노이만은 괴델을 '아리스토텔레스 이후 가장 위대한 논리학자'로 표현했다. 아인슈타인은 괴델을 '나의 최고의 친구'로 표현하며 '괴델이라는 지성과 산책하는 영광을 누리기 위해 사무실에 나간다.'고 즐겨 말했다. 괴델은 말년에 신의 존재증명을 시도했고, 사람들이 자신을 독살하려 한다는 망상 속에 굶어 죽었다.

폰 노이만은 누가 봐도 천재로 보이는 사람이다. 하지만 괴델은 폰 노

19　괴델의 이야기를 듣다보면 이런 생각이 들곤 한다. 정말 우주는 자기 자신에 대한 완결된 기술을 할 수 없는 것일까? 이런 증명을 해내는 사람들이 정말 지구인일까? 어쩌면 괴델의 정리는 '나에 대한 증명은 너를 필요로 한다.'는 당연한 표현의 수학적 표현은 아닌가? 그러다 수학을 잘 모르는 이의 유치한 생각이려니 하며 일상으로 돌아간다.

이만 같은 사람이라야 천재인 줄 알아볼 수 있는 사람이다. 폰 노이만은 괴델이 불완전성 정리를 발표할 때 '다행히' 그곳에 있었고, 청중 대다수가 인식하지 못한 이 위대한 정리의 의미를 즉시 이해했다. 이후 괴델을 프린스턴 고등연구소에 추천한 것도 폰 노이만이었다. 괴델의 위대한 업적을 본 폰 노이만은 이후 이제 자신 같은 사람은 순수수학을 할 자신이 없다고 절망하며 철저하게 응용분야에서만 일했다. 그래서 겨우(?) 원자폭탄, 컴퓨터, 냉전기 미국의 전략방어시스템 따위를 만들었다. 폰 노이만은 괴델의 정리가 가지는 가치를 즉시 알아보았던 사람이고, 괴델을 미국에 소개하고 자리 잡을 수 있게 한 사람이며, 괴델 이후 순수 수학에 대한 연구를 포기한 사람이기도 하다. 폰 노이만은 자신이 괴델보다 더 나아갈 수 없음을 정확하고 냉정하게 간파했기에 그는 이후 응용학문으로 눈을 돌렸던 것이고, 결국 컴퓨터의 아버지가 되었다.

미국에서의 폰 노이만

1935년에 폰 노이만의 딸 마리나가 출생했지만 첫 부인 마리엣과는 1937년 이혼했다. 그리고 1938년 클라라 댄과 재혼했다.[20] 1937년에 미국 시민이 되고 나서 그는 임박한 2차 세계대전에 도움을 주기 위해 미 육군 장교시험에 지원하기도 했다. 쉽게 시험을 통과했지만 34세라는 나이로 인해 거부되었다. 폰 노이만 역시 많은 복합적 성격을 가지

---

20 폰 노이만의 둘째 부인 클라라 댄은 첫 결혼 후 이혼하고 폰 노이만과 재혼하는 과정, 그 이후의 삶에서도 통계전문가로서 독자적 삶을 살았다. 하지만 폰 노이만이 사망한 뒤에는 우울증에 빠져 강물에 투신자살했다.

고 있었고, 천재 특유의 강박증을 앓았던 것 같다. 사생활의 많은 측면이 불안정했다. 폰 노이만은 돈을 마구 낭비했다. 대저택을 구입하고 매년 최신자동차를 구입했다. 교통사고를 자주 냈는데 '폰 노이만 거리'는 폰 노이만이 자주 교통사고를 내던 곳이다. 그가 '천진난만한 속물'이라는 시각도 있다. 음담패설을 즐겼고 항상 양복을 입었다. 심지어 등산을 할 때도 홀로 넥타이와 구두까지 겸비한 정장차림으로 나타나 산을 올랐다. 여성을 외모로만 판단하는 멘트들이나 오늘날에는 성희롱으로 분류할 행동들도 즐겼다. 젊은 파인만에게는 "과학자들이 세계를 다 책임질 필요는 없어."라고 말했다. 하지만 그는 쉴 없이 세계의 엄청난 부분을 책임졌다는 점에서 참으로 모순적인 표현이다. 언제나 친절하게 남들을 도왔고 이기적이지 않았다. 공산주의에 강한 적개심을 보였지만, 사람들과 대화할 때는 유머감각 넘치고 격의 없이 친근했다. 어쩌면 악의 없는 철없는 어린 천재아이로 보는 것이 적절한 시각일 수도 있다. "아마도 신은 존재할 것이다. 아니라면 꽤 복잡하다."라는 말도 남겼다. 아마도 그래야 좀 더 쉽게 설명된다는 의미일 듯하다.

폰 노이만은 자신의 주요 업적으로, 양자역학의 수학화, 힐베르트 공간 연구, 통계역학의 에르고드 정리를 꼽았다. 하지만 대중에게는 컴퓨터를 포함한 그의 응용기술 분야에서의 성과가 각인되었다. 군사 분야에서는 '지금까지도 잘 알려지지 않은' 수많은 자문을 했고, 맨해튼 계획에는 1943년부터 관여하기 시작했다. 핵폭탄을 개발하던 로스알라모스에 자유로운 출입이 가능한 몇 명 중 하나였고, 대부분의 연구원들은 사실상의 감금상태인 보호 속에 있었지만 폰 노이만만큼은 미국 정부의 너무 다양한 일들에 개입되어 있었기 때문에 자유로운 출입이 허용되었다. 이 시기 파트타임으로 일했던 폰 노이만의 성과는 탁월했다. 원폭의 사용에 대해서는 적극적이었다. 그는 시간 경과에 따라 대일, 대중, 대소 원폭 투하를 차례로 주장했던 강경파 과학자였다. 텔러와 함께 전쟁이라는 현실적 문제에는 냉정하고 단호한 태도를 평생 동안 유지했다. 오펜하이머나 실라드 등이 핵무기의 추가개발에 반대한 것과는 대조적인 태도였다. 그는 미국정부의 핵심 고문으로서 신뢰받았다. 그리고 어떤 분야든지 손만 대면 엄청난 성과를 남겼다. 1944년 공저로 출간된 『게임이론과 경제행동』은 경제학에서 게임이론의 효시였다. 핵무기 연구를 할 때 인간의 계산이 너무 느리다는 것에 자극받아 컴퓨터 연구를 결심했고, 기상예측과 탄두계산이 가능하다는 비전을 제시하며 국방부의 엄청난 연구비를 계속 받아냈다. 그렇게 컴퓨터를 출현시키고 인공지능과 인공생명에 대한 초기연구를 진행시켰다. 1940년대 폰 노이만의 컴퓨터 연구는 현대 컴퓨터의 기본구조를 정립시켰고, 그래서 그는 컴퓨터의 아버지로 불리게 되었다. 또 컴퓨터는 여전히 폰 노이만 머신이라는 별칭으로 불리고 있다. 이때 스스로 진화하는 프로그램의 개념을 제시하며 생명 진화도 일종의 프로그램적 진화로 볼 수 있다는 아이디어도 제공했다.―여기까지 쓰고 나니 필자조차 비현실적인 느낌이 든다.

폰 노이만은 근본 아이디어를 만들지는 않았지만, 초기 아이디어가 가지는 종합적인 함의와 그 결과를 빠르게 추정할 수 있는 능력이 있었고 그 전개과정에 탁월한 도움을 줄 수 있는 이해력, 직관력, 응용력의 소유자였다. 폰 노이만은 "나는 위대한 학자가 아니다. 위대한 수학자는 힐베르트뿐."이라고 표현했다. 1940년대 이후 폰 노이만은 순수 학문 연구는 거의 하지 않았고 상당히 현실적인 일들에 참여하기 시작했다. 헝가리의 공산화로 소련에 대한 반감이 깊어졌고 공산주의에 대한 분노로 이어져 현실정치와 연계된 과학기술적 자문에 집중했던 것이다. 폰 노이만도 퀴리 가문처럼 자신의 연구를 특허로 보호하려는 시도를 전혀 하지 않았다. 그래서 그의 업적은 인류보편의 자산이 되었다. 'IBM이 벌어들인 돈의 절반은 폰 노이만의 것'이라는 우스개가 있을 정도다.

앨런 튜링

컴퓨터 연구에는 앨런 튜링(Alan M. Turing, 1912~1954)도 반드시 언급되어야 하는 인물이다. 튜링은 폰 노이만보다 훨씬 비극적 인생을 살다간 컴퓨터의 창조자다. 그의 연구는 군사적 극비사항이었기 때문에 적절한 시기 그의 업적이 사람들에게 알려질 수 없었다. 제2차 세계대전 당시 독일

앨런 튜링

군의 암호체계를 해독하는 데 성공한 앨런 튜링의 콜로서스(Colossus)는 대외비였기 때문에, 결국 폰 노이만의 애니악(ANIAC)이 세계 최초의 컴퓨터로 기록되었다. 튜링은 보안을 이유로 자신의 전시활동에 대해 함구해야 했다. 그 결과 튜링은 6년간 학자로서 경력에 공백이 생겨버렸다. 동성애 전력으로 군사고문역도 못하게 되었고, 심지어 동성애가 불법이던 시절이라 '치료'받는 처벌을 받아야 했다. 남성동성애를 남성호르몬 과다의 결과로 해석하던 당시에는 여성호르몬을 투여하면 증상을 '완화'

할 수 있을 것으로 봤다. 많은 부작용에도 튜링은 투옥되지 않기 위해 이 치료를 받아들였다. 결국 튜링은 치욕감 속에 42세로 자살했다. 튜링은 이진법에 의해 동작하는 튜링머신의 수학적 비전을 제시했고, 정확히는 튜링머신의 이론적 비전을 실현가능한 공학적 모델로 만든 것이 폰 노이만이었다고 할 수 있다. 물론 오늘날 컴퓨터의 프로그램 내장방식, CPU, 메모리, 입출력 장치 등으로 분리되어 현실화된 컴퓨터의 기본구조는 폰 노이만의 아이디어다.

원자폭탄 관련 연구

폰 노이만은 원자폭탄 개발과정에도 여러 기여를 했다. 원자폭탄의 개발과정은 5부에서 서술되겠지만, 원폭개발과정에서 폰 노이만의 업적은 너무나 다양해서 따로 정리해볼 필요가 있을 것이다. 먼저 폰 노이만은 폭발물 분야에서 수학적 연구를 진행했는데, 이 분야에서 그의 주요 업적 중 하나는 "큰 폭탄에 의한 피해는 폭탄이 지상에 떨어지기 전에 폭발했을 때 간섭작용으로 훨씬 더 커질 것"이라는 것을 정확히 수학적으로 밝혔다는 것이다. 공중에서 폭탄을 폭발시키면 땅에서 발생하고 돌아오는 충격파와 공중의 충격파의 골이 합쳐지면서 충격파가 칼날처럼 물체들을 찢어놓을 거라는 걸 정확히 간파했다. 이 이론은 후일 히로시마와 나가사키에 떨어진 원자폭탄에 그대로 이용되었다. 또 그는 내폭 방식에 대한 아이디어로 원폭개발에 결정적으로 기여했다. 폰 노이만은 플루토늄형 원자폭탄 팻맨을 위한 폭축 렌즈의 개발을 담당했다. 이때 폭발의 파면 구조에 대한 이론을 만들었고, 이를 바탕으로 10개월에 걸쳐 폭약을 32면체로 배치하면서 내폭형 원자폭탄이 실제로 실현할 수 있는 무기라는 것을 수학적으로 설명하며 과연 폰 노이만임을 보여주었다. 또한 맨해튼 계획에 참여했던 과학자 중 유일하게 폰 노이만 한 명만 로스알라모스 연구소에서 출입이 자유로웠다. 너무 많은 다른 정부 프로젝트를 해결하고 있었기 때문이었다. 다른 일들을 마치고 폰 노이만이 로스알라모스에 돌아오는 날이면 많은 연구자들이 고민 중이거나 계산중인 문제들을 가지고 그의 앞에 줄을 섰다. 그때마다 폰 노이만은 의사가 진단하듯 걸어가며 문제를 읽고 바로바로 해결해주었다는 전설 같은 이야기가 남아 있다.

폰 노이만에 대해서는 과학적 천재성뿐만 아니라 강경한 정치적 성향에 대한 일화도 많이 언급된다. 전쟁기간 동안 유대인으로서 독일에 대한 강한 적개심을 보여준 폰 노이만은 일본에 대해서도 강경한 입장이었다. 일본에 대한 원폭 투하 지점을 선정할 때 문화재가 많은 도시였던 교토가 물망에 오르내렸다. 이때 폰 노이만은 "일본 국민들에게 교토가 문화적 가치가 많다면 더더욱 그곳을 섬멸해야 한다."고 주장했었다. 하지만 스팀슨 국방장관의 반대로 대신 히로시마가 목표지로 정해졌다.

또한 폰 노이만은 원폭에 의한 공격이 결국 복수에 복수를 낳을 것이라는 의미의 이제는 잘 알려진 '상호 확증 파괴(Mutually Assured Destruction)'라는 무시무시한 표현을 처음 제안했다. 이 용어의 약자는 절묘하게도 'MAD(미친)'가 된다. 폰 노이만 특유의 해학이었다. 그가 만든 컴퓨터의 이름에서도 비슷한 센스를 찾아볼 수 있다. 바로 '수학분석, 수치적분 및 계산기(Mathematical Analyzer Numerical Integrator And Computer)'라는 어마어마한 이름의 컴퓨터였는데, 이니셜은

'MANIAC(미치광이)'가 된다. 이런 식의 '학술적' 말장난은 폰 노이만의 특유의 블랙유머였던 모양이다.

유진 위그너가 1963년 노벨상을 받을 때 "이 상은 나 같은 사람이 아니라 폰 노이만이 받았어야 했다."고 말했다. 기자가 위그너에게 "20세기 초 헝가리 출신의 천재는 왜 그렇게 많습니까?"라고 질문하자 위그너는 도대체 무슨 말을 하는지 못 알아듣겠다는 표정으로 "그 질문을 이해하지 못하겠습니다. 그 당시 헝가리는 단 한 명의 천재만 배출했습니다. 그의 이름은 폰 노이만입니다."라고 대답했다. 위그너는 언제나 폰 노이만을 판단의 기준으로 삼았다. 폰 노이만은 1957년 불과 54세의 나이에 골수암으로 사망했다. 맨해튼 계획 당시의 방사능 노출이 원인으로 추정된다. 페르미나 파인만 등 많은 맨해튼 계획 종사자들이 결국 암으로 목숨을 잃었다. 폰 노이만은 너무 많은 미국의 기밀사항을 알고 있었기 때문에, 말년의 암 투병 중이던 그의 병실은 기밀취급인가를 받은 간호사가 돌보았고, 언제나 경호 인력이 함께 했다. 1957년 2월 8일 사망 시까지 언제나 보안요원들이 병실에 동석했고, 임종은 경건한 모습으로 예우되며 미군 핵심인사들이 임종을 지켰다고 전해진다.

문명의 미래에 대한 질문에 폰 노이만은 "기술의 가속적인 발전으로 인류 역사에는 필연적으로 특이점이 발생할 것이며, 그 후의 역사는 지금까지와는 전혀 다른 무언가가 될 것이다."라는 생각을 밝혔었다. 어쩌면 폰 노이만은 이미 그 '전혀 다른 무언가'가 되어 인류의 미래를 미리 보여준 사람이 아니었을까.

3막

떠난 사람들

10

사라진 베를린 그룹

신대륙의 아인슈타인

나치 시대(1933~1945)가 시작되자 독일과학은 붕괴되기 시작했다. 그 상징적 사건이 베를린의 아인슈타인이 프린스턴으로 옮겨간 것이었다. 나치는 과학은 물론이고 의학과 심리학에서도 예외 없이 유대인 학자의 연구성과는 비독일적인 것으로 매도했다. 프로이트의 정신분석학은 대표적인 경우에 속했다. 나치에게 상대성이론과 양자역학도 '유대 과학'이었다. 상황을 파악한 유대인 과학자 및 '유대 과학' 연구자들은 독일을 떠나기 시작했다. 바로 이 시기에 독일어권을 중심으로 형성되었던 유럽의 과학활동은 사실상 종말을 고하고 20세기 후반 과학의 중심은 미국으로 옮겨가게 된다. 그러니 미국을 세계과학의 중심지로 만들어준 핵심 공로자는 다름 아닌 히틀러였다. 아인슈타인은 히틀러 정권을 피해 가장 먼저 외국으로 망명한 독일 지식인 중 하나가 되었다. 1933년 아인슈타인의 미국 망명은 조금 복잡한 과정을 거쳤다. 히틀러가 집권했을 때, 아인슈타인은 미국에서 순회강연 중이었다. 먼 곳에서 나치의 정권획득 소문을 들었지만, 그래도 아인슈타인은 처음에는 독일에 돌아갈 생각으로 대서양을 건너 유럽으로 돌아왔다. 벨기에에 머물면서 상황을 관망했지만 베를린의 반 유대 정서는 갈수록 험악해졌고 아인슈타인은 자신이 공공의 적이 되어버렸다는 것을 알았다. 1933년 4월 나치는 아인슈타인의 재산을 압류했고—이 때문에 독일에서 오는 아인슈타인의 이자소득을 사용하던 밀레바는 갑작스런 경제적 곤궁에 처했다.—그를 국가의 적으로 규정한 뒤 현상금까지 걸었다. 아인슈타인의 별장에 '공산주의자들의 반란용 무기가 숨겨져 있다는 첩보'를 받은 돌격대가 아인슈타인의 집과 별장을 수색했고 '무기'—빵 자르는 칼이었다.—를 발견했다. 어쩔 수 없이 아인슈타인은 독일행을 포기했다. 결국 그는 잠시 여행을 위해 독일을 떠났다가 다시는 돌아가지 못하게 된 것이고, 베를린의 자료를 옮기거나 주변을 정리할 기회조차 가지지 못했다. 결국 아인슈타인은 벨기에, 스위스, 영국을 거쳐 1933년 10월에 망명지로 선택한 프린스턴으로 가려고 뉴욕에 돌아왔다. 그리고 프린스턴 고등학술연구소에서 몸담고, 1940년 미국 시민권을 받은 뒤 1955년 사망할 때까지 22년간 프린스턴에 머물렀다.

미국에 정착한 후 아인슈타인은 독일에 남아 있던 학자들과의 모든 관계를 단절했다. 독일에서 떠나지 않은 과학자들은 잠재적으로 나치와 협력한 것으로 간주했다. 이 연락단절은 은인 같았던 플랑크에게도 예외는 아니었다. 원폭개발에 관한 이야기에서 살펴보겠지만 1939년 8월 2일 루스벨트 대통령에게 보낸 편지에서 "미국이 독일보다 먼저 핵폭탄을 제조해야 한다."고 주장했던 이야기는 유명하다. 사망 시까지 독일에 대해서는 원색적인 증오의 태도를 유지했다. 유대인의 정체성을 가진 사람으로서는 당연한 것이기도 했다. 미국에 정착한 지 불과 3년 뒤인 1936년 12월 10일 엘자는 심장염으로 사망했다. 고향을 떠난 상실감에다 기후풍토가 잘 맞지 않았을 확률이 높다. 아인슈타인 부부는 모두 50여 년을 독일어권 지역에서 살았던 사람들이다. 이로부터 아인슈타인은 20년 가까운 시간을 홀로 살았다. 오직 비서 헬렌 듀카스만 그의 곁을 27년간 성실히 지켰다. 아인슈타인의 비서 듀카스는 베를린 시절부터 함께했고, 아인슈타인의 망명을 따라갔고, 이후 평생을 함께 했으며, 아인슈타인 사후에도 아인슈타인의 자료를 죽을 때까지 지켰다. 아인슈타인에게는 상사병 환자, 과대망상 정신병자, 돈벌이에 아인슈타인을 끌어들이려는 사람들, 천재에게 인정받으려는 사람들의 편지들이 쏟아졌다. 하지만 많은 편지들을 비서 듀카스가 중간에서 적절히 차단했기에 별다른 문제들은 발생하지 않았다. 듀카스는 아인슈타인의 한가한 생활을 유지시켜주려고 애썼고 아인슈타인에게 누가 될지도 모를 정보들을 철저히 은폐했다. 아인슈타인의 딸 리제를의 존재가 1987년까지도 숨겨질 수 있었던 이유는 듀카스가 사망하고서야 이런 자료들이 공개될 수 있었기 때문이다.

아인슈타인은 미국 체류기간 동안 공식적으로 이렇다 할 과학적 업적은 만들지 못했다. 하지만 조용히 늙어간 것은 아니었다. 공간적으로는 프린스턴에 은거한 셈이지만 이 시기 아인슈타인이 물리학과 거리가 멀어져 있었다는 것은 사실이 아니다. 홀로 통일장 연구를 계속했고 최신 물리학 정보들은 빠짐없이 쫓아가고 있었다. 특히 대표적인 물리학 학술지《피지컬 리뷰》는 반드시 최신호를 챙겨봤다. 그는 20년 동안 홀로 인내하며 통일장 이론을 연구했다. 일반상대성이론을 확장함으로 양자역학을 배제한 채 새로운 통일이론을 정립코자 했던 이 마지막 과학적 야망은 끝내 이루어지지 못했다. 미완성으로 끝난 통일장 이론의 구체적 진행상황은 스스로만 안 채 사망했다. 죽을 때까지 어떤 연구팀에도 소속된 적이 없었으며 제자도 만들지 않았다. 많은 과학자들이 집단연구를 수행하며 '학파'를 이루던 시기, 아인슈타인은 홀로 연구하는 과학자 세대의 마지막 인물이 되었다. 인간적 관계를 유지하고 그와 교류하던 사람들은 극소수였다. 특히 쿠르트 괴델, 버트런드 러셀(Bertrand Arthur William Russell, 1872~1970) 등의 지식인과 깊이 교류했다. 러셀과는 후일 러셀-아인슈타인 선언으로 불릴 반핵운동을 함께했다. 불완전성 정리로 유명한 괴델도 망명 후 프린스턴에 자리 잡았는데 둘은 자주 함께 산책했다. 아인슈타인은 "괴델과 대화하는 영광을 누리려고" 아침에 출근한다는 표현을 즐겨했다.

프린스턴 고등연구소

프린스턴 고등연구소는 프린스턴에 있지만 프린스턴 대학과는 무관하다. 이 독특한 연구소에 대해 이해하려면 에이브러햄 플렉스너(Abraham Flexner, 1866~1959)를 알아야 한다. 플렉스너는 프린스턴 고등연구소 설립의 핵심 기획자이자 초대 소장이었다. 그는 1910년 카네기재단의 지원으로 전국 155개 의대를 연구했는데, 120개는 폐쇄하고 35개는 개혁이 필요하다는 무시무시한 결론을 거침없이 내렸던 인물이기도 하다. 부호였던 뱀버거 남매가 거액을 투자해 인류의 발전을 위한 연구소를 만들고자 했을 때, 플렉스너는 기획자로 초청받았다. 플렉스너는 이 기회에 종신직이고 연구와 강의 의무가 없으면서도 최고의 고액연봉을 받는 석학들의 낙원, 한 마디로 아무 의무가 없는 이상적 연구소 건립을 꿈꿨다. 그리고 스스로 소장이 되어 이 꿈을 독재적으로 진행시켰다. 무엇도 연구자를 방해해서는 안 됐다. 아인슈타인과 얽힌 플렉스너의 일화들만 봐도 그가 이 목표를 이루기 위해 어느 정도로 집착했는지 알 수 있다. 아인슈타인이 영구적으로 미국에 정착하러 온다는 소식을 듣고 뉴욕시장은 치어리더까지 동원한 떠들썩한 환영행사를 준비했고, 수많은 기자들이 장사진을 치고 있었다.

하지만 환영행사는 무산됐다. 플렉스너는 미리 보트로 아인슈타인을 빼돌려 조용히 프린스턴으로 보냈던 것이다. 아인슈타인의 연구 활동을 보호하기 위해 플렉스너는 심지어 루스벨트 대통령의 초대까지 거절해버렸다. 사실 아인슈타인은 이미 정중한 승낙 편지를 대통령에게 보낸 뒤였다. 나중에 이 사실을 알고 크게 화가 난 아인슈타인은 편지에 '프린스턴 수용소'라고 주소를 표기했다. 결국 플렉스너와 아인슈타인은 멀어졌다. 아인슈타인은 유명세를 적당히 즐기는 사람이었지만 플렉스너는 그가 성직자처럼 살기를 바란 셈이다. '내면의 빛을 따라가는 사유의 힘'을 믿었던 플렉스너의 너무 이상화된 생각은 비현실적인 연구소를 만들어버렸다는 비판이 따른다.

여러 일화들에서 보듯 플렉스너는 너무 멀리 나갔다. 지금까지도 프린스턴 고등연구소는 구성원의 이력에 비해서는 업적의 규모가 작다. 학자들의 이상향이라기보다는 '석학들의 화석 전시장'이 되어갔다. 프린스턴 고등연구소는 소통의 시간 없이 석학들을 자유롭게 가둬두기만 해서는 안 된다는 교훈을 얻었을 뿐이다. 고등연구소 종신교수직을 거절했던 리처드 파인만은 이렇게 표현했다. "내가 1940년대 프린스턴에 있을 때, 고등 연구소의 위대한 인물들에게 어떤 일이 일어났는지 볼 수 있었다……가르칠 학생도 없고 어떤 강제도 없이 생각할 수 있는 기회를 부여받았다. 하지만 이 불쌍한 사람들은……어떤 아이디어도 떠오르지 않는다." 어떤 긴장감도 없는 무한정한 시간이라는 기회는 오히려 천재들을 썩힐 수 있다. 프린스턴에서 제대로 왕성한 연구업적을 만들어낸 사람은 폰 노이만이 거의 유일했다. 하지만 그는 프린스턴 고등연구소에 올 때 20대였고 어디에 있어도 업적을 쏟아낼 사람이었다. 폰 노이만은 떠들썩한 파티를 벌이고, 여러 기관의 자문에 응하며 현실감각을 유지한 경우였다. 고등연구소에서 22년간 그는 최고의 논문 75편을 쏟아내며 예외적인 생산성을 유지했다. 하지만, 아인슈타인이나 괴델의 경우 특별한 업적이 없었다. 물론 그들은 그만큼 엄청난 것에 손을 대고 있었던 것도 사실이다. 그들은 통일장 이론이나 신 존재증명 같은 어마어마한 것에 심취했고, 분명 생애 내에 답이 나오기는 힘든 문제이기도 했다.

파동역학 이후 슈뢰딩거의 삶

프랑스 드브로이의 물질파에 관한 연구에 고무되어 1925년에서 1926년에 걸치는 시기 슈뢰딩거는 믿을 수 없을 만큼 엄청난 속도로 새로운 과학을 창조했다. 파동역학에 관련된 6편의 논문 중 마지막 편이 1926년 7월 21일에 『물리학 연보』에 제출됨으로써 거대한 성취가 이루어졌다. 마흔을 바라보는 나이였다. 파동역학의 완성으로 슈뢰딩거는 물리학의 빛나는 거성의 반열에 오른다. 곧 슈뢰딩거는 베를린 대학으로부터 임용제의를 받아 옮겨갔다. 베를린 대학 재직 중에도 그의 왕성한 학구열과 여성편력은 멈추지 않았다. 이 몇 년간 베를린에는 플랑크, 아인슈타인, 슈뢰딩거가 포진해 코펜하겐 해석에 반대하는 진영의 모습을 어느 정도 갖춘 셈이었다. 학파라고까지는 할 수 없었지만 '베를린 그룹'이라 할 만한 공통된 입장은 존재했다. 오랜 기간 그들이 의견을 교환할 수 있었다면 현대물리학이 또 어떻게 바뀌어 갔을지는 알 수 없는 일이다. 하지만 1933년 나치가 집권하자 아인슈타인이 미국으로 떠난 뒤 슈뢰딩거는 영국으로 떠났다. 베를린 그룹은 붕괴됐다. 슈뢰딩거는 옥스퍼드에 체류할 때 1933년도 노벨상 수상자로 선정된다.[21] 어느 정도 영국에서 잠시 안정된 생활을 하던 슈뢰딩거는 향수병에 걸려 1937년 오스트리아의 그라츠 대학으로 자리를 옮겼다.[22] 그러나 다음해 오스트리아는 나치독일에 병합되고 만다. 혼란하게 전개되던 유럽의 정치상황 속에서 슈뢰딩거는 오스트리아를 탈출해 우여곡절 끝에 아일랜드의 더블린에 정착해 2차 세계대전의 기간을 보냈다.[23] 이 시기 그는 젊은 생물학자들(?)에게 큰 영감을 불어넣은 『생명이란 무엇인가』를 쓰기도 했다. 아인슈타인만큼이나 코펜하겐 해석을 거부하던 슈뢰딩거는 독자적으로 자신의 통일이론을 만들고자 시도했으나 아인슈타인과 마찬가지로 성공하지는 못했다. 그가 조국 오스트리아

---

21 하이젠베르크는 슈뢰딩거보다 한 해 앞서서 1932년도 노벨상을 받았다. 이 둘은 계속해서 노벨상 후보로 추천되었고 1932년과 1933년 차례로 노벨 물리학상을 수상한다.

22 슈뢰딩거는 후일 두고두고 이 일을 후회했다. 그는 당시 자신이 유럽정세에 어두웠다고 회고했다.

23 나치가 정권을 장악하고 유대계 학자들을 오스트리아의 대학에서 내쫓을 무렵, 그는 나치정권에 호의적인 글을 발표하기도 했다. 많은 비판을 받았고 스스로도 이 일을 크게 수치스러워했으나 당시의 공포 분위기하에서 그가 선택할 수 있는 길은 많지 않았다. 이런 행동을 보였음에도 그는 대학에서 추방당했고 체포의 위험을 감수하고 재산을 포기한 채 극적으로 제3제국을 경유하여 아일랜드에 안착한다.

로 다시 돌아간 것은 1956년이 되어서였다. 전기 작가 월터 무어는 "지성은 명확한 추론에 바쳐졌지만, 기질은 프리마돈나처럼 폭발적이었다."라며 모든 면에서 슈뢰딩거는 진정한 오스트리아 사람—양면성과 모순성을 가졌다는 의미—이었다고 평했다. 평생 동안 학문적 열정과 여성 편력에서 지칠 줄 몰랐던 슈뢰딩거는 1961년 1월 고향 빈에서 사망했다.

『생명이란 무엇인가?』

제2차 세계대전의 혼란이 절정에 달한 1944년, 비교적 안정적이었던 더블린에서 슈뢰딩거는 『생명이란 무엇인가?』를 출판한다. 이 책은 그가 물리학 이외의 분야에서 남긴 중요한 업적이다. 슈뢰딩거는 같은 제목으로 더블린에서 행한 3회의 대중연설을 정리해 이 책을 냈다. 그가 던지는 기본질문은 강연의 첫머리에 분명하게 제시되었다. "살아 있는 유기체의 경계 안에서 일어나는 시간적 공간적 사건을 물리학이나 화학으로 어떻게 설명할 수 있을까?" 여기서 그는 유전자를 하나의 정보운반체로 간주해야 한다고 주장했으며, 생명체는 지금까지 확립된 물리법칙을 벗어나지는 않지만, 지금까지 알려지지 않았던 '또 다른 새로운 물리법칙'도 포함해야 한다고 역설했다. "염색체는 암호로 씌어진 전언이다……그러나 암호 문서라는 용어는 너무 편협하다. 염색

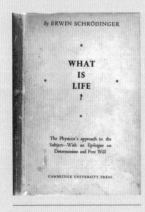

『생명이란 무엇인가』 표지

체 구조는 또한 예정된 발달을 일으키는 도구이기도 하다. 염색체 구조는 법칙-암호인 동시에 실행력이다. 다른 비유를 써서 말한다면, 건축가의 설계도인 동시에 건축노동자의 힘이다." 지극히 철학적인 슈뢰딩거의 이 세련된 표현에서 최초로 '유전암호'라는 용어가 탄생했다.

슈뢰딩거는 유전자를 '확정된 유전적 성질을 운반하는 가상적인 물질적 운반자'라고 정의한다. 유전학에 대한 슈뢰딩거의 지식이 당대의 연구를 충분히 따라잡지 못하고 있음에도 불구하고 그는 이렇게 언급한다. "미세한 암호는 고도로 복잡하고 분화된 발달계획과 일대일 대응을 이

DNA 이중나선 구조 모형
'물리학적으로 설명된' 생명의 비밀. 왓슨과 크릭이 밝힌 이 DNA 모형은 슈뢰딩거가 『생명이란 무엇인가』에서 제시한 비전을 따라간 결과물이었다.

루어야 할 뿐만 아니라, 어떤 식으로든 그 계획을 실현시킬 수단도 가지고 있어야 한다." 오늘날에는 별 새로울 것이 없는 표현일 것이다. 당연한 것이 슈뢰딩거의 이 표현들은 자기실현적 예언이 되었기 때문이다. 이 모든 사유가 분자생물학이 나타나기 전에 이미 정리되었고 슈뢰딩거의 이러한 비전은 많은 젊은 물리학자들을 생물학으로 전향케 했다. 그들 중에는 제임스 왓슨과 프랜시스 크릭도 있었고, 그들은 캐번디시 연구소에서 1953년 DNA의 이중나선 구조를 밝혀낸다. 모든 것이 슈뢰딩거의 예언대로였다.

슈뢰딩거의 여성편력

'슈뢰딩거'는 이름까지 묘한 발음이라 신비한 느낌을 준다. 그래서인지 '사람 같아 보이지 않아 재미있는' 괴짜 물리학자의 일화를 찾을 때면 슈뢰딩거의 이름은 빠짐없이 등장한다. 그리고 그 일화는 '고양이'를 빼면 거의 대부분 여성편력에 관한 것이다. 그의 전설적인 여성편력은 실제 파동역학보다 더 신비롭다. 슈뢰딩거의 일기 속 내용들에 의하면 그는 여성과 사귀고자 마음먹었을 때 실패한 적이 없다. 어려웠던 시절 급하게 한 결혼은 부부 서로가 애착심을 느낄 만한 가정이 되지 못했는지 슈뢰딩거 부부는 각자 따로 이성을 사귀었다.

슈뢰딩거의 중년기 여성편력은 그가 빈 출생임을 감안하더라도 보편적이지 않았다. 가장 상상력을 자극하는 1925년 아로사에서의 크리스마스 휴가 이야기 외에도 이후 슈뢰딩거의 여성편력은 충격적일 정도의 이야기들도 많다. 무리 없을 가벼운 이야기 하나를 소개한다면, 호주 출신인 테리 루돌프는 임페리얼 칼리지 런던의 '물리학' 교수가 된 사람이다. 그가 밝힌 일화에 의하면 대학을 졸업할 무렵 어머니에게서 자신의 출생의 비밀에 대해 듣게 됐다고 한다. 루돌프의 외할머니는 순진한 아일랜드 처녀였는데 26세에 중년신사와 만나 임신을 했다. 아이를 출산한 후 아이 아버지가 자신은 아이를 좋아한다며 달라고 하자 넘겨주었다. 하지만 2년여 후 더블린 공원에서 유모가 끄는 유모차에 실려 있는 자기 딸을 발견하자 갑작스럽게 모성애가 끓어올랐다. 외할머니는 자기 딸을 낚아챈 뒤 행여 아이 아버지가 찾으러 올까봐 남아프리카를 거쳐 호주까지 도망쳤다.

그 딸은 성장해서 호주남자와 결혼해 테리 루돌프를 낳은 것이다. 묘한 느낌 속에 루돌프는 어머니께 외할아버지의 이름을 물어보았다. "에르빈 슈뢰딩거." 이미 물리학을 전공하고 파동역학을 배운 적 있던 루돌프는 그제야 자신의 외할아버지가 슈뢰딩거였음을 알게 되었다. 아일랜드에 망명 와 있으면서, 물리학을 연구하고 『생명이란 무엇인가?』를 쓰는 사이 짬을 내어(?) 슈뢰딩거는 아일랜드 처녀와 아이를 낳았다. 이런 일화들은 재미있긴 하지만 너무 많은 언급은 오히려 파동역학의 창시자 슈뢰딩거의 이미지를 왜곡시킬 수 있다. 그의 중요성은 그의 여성편력이 아니라 그의 물리학 때문에 발생한다. 물론 물리학을 공부하다 두통이 생길 때면 전 세계에 슈뢰딩거의 후손이 몇 명이나 될까 하는 쓸데없는 상상을 하며 휴식을 취하는 것도 좋을 것이다.

11

청년물리학의 해체

괴팅겐 그룹의 분산

하이젠베르크는 1927년 불확정성 원리 발표 직후 라이프치히 대학 이론물리학 교수로 임용되었다. 하이젠베르크의 5차 솔베이 회의 참가는 그 직후 이루어진 것이었다. 이때 라이프치히 대학은 실험물리학 정교수로 피터 디바이를 동시 영입해서 라이프치히 대학은 물리학의 중심지 중 하나로 부상했다. 이들은 모두 조머펠트의 제자들이었다. 1/3의 원자물리학자가 조머펠트 아래서 배웠다는 말이 있을 정도니 어쩌면 새삼스럽지 않은 일이다. 보른과 프랑크가 든든하게 자리 잡은 괴팅겐은 여전히 수학과 물리학의 중심지였다. 하지만 양자역학을 발전시킨 주요 인물들의 이런 자연스러운 인생흐름들은 1933년 히틀러의 집권과 함께 갑작스럽게 멈춰 섰다. 1933년 4월 7일 여러 인종차별 법안들이 통과되었다. '공직복구를 위한 법안'에 의해 비아리아인은 공직에서 모두 추방되었다. 비아리아인의 조건은 여러 가지로 규정되었지만 조부모 중 한 명이 유대인이라면 분명히 비아리아인이었다. 대학이 정부기관에 속하는 독일에서는 모든 교수와 연구진들이 대상이 되었다. 1차 대전 이전부터 공직자거나, 1차 대전 참전군인이었거나, 직계가족이 전사한 유대인 가족은 예외라는 생색내기식의 예외조항 정도가 있었다.

1933년 5월부터 보른은 월급이 나오지 않았다. 아인슈타인은 연초에 미국으로 망명했고 프랑크도 이미 사임했다. "지난 12년 동안 내가 괴팅겐에서 힘들게 쌓아올린 모든 것이 산산조각 나버렸다. 절망감에 빠져 내 가족이 살 방도를 궁리했다……" 보른은 더 위험해지기 전에 황급히 영국으로 떠났다. 그 결과 12년간 보른과 프랑크가 쌓아올린 괴팅겐 이론물리학 연구소는 허무하게 사라졌고 다시는 복구되지 못했다. 영국에 간 보른은 그 해 11월 양자역학에 핵심적 기여를 한 공로로 하이젠베르크 단독으로 노벨상을 수상한다는 소식을 들었다. 사실 보른-하이젠베르크-요르단 3인에게 주어지는 것이 적절했던 상이었다. 하이젠베르크도 편지에 "당신과 요르단과 제가 괴팅겐에서 했던 공동연구로 저만 상을 받게 되었습니다. 이런 잘못된 결정으로 당신과 요르단이 양자역학에 기여한 공로가 바뀌지는 않을 것입니다."라고 썼으나 실망한 보른에게 위로가 되긴 힘들었을 것이다. 당시 보른은 모든 것이 무너지는 느낌이었다.

히틀러 집권 불과 3개월 만인 1933년 4월까지 교수 313명을 포함해서 1000명 이상이 독일 대학에서 해직됐다. 그 해에만 독일물리학회 회원 1/4 정도가 독일을 떠났다. 저항은 거의 없었고, 극소수의 양심은 무력했다. 보른은 그 많은 피해자들 중 한 명에 불과했다. 1934년 네덜란드에서 강연했던 조머펠트는 추방당한 학자들을 위해 쓰이기 바란다며 강사료를 러더퍼드에게 보냈다. 그 정도가 양식 있는 학자들이 간신히 할 수 있는 일이었다. 절친했던 보른도 파울리도 모두 사라진 독일에서 하이젠베르크는 홀로 남아 새로운 체제에 적응해가야 했다. 그 결과 그는 원자폭탄에 대한 이야기에서도 빠짐없이 등장하는 인물이 된다.

아인슈타인과 나눈 편지에 영국에서 보른이 처한 상황은 좀 더 명확히 나타나 있다. 1936년 8월경 보른이 아인슈타인에게 편지를 보낼 때쯤 엘자의 건강은 심각하게 나빠져 있었다. 보른은 위로의 말을 전하며 에든버러 대학에 이제야 겨우 임용되어 불안정한 신분이 해결되었다고 전했다. 영국에 온 지 3년이 지나고 있었다. 이 정도가 이미 10년 전 양자역학의 성립에 결정적 공헌을 했던 과학자의 상황이었다. 반년 뒤인 1937년 1월에 보른은 독일에서 추방당한 과학자들을 돕기 위한 실무적 편지를 보냈는데, 답장에서 아인슈타인은 엘자의 부고를 전했다. 1938년 9월, 보른은 오스트리아의 독일병합 상황을 설명하고, 이탈리아 무솔리니도 1919년 이후 이탈리아에 정착한 모든 유대인을 추방하는 법안을 통과시켰음을 언급하면서 미국이 이런 일들에 압력을 가해주기를 바랐다. 보른은 아인슈타인이 미국 정계에 어느 정도의 영향력을 미칠 수 있을 것으로 순진하게 생각하고 있었다. 현실감각이 떨어져 있는 이런 편지 내용들은 그만큼 당시 망명 유대인 학자들의 절박감을 반영하고 있다. 1939년 5월 편지에서 아인슈타인은 여동생이 다행히 독일을 탈출했으나 사촌들은 아직 독일에 있다는 얘기를 보른에게 전한다.—결국 아인슈타인은 전쟁 후 이 사촌들의 죽음을 전해 들어야 했다. 1930년대 아인슈타인과 보른이 주고받은 편지들을 보면 시종일관

답답하고 암울했던 당시 분위기에 질식할 것 같은 느낌이 된다.

'스핀' 이후의 파울리

이런 시기 오스트리아 출신의 '3/4 유대인' 파울리는 중립국 스위스에 있었지만 불안감을 떨칠 순 없었다. 독일과 스위스는 접경국가였다. 1928년 파울리는 아인슈타인의 모교 취리히 공대(ETH, 스위스 취리히 연방공과대학)에 이론물리학 교수로 부임했다.[24] 파울리의 경력은 정상적으로 진행되고 있었지만 사실 배타원리와 스핀관련 업적을 세운 이후 파울리에게는 많은 일들이 지나갔다. 매년 크리스마스에 빈의 집으로 갔던 파울리는 1925년을 마지막으로 이를 그만두었다. 1926년 아버지에게 애인이 생겼고, 1927년에는 어머니가 자살했던 것이다. 그리고 다음 해인 1928년 아버지는 사귀던 여자와 결혼했다. 이 결혼에 대한 혐오감이 컸던 파울리는 후일 정신분석학의 권위자 칼 융에게 상담 받을 때 상당한 기록을 남겼다. 1929년에 가톨릭교회를 완전히 떠난 파울리는 계속 방탕하게 지내다가 그 해 말 충동적으로 결혼했고 다음 해인 1930년 이혼했다. 이 몇 년간은 인생의 위기였고, 아버지가 심리치료를 권하자 파울리는 1932년부터 칼 융의 심리분석을 받았다. 그런 와중에도 파울리는 1930년 원자핵의 베타붕괴를 설명하기 위해서는 매우 가볍고 전기적으로 중성인 입자가 존재해야 함을 제안했다. 에너지와 운동량이 보존되지 않는 것처럼 보이는 현상을 설명하기 위한 것이다. 이는 실제 발견되었고 후일 페르미가 중성미자(뉴트리노)라고

---

24   아인슈타인을 포함해 취리히 공대 동문 중 21명이 노벨상을 받았다.

이름 붙이게 된다. 1931년 파울리는 로렌츠를 기념해 만든 로렌츠 메달의 두 번째 수상자가 되었다.—4년마다 수여하는 이 메달의 1회 수상자는 플랑크였다. 어두운 그림자가 유럽을 뒤덮던 1933년, 파울리의 조수는 오스트리아 출신 빅터 바이스코프(Victor Frederick Weisskopf, 1908~2002)였다.[25] 세상사에 최대한 무관심하고자 노력하며 파울리와 바이스코프는 함께 디랙의 구멍이론을 집중 연구했다. 그리고 1936년 파울리는 스핀과 통계법의 관계에 대한 최초 증명을 내놓고 1940년 스핀-통계 정리에 대한 최종적 논문을 썼다. 정수 스핀을 가지는 입자(보존)는 보즈-아인슈타인 통계를 따르고, 반정수 스핀을 가지는 입자(페르미온)는 페르미-디랙 통계를 따른다는 결론에 도달했다. 이 업적은 스핀과 통계법, 양자화시 파동함수 대칭성과 반대칭성의 관계를 밝혀 양자역학과 통계역학 교과서의 기초적 내용으로 확립된 부분이다. 파울리에 의해 스핀과 관련된 내용들이 양자역학과 특수상대성이론이 합쳐졌을 때 자연스럽게 나타나는 현상이 되었다. 현재 이 이론 틀은 양자장이론이라 불린다.[26] 아인슈타인, 보어, 하이젠베르크, 디랙 등의 업적은 파울리의 주도면밀한 작업으로 훨씬 견고하고 당연한 것이 되었다. 하지만 파울리의 업적만 '쉽게' 언급하는 것이 힘든 작업이기 때문에 그의 이런 이야기는 물리학자들의 전기에서 자주 생략되곤 한

---

25 바이스코프는 괴팅겐에서 보른에게 박사학위를 받고 보어, 하이젠베르크, 슈뢰딩거, 파울리와 연구했다. 1937년 많은 다른 학자들처럼 미국으로 건너가서 1942년 미국 시민권을 받았다. 그리고 역시 많은 망명 과학자들처럼 맨해튼 계획에 참가했다. MIT에서 후일 쿼크를 발견한 머리 겔만(Murray Gell-Mann, 1929~2019)을 지도했고, 1961~1966년 사이에는 CERN 연구소장을 지냈다.

26 그러나 여전히 스핀과 통계법의 관계는 직관적으로 이해하기 힘들다. 리처드 파인만은 단순규칙임에도 간단한 원리로 설명 못하는 이유는 근본원리를 우리가 아직 이해 못하고 있다는 반증으로 보았다.

다.[27] 파울리의 작업들은 대중적으로 훨씬 더 유명한 보어, 하이젠베르크 등의 이야기에 빈 퍼즐을 채워줄 중요한 조각이다.

그리고 물론 이런 업적들은 그의 다사다난했던 개인사와 함께였다. 1934년 파울리는 취리히에서 비서였던 프란체스카(프랑카) 베르트람과 결혼했다. 이 두 번째 결혼은 무난하게 평생 계속되었다. 그런데 1938년에 모국 오스트리아가 독일에 합병되고, 1939년 결국 전쟁이 시작되자 파울리는 스위스에서도 안전하게 느끼지 못했다. 스위스에 있지만 신분은 독일 유대인인 것이다. 스위스 시민권을 받는 데 실패하자 결국 1940년 미국으로 건너갔다. 그리고 아인슈타인처럼 프린스턴 고등연구소에 자리 잡았다. 미국생활 내내 이곳에 머물렀고 1945년에 노벨상을 수상할 때도 이곳 소속이었다. 여전히 젊었지만 친구 하이젠베르크보다는 12년 늦게 받은 셈이었고 그의 업적을 생각해볼 때 늦은 수상이었다. 맨해튼 계획 등 미국의 전시과학과는 아무 관계도 맺지 않았기에 미국생활에서 크게 언급할 일화는 없다. 정교수직, 연봉 인상, 미국시민권 등이 따라왔음에도 파울리는 전쟁 후 다시 취리히 공대로 돌아갔다. 여생을 취리히에서 보냈고 1949년에는 스위스 시민권을 받았다. 파울리답지 않게(?) 1950년에는 학과장 직책도 맡았고 후학양성도 시도했다. 1956년에는 중성미자 존재를 실험적으로 확인하는 등 연구 활동은 계속되었으나 말년의 파울리는 주변과 불화가 잦았고 불행했다. 그가 말년에 보인 여러 행동들은 정서적 불안정에 기인한 우울증으로 보인다. 친하던 사람들에게 갑자기 인신공격성 발언을 퍼붓곤 했

---

27 이 책에서도 파울리는 다루고자 하는 난이도의 아슬아슬한 영역을 오가고 있어 서술이 완전히 만족스럽지는 않다. 다른 이들의 이야기가 머릿속에 어느 정도 정리될 때쯤 파울리는 다시 한 번 읽어볼 만한 인물이다.

다. 엄격한 비판정신으로 과학의 발전을 이끌었던 파울리는 쉽게 상처 받았고 마음의 문을 닫아버리곤 했다. 그의 정신적 특성의 양면이었을 것이다. 1957년에는 하이젠베르크와 공동연구를 하다가 갑자기 중단 했다. 쌀쌀한 어조로 친구를 대해 오랜 친구였던 둘은 멀어졌다. 이때 질려버린 하이젠베르크는 이후 파울리의 장례식에도 참석치 않았다. 파울리와 융 사이에는 114통의 편지를 주고받았는데 사망 두 달 전까 지 계속되었다. 1958년 12월 5일 갑작스럽게 복통을 느낀 파울리는 입 원했다. 췌장에서 큰 종양이 발견되었고 치료가 불가능한 상태에서 12 월 15일 결국 사망했다.

파울리가 남긴 세계

1920년대 원자들의 스펙트럼과 그 스펙트럼이 자기장 속에서 변화하 는 형태들을 연구하는 과정에서 원자물리학자들은 원자 속 전자의 상 태를 결정해주는 양자화 조건과 배타원리라는 일반법칙을 발견해냈다. 그 결과 이제 주기율표는 중등교육 수준에서 어느 정도 이해 가능한 것 이 되었다. 파울리의 배타원리를 설명하기 위해서는 전자가 전혀 새로운 두 가지 '상태'를 가져야 했다. 이 상태는 외관상 전자가 회전하는 것 같 은 효과를 보였으므로 이 물리량은 '스핀'이라 불렸다. 그런데 디랙이 전 자에 대한 양자역학적 방정식을 특수상대성이론을 적용해서 만들자, 그 방정식을 만족하는 전자는 두 개의 스핀 상태를 가져야 함이 자명해졌 다. 즉 양자역학과 특수상대론이라는 따로 연구되었던 이론체계가 합쳐 지자 문제가 풀리기 시작했고 전자의 스핀은 시공간 구조와 자연의 원리로부터 자연스럽게 유도되는 물리적 성질이 되었다. 1930년대 파울리는 자신이 시작한 일들의 마무리를 진행했다. 배타원리가 적용될 때 페르미-디랙 통계를, 적용되지 않을 때 보즈-아인슈타인 통계법을 사용한다. 파울리는 이 두 가지 통계법이 다르게 적용되는 이유가 입자의 스핀에 달려 있음을 증명했다. 스핀은 입자가 가지는 가장 기본적인 물리량 중의 하나이고, 우리 시공의 수학적 대칭 구조로부터 자연스럽게 유도되는 양이다. 다시 말해 물질이 4차원 시공과 관계 맺는 방식을 표현한다.

이 모든 것들을 일반인이 이해하기에는 너무 어렵고 기이한 개념이지만 일상생활 속에서 우리가 모르는 사이 스핀은 많은 역할을 하고 있다. 전자의 스핀은 물질의 자기력의 근원이다. 스핀에 의해 전자는 자기 모멘트를 가진다. 스핀이 반대인 두 전자는 서로 극이 반대인 두 자석이라고 볼 수 있다. 원자의 모든 양자 상태에는 배타원리에 의해 스핀 상태가 반대인 전자가 한 쌍씩 차곡차곡 채워져 서로의 자기 모멘트는 서로 상쇄된다. 그래서 원자는 맨 바깥쪽 전자껍질에 있는 짝을 채우지 못한 전자의 자기 모멘트만 남는다. 결국 원자 하나는 최외각 전자의 스핀에 의해 특성이 정해지는 작은 자석이라고 볼 수 있다. 원자의 스핀 상태를 구별하기는 쉽다. 원자를 자기장 안에 넣어보면 스핀 상태에 따라 다르게 정렬된다. 그러면 상자성, 반자성, 강자성 등의 현상들이 거시적으로 나타나게 된다. 다른 양자물리학자들의 업적도 그렇지만 파울리가 남긴 업적은 사실 이미 직접적 '실용'의 영역에 있다. 전자의 움직임을 제어하는 기술이 바로 전자공학이다.—사실 전기공학도 그렇다. 전자의 전하뿐 아니라 스핀까지 제어할 수 있으면 훨씬 정밀하고 많은 일이 가능해진다. 그래서 이런 기술은 따로 스핀트로닉스(spintronics)라 부른다. 금속에 대해 거대자기저항과 터널링 자기저항 현상을 이용하는 분야에 쓰인다. 하드디스크 재생헤드, 비휘발성 메모리 소자 개발, 반도체 기술 등에 널리 쓰이고 앞으로 양자 컴퓨팅에 응용될 것으로 기대되고 있다. 의학에서도 스핀을 활용한 기술은 이미 사용된다. 이시도어 라비(Isidor Issac Rabi, 1898~1988)는 조머펠트, 보어, 파울리에게 배웠던 학자다. 자기공명을 일으켜 자기 모멘트 측정값을 획기적으로 향상시키는 방법 제시해서 1944년 노벨상을 받았다. 라비는 NMR(핵자기 공명; Nuclear Magnetic Resonance) 분야의 발전을 이끌었고, 의학에서 바로 MRI(Magnetic Resonance Imaging)라 불리는 기술을 만들어냈다. 정밀의료진단에 많이 사용되는 MRI가 바로 스핀을 활용한 대표적 기술이다.

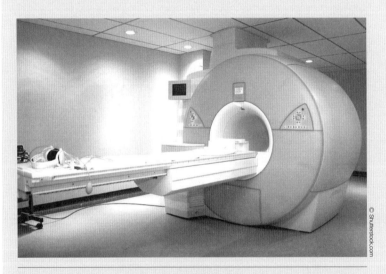

MRI
스핀을 응용한 기술은 이미 MRI처럼 의학에 적극적으로 이용되고 있다.

디랙 방정식 이후 디랙의 삶

"물리법칙은 수학적으로 아름다워야 한다." "신은 고차원의 수학자이고 신은 우주를 만드는 데 고급 수학을 사용했다." "시간이 지날수록 수학자들이 아름답다고 생각하는 규칙과 자연이 선택한 규칙들이 똑같다는 것이 점점 분명해진다." 디랙의 연구 신조는 수학적 아름다움이었다. 특히 디랙은 수학적 아름다움과 수학적 간결성은 동의어가 아니라는 점을 강조했다. 뉴턴의 중력이론은 아인슈타인의 이론보다 간결하지만 미적인 관점에서 아인슈타인의 이론이 훨씬 아름답다. 디랙이 보기에는 간결한 것보다는 아름다운 것이 진실이다. 1925~1933년사이 디랙은 이 신조하에 엄청난 업적을 남겼다. 이론물리학의 세계는 그에 의해 지형도가 바뀌고 수학적으로 간결해졌으며 새로운 발전을 감당할 토대로 완성되었다. 그가 좀 더 명예에 관심 있고 언론이 주목할 만한 상황적 조건만 주어졌다면 아인슈타인만큼의 유명세를 얻었을 것이다. 뉴턴처럼 은둔적 성향이 다분한 디랙은 1932년 30세의 나이에 정말로 뉴턴이 있었던 루카스좌 석좌교수가 되었다. 다음해 1933년 슈뢰딩거와 노벨 물리학상 공동수상자로 지명되었을 때는 떠들썩한 유명세를 치르기 싫어 수상 거부를 고려했다. 러더퍼드가 수상을 거부하면 더 유명해져버릴 거라고 설득해서 결국 디랙은 수상을 받아들였다. 더 놀랍게도 디랙은 결혼했다!—이것은 정말 신비한 일이다.

1929년 니시나의 초청으로 디랙과 함께 일본여행을 했던 하이젠베르크는 디랙과의 경험을 말한 바 있다. 미국에서 일본으로 가는 배에서 하이젠베르크가 댄스파티에 참석하고 돌아오자 디랙이 물었다. "당신은 왜 춤을 추죠?" 하이젠베르크가 "멋진 여자들과 춤추는 것이 즐겁거

든요."라고 대답하니 디랙은 5분쯤 생각하다가 이렇게 말했다. "그 여자들이 멋지다는 것을 어떻게 미리 알 수 있지요?" 정말 순백의 영혼에 가까웠다. 그런 디랙은 1934년 프린스턴 대학교에 방문교수로 갔고 유진 위그너와 친해졌다. 그때 위그너의 여동생 마르지트(Margit)가 부다페스트에서 오빠를 찾아왔고 디랙과 알게 됐다. '맨시'라는 애칭으로 불렸던 마르지트는 디랙과 정반대 성격이었다. 수다스럽고 충동적이고 열정적이었다. 둘의 연애과정에 재미있는 일화는 마르지트가 디랙이 자신의 질문에 잘 대답하지 않는다고 투덜거리자 마르지트 편지에서 모든 질문을 찾아 답을 달아 표를 만들어 답장했다고 한다. 논문처럼 편지에 번호를 붙이고 질문과 대답의 목록을 만든 것이다. 1935년 부다페스트에 가서 마르지트를 만나고 온 뒤 디랙은 지금까지 누군가와 헤어져 그리웠던 적이 없었는데 지금 왜 이러는지 모르겠다며 "당신과 함께 있을 때 당신이 나를 이상하게 만들었나봐."라며 특유의 천진함이 배어 있는 연애편지를 남겼다. 1937년 디랙은 마르지트와 결혼했다. 마르지트는 이전 결혼에서 두 자녀가 있었고 디랙과의 사이에 둘을 더 낳았다. 마르지트는 후일 디랙과의 결혼생활을 '빅토리아 시대' 같았다고 회고했다.

이후 디랙은 양자전기역학(quantum electrodynamics, QED)을 세우려는 시도를 진행했다. 이 시도는 성공적이지 못했다. 오늘날 우리는 리처드 파인만(Richard Feynman), 줄리안 슈윙거(Julian Schwinger), 도모나가 신이치로, 프리먼 다이슨(Freeman Dyson) 등이 QED를 완성했다고 알고 있다.[28] 하지만 디랙은 이것이 정답이 아니라고 보았다. 실제로 그

28　이 QED 완성의 공로로 1965년 파인만, 슈윙거, 도모나가가 노벨 물리학상을 받았다.

들의 방법은 눈부시게 성공적이었지만 이 이론의 방정식에는 무한대가 숨어 있다. 무한대는 수학적 형태를 망쳐놓고 아무것도 계산할 수 없게 만들곤 한다. 그래서 이 이론을 만든 사람들은 이른바 재규격화(renormalization)라는 방법을 사용해서 무한대를 피해갔다. 디랙이 보기에 이것은 수학적으로 추한 방법이고 따라서 틀린 방법이다. 그래서 디랙은 아름다운 그만의 QED를 만들기 위해 수십 년을 노력했지만 끝내 방법을 찾지 못했다. 1979년 77세의 나이에 디랙은 자신은 더 나은 QED 방정식을 찾기 위해 평생을 바쳤다면서 "없애야 할 추악한 무한대를 가지고 있는 지금의 QED가 옳을 리가 없다."고 말하고 계속 연구하겠다고 밝혔다. 그렇게 디랙은 현대물리학에서 고립되어갔다. 여러 면에서 양자역학을 부정하며 현대물리학에서 고립되어갔던 아인슈타인과 비슷한 길을 걸었다. 학파를 만들지 않았고, 혼자만의 연구를 진행했으며, 물리학 이론은 간결함과 아름다움을 가져야 한다는 신념을 평생 동안 추구했고, 그 결과 말년에는 이 수학적 신념에 투철하다가 물리학의 최신 흐름에서 유리되었다. 보어가 "모든 물리학자들 가운데 가장 순수한 영혼을 지닌 사람"이라고 칭했던 디랙은 1983년에 "내 인생은 완전히 실패야!"라는 말을 남겼고 다음 해 사망했다.

12

유대인, 리제 마이트너

잠재적 위협들

마이트너는 뛰어난 연구자였음과 동시에 1920년대 베를린 과학계
의 분위기에 대해서도 많은 정보를 제공한 목격자이기도 했다. 그녀는
특히 이 시기 플랑크와 아인슈타인에 대해서도 많은 증언을 남겼다. 플
랑크는 자신의 감정적 속내를 여간해서는 드러내지 않는 사람이다. 반
유대주의자들에게 아인슈타인이 공격받을 때, 플랑크가 마이트너에게
"아인슈타인을 잃지 않기 위해 무엇이든 하겠다."고 말하며 갖은 노력
을 다하는 내밀한 과정들은 그의 모습을 바로 옆에서 지켜본 마이트너
가 아니었다면 알 수 없었을 것이다. 과학사적 기록자로서도 마이트너
가 한 일은 크다. 아인슈타인은 독일을 떠날 때까지 마이트너를 '독일
의(우리의) 퀴리 부인'이라 즐겨 부르며 예우했다. 실제로 그만큼 마이
트너는 여성과학자로서 마리 퀴리에 비견될 만큼 많은 업적을 남겼다.

하지만 단지 '노벨상 수상자'가 아
니었기에 그녀가 한 일들은 제대
로 대중에게 알려지지 못했다.

마이트너는 1920년대 알파입
자와 베타입자의 흔적을 찾기 위
해 새로운 실험방법—영국의 찰스
윌슨(Charles Wilson, 1869~1959)
이 고안한 안개상자 실험—을 도

베를린에서 마이트너와 동료들
아직은 행복한 시절이었다.

입해 개량했다. 이 연구와 프로탁티늄 연구의 업적으로 한과 함께 노
벨 화학상 후보로 추천되었으나 수상하지는 못했다. 하지만 이제는 누
구의 눈에도 영향력 있는 물리학자의 반열에 들어섰다. 독립분과로 나
눈 이후에도 한과 마이트너의 공동연구는 계속되었고, 카이저 빌헬름
연구소 1층에 마이트너 연구실이, 2층에 한의 연구실이 있었다. 1927
년에는 언니 아우구스테의 아들인 조카 오토 프리시(Otto Robert Frisch,
1904~1979)가 베를린 제국물리연구소에 와서 3년을 체류했다. 그래서
이모와 조카는 혈연관계를 넘어 물리학적으로도 지적인 연계를 맺게
된다. 둘은 함께 바이올린을 연주하곤 했고, 동료 막스 폰 라우에와는
음악감상을 자주 함께 했다. 이 시기는 제임스 프랑크나 오토 한 부부
와도 피크닉을 즐기며 우정이 더 돈독해지는 기간이었다. 학자로서도
전성기에 들어선 마이트너는 1920~1933년 사이 50편 이상의 논문을
발표했다. 1933년에 앞서 살펴본 7차 솔베이 회의에 초청된 것은 그 절
정기의 모습을 상징적으로 보여준다. 매번 퀴리 부인만 홍일점으로 참
석했던 이 회의에 이렌 퀴리와 리제 마이트너가 나타나며 세 명의 여성
이 기념사진에 찍혔다. 하지만 이 새로운 가능성을 보여준 사진이 찍힌

바로 그 1933년에 아이러니하게도 세계는 재앙에 직면하기 시작했다.

1933년 1월, 히틀러가 수상이 되었고 독일은 정치적 소용돌이에 휘말리기 시작했다. 1933년 3월, 카이저 빌헬름 연구소에 하켄크로이츠를 게양하라는 지시가 내려왔다. 3월 24일에 전권위임법을 통과시켜 히틀러는 독재권을 손에 넣었다. 4월 1일은 유대인 보이콧의 날로 선포되었다. 4월 7일에는 독일계가 아닌 모든 공무원을 해고하는 법령이 제정되었다. 집권 석 달 만에 나치는 이 모든 일들을 일사천리로 진행시켰다. '둔한' 마이트너도 또렷이 상황을 느낄 수 있을 정도였다. 많은 유대인 동료들처럼 독일을 떠나야 하지 않을까 생각했다. 카이저 빌헬름 물리화학 연구소장인 프리츠 하버는 전공을 세운 용사였기 때문에 해고 대상에서 제외되었지만 항의의 표시로 사직했고 독일을 떠났다. 플랑크가 애를 썼으나 이제 정권을 상대로 이길 방법은 없었다. 객원교수로 머물다가 미국에서 6월에 돌아온 오토 한도 완전히 달라진 분위기를 느낄 수 있었다. 하지만 플랑크, 오토 한, 라우에는 마이트너에게 연구소에 남아달라고 부탁했고 마이트너는 이 말을 들었다. 그나마 마이트너는 오스트리아인이기 때문에 많은 조치로부터 보호를 받았다. 하지만 1933년 7월에는 다음 학기부터 강의를 못한다는 통보를 받았다. 그러자 8월에 플랑크는 장문의 편지를 교육문화부에 보냈다. 국제적 최고 권위자인 리제 마이트너가 베를린 대학 교수로 남아 있을 수 있게 해달라는 간절한 내용이었다. 그러나 1933년 9월 마이트너의 교수직은 박탈되었다. 마이트너의 조카 프리시는 함부르크에서 해직되는 시점 보어가 구원해줬다. 코펜하겐 연구소로 옮기게 된 것이다. 1934년에 오토 한은 해직된 교수들과 연대의 의미로 교수직에서 스스로 물러났다. 1934년에 스위스에 체류하던 하버가 심장마비로 사망했다. 나치는 하버에 대한 추모행사를 금지했다. 오토 한과 막스 플랑크는 이 조치에 저항하며 추모식을 강행했다. 추모식 전날 플랑크는 마이트너에게 "경찰이 강제로 나를 끌어내지 않는 한 나는 이 추모식을 거행할 것"이라고 말했다. 당국의 경고에도 추모식에는 아무 일도 일어나지 않았다. 히틀러 정권도 플랑크를 위시한 독일의 핵심 과학자 집단의 권위를 의식할 수밖에 없었는지 협박은 말에 그쳤다. 하지만 이로 인해 플랑크, 한, 하이젠베르크 등은 요주의 인물로 간주되고 있었다. 마이트너를 도와줄 만한 사람들은 모두 자신을 지키기도 힘에 버거운 상황이었다.

망명

이런 당시 분위기에서 유대인 여성이 5년이나 더 독일의 연구소에서 근무했다는 것은, 미래의 역사를 알고 있는 우리의 시각에서 어리석어 보일 수 있다. 하지만 최소한 연구소 내의 분위기는 우호적이었고, 그녀는 바깥세상과 조우할 필요가 별로 없었다는 점이 고려되어야 한다. 마이트너는 안전하다고 느꼈다. 당시 카이저 빌헬름 협회의 연구소들은 정치적 오아시스라고 표현한 연구자도 있었다. 훗날 마이트너는 연구소에 남기로 했던 1933년의 결정을 뼈아프게 후회했다. 정치적으로나 개인적으로나 어리석은 결정이었지만, 과학에는 중요한 기점이 되어주었다. 만약 마이트너가 떠났다면 1934년부터 시작한 오토 한과의 역사적 공동연구는 이루어지지 못했을 것이다. 그리고 독일에 남아 있었던 이 5년간, 마이트너에게서는 30편의 논문이 더 나왔다. 이런 과정들이 지나던 1935년에는 마이트너는 델브뤽과 공저로 『원자핵의 구조』를 출판했다. 플랑크는 같은 해 한과 마이트너를 다음해 노벨 화학상 후보로 추천했고, 1936년에는 라우에가 마이트너를 단독 노벨상 후보로 추천했다. 나치가 모든 독일인들의 노벨상 수상을 금지했지만, 마이트너는 오스트리아인이라 상을 수상할 수 있었던 때였다. 그들은 그런 식으로라도 마이트너의 권위를 높여주어 그녀를 보호하고자 노력했다.

한편 1932년 영국의 캐번디시 연구소에서는 채드윅이 중성자를 발견했고, 1935년의 노벨 물리학상을 받았다. 그리고 이탈리아에서 페르미는 새롭게 발견된 중성자를 가장 무거운 원소인 우라늄에 충돌시키는 실험을 반복했다. 원자핵에 중성자를 쏘아 넣으면 초우라늄 원소—즉 우라늄보다 더 무거운 원소—를 얻을 수 있을 것으로 보았고 페르미는 실제 그런 실험 결과를 얻은 듯 보였다. 마이트너는 이 실험에 매료되어 한과 함께 개량된 재현실험을 해보고자 했다. 둘은 황망한 세상사에 등을 돌리고 몇 년간 중단되었던 공동연구를 다시 시작했다. 1935년 초에 한-마이트너 연구그룹에 젊은 화학자 프리츠 슈트라스만(Fritz Strassmann, 1902~1980)이 합류했다. 실제 연구에 방해는 거의 없었다. 하지만 1936년부터는 마이트너가 공식석상에 나타나는 것은 불가능했다. 한-마이트너-슈트라스만 팀은 파리의 이렌 퀴리와 졸리오 부부와 똑같은 실험을 하며 경쟁 중이었다. 마이트너는 연구소 밖의 세상과 사실상 차단된 상태로 1938년까지 이 연구를 계속했다. 하지만 1938년 3월 12일, 오스트리아가 독일에 합병되었다. 그 즉시 마이트너는 독일 유대인이 되었다. 불과 10일 뒤인 3월 22일, 이리저리 뛰어다니던 오토 한은 결국 마이트너에게 연구소를 그만둘 수밖에 없다고 알렸다. 마이트너의 신분은 극도로 불안정해졌다. 그러자 많은 사람들이 마이트너를 돕고자 했다. 카를 보쉬는 영향력 있는 나치 고관들과 연락했지만 마이트너의 합법적 출국은 모두 거절당했다. 1933년 미국으로 떠났던 제임스 프랑크는 마이트너를 미국으로 데려와 안착시킬 준비를 했다. 라우에는 곧 모든 교수들의 출국이 금지될 것이라는 비밀명령에 대한 소문을 듣고 마이트너에게 전해주었다. 점점 위험이 다가오고 있었다.

한과 마이트너는 네덜란드 물리학자 피터 디바이(Peter Joseph William Debye, 1884~1966)를 통해 네덜란드로 도망갈 준비를 했다. 디바이가 연락한 네덜란드 그로닝겐의 교수 코스테르는 국경의 역에 네덜란드 정부 통지문을 보내게 하는 데 성공했다. 마이트너가 오스트리아 여권만으로 무비자로 네덜란드 입국을 가능하게 하는 조처였다. 1938년 7월, 떠날 준비를 하는 것을 들키지 않기 위해 모든 것을 조심했다. 마이트너는 출국 전날 밤을 오토 한 부부와 함께 자연스럽게 보냈다. 한은 이때 도움이 되기 바라며 어머니의 유품인 다이아반지를 마이트너에게 주었다. 작은 짐 가방 하나만 간신히 가져갈 수 있었다. "31년 살았던 나라를 정리하고 떠날 짐을 싸는 데 한 시간 반 걸렸다." 추방당하는 느낌이 들었다. 마이트너를 데려가기 위해 베를린까지 온 용감한 코스테르와 역에서 만났다. 위험한 탈출에 겁이 났던 마이트너는 도중에 돌려보내달라고 울 정도였다. 하지만 간신히 들키지 않고 마이트너는 네덜란드 그로닝겐에 도착할 수 있었고 미리 약속한 암호로 한에게 성공했다는 전보를 쳤다. 마이트너 한 사람만의 사례로도 그 당시 수많은 학자들이 무엇을 잃었을지, 그리고 독일이 무엇을 잃었는지를 잘 알려준다. 여러 형태로 2차 대전 발발 전인 1938년까지 원자와 관련된 연구를 하던 과학자의 거의 2/3가 독일을 떠났다. 나치는 자신들이 독일과학을 어느 정도 수준으로 후퇴시켰는지 결코 알지 못했다.

노년의 마이트너

마이트너는 환갑의 나이에 독일에서 30여 년 간 이룬 모든 것을 포기하고 네덜란드, 덴마크를 거쳐 스웨덴으로 갔다. 동료 과학자들이 노벨상을 받으러 방문하던 나라에서 모든 것을 빼앗긴 망명자의 신분으로 적응해 나가야 했다.

곧 친구들이 스톡홀름의 노벨연구소에 마이트너의 자리를 부탁했고, 보어가 있는 코펜하겐으로 갔다. 보어는 이 뛰어난 연구자에게 코펜하겐에 머물도록 설득했으나 마이트너는 거절했다. 이 결정은 다행이었다. 2년 뒤엔 덴마크도 네덜란드도 독일군의 수중에 있었다. 덴마크에서 배를 타고 스웨덴으로 간 마이트너는 1938년 8월에 쿵엘브의 친구 집에 머물면서 독일에 공식적인 사직 요청 편지를 보냈다. 그리고 놀랍게도 한과 마이트너는 자주 개인적 편지를 주고받을 수 있었다. 그 시기 한에게 보낸 편지들은 마이트너의 상처 입은 내면을 알려준다. "왜 내가 존재하지 않았던 것처럼, 더 심하게는 생매장 당한 것처럼 대우받아야 될까요?" "나는 내 삶을 낯선 사람의 삶처럼 보고 있습니다. 나는 그 낯선 사람을 이제 알아나가야만 해요." 1938년 가을에 마이트너는 스톡홀름의 노벨연구소에 자리 잡았다. 60세였다. 한은 그들이 함께 수행하던 연구의 후속실험의 결과들을 계속 알려왔다. 1938년 크리스마스를 마이트너는 쿵엘브의 친구 집에서 보냈다. 이때 코펜하겐에 있던 조카 프리시도 와서 함께 연말을 보냈다. 그리고 곧 스웨덴의 눈 덮인 들판에서 역사적인 발견이 망명객 이모와 조카 사이에 벌어졌다.

핵분열

1938년 12월 19일에 한과 슈트라스만은 베를린의 실험실에서 역사적인 실험을 했다. 하지만 그들은 자신들이 무엇을 한 것인지 모르고 있었다. 페르미의 전범을 따라 그들은 초우라늄 원소를 발견하기 위한 노력을 계속 중이었다. 하지만 중성자를 우라늄에 포격한 후 원자량이 우라늄 절반 정도에 불과한 바륨원소를 검출했다. 한은 혼란 속에 마이트너에게 편지를 보냈다. "나는 이 사실을 가장 먼저 당신에게만 알리기로 슈트라스만과 약속 했습니다……어떤 가능성이 있을 수 있는지 생각해보기 바랍니다……당신이 뭔가 제안할 수 있다면, 발표해도 됩니다. 그래도 역시 세 사람의 연구가 될 겁니다."[29] 오토 한에게 가해지는 많은 대중적 오해들을 감안할 때 마지막 문장은 중요하게 다뤄져야 할 것 같다. 오늘날 마이트너에 대한 관심의 재고는 환영할 만한 일이다. 하지만 오토 한이 마이트너의 공적을 가로챘고 그 결과 홀로 노벨상을 수상했다는 형식의 주장들은 사실이라 하기 힘들다. 이런 단순화된 분석은 한의 명예만 실추시키는 것이 아니라 과학적 업적을 올바로 이해하는 것을 방해하기 때문에 좀 더 자세히 이해할 필요가 있다.

"이 결과는 정말 놀랍습니다……감속시킨 중성자로 핵을 나누다니!" 3일 후 마이트너는 흥분한 답신을 썼고 좀 더 정확히 실험해볼 것을 권했다. 12월 28일 한의 편지는 좀 더 정확한 실험결과를 전했다. "우라늄 239가 Ba(바륨)과 Ma(마수리움—오늘날은 테크네슘으로 이름이

---

29   한과 마이트너 사이의 편지들은 'Sie(당신)'이 아닌 'Du(너)'라는 독일어의 친근한 표현을 사용하고 있다. 친구들끼리의 격의 없는 어투지만 60대의 연구자들 사이의 편지이니 반말보다는 존댓말 번역이 적절할 듯하다.

마이트너와 오토 프리시
스웨덴의 눈 덮인 벌판에서 독일에서 쫓겨난 이모와 조카 사이의 대화는 몇 년
간 답보상태에 있던 문제의 답을 찾아냈다. 또한 이 핵분열 발견은 중성자 발견
이후 영국의 캐번디시 연구소, 프랑스의 졸리오퀴리 부부, 독일의 오토 한-마이
트너 팀, 이탈리아의 페르미 등 다양한 연구팀들의 업적의 축적 위에 만들어진
최고도의 성취였다.

바뀌었다)로 분리되는 것이 가능한 것입니까?" 이 편지를 조카에게 보
여주자 프리시도 결과에 놀랐다. 마이트너는 실수할리 없는 훌륭한 화
학자들의 실험결과라고 강조했다. 둘은 스키산책을 하며 이일을 계속
얘기했고, 조카와 상상할 수 있는 모든 상황에 대해 얘기했다. 원자가
그렇게 쉽게 부서질 수 있는가? 우라늄 핵이 파열해서 두 개의 핵으로
갈라질 수 있는가? 두 사람은 분열된 두 핵을 합한 질량이 처음 우라늄
핵의 질량보다 가볍다는 것까지 계산해냈다. 이 때 마이트너는 30년
전에 들은 아인슈타인의 공식을 떠올렸다. 반응 후 우라늄 핵 하나에서
2억 전자볼트라는 엄청난 에너지가 발생해야 했다. 이는 사라진 질량
결손분이 아인슈타인의 공식 $E=mc^2$에 의해 발생시켜야 하는 에너지의
양과 정확히 일치했다! 두 사람은 이 새로운 원자에너지, 즉 질량 자체
가 변환되어 발생한 에너지를 세계 최초로 계산한 것이다. 이들은 상대

성이론까지 동원하여 핵분열에 대한 최초의 이론적 설명을 해냈다.

　1939년 1월 1일 마이트너는 베를린으로 편지를 썼고, 1월 2일에 프리시는 흥분상태로 코펜하겐으로 돌아와 막 미국으로 떠나는 보어에게 이 사실을 알렸다. 보어는 손으로 자신의 이마를 치며, "아, 우리는 모두 얼마나 바보였는가!"라고 말했다. 마이트너와 프리시는 논문발표를 위해 몇 번 더 국제통화를 하면서 '파열(Zerplatzen)'이라는 독일어 대신 '분열(fission)'이라는 영어단어를 사용하기로 합의했다. 생물학자에게 조언을 얻어 세포의 '분열'을 표현할 때 쓰는 단어를 찾은 것이다. '핵분열(核分裂, nuclear fission)'이라는 20세기의 상징 단어는 이렇게 탄생했다. 1939년 2월 핵분열에 관한 마이트너와 프리시의 논문이 발표됐고 실험결과들에 대해서는 한과 슈트라스만이 논문을 발표했다. 그리고 보어는 워싱턴에서 열린 미국물리학회에서 이 핵반응에 대해 발표했다. '벌집을 쑤셔놓은' 형국이 됐다. 몇 사람의 물리학자들은 보어의 말이 끝나기도 전에 짜릿한 재현 실험을 위해 회의장을 떠났다. 모두에게 물리학 역사에 몇 번 없을 돌파를 맛보는 감동의 순간이었다. 수많은 과학자들이 후속연구에 빠르게 뛰어들었다. 그리고 상황은 마이트너와 한이라는 연구자 개인의 운명을 넘어 거대한 역사적 사건으로 진행해갔다. 금방 새로운 폭탄도 가능하겠다는 말이 반 농담으로 돌았다. 하지만 절반은 농담이던 분위기는 곧 사라지게 된다. 협박과 야합으로 오스트리아와 체코슬로바키아를 손에 넣었던 독일은 이제 다른 방법을 쓸 자신감을 얻었다. 핵분열 논문이 발표된 지 겨우 반년이 지난 1939년 9월 1일, 독일의 대병력이 폴란드 국경을 넘어 쏟아져 들어갔다. 제2차 세계대전이 시작되었다.

참고문헌

||||||||||||

본 권의 각 장은 다음 문헌들을 참고하여 작성되었다.

3부 황금시대

1막 청년물리학

1장. 양자역학의 시대

· 테드 고어츨 · 벤 고어츨 저, 박경서 역, 『라이너스 폴링 평전』, 실천문학, 2011.

· 톰 헤이거 저, 고문주 역, 『화학 혁명과 폴링』, 바다, 2003.

· 다이애나 프레스턴 저, 류운 역, 『원자폭탄 : 그 빗나간 열정의 역사』, 뿌리와이파리, 2006.

· 콘스탄스 리드 저, 이일해 역, 『(현대수학의 아버지) 힐베르트』, 사이언스북스, 2005.

· 아포스톨로스 독시아디스 · 크리스토스 H. 파파디미트리우 저, 전대호 역, 『로지 코믹스』, 알에이치코리아, 2011.

· 만지트 쿠마르 저, 이덕환 역, 『양자혁명』, 까치, 2014.

· 짐 배것 저, 박병철 역, 『퀀텀 스토리』, 반니, 2014.

· 루이자 길더 저, 노태복 역, 『얽힘의 시대』, 부키, 2012.

· 존 그리빈 저, 박병철 역, 『슈뢰딩거의 고양이를 찾아서』, 휴머니스트, 2020.

· 데이비드 린들리 저, 박배식 역, 『불확정성』, 시스테마, 2009.

· G. 가모브 저, 김정흠 역, 『물리학을 뒤흔든 30년』, 전파과학사, 2018.

· J.P. 메키보이 저, 오스카 저레이트 그림, 이충호 역, 『양자론』, 김영사, 2001.

· 후쿠에 준 저, 목선희 역, 『만화 양자역학 7일 만에 끝내기』, 살림, 2016.

· 곽영직 저, 『양자역학으로 이해하는 원자의 세계』, 지브레인, 2016.

· 케네스 W. 포드 저, 김명남 역, 『양자세계 여행자를 위한 안내서』, 바다출판사, 2008.

· 티보 타무르 저, 『양자세계의 신비』, 거북이북스, 2018.

2장. 보어

· 짐 오타비아니 저, 릴런드 퍼비스 그림, 김소정 역, 『닐스 보어』, 푸른지식, 2015.
· 윌리엄 크로퍼 저, 김희봉 역, 『위대한 물리학자 4』, 사이언스북스, 2007.
· 과학철학교육위원회 편, 『과학기술의 철학적 이해』 제3판, 한양대학교 출판부, 2006, 428~466쪽.
· Finn Aaserud, *Redirecting Science: Niels Bohr, Philanthropy and the Rise of Nuclear Physics* (Cambridge: Cambridge University Press, 1990).
· 닐스 보어 연구소 공식 웹 사이트 (http://www.nbi.dk)
· J. L. 헤일브른 저, 고문주 역, 『러더퍼드』, 바다출판사, 2006.
· 이강영 저, 『스핀』, 계단, 2018.
· 만지트 쿠마르 저, 이덕한 역, 『양자혁명』, 까치, 2014.
· 짐 배것 저, 박병철 역, 『퀀텀 스토리』, 반니, 2014.
· 데이비드 린들리 저, 박배식 역, 『불확정성』, 시스테마, 2009.
· J.P. 메키보이 저, 오스카 저레이트 그림, 이충호 역, 『양자론』, 김영사, 2001.

3장. 파울리

· 이강영 저, 『스핀』, 계단, 2018.
· 윌리엄 크로퍼 저, 김희봉 역, 『위대한 물리학자 4』, 사이언스북스, 2007.
· 제바스티안 하프너 저, 안인희 역, 『비스마르크에서 히틀러까지: 독일제국의 몰락』, 돌베개, 2016.
· 한스-울리히 벨러 저, 이대헌 역, 『독일 제2제국』, 신서원, 1996.
· 구스타프 보른 저, 박인순 역, 『아인슈타인 · 보른 서한집』, 범양사, 2007.
· 만지트 쿠마르 저, 이덕한 역, 『양자혁명』, 까치, 2014.
· 짐 배것 저, 박병철 역, 『퀀텀 스토리』, 반니, 2014.
· 루이자 길더 저, 노태복 역, 『얽힘의 시대』, 부키, 2012.
· 데이비드 린들리 저, 박배식 역, 『불확정성』, 시스테마, 2009.
· 곽영직 저, 『양자역학으로 이해하는 원자의 세계』, 지브레인, 2016.

4장. 보어 축제

· 곽영직 저, 『양자역학으로 이해하는 원자의 세계』, 지브레인, 2016.

· 짐 오타비아니 저, 릴런드 퍼비스 그림, 김소정 역, 『닐스 보어』, 푸른 지식, 2015.

· 만지트 쿠마르 저, 이덕한 역, 『양자혁명』, 까치, 2014.

· 짐 배것 저, 박병철 역, 『퀀텀 스토리』, 반니, 2014.

· 루이자 길더 저, 노태복 역, 『얽힘의 시대』, 부키, 2012.

· G. 가모브 저, 김정흠 역, 『물리학을 뒤흔든 30년』, 전파과학사, 2018.

· 케네스 W. 포드 저, 김명남 역, 『양자세계 여행자를 위한 안내서』, 바다출판사, 2008.

· 티보 타무르 저, 『양자세계의 신비』, 거북이북스, 2018.

· 과학철학교육위원회 편, 『과학기술의 철학적 이해』 제3판, 한양대학교 출판부, 2006, 428~466쪽.

· Finn Aaserud, *Redirecting Science: Niels Bohr, Philanthropy and the Rise of Nuclear Physics* (Cambridge: Cambridge University Press, 1990).

· 닐스 보어 연구소 공식 웹 사이트 (http://www.nbi.dk)

5장. 하이젠베르크

· 아르민 헤르만 저, 이필렬 역, 『하이젠베르크』, 미래사, 1997.

· 베르너 하이젠베르크 저, 김용준 역, 『부분과 전체』, 지식산업사, 1995.

· 베르너 하이젠베르크 저, 유영미 역, 『부분과 전체』, 서커스, 2016.

· 윌리엄 크로퍼 저, 김희봉 역, 『위대한 물리학자 4』, 사이언스북스, 2007.

· 만지트 쿠마르 저, 이덕한 역, 『양자혁명』, 까치, 2014.

· 짐 배것 저, 박병철 역, 『퀀텀 스토리』, 반니, 2014.

· 루이자 길더 저, 노태복 역, 『얽힘의 시대』, 부키, 2012.

· 이강영 저, 『스핀』, 계단, 2018.

6장. 슈뢰딩거

· 월터 무어 저, 전대호 역, 『슈뢰딩거의 삶』, 사이언스북스, 1997.

· 윌리엄 크로퍼 저, 김희봉 역, 『위대한 물리학자 4』, 사이언스북스, 2007.

· 만지트 쿠마르 저, 이덕한 역, 『양자혁명』, 까치, 2014.

· 짐 배것 저, 박병철 역, 『퀀텀 스토리』, 반니, 2014.

· 루이자 길더 저, 노태복 역, 『얽힘의 시대』, 부키, 2012.

2막 양자혁명

7장. 드브로이의 물질파

· 윌리엄 크로퍼 저, 김희봉 역, 『위대한 물리학자 4』, 사이언스북스, 2007.

· 만지트 쿠마르 저, 이덕한 역, 『양자혁명』, 까치, 2014.

· 짐 배것 저, 박병철 역, 『퀀텀 스토리』, 반니, 2014.

· 루이자 길더 저, 노태복 역, 『얽힘의 시대』, 부키, 2012.

8장. 파울리와 배타원리, 그리고 스핀

· 이강영 저, 『스핀』, 계단, 2018.

· 윌리엄 크로퍼 저, 김희봉 역, 『위대한 물리학자 4』, 사이언스북스, 2007.

· 만지트 쿠마르 저, 이덕한 역, 『양자혁명』, 까치, 2014.

· 짐 배것 저, 박병철 역, 『퀀텀 스토리』, 반니, 2014.

· 루이자 길더 저, 노태복 역, 『얽힘의 시대』, 부키, 2012.

· 곽영직 저, 『양자역학으로 이해하는 원자의 세계』, 지브레인, 2016.

9장. 하이젠베르크와 행렬역학

· 아르민 헤르만 저, 이필렬 역, 『하이젠베르크』, 미래사, 1997.

· 베르너 하이젠베르크 저, 김용준 역, 『부분과 전체』, 지식산업사, 1995.

· 베르너 하이젠베르크 저, 유영미 역, 『부분과 전체』, 서커스, 2016.

· 이강영 저, 『스핀』, 계단, 2018.

· 윌리엄 크로퍼 저, 김희봉 역, 『위대한 물리학자 4』, 사이언스북스, 2007.

· 만지트 쿠마르 저, 이덕한 역, 『양자혁명』, 까치, 2014.

· 짐 배것 저, 박병철 역, 『퀀텀 스토리』, 반니, 2014.

· 루이자 길더 저, 노태복 역, 『얽힘의 시대』, 부키, 2012.

10장. 슈뢰딩거와 파동역학

· 월터 무어 저, 전대호 역, 『슈뢰딩거의 삶』, 사이언스북스, 1997.

· 윌리엄 크로퍼 저, 김희봉 역, 『위대한 물리학자 4』, 사이언스북스, 2007.

· 만지트 쿠마르 저, 이덕한 역, 『양자혁명』, 까치, 2014.

· 짐 배것 저, 박병철 역, 『퀀텀 스토리』, 반니, 2014.

루이자 길더 저, 노태복 역, 『얽힘의 시대』, 부키, 2012.

11장. 불확정성과 상보성

· 아포스톨로스 독시아디스 · 크리스토스 H. 파파디미트리우 저, 전대호 역, 『로지 코 믹스』, 알에이치코리아, 2011.
· 만지트 쿠마르 저, 이덕한 역, 『양자혁명』, 까치, 2014.
· 짐 배것 저, 박병철 역, 『퀀텀 스토리』, 반니, 2014.
· 루이자 길더 저, 노태복 역, 『얽힘의 시대』, 부키, 2012.
· 존 그리빈 저, 박병철 역, 『슈뢰딩거의 고양이를 찾아서』, 휴머니스트, 2020.
· 데이비드 린들리 저, 박배식 역, 『불확정성』, 시스테마, 2009.
· G. 가모브 저, 김정흠 역, 『물리학을 뒤흔든 30년』, 전파과학사, 2018.
· J.P. 메키보이 저, 오스카 저레이트 그림, 이충호 역, 『양자론』, 김영사, 2001.
· 후쿠에 준 저, 목선희 역, 『만화 양자역학 7일 만에 끝내기』, 살림, 2016.
· 곽영직 저, 『양자역학으로 이해하는 원자의 세계』, 지브레인, 2016.
· 케네스 W. 포드 저, 김명남 역, 『양자세계 여행자를 위한 안내서』, 바다출판사, 2008.
· 티보 타무르 저, 『양자세계의 신비』, 거북이북스, 2018.
· 존 헨리 저, 노태복 역, 『서양과학사상사』, 책과함께, 2013.
· 구스타프 보른 저, 박인순 역, 『아인슈타인 · 보른 서한집』, 범양사, 2007.
· 닐스 보어 연구소 공식 웹 사이트 (http://www.nbi.dk)

12장. 디랙과 반물질

· 그레이엄 파멜로 저, 노태복 역, 『폴 디랙』, 승산, 2020.
· 윌리엄 크로퍼 저, 김희봉 · 곽주영 역, 『위대한 물리학자 6』, 사이언스북스, 2007.
· 만지트 쿠마르 저, 이덕한 역, 『양자혁명』, 까치, 2014.
· 짐 배것 저, 박병철 역, 『퀀텀 스토리』, 반니, 2014.

3막 수호자들

13장. 1920년대의 퀴리 가문

· 데니스 브라이언 저, 전대호 역, 『퀴리 가문』, 지식의숲, 2008.
· J. L. 헤일브른 저, 고문주 역, 『러더퍼드』, 바다출판사, 2006.

· 다이애나 프레스턴 저, 류운 역, 『원자폭탄 : 그 빗나간 열정의 역사』, 뿌리와이파리, 2006.

· 그레이엄 파멜로 저, 노태복 역, 『폴 디랙』, 승산, 2020.

· 만지트 쿠마르 저, 이덕한 역, 『양자혁명』, 까치, 2014.

14장. 캐번디시의 러더퍼드

· J. L. 헤일브른 저, 고문주 역, 『러더퍼드』, 바다출판사, 2006.

· 다이애나 프레스턴 저, 류운 역, 『원자폭탄 : 그 빗나간 열정의 역사』, 뿌리와이파리, 2006.

· 캐번디시 연구소 공식 웹 사이트 (http://www.phy.cam.ac.uk)

15장. 1920년대의 플랑크

· 에른스트 페터 피셔 저, 이미선 역, 『막스 플랑크 평전』, 김영사, 2010.

· 존 L. 하일브론 저, 정명식 · 김영식 공역, 『막스 플랑크 : 한 양심적 과학자의 딜레마』, 민음사, 1992.

· 남영, 「공학소양교육 모델로서의 막스 플랑크」, 《공학교육연구》 제24권 제6호, 한국 공학교육학회, 2021, 67~78쪽.

· 윌리엄 크로퍼 저, 김희봉 역, 『위대한 물리학자 4』, 사이언스북스, 2007.

· 월터 아이작슨 저, 이덕환 역, 『아인슈타인: 삶과 우주』, 까치, 2007.

· 데니스 브라이언 저, 승영조 역, 『아인슈타인 평전』, 북폴리오, 2004.

· 만지트 쿠마르 저, 이덕한 역, 『양자혁명』, 까치, 2014.

· 짐 배것 저, 박병철 역, 『퀀텀 스토리』, 반니, 2014.

· 다이애나 프레스턴 저, 류운 역, 『원자폭탄 : 그 빗나간 열정의 역사』, 뿌리와이파리, 2006.

· 이상욱 · 홍성욱 · 장대익 · 이중원 공저, 『과학으로 생각한다』, 동아시아, 2007.

· 샤를로테 케르너 저, 이필렬 역, 『리제 마이트너』, 양문, 2009.

· 막스 플랑크 협회 공식 웹 사이트(https://www.mpg.de)

16장. 1920년대의 힐베르트

· 콘스탄스 리드 저, 이일해 역, 『(현대수학의 아버지) 힐베르트』, 사이언스북스, 2005.

· 이고르 보그다노프 · 그리슈카 보그다노프 저, 허보미 역, 『신의 생각』, 푸르메, 2013.
· 아포스톨로스 독시아디스 · 크리스토스 H. 파파디미트리우 저, 전대호 역, 『로지 코믹스』, 알에이치코리아, 2011.

17장. 바이마르 공화국의 아인슈타인

· 월터 아이작슨 저, 이덕환 역, 『아인슈타인: 삶과 우주』, 까치, 2007.
· 데니스 브라이언 저, 승영조 역, 『아인슈타인 평전』, 북폴리오, 2004.
· 프랑수아즈 발리바르 저, 이현숙 역, 『아인슈타인』, 시공사, 1998
· 이상욱 · 홍성욱 · 장대익 · 이중원 공저, 『과학으로 생각한다』, 동아시아, 2007.
· 브라이언 그린, 박병철 역, 『우주의 구조』, 승산, 2005.
· 홍성욱 저, 『홍성욱의 STS, 과학을 성찰하다』, 동아시아, 2016.
· 과학철학교육위원회 편, 『과학기술의 철학적 이해』 제6판, 한양대학교 출판부, 2017, 172~187쪽.
· 스탠포드 대학교 철학 백과사전 (http://plato.stanford.edu)

18장. 괴팅겐의 보른: 아인슈타인을 보는 또 다른 눈

· 구스타프 보른 저, 박인순 역, 『아인슈타인 · 보른 서한집』, 범양사, 2007.
· 만지트 쿠마르 저, 이덕한 역, 『양자혁명』, 까치, 2014.
· 짐 배것 저, 박병철 역, 『퀀텀 스토리』, 반니, 2014.
· 데이비드 린들리 저, 박배식 역, 『불확정성』, 시스테마, 2009.
· 콘스탄스 리드 저, 이일해 역, 『(현대수학의 아버지) 힐베르트』, 사이언스북스, 2005.

19장. 레이든의 신사들

· 이강영 저, 『스핀』, 계단, 2018.
· 데니스 브라이언 저, 승영조 역, 『아인슈타인 평전』, 북폴리오, 2004.
· 만지트 쿠마르 저, 이덕한 역, 『양자혁명』, 까치, 2014.
· 짐 배것 저, 박병철 역, 『퀀텀 스토리』, 반니, 2014.
· 데이비드 린들리 저, 박배식 역, 『불확정성』, 시스테마, 2009.

1막 남은 사람들

1장. 하켄크로이츠의 시대

· 윌리엄 L. 샤일러 저, 유승근 역, 『제3제국의 흥망 1~4권』, 에디터, 1993.

· 크리스 비숍 · 데이비드 조든 저, 박수민 역, 『제3제국』, 플래닛미디어, 2012.

· 알레산드라 미네르비 저, 조행복 역, 『사진으로 읽는 세계사2: 나치즘』, 플래닛, 2008.

· 다이애나 프레스턴 저, 류운 역, 『원자폭탄 : 그 빗나간 열정의 역사』, 뿌리와이파리, 2006.

· 오인석 저, 『바이마르공화국의 역사 : 독일 민주주의의 좌절』, 한울아카데미, 1997.

· 오인석 저, 『바이마르공화국 : 격동의 역사』, 삼지원, 2002.

· 안진태 저, 『독일 제3제국의 비극』, 까치, 2010.

· 안인희 저, 『게르만신화 · 바그너 · 히틀러』, 민음사, 2003.

· 김태권 저, 『히틀러의 성공시대1』, 한겨레출판, 2012.

· 김태권 저, 『히틀러의 성공시대2』, 한겨레출판, 2013.

· 만지트 쿠마르 저, 이덕한 역, 『양자혁명』, 까치, 2014.

2장. 제3제국의 플랑크

· 에른스트 페터 피셔 저, 이미선 역, 『막스 플랑크 평전』, 김영사, 2010.

· 존 L. 하일브론 저, 정명식 · 김영식 공역, 『막스 플랑크 : 한 양심적 과학자의 딜레마』, 민음사, 1992.

· 남영, 「공학소양교육 모델로서의 막스 플랑크」, 《공학교육연구》 제24권 제6호, 한국공학교육학회, 2021, 67~78쪽.

· 윌리엄 크로퍼 저, 김희봉 역, 『위대한 물리학자 4』, 사이언스북스, 2007.

· 송충기(2007), 「나치의 과학정책과 기업가 1933~1945」, 《역사학보》, 196, 225-251.

· Helmuth Albrecht, Armin Hermann(1990), *Die KWG im Dritten Reich*(1933~1945), Forschung im Spannungsfeld von Politik und Gesellschaft, Geschichte und Struktur der Kaiser-Wilhelm / Max-Planck-Gesellschaft, 356-406.

· 막스 플랑크 협회 공식 웹 사이트(https://www.mpg.de)

3장. 힐베르트의 노년

· 콘스탄스 리드 저, 이일해 역, 『(현대수학의 아버지) 힐베르트』, 사이언스북스, 2005.
· 다이애나 프레스턴 저, 류운 역, 『원자폭탄 : 그 빗나간 열정의 역사』, 뿌리와이파리, 2006.
· 안진태 저, 『독일 제3제국의 비극』, 까치, 2010.
· 이고르 보그다노프 · 그리슈카 보그다노프 저, 허보미 역, 『신의 생각』, 푸르메, 2013.

4장. 러더퍼드의 노년

· J. L. 헤일브른 저, 고문주 역, 『러더퍼드』, 바다출판사, 2006.
· 과학철학교육위원회 편, 『과학기술의 철학적 이해』 제3판, 한양대학교 출판부, 2006, 428~466쪽.
· 다이애나 프레스턴 저, 류운 역, 『원자폭탄 : 그 빗나간 열정의 역사』, 뿌리와이파리, 2006.
· 이강영 저, 『불멸의 원자』, 사이언스북스, 2016.
· 샘 킨 저, 이충호 역, 『사라진 스푼 : 주기율표에 얽힌 광기와 사랑, 그리고 세계사』, 북하우스, 2011.
· 만지트 쿠마르 저, 이덕한 역, 『양자혁명』, 까치, 2014.
· 짐 배것 저, 박병철 역, 『퀀텀 스토리』, 반니, 2014.
· 캐번디시 연구소 공식 웹 사이트 (http://www.phy.cam.ac.uk)

5장. 1930년대의 졸리오퀴리 부부

· 데니스 브라이언 저, 전대호 역, 『퀴리 가문』, 지식의숲, 2008.
· 다이애나 프레스턴 저, 류운 역, 『원자폭탄 : 그 빗나간 열정의 역사』, 뿌리와이파리, 2006.
· 토마스 뷔르케 저, 유영미 역, 『물리학의 혁명적 순간들』, 해나무, 2010.
· 로베르트 융크 저, 이충호 역, 『천 개의 태양보다 밝은』, 다산사이언스, 2018.
· 곽영직 저, 『양자역학으로 이해하는 원자의 세계』, 지브레인, 2016.
· 이강영 저, 『불멸의 원자』, 사이언스북스, 2016.
· 이강영 저, 『스핀』, 계단, 2018.

6장. 니시나 요시오

· 과학철학교육위원회 편, 『과학기술의 철학적 이해』 제3판, 한양대학교 출판부, 2006, 428~466쪽.

· 고토 히데키 저, 허태성 역, 『천재와 괴짜들의 일본 과학사 :개국에서 노벨상까지 150년의 발자취』, 부키, 2016.

· 오민영 저, 『(청소년을 위한) 동양과학사』, 두리미디어, 2007.

· 오동훈 저, 『니시나 요시오(仁科芳雄)와 일본 현대물리학』, 서울대학교 대학원: 과학사 및 과학철학 협동과정 박사학위논문, 1999.

7장. 엔리코 페르미

· 댄 쿠퍼 저, 승영조 역, 『현대물리학과 페르미』, 바다출판사, 2002.

· 지노 세그레 · 베티나 호엘린 저, 배지은 역, 『엔리코 페르미 평전』, 반니, 2018.

· 데이비드 N. 슈워츠 저, 김희봉 역, 엔리코 페르미, 『모든 것을 알았던 마지막 사람』, 김영사, 2020.

· 윌리엄 크로퍼 저, 김희봉 · 곽주영 역, 『위대한 물리학자 5』, 사이언스북스, 2007.

8장. 부다페스트의 유대인 학자들

· 조엘 코드킨 저, 윤철희 역, 『도시의 역사』, 을유문화사, 2007.

· 디오세기 이슈트반 저, 김지영 역, 『모순의 제국: 오스트리아-헝가리 제국의 외교사』, 한국외국어대학교 출판부, 2013.

· 리처드 로즈 저, 문신행 역, 『원자폭탄 만들기 1』, 사이언스북스, 2003.

· 로베르트 융크 저, 이충호 역, 『천 개의 태양보다 밝은』, 다산사이언스, 2018.

· 다이애나 프레스턴 저, 류운 역, 『원자폭탄 : 그 빗나간 열정의 역사』, 뿌리와이파리, 2006.

· 김원기 저, 『폰 노이만 VS 아인슈타인』, 숨비소리, 2008.

9장. 천재 폰 노이만

· 김원기 저, 『폰 노이만 VS 아인슈타인』, 숨비소리, 2008.

· 윌리엄 어스프레이 저, 이재범 역, 『존 폰 노이만 그리고 현대 컴퓨팅의 기원』, 지식함

지, 2015.

· 리처드 로즈 저, 문신행 역,『원자폭탄 만들기 1』, 사이언스북스, 2003.

· 로베르트 융크 저, 이충호 역,『천 개의 태양보다 밝은』, 다산사이언스, 2018.

· 다이애나 프레스턴 저, 류운 역,『원자폭탄 : 그 빗나간 열정의 역사』, 뿌리와이파리, 2006.

· 이고르 보그다노프 · 그리슈카 보그다노프 저, 허보미 역,『신의 생각』, 푸르메, 2013.

· 레베카 골드스타인 저, 고중숙 역,『불완전성』, 승산, 2007.

· 이강영 저,『불멸의 원자』, 사이언스북스, 2016.

3막 떠난 사람들

10장. 사라진 베를린 그룹

· 월터 아이작슨 저, 이덕환 역,『아인슈타인: 삶과 우주』, 까치, 2007.

· 데니스 브라이언 저, 승영조 역,『아인슈타인 평전』, 북폴리오, 2004.

· 프랑수아즈 발리바르 저, 이현숙 역,『아인슈타인』, 시공사, 1998

· 김원기 저,『폰 노이만 VS 아인슈타인』, 숨비소리, 2008.

· 구스타프 보른 저, 박인순 역,『아인슈타인 · 보른 서한집』, 범양사, 2007.

· 월터 무어 저, 전대호 역,『슈뢰딩거의 삶』, 사이언스북스, 1997.

· 에르빈 슈뢰딩거 저, 전대호 역,『생명이란 무엇인가 · 정신과 물질』, 궁리, 2007.

· 루이자 길더 저, 노태복 역,『얽힘의 시대』, 부키, 2012.

· 남영,「공학소양교육 모델로서의 막스 플랑크」,《공학교육연구》제24권 제6호, 한국공학교육학회, 2021, 67~78쪽.

· 막스 플랑크 협회 공식 웹 사이트(https://www.mpg.de)

11장. 청년물리학의 해체

· 다이애나 프레스턴 저, 류운 역,『원자폭탄 : 그 빗나간 열정의 역사』, 뿌리와이파리, 2006.

· 에른스트 페터 피셔 저, 이미선 역,『막스 플랑크 평전』, 김영사, 2010.

· 존 L. 하일브론 저, 정명식 · 김영식 공역,『막스 플랑크 : 한 양심적 과학자의 딜레마』, 민음사, 1992.

· 남영,「공학소양교육 모델로서의 막스 플랑크」,《공학교육연구》제24권 제6호, 한국

공학교육학회, 2021, 67~78쪽.

· 아르민 헤르만 저, 이필렬 역, 『하이젠베르크』, 미래사, 1997.

· 만지트 쿠마르 저, 이덕한 역, 『양자혁명』, 까치, 2014.

· 짐 배것 저, 박병철 역, 『퀀텀 스토리』, 반니, 2014.

· 루이자 길더 저, 노태복 역, 『얽힘의 시대』, 부키, 2012.

· 구스타프 보른 저, 박인순 역, 『아인슈타인 · 보른 서한집』, 범양사, 2007.

· 이강영 저, 『스핀』, 계단, 2018.

· 그레이엄 파멜로 저, 노태복 역, 『폴 디랙』, 승산, 2020.

· 막스 플랑크 협회 공식 웹 사이트(https://www.mpg.de)

12장. 유대인, 리제 마이트너

· 샤를로테 케르너 저, 이필렬 역, 『리제 마이트너』, 양문, 2009.

· 데이비드 보더니스 저, 김민희 역, 『$E=mc^2$』, 생각의나무, 2005.

· 다이애나 프레스턴 저, 류운 역, 『원자폭탄 : 그 빗나간 열정의 역사』, 뿌리와이파리, 2006.

· 리처드 로즈 저, 문신행 역, 『원자폭탄 만들기 1』, 사이언스북스, 2003.

· 막스 플랑크 협회 공식 웹 사이트(https://www.mpg.de)

찾아보기

||||||||||||||